"十三五"国家重点出版物出版规划项目

卓越工程能力培养与工程教育专业认证系列规划教材（电气工程及其自动化、自动化专业）

"十二五"普通高等教育本科国家级规划教材

新能源发电与控制技术

第 3 版

主　编　惠　晶　颜文旭

副主编　许德智　樊启高

参　编　朱一昕　石晨曦

机 械 工 业 出 版 社

本书为"十二五"普通高等教育本科国家级规划教材。

本书第1版《新能源转换与控制技术》于2008年2月问世。于2012年对本书进行修订时,考虑到能源转换涉及面极为广泛,而本书的重点是介绍新能源发电及其控制技术,故第2版更名为《新能源发电与控制技术》。本书第2版出版至今,新能源的利用与开发取得了巨大成就,社会与经济价值在国际上获得广泛认可。为了反映最新研究成果、体现技术更新,本书在第2版的基础上再次修订与完善。

本书共分为8章,主要内容包括:新能源发电与控制技术导论,电源变换和控制技术基础知识,风能、风力发电与控制技术,太阳能、光伏发电与控制技术,生物质能发电与控制技术,分布式电源与微电网组网技术,核能发电与应用技术,其他形式新能源的发电与应用技术。

本书可作为电气工程及其自动化、新能源科学与工程、自动化、能源动力等专业的本科生教材。对相关学科的研究生和从事新能源利用与发电的广大工程技术人员也是一本较为系统、完整的参考书。

图书在版编目(CIP)数据

新能源发电与控制技术/惠晶,颜文旭主编. —3版. —北京:机械工业出版社,2018.8(2023.12重印)

"十三五"国家重点出版物出版规划项目 卓越工程能力培养与工程教育专业认证系列规划教材. 电气工程及其自动化、自动化专业 "十二五"普通高等教育本科国家级规划教材

ISBN 978-7-111-60076-3

Ⅰ.①新… Ⅱ.①惠… ②颜… Ⅲ.①新能源-发电-高等学校-教材 Ⅳ.①TM61

中国版本图书馆CIP数据核字(2018)第116298号

机械工业出版社(北京市百万庄大街22号 邮政编码100037)
策划编辑:于苏华 责任编辑:于苏华 王雅新
责任校对:肖 琳 封面设计:鞠 杨
责任印制:邓 博
盛通(廊坊)出版物印刷有限公司印刷
2023年12月第3版第12次印刷
184mm×260mm · 21印张 · 512千字
标准书号:ISBN 978-7-111-60076-3
定价:49.00元

序

  应对气候变化是 21 世纪人类面临的共同挑战，新能源是人类解决能源与环境问题的钥匙。当前我们正面临新能源技术革命和产业发展的大好时机，为了推动我国新能源技术和产业的发展，促进新能源技术的知识普及和相关人才的培养，近年来国内高校先后开设新能源技术有关课程，这是一个很好的开端。

  新能源技术是一个涉及电气、动力、机械、材料、控制、电子、计算机、信息与网络等多个学科的交叉高新技术。惠晶教授等人较早在江南大学进行新能源发电与控制技术课程的尝试，在总结教学经验的基础上，编写了《新能源发电与控制技术》一书。该书自 2008 年出版以来，得到了读者的好评，并被国内 50 多所学校采用。本次出版的是《新能源发电与控制技术》第 3 版，对原有内容做了进一步补充和完善。该书的特色是将新能源变换、电力电子技术和控制技术有机结合，从系统的角度加以阐述。以具有电气工程或自动化方面的基础知识的读者为对象，介绍了新能源的形式、新能源发电及其控制技术，包括风力发电、光伏发电、水能发电、生物质发电、核能发电以及分布式电源与微电网等知识。书中深入浅出地介绍了新能源的存在形式，新能源的获取方法，电能转换技术及其综合利用前景；还分析了各种新能源发电的主要制约因素，并对书中介绍的新能源发电与利用做了经济技术性评价。该书是一本系统了解新能源发电技术的基础入门书。

  感谢《新能源发电与控制技术》（第 3 版）一书的全体作者付出的辛勤劳动，能够面向我国产业发展的需求，克服编写过程中由于涉及多学科交叉所遇到的困难，不断完善内容，为大家奉献一本很好的书籍。

浙江大学

前　言

本书第 1 版于 2008 年 2 月出版，书名是《新能源转换与控制技术》，由于能源转换涉及面极其广泛，而本书内容主要涉及如何将一次能源转换成电能，即能—电转换形式，重点介绍利用新能源的发电及其控制技术，因此，第 2 版更名为《新能源发电与控制技术》。本书第 2 版出版至今，新能源的利用与开发已取得巨大成就，社会与经济价值在国际上获得广泛认可。为了反映最新研究成果、体现技术更新，本书在第 2 版的基础上再次修订与完善。本书修订与增补的主要依据是：①随着科学技术的进步，环境保护意识的加强，世界各国对新能源的开发与利用已达到前所未有的高度；以风能、太阳能、生物质能为代表的可再生能源发电与运行成本均大幅度降低，社会和经济效益显著，本书各章中使用的技术、经济数据需要更新。②近 5 年，物联网技术已渗透到生产与消费的各个领域，传统的发电—输电—用电系统开始受到更加灵活、可靠、多样性并举的智能电网、分布式发电与微电网的挑战，本书增加了"分布式电源与微电网组网技术"一章。③尽管水能是可再生能源的重要表现形式，然而水力发电技术是相对传统和成熟的发电方式之一，水力及水轮机的控制相对简单，已有许多文献介绍，因此，本书将其压缩为一节，并入第 8 章"其他形式新能源的发电与应用技术"。④作者在近 10 年选择本书前两版作为江南大学电气工程及其自动化本科专业的教材，切身体会到原书有些内容和结构还不够科学，对于相关新研究成果和新应用水平，需要与时俱进，力求能比较客观、全面地反映在本教材中；在第 2 版中引用的一些经济、技术数据已经过时，还发现个别错误需要勘正。基于上述四点，认为有必要对第 2 版的结构进行调整、对内容进行修订与补充。本书第 3 版传承了前两版的体系和特色，将新能源发电与控制技术有机地结合起来，重点介绍了以可再生能源为主的各类新能源的表现形式、主要利用方式及其发电原理、电源变换与控制技术。

新能源发电作为一门涉及多学科的新兴技术，已日益受到国际社会的青睐。"21 世纪可再生能源政策网（REN21，Renewable Energy Policy Network for the 21st Century）"2017 年发布的可再生能源全球现状报告（GSR2017）称：2016 年全球可再生能源继续保持增长，年度总投资规模达 2416 亿美元。在 2004 ~ 2016 年的 12 年间，可再生能源投资增长了 4.4 倍，可再生能源的发电总量（不含大水电）自 2004 年起增长了 10.84 倍，达到 921GW（1GW = 10 亿 W），约占全球总发电容量的 7.9%，其中风电场占 4.0%、生物质发电占 2.0%、光伏发电占 1.5%、海洋与太阳能聚热发电等占 0.4%。可再生能源产业为全球提供了约 830 万个就业岗位（我国 364.3 万个）；2016 年，全球风电场装机容量达 487GW，增长 55GW，其中装机量与发电量最多的是我国，占全球总量的 25.1%；2016 年，全球光伏发电装机容量达 303GW，增加了 75GW，相当于每小时安装 31000 块光伏板。目前，全球已有约 120 个国家制定了促进使用可再生能源的国家目标。此外，在我国，随着《中华人民共和国可再生能源法》《国家中长期科学和技术发展规划纲要（2006 ~ 2020 年）》等法规和纲领性文献的相继执行，对我国在新能源综合利用方面起到了巨大作用，使我国近 10 年持续保持着世界第一的增长率，新能源发电无论是装机容量还是发电量均处于世界领先地位。

　　目前，国内外虽已有多种版本可再生能源利用的著作面世，但鉴于新能源利用涉及的能源种类繁多，应用规模和水平日新月异，主要技术不断成熟的特点，急需一本能够兼顾各类新能源发电与控制技术的综合性教材。随着高等教育课程体系改革的不断深入，在增加新技术课程、专业课时大幅度压缩的情况下，作者在长期的教学实践中也切身感到十分需要一本结构合理、选材科学、较为系统全面、综合性和专业性强的相关教材。这些因素也是继2012年9月本书第2版问世以来，对本书再一次修订、增补的社会需求。

　　为了保证教学的延续性，提高本书的合理性与科学性，第3版保留了第1版经教学实践检验过的多数内容，对原书结构和章节做了适当调整与增补。首先，按可再生能源开发利用的成熟度、重要性和发展前景，对第3章～第8章的内容按风力发电、光伏发电、生物质能发电、分布式电源与微电网、核能发电和其他新能源发电的顺序重新编排；其次，考虑到第2版中第5章介绍的"水能、小水力发电与控制技术"虽然属于可再生能源利用及发电范畴，但技术成熟，与大型水电站的发电与控制重合度较高，因此删除原章节，将其并到第8章"其他形式新能源的发电与应用技术"的第一节，重点突出"小水力及小水电发电机组"的特点；近几年随着IT技术的发展，智能电网快速发展，分布式电源与微电网是智能电网的重要组成与补充，因此，在第6章中增加了相关内容；因核能发电属于清洁能源利用的重要形式，核电装置在新能源利用中占据重要的地位，在本书的第7章保留了主要内容；适当增加了新技术与实用范例。修订后的第3版力求编排更加合理、内容更加科学。

　　本书在总体结构和主要内容上仍与前2版基本一致，共分为8章。第1章新能源发电与控制技术导论，由于本章内容涉及大量国内外新能源发展状况的技术和经济数据，有较强的时效性，对本章的修编主要是：①更新过期的技术与经济数据，使本章具有科学性和实效性；②优化内容，删除1.3.3节（与后续内容重复）和"本章小结"。为方便非电气类学生和广大专业爱好者阅读本书，保留第2章电源变换和控制技术基础知识，重点介绍了不可控、半控和全控型三类电力电子器件及其驱动与保护电路，常用脉宽调制（PWM）控制技术，归纳介绍了AC—DC、DC—DC、DC—AC、AC—AC等四种典型变换电路，本章作为预备知识在教学中选用。第3章风能、风力发电与控制技术，重点介绍风的特性，风力发电机组及工作原理，风电机组的控制策略和并网技术，风电的经济技术性评价。第4章太阳能、光伏发电与控制技术，主要介绍太阳的辐射与太阳能利用，光伏发电原理、独立型与并网型的光伏发电系统，光伏发电系统的控制策略和光伏发电的发展前景与经济技术评价。第5章生物质能发电与控制技术，介绍生物质的形式及开发利用，生物质能的制取与发电技术，生物质能燃烧发电技术及燃料电池发电和生物质发电的经济技术评价。第6章分布式电源与微电网组网技术，重点介绍分布式能源的特征及其应用、分布式供电与储能技术、电能质量与控制技术、微电网与多单元混合组网技术、分布式能源的综合利用及经济技术评价。第7章介绍核能的形式及其利用、核反应原理与反应装置、核能发电技术与发电设备、核电站的运行监控系统和技术经济性评价。第8章其他形式的新能源载体简介，分别介绍水能与小水力发电技术、海洋能的利用与发电技术、地热能发电与应用技术等。

　　为便于部分读者的学习，在开始两章介绍新能源发电与控制技术导论，电力电子技术基础知识，在后续各章首先简介相关新能源的表现形式、理化特性和利用方式，这些内容可以在课堂教学中根据不同对象取舍。本书对于先修了"电力电子技术"课程的电气工程及其自动化、自动化等专业的本科生，建议32学时，对于能源动力、机械电子等其他专业学生可适当放宽学时至40学时。

本书可作为高等院校电气工程及其自动化、自动化、能源动力等专业"新能源发电与控制技术"课程及相近课程的教材或参考书。同时，本书也可作为从事新能源发电、电力工程及运行维护的专业技术和管理人员获得所需专业知识的读本。

本书由惠晶担任第一主编，编写第1章和第2章，并负责全书的校对与审核；颜文旭担任第二主编，编写第3章和第5章，并负责全书的统稿工作；许德智担任第一副主编，编写第4章；樊启高担任第二副主编，编写第8章；朱一昕编写第6章；石晨曦编写第7章。本书在编写过程中还得到方光辉副教授的帮助，研究生徐倩倩、徐久益、黄芳诚等人也参加了部分资料的收集和制图工作，在此对所有参编人员和审稿专家表示衷心感谢。同时，还要向书中所附参考文献的作者致以衷心感谢。

最后，特别感谢浙江大学徐德鸿教授在本书编写过程中提出的宝贵意见，徐教授还在百忙之中为本书审稿和作序，在此谨致深切的感谢！

由于时间仓促及水平所限，编者虽在修编过程花了不少精力，但仍难免存在疏漏、错误，殷切期望广大读者批评指正。

作　者
2018 年 2 月于江南大学

本书常用变量及符号说明

P	有功功率，发电机输出功率	APF	有源电力滤波器
Q	无功功率，存储于蓄电池内的电荷量，流量	SSPC	无触点固态功率控制器
S	视在功率，基本建设投资，截面积，叶片面积	CSCF	恒速恒频
H	谐波产生的功率，波高，水头高度	VSCF	变速恒频
U	电压有效值	PFC	功率因数校正
I	电流有效值	TRU	变压整流器单元
φ	功率因数角	DVR	动态电压恢复器
p	瞬时有功分量，极对数，微分算子	STATCOM	静止无功补偿器
q	瞬时无功分量，电子电荷	UPQC	统一电能质量管理器
p_0	瞬时零序功率	FFT	快速傅立叶变换
θ	同步旋转角	NFT	中点形成变压器
u_a, u_b, u_c	三相电压瞬时值	THD	总谐波含量
i_a, i_b, i_c	三相电流瞬时值	LVRT	低电压穿越
i_{La}, i_{Lb}, i_{Lc}	三相负载电流	FIRR	财务内部收益率
i_{Sa}, i_{Sb}, i_{Sc}	三相电源电流	FNPV	财务净现值
i_{Ca}, i_{Cb}, i_{Cc}	三相补偿电流	P_t	投资回收期
$\bar{v}_N$	N 级风的平均风速	K_{iy}	变压器 i、y 次绕组的匝比
N	风的级数，氢的原子数	T_{on}	开关器件 VT 的导通时间
v	风速	U_{RBO}	反向击穿电压
v_0	高度为 h_0 处的风速	$I_{F(AV)}$	正向平均电流
k	修正指数	U_F	正向通态压降
α	地面粗糙度，攻角，迎角，蓄电池的充电电流接受比，触发控制角	I_F	正向通态电流
		I_{RP}	反向恢复电流
E	风能密度，扣除厂用电后的净发电量	t_{rr}	反向恢复时间
ρ	空气质量密度，海水密度	U_{TO}	阈值电压
C	空气动力系数，核电成本	di_F/dt	电流下降率
C_L	翼型的升力，旁路电容	I_H	维持电流

C_D 翼型的阻力系数

ω_a 叶尖速度

B 摩擦转矩系数

J 电磁转矩，系统转动惯量

T_e 电磁转矩

P_{cu} 定子铜耗

I_f 励磁电流

u 叶片线速度

ω 叶片角速度

r_i 叶片计算速度点到转动中心的距离

n 叶片转速

P_a 风力机的机械输出功率

A 风力机的扫风面积

C_P 风力机的利用系数

r 风轮半径

λ_m 叶尖速比

n_1 同步转速

s 转差率

P_{em} 电磁功率

T_a 风力机的机械转矩

β 桨距角

R_{bar} 旁路电阻

I_{PEK} 电源最大峰值电流

P_{drive} 电源平均功率

$t_{d(on)}$ 导通延迟时间

$t_{d(off)}$ 关断延迟时间

t_r 电流上升时间

t_f 电流下降时间

I_{pk} 峰值输出电流

f_{max} 最高工作频率

C_H 自举电容

L_m 直流母线的线路电感，互感

R_s 限流电阻，发电机的定子电阻

U_{cesp} 集射极间峰值电压

P_{LM} 分布电感储能

U_T 晶闸管额定电压

U_{DRM} 正向重复峰值电压

U_{RRM} 反向重复峰值电压

U_{DSM} 正向不重复峰值电压

U_{RSM} 反向不重复峰值电压

U_{bo} 转折电压

$I_{T(AV)}$ 通态平均电流

U_{GS} 栅源电压

I_D 漏极电流

U_{DS} 漏源极电压

I_{DM} 漏极脉冲电流峰值

$R_{DS(on)}$ 漏源通态电阻

C_{iss} 漏源极短路输入电容

C_{oss} 共源极输出电容

C_{rss} 反向转移电容

C_{GS} 栅源极电容

C_{GD} 漏源极电容

C_{DS} 栅漏极电容

MOSFET 电力场效应晶体管

IGBT 绝缘栅双极型晶体管

GTR 大功率晶体管

I_c 集电极电流

U_{GE} 发射极正向控制电压

U_{CE} 集射极间电压

I_{CM} 最大集电极电流

P_{CM} 最大集电极功耗

$U_{CE(sat)}$ 集射极间饱和压降

SIT 静电感应晶体管

SCR 半控型电流触发晶闸管

I_G 正向脉冲电流

C_{ie} 动态有效输入电容

Q_G 栅极总电荷

ΔU_{CE} 正负偏置电压的差值

f 工作频率，开关频率

δ_i i 个脉冲宽度

P_{Cs}　缓冲电路吸收的能量

P_{Rs}　限流电阻功耗

U_i　Buck 变换器输入电压

U_o　Buck 变换器输出电压

t_{off}　关断时间

D_y　PWM 的占空比

PWM　脉冲宽度调制

SPWM　正弦波脉宽调制

CCM　输出电流保持连续，电流连续模式

Z_L　感性负载

$\Delta\Phi$　磁通增量

DCM　电流断续模式

VD　整流二极管

I_p　一次侧电流

I_s　二次电流

Inverter　逆变器

R　气体常数，电路的等效输入阻抗，负载

C_1　滤波电容

U_d　逆变器输入电压

C_d　直流母线电容

ZCS　零电流关断

ZVS　零电压导通

ω_0　谐振频率

U_c　谐振电容 C 上电压

VT　主开关器件

T_s　变换器的开关工作周期

I_d　负载电流幅值，逆变器输入电流

R_o　谐振负载等效为电阻

Z　阻抗

DG　分布式发电

MU　管理和利用

SOFC　固体氧化物燃料电池

PAFC　磷酸型燃料电池

SMES　超导磁储能系统

θ_i　中心位置相位角

u_r　调制波电压

u_c　载波电压

$\boldsymbol{\Psi}_s$　三相交流电动机的定子磁链

U_u　三相逆变器输出 u 相电压矢量

U_v　三相逆变器输出 v 相电压矢量

U_w　三相逆变器输出 w 相电压矢量

U_{out}　输出端的空间电压合成矢量

i_a^*　电流控制器给定电流

i_a　电流控制器实际输出电流

h　滞环比较器环宽，太阳高度角

N_3　复位绕组

U_{tg}　栅极驱动信号

U_1　变压器一次电压

U_2　变压器二次电压

N_2　二次绕组

U_s　电网正弦电压

i_i　i 相正弦输入电流

VVVF　变压变频器

i　输入电流

L_d　平波电抗器

N_1　一次绕组

SVPWM　空间矢量脉宽调制

CHBPWM　电流滞环跟踪 PWM

HBC　滞环比较器

SMR　开关模式整流器

VSR　电压源整流器

DC Chopper　直流斩波器

DC－DC Converter　直流—直流变换器

Flyback Converter　单端反激式变换器

Forward Converter　单端正激式变换器

DER　分布式能源

EUE　电能有效利用

MCFC　熔融碳酸盐燃料电池

SC　超级电容器

DLC　双电层电容器

MEMS　微网能量管理系统

SCADA　数据采集与监视控制

FOR　强迫停运率

EENS　电量不足期望值

SAIFI　系统平均停电频率指标

CAIFI　用户平均停电频率指标

PV　太阳能光伏发电

PCC　公共连接点

APFC　有源功率因数校正器

PPF　无源电力滤波器

HAPF　混合型有源电力滤波器

SVG　静止无功发生器

I_{rms}　输入电流有效值

γ　输入电流失真系数

PF　功率因数

T　热力学温度，交流信号波形的周期，年利用小时数

a_0　氧化体的活性

E_0　a_0、a_R为1时的标准平衡电压

V_1，V_2　并联电压源幅值

i_1，i_2　流过模块1与模块2的电流

NI　核岛

RRA　余热排出系统

I&C　核电站监控系统

O　运行维修费

P_u　风力机输出功率

$C_T\,(\lambda,\,\beta)$　优化转矩系数

T_n　转矩观测值

u_{d1}，u_{q1}，u_{d2}，u_{q2}　定、转子上 d、q 轴的电压分量

R_1　定子电阻

Ψ_{d1}，Ψ_{q1}，Ψ_{d2}，Ψ_{q2}　定、转子上 d、q 轴的磁链分量

ω_1　同步角速度

PEMFC　质子膜燃料电池

AFC　碱性燃料电池

BESS　蓄电池储能系统

EC　电化学电容器

MPPT　最大功率跟踪

CHP　热电联供系统

MGCC　微网中央控制器

LOLP　电力不足概率

SAIDI　系统平均停电持续时间指标

CAIDI　用户平均停电持续时间指标

WTG　风力发电机

FMEA　故障模式与影响分析法

SVC　静止无功补偿器

I_1　输入基波电流有效值

$\cos\Phi$　相移因数

F　法拉第常数，核燃料费

a_r　还原体的活性

Z_1、Z_2　线路阻抗

V_{dc}　模块连接处的母线电压

CI　常规岛系统，现金流入量

RCV　化学和容积控制系统

BOP　电厂辅助设施

f_1　电网频率，定子电流频率

f_2　转子电流频率

K_{opt}　具有最佳 C_p 值的比例系数

i_{d1}，i_{q1}，i_{d2}，i_{q2}　定、转子上 d、q 轴的电流分量

R_2　转子电阻

ω_s　转差角速度，同步电角速度

L_2　转子自感

θ_u　定子电压矢量位置给定

u_{sd}，u_{sq}，i_{sd}，i_{sq}　d、q 轴定子电压、电流分量

ψ　转子永磁体磁链

P_e　电磁功率

L_1　定子自感

u_1　定子电压

θ_s　定子磁链矢量位置

L_s　发电机的定子电感

P_s　发电机输出的有功功率

P_{cu}　定子铜耗

$\dot{I}_{rot}$　转子侧相电流

$\dot{I}_{cov}$　变流器支路相电流

$\dot{U}_{cov}$　变流器端电压

I_C　项目所属行业的基准收益率

m　太阳辐射穿过地球大气的路径与太阳在天顶方向垂直入射时的路径之比

U_D　等效二极管的端电压

k　玻尔兹曼常量

A　PN 结的曲线常数

i_o　负载电流

δ_c　相角差

g　重力加速度

$\overline{P}$　平均出力

X''_d　待并网同步发电机的纵轴次暂态电抗

I_0　光伏电池内部等效二极管 PN 结的反向饱和电流

X''_q　待并网同步发电机的交轴次暂态电抗

δ　同步发电机的功率角

$\dot{I}_{bar}$　旁路支路相电流

$\dot{U}_{bar}$　旁路线电压

R_{bar}　旁路电阻

CO　现金流出量

U_{DC}　直流电源电压

I_{SC}　短路电流

T　绝对温度

i_L　电感上的电流

D　开关的占空比

I_0　蓄电池可接受的初始充电电流

I_{dis}　放电电流

Q_S　蓄电池释放出的全部电量

U_{dc}　光伏阵列将太阳能转换后产生的直流电压源

R_L　负载阻抗

I_S　总的可接受充电电流

α_s　总充电电流接受比

P_W　正弦波单位波峰宽度的波浪功率

η　效率

I_{0max}　并网时冲击电流最大值

目　　录

第1章 新能源发电与控制技术导论

新能源利用包括可再生能源（风能、太阳能、生物质能、水能、海洋能）和地热能、氢能、核能转换及其利用新技术（高效利用能源、资源综合利用、替代能源、节能等新技术）。可再生能源是重要的新能源组成形式，是自然界中可以不断再生、永续利用、取之不尽、用之不竭的初级资源。科学、高效地利用可再生能源，提高能源的综合利用效率，是保障人类社会可持续发展的可靠途径。新能源发电与控制技术涉及：①利用可再生能源和清洁能源发电，以便持续获得二次清洁能源——电能；②对电能通过变换与控制，满足高质量的终端能源消费需求和电力的高效管理。

1.1 能源储备与可持续发展战略

1.1.1 我国的能源结构与储备

近二三百年由于人类对化石能源的过度依赖，致使化石类能源面临日益枯竭的危机。为保证未来能源可持续供应，必须重新进入利用新能源和节约能源的时代。我国是一个拥有13.7亿人口的国家（截至2015年），是世界第二大经济体，但人均各种资源的占有率都远远低于世界平均水平。随着我国经济的高速发展和对外开放的进一步深入，在政治和经济各个领域的发展与变化都会成为全世界关注的焦点。自上世纪90年代以来，我国的能源改革与发展，特别是能源的可持续供应问题，能源对环境的影响，以及可能给世界能源形势带来的影响，一直是世界各国关注的议题。深入研究和解决利用新能源带来的一系列科学技术问题和经济性问题，已成为我国当前能源储备与可持续发展战略的当务之急。

1. 我国的能源结构

我国是一个能源大国，在能源结构中煤炭储量最为丰富，已探明的煤炭保有储量超过1万亿吨，可采储量在1800亿吨以上，仅次于俄罗斯和美国，位居世界第三。再加上地下1500m以内的深层资源，总量估计可达5万亿吨。因此，煤炭是我国分布最广、最为丰富的矿物资源。但是，我国又是一个能源贫国，我国的人均能源资源占有量为全世界人均水平的1/2，仅为美国人均水平的1/10。而且，在总能源结构的组成中75%以上是煤，在常规化石能源中煤炭资源占90%以上。

从传统的一次能源消费与开采情况看，我国是世界上最大的煤炭生产和消费国，占世界煤炭产量的1/4。2015年我国一次能源生产总量为36.2亿吨标准煤，是2011年31.8亿吨标准煤的1.14倍；同期一次能源消费总量从34.8亿吨标准煤增加到43.0亿吨标准煤，年均增长3.6%。2011～2015年，虽然我国能源生产持续增长，且其增长速度大于能源消费的增长速度，但仍存在能源缺口。

我国是世界上少数几个以煤为主的能源消费国。2015年，在我国一次能源构成中，煤炭消费量占能源消费总量的63.7%，比2010年下降6.8个百分点；石油占18.6%，比2010年上升 1.0 个百分点；天然气占 5.9%，比 2010 年上升 1.9 个百分点；非化石能源消费比重达到 12.0%，比 2010 年上升 4.0 个百分点。

从常规能源消费来看，我国的人均消费水平也逐年增长。2015 年我国人均消费 2.20 吨油当量，构成情况分别为：石油 0.40 吨、天然气 0.13 吨、煤炭 1.40 吨、核能 0.03 吨、水电 0.19 吨、可再生能源 0.05 吨油当量。由此可见，我国人均煤炭消费显著偏高，是世界平均水平的 2.18 倍，非经合组织的 1.7 倍、经合组织的 3.6 倍、欧盟的 4 倍。

从以上数据可以看出，我国的能源结构仍是以煤为主，煤多，油、气少是我国能源储存结构的基本特点，这种结构到今后 20 年，甚至到本世纪中叶，我国以煤为主的能源结构将不会改变，煤炭仍将是当前和今后我国能源供给及消费的最重要组成部分。

另一方面，由于传统的燃煤方式和煤炭加工过程不可避免的会产生大量的污染物，必将导致严重的大气污染、酸雨和雾霾，还会直接破坏生态环境与自然植被。此外，以煤为主要能源的动力燃料的消耗，仅火力发电与其他工业耗煤就占煤炭总消耗量的 2/3 左右，而用于民用生活仅占 1/10 左右，用于城市供热的煤炭不足 1/20。因此，长期以来我国在能源生产与消费中，是以煤炭为主要能源且直接进行燃烧，因燃烧不充分、燃烧工艺落后，造成环境污染严重、效率低下、浪费惊人。

2. 我国的资源和能源储备

我国有 13.7 亿人口，是世界人口最多的国家，人口密度高于世界平均水平。无论是土地面积、土地资源、林木资源、水力资源，还是矿藏资源，我国的资源基础储量都比较丰富，但如果按人均占有量计算，我国大多数资源都低于世界平均水平。我国人口约占世界总人口的 21%，国土面积占世界面积的 7.1%，耕地占世界 7.1%，草地占世界 9.3%，水资源占世界 7%，森林面积占世界 3.3%，石油占世界 2.3%，天然气世界 1.2%，煤炭占世界煤炭总量的 12%。

实际上，我国对能源的开发利用已达到相当高的强度，与能源高强度开发和大规模消费相对应的则是能源利用效率的低下。目前，我国能源利用效率仅为 30% 左右，比发达国家低近 10 个百分点。我国主要用能产品的单位产值能耗比发达国家高 25% ~ 90%，加权平均高 40% 左右。以电力为例（我国电力供应主要依靠燃煤火电），我国火电厂供电煤耗为每千瓦小时用 404g 标准煤，国际先进水平为 317g 标准煤，我国多耗煤 27.4%。现在，我国已经成为继美国之后的世界第二大能源消费国。依靠大量消费能源，推动了中国经济的高速增长，但也使中国经济增长越来越接近资源和环境条件的约束边界，煤电油供需矛盾相当突出。

随着国际石油紧缺状况的影响和我国能源资源约束的日益突出，能源资源情况不容乐观。自 1993 年我国成为石油净进口国之后，我国石油对外依存度从 1995 年的 7.6% 增加到 2005 年的 42.9%。目前我国石油消费保持中低速增长，2015 年对外依存度首次突破 60%，达到 60.6%。当前，我国石油消费超过了 GDP 增速，预计到 2020 年，石油消费总量将达到 6 亿吨左右。预计到 2030 年，我国石油消耗量的 80% 需要依靠进口，这使得我国的石油安全问题变得十分突出。与世界发达国家相比，我国的能源储备体系建设还相对滞后。以石油储备为例，为了应对石油供应危机，美国 1975 年 12 月开始建立战略石油储备，目前储备水平约为 7.02 亿桶，其存储上限为 7.27 亿桶，美国的石油储备可供使用 150 多天。目前我国的石油战略储备工程进行至二期和三期之间，使用规模仅相当于 60 天左右的石油净进口量或者 33 天左右的原油加工量, 离国际公认的 "90 天标准" 尚有不小差距。而日本、德国、法国的石油储备量可分别使用 169 天、117 天和 96 天。根据近 20 年国际石油价格持续上涨和我国石油进口剧增的新形势, 我国的石油储备工作从 1993 年就已经开始酝酿, 自 2004 年正式得到国务院批复, 预计总投资将超过 1000 亿元, 准备用 15 年时间分三期完成。其储量安排大致是: 第一期 1000 万 ~ 1200 万吨; 第二期 2800 万吨; 第三期 2800 万吨。预计到 2020 年三期储备完成时, 我国的石油储备可用天数或将达到 83 天, 接近发达国家的标准。但相比于西方工业国家, 我国的战略石油储备仍然十分有限。

综上所述, 我国能源结构的核心问题表现在: 一是能源结构以煤为主, 在我国一次能源生产与消费构成中, 煤炭比例接近 2/3 (2015 年, 原煤占 63.7%, 原油占 18.6%, 天然气占 5.9%, 水电占 8.5%); 二是石油安全问题日趋显著, 预计到 2020 年, 我国石油对外依存度将达到 69%, 能源安全尤其是石油安全问题越来越突出; 三是煤烟型污染已经给生态环境带来严重污染, 占大气污染的 70% 以上。随着经济发展水平的不断提高, 社会对于资源和环境的关注越来越强, 标准越来越高, 继续大量耗费资源和污染环境, 走粗放式工业增长的道路, 已经不可能支撑中国工业的持续发展。我国已出台一系列开发应用新能源的鼓励政策, 积极发展煤制油产业, 使中国油品供应和价格稳定建立在主要依靠国内生产的基础之上; 此外, 高度重视、加快推广煤炭深加工技术、煤炭高效燃烧及先进火力发电技术、煤炭燃烧污染控制与废弃物处理等洁净煤先进技术。建立高度节约型的循环经济体制, 深入研究、大力开发和利用新能源, 是我国实现和平崛起的唯一选择。

1.1.2　我国的可持续发展战略

"十二五" 期间 (2011 ~ 2015 年) 我国能源发展取得巨大成就。GDP 由 47.29 万亿元增加到 67.67 万亿元, 对应的能源消费总量由 34.8 亿吨标准煤增加到 43.0 亿吨标准煤, 低于同期经济增长速度。另一组数据显示, 在 1980 ~ 2000 年的 20 年间, 中国能源发展一是实现了 GDP 翻两番、而能源消费仅翻一番的成就 (GDP 年均增长率高达 9.7%, 而能源消费量年均仅增长 4.6%, 远低于同期经济增长速度); 二是能源利用效率大幅度提高; 三是取得了较为显著的环境效益。这些成就为我国的经济社会可持续发展做出巨大贡献, 但与世界发达国家相比, 我国在新能源利用与开发方面还存在很大差距。

鉴于我国 "十一五" 规划要求单位 GDP 能耗比 2005 年降低 20%, 又要完成国家提出的全面建设小康社会的目标, 实现到 2020 年中国经济翻两番的历史任务。一个十分引人关注的问题是, 我国的能源基础能否支撑经济到 2020 年比 2000 年再翻两番? 在传统化石类能源不断枯竭的严峻事实面前, 建立资源节约型社会、大力开发利用可再生能源、扩大清洁绿色能源在能源结构中的比重, 已摆上我国经济发展的战略重要位置。我国可再生能源分布广泛, 无论是近期还是远期, 因地制宜、就地就近开发可再生能源, 将是调整能源结构、保护环境、增强能源安全、实现可持续发展的战略选择。

《国家中长期科学和技术发展规划纲要 (2006—2020 年)》要求, 到 2020 年, 我国可再生能源在能源结构中的比重, 将从 2006 年的约 7% 提高到 16% 左右。中国具有使用可再生能源的条件和传统, 近年来可再生能源的开发和利用取得长足发展, 以年均超过 25% 的增速成为世界能源领域增长最快的亮点。"十二五" 期间我国的非化石能源利用与消费取得了巨大进步, 截止 2015 年, 非化石能源消费占一次能源消费比重达到 11.4%, 非化石能源发电装机容量达到 30%；我国水电事业继续保持了平稳较快发展，2015 年水电新增容量 1608 万 kW，累计装机容量为 3.19 亿 kW，年发电量 1.11 万亿 kW·h，装机容量和发电量均居世界第一；我国太阳能光伏电池和热水器产量均居世界第一位，截至 2015 年底，光伏发电累计装机容量 4318 万 kW，成为全球光伏发电装机容量最大国，新增装机容量 1513 万 kW，占全球新增装机的 25.0% 以上；2014 年，我国太阳能热水器保有量为 4.14 亿 m^2，与 1998 年的 1500 万 m^2 相比，11 年间增长了约 10 倍，占全球用量的 67.0%；2015 年，全国风力发电累计装机容量达 1.45 亿 kW，占全球风电装机容量的 33.6%；"十二五"末期，我国重启核电站建设项目，我国已建和在建核电装机容量约为 5502.9 万 kW；在生物质能利用方面，以沼气发电、垃圾焚烧发电为主的生物质能发电装机容量达到 1708 万 kW，累计推广户用沼气池近 3507.03 万座，年产沼气达 124.08 亿 m^3。

随着技术和管理水平的不断提高、产业规模的不断扩大，可再生能源在保障能源供应、实现可持续发展等方面将发挥越来越重要的作用。此外，2004 年制定的《中国能源中长期发展规划》已明确指出，要大力开发水电、积极推进核电建设、鼓励发展风电和生物质能等可再生能源，在提供优质、经济、清洁的终端能源的同时，尽量减少能源开发与利用给生态环境造成的负面影响，促进人与自然的和谐发展。为此，我国将以水电、沼气发电、秸秆发电、太阳能供热等常规清洁能源转换成熟技术和风电、光伏发电、燃料电池、微燃机组热—电联产分布供电等具有大规模发展潜力的新技术为重点。因地制宜、多能互补，不断提高可再生能源在我国能源结构中的比重，并使其在解决全国农村的生产、生活用能方面发挥重大作用。

1.2 能源的分类与基本特征

1.2.1 能源的分类

能源是可以直接或通过转换提供给人类所需的有用能的资源。人类利用自己体力以外的能源是从用火开始的。世界上一切形式的能源的初始来源是核聚变、核裂变、放射线源以及太阳系行星的运行。太阳的热核反应释放出极其巨大的能量，射到地球大气层的辐射能量为 174000TW/年，这种辐射实际上为地球和太空提供了用之不竭的能源；太阳的热效应产生风能、水能和海洋能；煤炭、石油、天然气等化石燃料，也是间接来自太阳能；生物质能是植物通过光合作用吸收的太阳能；太阳系行星的运行产生潮汐能。

能源一般是按其形态、特性或转换和利用的层次进行分类，并给予每种或每类能源以专门名称。世界能源理事会（WEC，World Energy Council）推荐的能源分类为：固体燃料，液体燃料，气体燃料，水力，核能，电能，太阳能，生物质能，风能，海洋能，地热能，核聚变能。能源还可分为一次能源、二次能源和终端能源，可再生能源和非再生能源，新能源和常规能源，商品能源和非商品能源等。

1.2.2 能源的基本特征

一次能源是指直接取自自然界未经加工转换的各种能量和资源，它包括原煤、原油、天然气、油页岩、核能、太阳能、水力、风力、波浪能、潮汐能、地热、生物质能和海洋温差能等。一次能源又可以进一步分为可再生能源和非再生能源两大类。可再生能源首先应是清洁能源或绿色能源，它包括太阳能、水力、风力、生物质能、海洋能（波浪能、潮汐能、水下洋流能、海洋温差能）等，它们在自然界中是可以循环再生、取之不完、用之不尽的初级资源，它们对环境无害或危害甚微，且资源分布广泛，适宜就地开发利用，一旦建成不必再有原料的投入。有了可再生能源，人类的文明才有可能世世代代永续传承。非再生能源包括原煤、原油、天然气、油页岩、核能等，它们是不可再生的，用掉一点就少一点。

由一次能源经过加工转换以后得到的能源产品称为二次能源，例如：电力、蒸汽、煤气、汽油、柴油、重油、液化石油气、酒精、沼气、氢气和焦炭等。二次能源是联系一次能源和能源终端用户的纽带。根据能量的表现形式划分，能源又可分为"过程性能源"和"含能体能源"。过程性能源是指能量比较集中的物质在运动过程或流动过程中产生的能量（或称能量过程），如流水、海流、潮汐、风、地震、直接的太阳辐射、电能等；含能体能源是指包含能量的物质，如化石燃料、草木燃料、核燃料等。含能体可以直接储存与运送，而过程性能源是通过物质运动才能释放的能量。当今电能是应用最为广泛的"过程性能源"，柴油、汽油则是应用最广的"含能体能源"。过程性能源和含能体能源是不能互相替代的，各有自己的应用范围。作为二次能源的电能，可从各种一次能源中生产出来，例如煤炭、石油、天然气、太阳能、风能、水力、潮汐能、地热能、核燃料等均可直接生产电能；而作为二次能源的汽油和柴油等则不然，生产它们几乎完全依靠化石燃料能源。随着化石燃料能源消耗量的日益增加，其储量日益减少，终有一天这些资源将要枯竭，这就迫切需要寻找一种不依赖化石燃料的、储量丰富的新的含能体能源。

随着技术过关和经济发展，氢能有可能成为替代柴油、汽油的理想新含能体能源。因为，氢能是取之不尽用之不竭的高密度能源，而氢的最大来源是水，氢燃料电池产生的排出物也是水，江河湖海就是最大的氢矿，氢能源的可再生性为人类提供了取之不尽用之不竭的完美能源。氢能的储运性能好，使用也方便，可转化性优于其他各类能源，安全性也与汽油相当。此外，氢能的获取渠道广泛，太阳能、风能、地热、核能、电能等均可转化成氢加以储存、运输或直接应用，氢是一种理想的载能体——含能体能源。随着科技进步，氢能的开发与利用具有巨大潜力与实际意义。

终端能源指供给社会生产、非生产和生活中直接用于消费的各种能源。终端能源消费量指一定时期内社会生产、非生产和生活消费的各种能源，在扣除了用于加工转换成二次能源的损耗及损失量以后的数量。而能源消费总量包括终端能源消费量、能源加工转换过程的损耗和损失量三部分。

常规能源又称传统能源。已经大规模开采和广泛利用的煤炭、石油、天然气、水能等能源属于常规能源。商品能源是作为商品经流通环节大量消费的能源。目前，商品能源主要有煤炭、石油、天然气、电能与核能等5类。非商品能源主要指枯柴、秸秆等农业废料、人畜粪便等可就地利用的能源。非商品能源在发展中国家的农村地区能源供应中占有很大比重。2003年中国农村居民生活用能源中有56%是非商品能源，到2010年这一数据下降至35%。

1.2.3 新能源及主要特征

新能源是指技术上可行，经济上合理，环境和社会可以接受，能确保供应和替代常规化石能源的可持续发展的能源体系。广义化的新能源包含两个方面：①新能源体系，包括可再生能源（风能、太阳能、生物质能、水能、海洋能）和地热能、氢能、核能；②新能源利用技术，包括高效利用能源、资源综合利用、替代能源、节能等新技术。自上世纪90年代以来，由能源紧张带来的"新能源"讨论，早已超出了技术范畴，上升为社会与经济命题。

对于"新能源"的定义长期以来存在着误区，人们对于"新能源"的认识有过于狭义化的趋势。所谓"新能源"包涵着狭义和广义的两层定义，关键是对"新"字的界定对象和理解。"新"与传统的"旧"能源利用方式和能源系统相对立，"新"不仅区别于工业化时代以化石燃料为主的传统能源利用形态，而且区别于传统的只强调转换端效率，不注重能源需求侧的综合利用效率；只强调经济效益，不注重资源、环境代价的传统能源利用理念。

目前对于新能源的狭义化定义，主要是将新能源局限在可再生能源技术之中。客观地说，仅仅谈可再生能源，而不强调"新"与"旧"的本质区别，会在新能源开发与利用中具有很大局限性。严格地讲，可再生能源不是新的能源体系和能源利用形式，在人类还没有大规模利用化石能源的工业革命以前，我们的祖先在大约一万年前的旧石器时代就学会火的使用并发明了钻木取火，人类后来又学会利用自然能（风能、太阳能、水能、地热能）征服和改造世界，是可再生能源一直支撑着人类的文明进程。因此，可再生能源是最古老的能源利用方式，只是今天当人类无法承受化石能源所带来的环境和资源的巨额代价时，才重新赋予可再生能源以"新"的含义，它的新不在于它的形式，而在于它在今天对于环境和资源利用的新的意义。显然，对赋予环境和资源新的意义的能源利用方式，不应该仅仅局限于可再生能源利用。

18世纪60年代，随着蒸汽机的发明和应用，人类第一次产业革命从英国开始蔓延到世界各国，促使世界能源结构发生第一次大转变，即从薪柴转向以煤炭为主。从20世纪20年代开始，世界能源结构发生了第二次大转变，即从煤炭转向石油和天然气。然而，传统规模化的能源生产利用形态造成了一系列的问题：①人类面临严峻的化石能源短缺，支撑能源生产规模效益的代价是对高密度化石燃料能源的大规模开采，导致化石类燃料资源日益枯竭，国际石油价格不断升高；②终端能源利用效率无法提高，转换成本加大，输送能源的电网、热网、铁路、管网等都要加大，中间损失自然会增加；③必须大规模利用资源，一方面造成小规模的资源被忽略或浪费，另一方面被资源的规模所局限，造成利用资源供应瓶颈；④由于效率无法提高，导致环境污染加剧，特别是集中排放二氧化硫造成酸雨问题和大量排放温室气体导致全球变暖，造成极端气候变化频发，不是酷暑就是严寒，又进一步加大了能源的消耗，使整个能源系统和生态系统同时陷入恶性循环。因此，人类需要在能源问题上寻找到一条新的出路，需要有多种新的能源转换利用形态，建立多个新的能源供应系统，来解决人类文明的可持续发展。这就是广义化的"新能源"。

新的技术必然要替代落后的生产方式，这是不以人们意志为转移的。蒸汽机动力代替牲畜，内燃机代替蒸汽机，新的能源体系和由新技术支撑的能源利用方式，以及新的能源利用理念最终会代替传统的能源利用方式。广义化的新能源体系主要包涵以下几个方面：①高效利用能源；②资源综合利用；③可再生能源；④清洁替代能源；⑤节能。

1.2.4　分布式能源及主要特征

1. 分布式能源

国际分布式能源联盟（WADE，World Alliance for Decentralized Energy）对"分布式能

源"给出的定义是，由下列发电系统组成，这些系统能够在消费地点或很近的地方发电，并具有：①高效的利用发电产生的废能生产热和电；②现场端的可再生能源系统；③包括利用现场废气、废热以及多余压差来发电的能源循环利用系统。这些系统就称为分布式能源系统，而不考虑这些项目的规模、燃料或技术，以及该系统是否连接电网等条件。

换言之，分布式能源是一种建在用户端的能源供应方式，既可独立运行，也可并网运行，而无论规模大小、使用什么燃料或应用的技术。分布式能源高效、节能、环保，目前许多发达国家已可以将分布式能源综合利用效率提高到90%以上，大大超过传统能源利用方式的效率。因此，今后新能源利用技术的重要表现形式是分布式能源利用技术。首先，分布式能源技术对能源的利用方式与传统的能源利用存在很大的区别，它不再追求规模效益，而是更加注重资源的合理配置，追求能源利用效率最大化和效能的最优化，充分利用各种资源，就近供电供热，将中间输送损耗降至最低。由于小型化和微型化，使能源需求者可以根据自己对于多种能源的不同需求，设置自己的能源系统，调动了终端能源用户参与提高能源利用效率的积极性。此外，分布式能源可以和终端能源用户的能源需求系统进行协同优化，通过信息技术将供需系统有效衔接，进行多元化的优化整合，在燃气管网、低压电网、热力管网和冷源管网上，以及信息互联网络上实现联机协作，互相支持平衡，构成一个基于物联网技术的多元化智能微电网系统，使电力供应与用户实际需求柔性匹配。许多发达国家认为，分布式能源是信息能源系统的核心环节，并称之为第二代能源系统。

目前所谓的分布式能源系统通常由新能源发电、电能存储与传输三部分组成。其发电形式并非指采用柴油发电机组的紧急备用电源或燃煤的自备小火力发电厂等，而是指以天然气、煤层气或沼气等清洁能源为燃料的燃气轮机、内燃机、微型燃气轮机发电，太阳能光伏发电，以氢气为燃料的燃料电池发电，生物质能发电，小型风力发电等多种形式的供电，并与储能相结合，为现场用户提供灵活、稳定、安全的电能。由于其在效率、能源多样化、环保、节能等多方面的优越性，再加上电力市场化的快速发展进程，已使分布式发电技术获得广泛关注，并在某些方面获得巨大进展（内燃机、微型燃气轮机发电，屋顶光伏发电，沼气发电，燃料电池发电等）。随着分布式能源水平的提高，各种分布式电源设备性能不断改进和效率不断提高，分布式发电的成本也在不断降低，分布式能源的应用范围将不断扩大，可以覆盖到包括办公楼、宾馆、商店、饭店、住宅、学校、医院、福利院、疗养院、大学、体育场馆等多种场所。

目前，国际公认的两个具有发展前途、重要的分布式能源利用形式：一个是微型燃气发电机组，这是实现热电联产、高效利用能源和节能的最主要形式；另一个是燃料电池技术，这也是未来最主要的分布式能源利用技术方向之一。

微型燃气发电机组是理想的能源转换载体，它的优点是靠近需求侧，将输送损耗降至最低，并能充分利用低品位的热能，将燃料燃烧温度的利用空间进一步扩大，有效实现了"分配得当，各得其所，温度对口，梯级利用"。氢的提取与来源极其广泛，氢燃料电池的能源利用效率更高，污染更小（可以在能源转换现场实现零排放）。理论上，燃料电池使用的是氢能，属于可再生能源，但自然界中可以直接利用的氢并不存在，氢能属于二次能源，制氢需要其他外部能量实现。利用太阳能和风能制氢，或者利用生物细菌制氢，还仅仅停留在理论或试验阶段，缺乏广泛的经济性和可操作性。现实的技术方向还是如何利用天然气、煤气化、甲醇、乙醇等能源，特别有前途的是利用废弃的地下煤炭资源进行地下可控气化再制氢技术。燃料电池不仅可以解决人类发展的电力难题，同时也可以解决对石油的替代难题。虽然大多数燃料电池并不依赖可再生能源，但就燃料电池技术而言属于新能源。此类例子非常之多，他们都是立足于新技术、新工艺，或者新理念构架的新型的能源利用技术，虽然不是可再生能源，但是针对传统的大规模集中生产的能源系统而言，分布式能源可以显著提高能源的综合利用效率，有效减少污染的排放。

2. 分布式能源主要特征

分布式能源可使用天然气、煤层气等清洁燃料，也可以利用沼气、焦炉煤气等废弃资源，甚至利用风能、太阳能、水能等可再生能源。由于目前的分布式能源项目多建在城市，所以大部分分布式能源系统的燃料多为天然气或柴油。分布式能源的主要特征有：

（1）高效性　由于分布式能源可用发电后工质的余热来制热、制冷，因此能源得以合理的梯级利用，可根据自己所需向电网输电和用电，从而可提高能源的综合利用效率（可达60%～90%）；由于其投资回报的周期较短，因此投资回报率高，可降低一次性的投资和成本费用；靠近用户侧的安装可就近供电，因此可降低网损（包括输电和配电网络的损耗）。

（2）环保性　采用天然气做燃料或以氢气、太阳能、风能为能源，可减少有害物的排放总量，减轻环保的压力；就近供电减少了大容量远距离高电压输电线的建设，由此减少了高压输电线的电磁污染，也减少了高压输电线的线路走廊和相应的征地面积，减少了对线路下树木的砍伐。分布式能源系统由于实现了优质能源梯级合理利用，能效可达80%以上，超过燃煤火力发电机组一倍，SO_2和固体废弃物排放几乎为零，温室气体（CO_2）减少50%以上，NO_x减少80%，总悬浮颗粒物（TSP）减少95%，占地面积与耗水量减少60%以上。

（3）能源利用的多样性　由于分布式能源可利用多种能源，如洁净能源（天然气）、新能源（氢）和可再生能源（生物质能、风能和太阳能等），并同时为用户提供电、热、冷等多种能源应用方式，因此是节约能源、解决能源短缺、能源互补和能源安全问题的好途径。

（4）调峰作用　夏季和冬季往往是电力负荷的高峰时期，此时如采用以天然气为燃料的燃气轮机等热、冷、电三联供系统，不但可解决冬夏季的供热与供冷的需要，同时也提供了一部分电力，由此可降低电力峰荷，起到电力调峰的作用。此外，由于将天然气作为一种恒定的燃料源用于发电，部分解决了天然气供应周期每日、不同季节峰谷差过大的问题，发挥了天然气与电力的互补作用。

（5）安全性和可靠性　当大电网出现大面积停电事故时，采用特殊设计的分布式发电系统仍能保持正常运行。虽然有些分布式发电系统由于燃料供应问题或辅机的供电问题，在大电网故障时也会暂时停止运行，但由于其系统比较简单，易于再启动，有利于大电力系统在崩溃后的再启动，由此可提高供电的安全性和可靠性。

（6）减少国家输配电投资　采用就地组合协同供应的模式，可以节省电网投资、降低运行费和线路损耗。

（7）解决边远地区供电　由于我国许多边远及农村地区远离大电网，因此难以从大电网向其供电，采用太阳能光伏发电、小型风力发电和生物质能发电的独立发电系统不失为一种优选的方法。

1.3　新能源发电——能源转换的重要形式

1.3.1　新能源发电技术的应用

　　风力发电——风力发电经历了从独立发电系统到并网系统的发展过程，大规模风力发电系统的建设已成为发达国家风电发展的主要形式。当前国外风电市场上的主力机型是 1 ~ 3MW，2007 年全球新装机组的单机平均功率为 1.49 兆瓦，兆瓦级的风电机组当年装机容量占到总装机容量的 95.7%。随着海上风电的迅速发展，单机容量为 3 ~ 6MW 的风电机组已进入商业化运行。美国 7MW 风电机组已研制成功，西班牙 8MW 风电机组已开始地面试验，英国 10MW 机组也正在设计中，在未来更大规模的海上风电场建设必将到来。目前研发重点主要集中在：提高大型风力发电场与现有电网联网的安全性；继续开发可靠的风力预报方法；开展与风能开发相配套的生态影响研究；大力发展海上风力发电等。目前，风力发电建设投资已低于核电投资，建设周期短，其成本与煤电成本接近，因而具有很大的竞争潜力。

　　太阳能发电——太阳能光伏发电最早用于缺电地区，上世纪 80 年代开始研究联网问题。目前，在世界范围内已建成多个 MW 级的并网光伏电站。2004 年 9 月，总功率为 5MW 的世界最大的太阳能发电站在德国莱比锡附近落成，2009 年 8 月，总功率为 80.7MW 的世界最大的太阳能发电站——德国利伯罗瑟太阳能发电站落成，2016 年 2 月全球规划装机容量最大的太阳能发电站——摩洛哥瓦尔扎扎特-努尔 580MW 太阳能发电站首期工程在瓦尔扎扎特正式投入使用。2015 年，全球光伏市场强劲增长，新增装机容量超过 50GW，同比增长 16.3%，累计光伏容量超过 230GW。传统市场如日本、美国、欧洲的新增装机容量将分别达到 9GW、8GW 和 7.5GW，依然保持强劲发展势头。新兴市场不断涌现，光伏应用在东南亚、拉丁美洲诸国的发展迅猛，印度、泰国、智利、墨西哥等国装机规模快速提升，如印度在 2015 年将达到 2.5GW。

　　燃料电池发电——美国每年投资数亿元开发燃料电池，掌握了许多独创和先进技术。日本也大力开展燃料电池及发电技术的研究，加拿大、韩国以及欧洲许多国家也在燃料电池的研究与应用上取得了很大进展。目前，全球燃料电池市场仍由北美主导，其次是欧洲和日本，除了日本的亚洲其他地区则主要是我国和韩国，近年来对燃料电池的发展投入了巨大的热情。我国的燃料电池研究始于 1958 年，20 世纪 70 年代在航天事业的推动下，燃料电池的研究曾呈现出第一次高潮，研制成功的碱性石棉膜型氢氧燃料电池系统通过了航天环境模拟试验。我国燃料电池领域经过几十年的积累和发展，已初步形成了一支学科专业较为齐全的研究与开发队伍，研究条件明显改善。

　　生物质发电——巴西作为开发生物质能源的强国，2004 年以甘蔗为原料生产的酒精出口量已达 20 亿升；并于 2004 年 11 月批准在石油、柴油中添加 2% 的生物柴油，此比例数年内还将提高到 5%；优先在最贫困的东北部地区种植蓖麻原料，生产生物柴油，以实现保障能源供给和农民脱贫的双重目的。截至 2005 年，它的生物质能源比例已占全部能源的 29%，而同期世界的生物质能源应用比例仅为 11%。2014 年全球生物质及垃圾发电累计装机容量与 2013 年相比增长 10%，其中中国、巴西及美洲其他地区是增长的主要驱动力。欧洲仍是全球最大的生物质及垃圾发电市场，2014 年累计装机容量达 27.6GW，美国和巴西

2014 年生物质及垃圾发电累计装机容量分别为 13.7GW 及 13.5GW，分列二、三位。中国以 10.7GW 位列第四，但显现了更高的增长速度。

核能发电——根据世界核协会（WNA）2015 年 6 月 1 日的报告，2015 年 6 月世界上运行的反应堆有 437 座，我国占 26 座，次于法国、美国、日本和俄罗斯等 4 个国家，2014 年核能发电占发电总量的 11.5%。2010 年 5 月，国际原子能机构总干事天野之弥在讨论《不扩散核武器条约》的会议上指出，核能作为一种清洁、稳定且有助减缓气候变化影响的能源，正被越来越多的国家所接受。目前全世界共有 60 多个国家考虑发展核能发电，预计到 2030 年将有 10~25 个国家首建核电站。欧盟委员会交通和能源部门 2004 年起草的一份报告称，如果不修建新的核电站，欧盟将不能实现《京都议定书》规定的温室气体减排目标。报告认为，在今后 25 年内，欧盟需增加 100GW 核电，才能实现减少温室气体排放目标，这意味着需修建 70 多座新的核电站。

燃气发电——根据用户能源使用性质、资源配置等不同情况，由燃气管网将天然气、煤层气、地下气化气、生物沼气等一切可以利用的资源就近送达用户。由小型燃机、微型燃机、内燃机、外燃机等各种传统的和新型发电装置组成热电联产或分布式能源供给系统。丹麦、荷兰、德国、美国、英国等国家已推广应用。根据 IEA 发布的 2014 年全球能源展望报告：2014~2035 年间燃气发电新增装机容量预计在 1270GW，到 2035 年燃气发电总装机容量将达到 2450GW，年发电能力达到 8300 TW·h。

其他还有小水力发电、地热能发电、海洋能发电等新能源转换利用。

1.3.2　我国新能源发电的现状

进入 21 世纪以来，我国新能源产业发展十分迅速。光伏产业在 2005 年之后进入高速发展阶段，连续 5 年的年增长率超过 100%。自从 2007 年开始，我国光伏电池的产量已连续多年稳居世界首位。2010 年，我国光伏电池产量超过了全球总产量的 50%。2015 年，我国太阳能发电新增装机容量 1528 万 kW，创历史新高，连续第三年新增装机超过 1000 万 kW。"十二五"期间，太阳能光伏发电量年均增长 229%。目前，已有数十家光伏公司分别在海内外上市，行业年产值超过 3000 亿元人民币，直接从业人数超过 30 万人。技术方面，太阳能电池制造水平比较先进，实验室效率已经达到 25%，一般商业电池效率是 15%~18%。掌握了包括太阳能电池制造、多晶硅生产等关键工艺技术，设备及主要原材料逐步实现国产化，产业规模快速扩张，产业链不断完善，制造成本持续下降，具备较强的国际竞争能力。

20 世纪 80 年代中后期以来，我国联网风电场建设迅速发展。经历十余年的发展，我国已成为全球最大的风电市场。根据 CWEA 与 GWEC 统计，2009~2014 年，我国每年新增风电装机容量连续 5 年居全球首位。2014 年，我国新增装机容量 23196MW，同比增长 44.17%，占全球当年新增装机容量的 45.36%，全球排名第一。2014 年我国累计风电装机总容量 114609MW，占全球累计风电装机容量的 31.01%，也居全球第一。近十年我国风电场建设发生了重大战略转变，实现了从新疆、内蒙为主的内陆过渡到沿海大型风电场的建设。2010 年，首批海上风电项目——上海东海大桥 100MW 完成组装，安装了 34 台国产 3MW 风力发电机组。截至 2015 年底，中国已建成的海上风电项目装机容量共计 1014.68MW，根据沿海省份编制的规划，海上风电的装机容量预计将在 2020 年达到 3280 万 kW。按照《中国风电发展报告 2010》的预测，到 2020 年，中国风电累计装机将达到 2.3 亿 kW，相当于 13 个三峡电站；总发电量可达 4649 亿 kW·h，相当于取代 200 个火电厂。

2015 年我国地热发电站总装机容量 100MW 左右，其中西藏羊八井、那曲、郎久三个地热电站规模较大。我国第一大地热发电站羊八井地热电站经过 30 多年的开发建设，目前电站总装机容量已达 25MW，累计发电超过 24 亿 kW·h。目前我国共有八座潮汐电站建成运行，容量 5.4×10^4 kW，最大的是 20 世纪 80 年代建成的浙江江厦电站，装机容量为 3.2MW。我国地源热泵工程应用不断扩展面积，2007 年增长了近 1800 万 m^2，2008 年增长了 2400 万 m^2，2009 年更增长了 3870 万 m^2，全国地源热泵总利用面积已达 1.007 亿 m^2，至 2014 年已达约 3.6 亿 m^2，近 5 年内平均年累进增长为 27%。

生物能发电在我国尚处于起步阶段，蔗渣/稻壳燃烧发电、稻壳气化发电和沼气发电等技术已得到应用，总装机容量约 800MW。深圳垃圾发电厂已运行 10 多年，为垃圾发电在我国的发展积累了一定的经验，这将为解决我国城市垃圾处理问题带来新的希望和契机。2015 年，我国垃圾发电装机容量为 530 万 kW。预计到 2021 年，我国垃圾发电装机容量为 1347 万 kW。广阔的投资前景吸引大批民间资本和国际资本参与其中，垃圾发电产业正面临历史性发展机遇。

自 20 世纪 90 年代中期以来，我国在燃料电池研究方面取得了较大的进展。燃料电池技术列入了国家应用研究与发展重大项目计划，其研究目标直指国际水平。2004 年"第二届国际氢能论坛"在北京召开，世界各大汽车公司、氢能源开发企业和研究机构 500 多位专家与会，共同探讨氢能及燃料电池技术的发展战略和市场化前景。国家在"十三五"初期提升了对燃料电池的补贴，从补贴 18 万元提升至 20 万～50 万元，并持续到 2020 年不进行退坡，相比锂电池电动车面临的 20% 的退坡，显示出发展燃料电池车的决心。在《中国制造 2025》中明确了支持燃料电池汽车发展，推动自主品牌节能与新能源汽车与国际先进水平接轨的发展战略，提出三个发展阶段：第一是在关键材料零部件方面逐步实现国产化；第二是燃料电池和电堆整车性能逐步提升；第三是要实现 2020 年燃料电池车的运行规模扩大到 1000 辆，到 2025 年制氢、加氢等配套基础设施基本完善。

由于小水电站投资小、风险低、效益稳、运营成本比较低，在国家各种惠农政策和优先水力设施建设的鼓励下，全国掀起一股投资建设小水电站的热潮。尤其近年来，由于全国性缺电严重，民企投资小水电如雨后春笋，悄然兴起。目前全国建成农村小水电站 4.7 万座，总装机超过 7500 万 kW，相当于 3 个三峡电站的装机容量。从 2003 年开始，特大水电投资项目也开始向民资开放。根据国务院和水力部制定的"十一五"和"十二五"发展规划，我国将对民资投资小水电以及小水电发展给予更多优惠政策。"十三五"期间，将大力扶持贫困地区小水电开发，加快推进绿色水电建设，完成全球环境基金资助的增效扩容项目，严格落实生态环保要求，助力"民生水电、平安水电、绿色水电、和谐水电"的科学开发和可持续利用。

预计到 2020 年，我国核能发电能力将增加到 40kMW，投资金额高达 300 亿美元。21 世纪前 50 年，核能开发技术和开发时序预期为：2000～2020 年重点开发先进核反应堆技术；2020～2030 年重点开发快中子堆技术；2030～2040 年重点开发加速器驱动亚 1 临界系统；2040～2050 年重点开发受控核聚变技术。2016 年，我国大陆核电总装机容量 5500 多万 kW，居世界第四。其中在建核电机组 20 台，在建核电机组规模居于世界首位，2030 年预计达到

1.34 亿 kW；由于 2030 年以后不确定因素较多，如果核燃料立足国内，则可发展快中子堆和热中子堆核电站，核电装机能力可达 1.2 ~ 2.4 亿 kW。

1.4 新能源发电与控制技术的经济意义

随着我国经济持续高速增长，人民生活不断向小康迈进，国际地位不断提升，我国经济已进入新一轮上升期。由于经济高速发展的需求及要求 GDP 长期保持在 8% 左右的增长速度，造成对能源的巨大需求，能源问题已成为遏制我国长期发展的战略瓶颈。与欧美发达国家甚至许多发展中国家相比，我国目前能源战略优势明显不足，加快进入新能源经济时代，是我国摆脱百年来科技和能源战略落后的最佳切入点。

1.4.1 能源是经济发展的引擎

1. 世界能源消费现状和发展趋势

2015 年，全球能源消费总量达到 131.5 亿吨油当量。据英国石油（BP）公司预测，2013 ~ 2035 年世界一次能源需求年均增长率为 1.4%，2035 年将达到 174.4 亿吨油当量。日本、欧盟等能源机构预计，全球能源消费峰值将出现在 2020 ~ 2030 年。

在本世纪内，全球化石燃料类能源的枯竭是不可避免的。《BP 世界能源统计 2016》的数据表明，至 2015 年底的探明石油储藏量为 16975 亿桶，包括加拿大正在积极开发的油砂和委内瑞拉上调的储量。以 2015 年生产量为基准，全球储藏量可以满足开采 50.7 年。按照同样的基准，天然气储量可开采 52.8 年，煤炭为 114 年。据预测，未来石油需求增长的大多数将来自运输部门，运输部门占全球石油需求的份额将从现在的 47% 增加到 2030 年的 54%。同时指出，CO_2 排放也将增多，减排温室气体是一个严峻的挑战。

面对愈加严峻的国际能源供给市场形势，新能源转换技术作为一门涉及多学科的新兴技术，已日益受到国际社会的青睐。自上世纪 90 年代以来，新能源利用发展很快，世界上许多国家都把新能源转换作为能源政策的基础。到 2015 年，全世界至少已有 120 个国家制定了各种可再生能源促进政策；至少有 32 个国家和 5 个地区，施行了鼓励新能源转换的强制上网政策。从世界新能源的利用与发展趋势看，风能、太阳能、生物质能和燃料电池（主要在运输领域）产业前景最好，其开发利用增长率远高于常规能源。风力发电技术成本最接近于常规能源，因而也成为产业化发展最快的清洁能源技术。

国际能源署的研究资料表明：2015 年，水电、核电、太阳能、风能、地热能、海洋能、生物质能等可再生能源在全世界的能源消费中已占 14% 左右。在大力鼓励新能源进入能源市场的条件下，到 2020 年，利用新能源（不包括传统生物质能和大水电）发电将占全球电力消费的 20%，可再生能源在能源消费中总的比例将达 30%，无论从能源安全还是环境要求来看，可再生能源将成为新能源的战略选择。

2. 我国能源消费现状与发展趋势

我国作为全球能源生产和消费市场日趋重要的组成部分，目前的能源消费已占世界能源消费总量的 22.9%。2015 年能源消费总量增长了 1.5%，达到 43.8 亿吨标准煤，一次能源生产总量 35.8 亿吨标准煤，能源消费和生产都居世界第一位。在能源消费结构中，煤炭燃料占 63.7%，油品燃料占 18.6%，天然气占 5.9%，水电、核电及可再生能源占 11.8%。

目前我国主要能源煤炭、石油和天然气的储采比分别约为31、11.7和近27.8，分别占全球平均水平的27%、23%和53%左右，均大于全球化石能源枯竭速度。目前，我国煤炭产量基本能够满足国内消费量，原油和天然气的生产则不能满足需求，特别是原油的缺口最大。我国要学习借鉴发达国家的技术和经验，大力推进新能源政策；注重能源资源的节约，提高能源综合利用率，加快可再生能源的开发利用；积极开发水能、风能、太阳能、生物质能、核能等多种新能源转换技术，把利用新能源作为能源安全战略的重要组成部分，积极予以发展，逐渐降低对石油的依赖程度。

我国幅员辽阔，地质特征多样，无论是水能、风能还是太阳能，资源储量都十分丰富，开发潜力巨大，但由于这些资源大部分分布在西北、西南、中南等非经济发达地区，加之新能源开发利用投资大、技术水平要求高、回收期长等特点，造成我国对新能源的利用现状并不十分乐观，利用率仍然较低，因此推动新能源利用的快速发展已成当务之急。在我国能源生产难以短期内大幅度提高的基础上，我国政府一方面号召全社会大力提高能源利用效率、节约资源；另一方面，对新能源的开发利用加大了支持力度。随着我国"十三五"规划、《中华人民共和国可再生能源法》《国家中长期科学和技术发展规划纲要（2006～2020年）》等纲领性文献、政策、法规的相继出台，为新能源综合利用和开发提供了法律依据。同时，也明确提出加快新能源开发，并出台了相关优惠政策和配套资金支持。

3. 我国可持续发展战略与新能源利用

我国政府已确定从2006～2020年，将全面实现小康的建设目标。这期间也是我国工业化和现代化的重要时期。2014年，国内生产总值达到63.6万亿多元，"十三五"时期，国内GDP每年平均增长速度需保持在6.5%以上，到2020年GDP总量将超过110万亿元；人均GDP将由2005年的1700美元提高到15800美元。参照改革开放以来能源消费的弹性系数平均为0.54，能源消费年均增长速度按3.75%计算，到2020年，中国能源消费总量约达到47.2亿吨标准煤。

要完成到2020年的建设目标，能源、资源和环境是最大的制约因素。中央提出了转变增长方式，建设资源节约型、环境友好型社会的要求，2020年能源消耗总量有望降至31亿吨标准煤。随着国家相关支持政策的出台，以及国际能源价格上涨趋势的影响，新能源利用技术发展日趋成熟，成本不断下降，必然导致新能源在我国的开发利用率不断提高。到本世纪中期，无论国际上，还是我国，新能源利用必然成为传统燃烧类化石能源的替代品。新能源利用从广义化概念讲，应包括以下3个方面：

（1）综合利用能源　以提高能源利用效率和节能为目标，加快转变经济增长方式。我国现有的能源利用效率较低，每单位能源消耗所创造的GDP仅相当于发达国家的1/4左右，能源利用效率低的主要原因在于产业结构不合理，高耗能产业（冶金、水泥、交通运输）等比重过高，而耗能低、附加值高的产业（电子信息、精密制造、第三产业）比重较低。由于长期以来单纯追求经济增长速度和产品数量，忽视产品质量和经济效益，形成了以高消耗、高投入、低效益为特征的粗放式增长方式。尽管近10年来，在转变经济模式增长方式上国家作出很大努力，但成效尚不明显。从"十一五"开始，我国已确定大力调整产业结构，提高消耗能源少的技术密集型产业在工业中所占的比重；同时大力发展第三产业，通过结构调整实现能源的节约。

（2）替代能源　以发展煤炭洁净燃烧技术和煤制油产业为目标，降低对石油进口的依赖。我国煤炭储量在常规化石能源中占90%以上，已探明的煤炭保有储量超过1万亿吨，可采储量在1800亿吨以上。煤多油少是我国能源赋存结构的基本特点，确立中国的能源安全战略，必须从这一基本条件出发。预计到2020年，煤炭消耗在一次能源结构中仍然会占60%以上。解决燃料油供给问题，可立足于从煤炭液化技术找出路。这类项目的大规模展开，将有助于缓解石油进口的压力。此外，在煤炭深加工、高效燃烧及先进发电、燃烧污染控制与废弃物处理等洁净煤技术等领域也应加快推广，使煤炭资源得到合理有效利用，使之在未来较长时期内的能源供给中继续发挥主要作用。

（3）新能源转换 大力发展以可再生能源为主的新能源利用体系，调整、优化能源结构。新能源体系包括：水能、太阳能、风能、生物质能和海洋能等可再生能源；地热能、氢能、核能等清洁、高效能源。我国的水力发电已经发展成为成熟的产业。截至2015年底，我国投入运行的核电机组共30台，居世界第五；在建的为24台，在建核电机组数量世界第一。风力发电产业无论是发展速度还是生产规模均超出预期，到2015年风电总装机容量已居世界第一位，而光伏发电和太阳能热水器产量均居世界第一位。在过去的10年中，新能源发电已成为我国发展最快的新兴产业之一。

1.4.2 新能源发电的经济意义

1. 新能源转换的资源保障

（1）光伏发电 是利用光伏电池将太阳产生的光能直接转换成电能的发电形式。太阳能的转换利用方式有光—热转换、光—电转换和光—化学转换三种方式。从地球蕴藏的能源数量来看，自然界存在无限的能源资源。仅就太阳能而言，太阳每秒钟辐射到地球表面的能量就相当于500多万吨标准煤燃烧释放的热量。这相当于一年中仅太阳能就有130万亿吨标准煤的热量，大约为全世界目前一年耗能的1万多倍。太阳能是各种可再生能源中最重要的基本能源，也是人类可利用的最丰富的能源。太阳每年投射到地球表面上的辐射能高达$1.05 \times 10^{18} \mathrm{kW \cdot h}$（$3.78 \times 10^{24} \mathrm{J}$），相当于$1.3 \times 10^6$亿吨标准煤。按目前太阳的质量消耗速率计，可维持$6 \times 10^{10}$年。所以说，它是"取之不尽，用之不竭"的能源。但如何合理利用太阳能发电，提高光—电转换效率，降低开发和转化成本，是太阳能发电与控制技术面临的重要课题。

（2）风能发电 是利用风力发电机组将风能转换为电能的发电形式。最古老的风能利用是人类利用风力机将风能转化为热能、机械能等各种形式的能量，用于提水、助航、制冷和制热等，风力发电是现代风能利用最主要的形式。我国的风能总储量估计为$1.6 \times 10^9 \mathrm{kW}$，列世界第三位，有广阔的开发前景。但风能是一种自然能源，由于风的方向及大小都变幻不定，因此其经济性和实用性由风车的安装地点、方向、风速等多种因素综合决定。

（3）核能发电 是利用核反应堆释放出的核能量进行发电的形式。核能又称原子能，是原子核结构发生变化时释放的能量。以目前的技术水平而言，人类利用核能的方式主要有两种：重元素的原子核发生分裂反应（又称核裂变）与轻元素的原子核发生聚合反应（又称核聚变）时放出的能量，它们分别称为核裂变能和核聚变能。核能是快速发展的新能源，对于核能人们有许多误解，其实核能发电是一种清洁、高效的能源获取方式。核裂变的燃料是由铀、钍等元素提供，核聚变的燃料则由氘、氚等物质供给。有些物质，例如钍，本身并非核燃料，但经过核反应可以转化为核燃料。把核燃料和可以转化为核燃料的物质总称为核资源。

（4）小水力发电　小水力发电简称小水电，是指装机容量 50000kW 以下水电站及其配套电网的统称。因此，小水电也包括小小型（容量在 101~500kW）和微型（小于 100kW）水电站（小小型和微型电站一般完全局限于局部地区供电）。小水电开发灵活，可以分散开发、就地成网、分布供电。开发容量根据需要，从几、几十、几百 kW 到上万 kW。能为户、村、乡（镇）及县（市）提供所需电力，具有极强的适用性和辐射性。是国际上大力提倡的清洁可再生的绿色能源，在环境保护、扶贫及提供农村能源等方面均具有显著作用。

（5）生物质能发电　是利用生物质转换过程形成的生物质气、油通过燃烧发电的形式。生物质能是蕴藏在生物质中的能量，是绿色植物通过叶绿素将太阳能转化为化学能而储存在生物质内部的能量。目前广泛使用的化石能源如煤、石油和天然气等，也是由生物质能转变而来的。生物质能是可再生能源，通常包括木材及森林工业废弃物、农作物及其废弃物、水生植物、油料植物、城市和工业有机废弃物、动物粪便等。在世界能耗中，生物质能约占 14%，在不发达地区占 60% 以上。全世界约 25 亿人的生活能源的 90% 以上是生物质能。生物质能的优点是易于燃烧，污染少，灰分较低；缺点是热值及热效率低，直接燃烧生物质的热效率仅为 10%~30%，体积大而不易运输。

（6）海洋能发电　是利用海洋的各种能量，直接将其转换为电能的形式。海洋能通常指蕴藏于海洋中的可再生能源，主要包括潮汐能、波浪能、海流能、海水温差能、海水盐差能等。海洋能蕴藏丰富、分布广、清洁无污染，但能量密度低、地域性强，因而开发困难，并有一定的局限性。对海洋能量开发利用的方式主要就是发电，其中潮汐发电和小型波浪发电技术已经实用化。波浪能发电利用的是海面波浪上下运动的动能。1910 年，法国的普莱西克发明了利用海水波浪的垂直运动压缩空气，推动风力发动机组发电的装置，把 1kW 的电力送到岸上，开创了人类把海洋能转变为电能的先河。目前世界上已开发出 60~450kW 的多种类型的波浪发电装置。

（7）地热能发电　是利用高温地热资源进行发电的形式。地热是指来自地下的热能资源。地热起源于地球的熔融岩浆和放射性物质的衰变。地下水的深处循环和来自极深处的岩浆侵入到地壳后，把热量从地下深处带至近表层。在有些地方，热能随自然涌出的热蒸汽和水而到达地面。通过钻井，这些热能可以从地下的储层引入水池、房间、温室和发电站。我们生活的地球是一个巨大的地热库，仅地下 10km 厚的地层，储热量就达 1.05×10^{26}J，相当于 9.95×10^{15}t 标准煤所释放的热量。但由于地热田的分布一般远离人口密集的城镇，要利用这些资源就存在蒸汽或热水长距离输送的困难。电力输送受这一因素影响较少，因而有高温地热资源的国家对地热发电给予了高度重视。

（8）氢能发电　主要是用电解法、热化学法、光电化学法、等离子体化学法等制备氢气，再经燃烧或制成氢燃料电池发电的形式。在宇宙中氢是最丰富的物质，氢在自然界多以化合物形态出现。因此，欲获得大量的单质氢只有依靠人工制取。氢的最大来源是水，特别是海水，根据计算，9t 水可以生产出 1t 氢及 8t 氧，而氢与氧的燃烧产物就是水。氢燃料电池是替代化石能源，是用作各种交通运输工具、飞行器的理想清洁能源。但受技术条件制约，目前制氢成本较高。因此，获得大量廉价的氢能，将取决于是否能实现低能耗、低成本的规模制氢方法。

2. 新能源转换的经济意义

新能源市场化中遇到的最大障碍就是成本偏高，当前还无法与化石能源的成本竞争。此外，人类开发与利用新能源尚受到社会生产力、科学技术、地理原因及世界经济、政治等多方面因素的影响与制约。包括可再生能源在内的巨大的新能源市场，目前有效利用的仅占微小比例。人类能源消费的剧增，化石燃料的匮乏乃至枯竭，以及生态环境的日趋恶化，迫使人类不得不思考能源的短缺问题。

目前除水电外，最有竞争潜力和增长速度最快的是风能和太阳能发电。据全球风能理事会（GWEC，Global Wind Energy Council）于2016年2月发布的统计报告称，2015年全球风力发电能力增长22%，风力发电新增设备发电量为63GW，使总累计能力达到432.4GW。2015年，我国从2014年的114.6GW增长到145.1GW，在累计装机容量上超越了欧盟，位居全球风电市场首位；印度新增风电能力2623MW，这使印度的累计装机容量超越了西班牙，成为全球第四，位列中国、美国和德国之后；日本稍有增长，加上韩国和我国台湾地区，使亚洲成为年度风电发展最快的地区市场。在美国，2015年第四季度实现5GW以上的装机的确业绩不俗，这使全年新增装机容量达到8.6GW，累计装机容量达74.5GW。欧洲作为传统意义上世界最大风电开发市场，继续强劲增长。德国以创纪录的6GW装机引领欧洲风电，并使欧洲风电2015年的发展超出预期。紧随其后的是波兰（1.266GW），法国（1GW），英国（975MW）和土耳其（956MW）。目前已经有16个欧洲国家实现了超过1GW装机容量，另有9个国家实现了5GW装机容量。

世界太阳能技术正处于不断完善和降低成本的过程中。2004年，德国弗莱堡太阳能系统研究所成功地研制出光电转换率达20.3%的多晶硅太阳能电池。2005年世界太阳能产业销售光伏电力1.7GW，接近于核能发电的两倍，发电价值达58亿欧元。据2007年9月在美国加利福尼亚洲Long Beach召开的国际太阳能发电会议披露，2006年太阳能光伏发电量比上年增长41%，达到2520MW；2006年世界光伏设备装机能力1774MW，比上年增长19%，其中，德国占55%、日本占17%、欧盟其他国家占11%、美国占8%、世界其他地区占9%。我国太阳能光伏电池和太阳能热水器发展十分迅速，2015年，我国太阳能发电新增装机容量1528万kW，创历史新高，连续第三年新增装机超过1000万kW。"十二五"期间，太阳能光伏发电量年均增长229%。太阳能热水器保有量超过1.45亿m²，占全球使用量的60%以上。但是，由于目前太阳能光电转换或光热转换设备与传统化石能源相比成本均太高，短期内大规模利用还缺乏竞争力。

如前述，我国地热发电站总装机容量100MW左右，其中西藏羊八井、那曲、郎久三个地热电站规模较大。目前我国共有八座潮汐电站建成运行，容量为5.4×10^4kW·h，最大的是上世纪80年代建成的浙江江厦电站，装机容量3.2MW。此外，生物质能发电在我国已开展20多年，在沼气发电、蔗渣/稻壳燃烧发电和稻壳气化发电等领域已得到应用，总装机约800MW。

由于《京都议定书》的生效，氢能作为有望替代石油的动力燃料，得到了各发达国家的普遍关注。从应对现实环境污染挑战来看，氢能作为零碳绿色的新能源，具有环保安全、能量密度大、转化效率高、储量丰富和适用范围广等特点，可实现从开发到利用全过程的零排放、零污染，是最具发展潜力的高效替代新能源。从2011年起，欧、美、日等世界强国都将发展氢能提升到国家战略层面，尤其注重这一技术在汽车领域的应用。2016年5月，我国国家发改委下发了《能源技术革命创新行动计划（2016—2030年）》，并同时发布了《能源技术革命重点创新行动路线图》，将"氢能与燃料电池技术创新"列为15项重点任务之一。8月18日，《"十三五"国家科技创新规划》明确要求，发展氢能、燃料电池这类"发展引领产业变革的颠覆性技术"。

作为替代石油的重要战略选择，生物质燃料也成为世界最新关注的热点。与太阳能、风能、水电等其他可再生能源不同，生物质能可直接生产和提供动力液体燃料，这对于解决交通能源十分重要。德国早在2001年就通过了《生物质能条例》，2004年生产和消费生物柴油110万吨，成为全球当年使用生物柴油最多的国家。法国从2005年1月1日起，开始实施推动生物质能的开发和利用计划，在能源作物种植方面将超过德国。欧盟2003年5月也通过了《在交通领域促进使用生物燃料油或其他可再生燃料油条例》，要求到2005年欧盟生物质燃料应占总燃料比例的2%，2010年达到5.75%。巴西政府为了实现能源自给，早在1975年就制定了《燃料酒精计划》并在全国推行，目前巴西是全球最大的乙醇燃料生产国。根据SCA Trading估计，如果满足巴西汽车市场年增长率5%、40%的公共交通使用乙醇燃料客车、乙醇燃料出口增长10%这三个条件，到2020年，巴西的乙醇需求量将达到370亿升。我国在生物质能发电领域也取得了重大进展，2005~2014年，我国利用生物质及垃圾发电装机容量已由2005年的2GW增加至2014年的10GW。

2005年，国家发展和改革委员会召开了"全国水力资源成果发布会"，这次水力资源复查工作把农村小水电资源放在重要的位置。复查了全国农村小水电资源（100kW≤单站装机容量<5万kW）可开发量为12800万kW，其中本次水力资源复查范围内的小水电资源可开发量（1万kW以上河流，且500kW≤单站装机容量<5万kW）为6521万kW。核电是新能源体系中能量密度最大，运行成本较低的清洁能源。截至2016年8月，全球共有447座核反应堆电站并网发电，核电总装机容量已达3.9亿kW以上，约占世界发电总量的11%，同时还有61个核反应堆正在建设中。其中我国占20个，在建核电机组数量为世界第一，占全球在建核电机组总数的32.79%。此外，现有核电站通过采取各种措施减少了发电成本并提高了安全性。其中，阿根廷、巴西、捷克、德国、印度、韩国、西班牙、俄罗斯、瑞士、乌克兰和美国都增加了各自的核电发电量，并达到创纪录的水平。2012年国际原子能机构公布的一份报告显示，在世界主要工业大国中，法国核电的比例最高，核电占国家总发电量的74.8%，位居世界第一。乌克兰的核电比例为46.2%，德国为16.1%，韩国为30.4%，美国为19%。2015年全球核能发电量达2411TW·h，其中，我国已投入运行的核电站28座，总装机容量2642.7万kW，2015年提供的核电169TW·h，均位居世界第五位，但仅占国家总发电量的3.01%，这一比例位居世界有核电国家之后。虽然核电初期建造成本高于煤炭、石油、水电等，但其运行成本较低，投资回收快，在核电站全部寿命期的后期成本有较大幅度的降低。尽管2011年3月11日发生在日本宫城县以东太平洋海域里氏9.0级的大地震，引发大规模海啸和福岛第一核电站发生核泄漏事故，导致世界一些拥有核电站的国家对核电安全的争议，甚至恐慌。但是，在油、气等化石燃料能源将逐步枯竭和地球环境受到高度重视的21世纪，比起人类日益面临着能源危机，清洁、高密度的核能还是重要的选择，今后核电的地位同样重要。

第 2 章　电源变换和控制技术基础知识

电源变换与控制技术在新能源发电及电力系统中起着举足轻重的作用。由新能源转换得到的电能通常不能直接供用户使用，必须通过适当的变换和控制才能成为终端消费电能。电力电子器件就是实现电源变换与控制的基础器件，正是由于现代社会对电源变换及控制技术需求的日益扩大和应用水平的不断提高，促进了电力电子器件日新月异的发展，同时电力电子器件水平的提高又推动了电源变换技术的应用与普及，两者起着相互促进的作用。本章为非电类专业的读者弥补电力电子技术的必备知识，整理归纳了电源变换中常用的电力电子器件及典型应用电路，重点介绍了四种基础的电源变换拓扑结构，即直流—直流（DC—DC）变换、直流—交流（DC—AC）变换、交流—直流（AC—DC）变换、交流—交流（AC—AC）变换，电力电子器件的驱动与保护电路和常用脉宽调制（PWM）控制技术。

2.1　常用电力电子器件及其分类

2.1.1　电力电子器件的特征和分类

电力电子器件被广泛用于处理电能的主电路中，是实现电能的传输、变换或控制的电子器件。电力电子器件所具有的主要特征为：①电力电子器件处理的电功率的大小，是其主要的特征参数，它处理电功率的能力小至几毫瓦（mW），大至兆瓦（MW），一般远大于处理信息电路信号的电子器件功率等级；②由于电力电子器件处理的功率级别大，为减少自身的损耗，电力电子器件一般工作在开关状态；③在实际应用中，一般由信息电子来控制电力电子器件，由于电力电子器件所处理的电功率较大，因此需要驱动电路对控制信号进行放大和隔离。电力电子器件可以按可控性或驱动信号的类型来分类。

1. 按可控性分类

根据驱动（触发）电路输出的控制信号对器件的控制程度，可将电力电子器件分为不可控型、半控型和全控型 3 大类。

（1）不可控型器件　不可控器件是指不能用控制信号控制其导通和关断的电力电子器件。如功率二极管（Power Diode），这类器件不需要驱动电路，其特性与信息电子电路中的二极管一样，器件的导通和关断完全由器件所承受的电压极性或电流大小决定。对功率二极管来说，在阳极（A）—阴极（K）之间施加足够的正向电压，可使其导通；施加反向电压或减小通态电流使其关断。

（2）半控型器件　半控型器件是指可以通过控制极（门极）控制器件的导通，但不能控制其关断的电力电子器件。这类器件主要有晶闸管（Thyristor）及其派生器件（GTO、MCT 等复合器件除外），其关断一般依靠在电路中承受反向电压或减小通态电流使其恢复阻断。

（3）全控型器件　全控型器件是指通过器件的控制极既可以控制其导通，又可控制其关断的器件。现代常用的全控型器件主要有功率晶体管（GTR，Giant Transistor）、绝缘栅双极型晶体管（IGBT，Insulated Gate Bipolar Transistor）、门极可关断晶闸管（GTO，Gate TURN-Off Thyrister）和电力场效应晶体管（P-MOS，Power MOSFET）等。由于这类器件既可通过控制极控制其导通又可控制其关断，故又称为自关断器件。

2. **按驱动信号类型分类**

根据电力电子器件控制极对驱动信号的不同要求，又可将电力电子器件分为电流驱动型和电压驱动型两种。

（1）**电流驱动型** 通过对控制极注入或抽出电流，驱动其导通或关断的电力电子器件称为电流驱动型器件，如晶闸管（Thyrister）、功率晶体管（GTR）、可关断晶闸管（GTO）等。

（2）**电压驱动型** 通过对控制极和另一主电极之间施加控制电压信号，驱动其导通或关断的电力电子器件称为电压驱动型器件，如电力 MOSFET、绝缘栅双极型晶体管（IGBT）等。

2.1.2 不可控型器件——电力二极管

1. 电力二极管的基本特性

电力二极管（Power Diode）不同于信息电子中使用的普通二极管，它承受的反向电压耐力与阳极通流能力均比普通二极管大得多，但它的工作原理和伏安（V-A）特性与普通二极管基本相同，都具有正向导电性和反向阻断性。电力二极管只有两个电极，分别叫阳极（A）和阴极（K），它是电力电子器件家族中最简单、又十分重要的器件，常用于整流、续流和反向隔离，在各类电源变换器中应用非常广泛。

电力二极管的电路图形符号和伏安（V-A）特性如图 2-1 所示，当二极管 A—K 间承受的正向电压 U 大于阈值电压 U_{TO} 时，二极管导通，正向电流 I 的大小由外电路负载决定，与 I_F 相对应的 A—K 端电压 U_F 称为二极管的正向通态压降。当二极管承受反向电压时，只有少数载流子产生的反向微小漏电流，其数值基本上不随电压而变化。当反向电压超过一定数值（U_{RBO}）后，二极管的反向电流迅速增大，产生雪崩击穿，U_{RBO} 称为反向击穿电压或雪崩击穿电压。

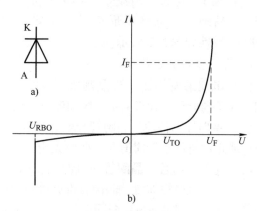

图 2-1 电力二极管电路图形符号及伏安（V-A）特性

2. 电力二极管的主要参数

（1）**正向平均电流 $I_{F(AV)}$** 是指电力二极管在连续运行条件下，器件在额定结温和规定的散热条件下，允许流过的最大工频正弦半波电流的平均值。该参数是二极管电流定额中最为重要的参数，出厂和设计时都作为电力二极管的额定电流。

（2）**反向重复峰值电压 U_{RRM}** 是指对电力二极管所能重复施加的反向最高峰值电压，

通常是雪崩击穿电压 U_{RBO} 的 2/3。

（3）正向通态压降 U_F　是指在额定结温下，电力二极管在导通状态流过某一稳态正向电流（I_F）所对应的正向压降。正向压降越低，表明其导通损耗越小。

（4）阈值电压 U_{TO}　是指使二极管正向临界导通的电压值，当二极管的 A—K 端电压高于 U_{TO} 使其导通，低于阈值就会关断。

（5）反向恢复电流 I_{RP} 及反向恢复时间 t_{rr}　受二极管 PN 结中空间电荷区存储电荷的影响，对正向导通的二极管施加反向电压时，二极管并不能立即转为截止状态，只有当存储电荷完全复合后，二极管才呈现高阻（关断）状态。从对二极管施加反压到其恢复阻断，这一过程称为二极管的反向恢复过程。反向恢复时间 t_{rr} 通常定义为从正向电流 I_F 下降到零开始至反向电流衰减至反向恢复电流峰值 I_{RP} 的 25% 所对应的时间。反向恢复电流 I_{RP} 及恢复时间 t_{rr} 与正向导通时的正向电流 I_F 及电流下降率 di_F/dt 密切相关。

2.1.3　半控型器件——晶闸管

晶闸管（Thyristor）是晶体闸流管的简称，早期又称为可控硅整流器（SCR，Silicon Controlled Rectifier）。晶闸管可以承受的电压、电流在功率半导体器件家族中均为最高，具有价格便宜、可靠性高的优点，尽管其开关频率较低、触发较困难、不可控制关断，但在大功率、中低频电力电子装置中仍占据主导地位。晶闸管有许多派生器件，通常所称的晶闸管是普通型晶闸管，它有 3 个电极：门极 G、阳极 A 和阴极 K，晶闸管的电路图形符号及伏安（V-A）特性如图 2-2 所示。

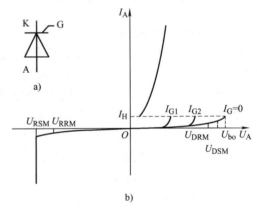

1. 晶闸管的基本特性

图 2-2　晶闸管电路图形符号及伏安（V-A）特性

（1）电流触发特性　当晶闸管 A—K 极间承受正向电压，如果 G—K 极间流过正向触发电流 I_G 时，就会使晶闸管导通。

（2）单向导电特性　晶闸管与电力二极管一样具有反向阻断特性，当 A—K 极间承受反向电压或正向电压小于阈值时，此时无论门极有无触发电流，晶闸管都不会导通。

（3）半控型特性　晶闸管一旦导通，门极就失去控制作用；此时，不论门极触发电流是否存在、电流极性如何，晶闸管都会维持导通，其具有明显的闸流特性。要使导通的晶闸管恢复关断，可对其 A—K 极间施加反向电压或使通态电流小于维持电流（I_H）。

2. 晶闸管的主要参数

（1）额定电压 U_T　晶闸管在额定结温、门极开路时，允许重复施加的正、反向阻断状态重复峰值电压 U_{DRM} 和 U_{RRM} 中较小的一个电压值称为晶闸管的额定电压。

（2）正、反向阻断状态重复峰值电压 U_{DRM}、U_{RRM}　是指晶闸管门极开路（$I_g = 0$）、器件在额定结温时，允许重复施加在器件上的正、反向峰值电压。一般分别取正、反向阻断状态不重复峰值电压（U_{DSM}、U_{RSM}）的 90%，如图 2-2 所示。正向阻断状态不重复峰值电压应小于转折电压（U_{bo}）。

（3）通态平均电流 $I_{T(AV)}$　是指在环境温度为 40℃ 和规定的散热条件下、稳定结温不超过额定结温时，晶闸管允许流过的最大工频正弦半波电流的平均值。这也是晶闸管额定电流的参数。

（4）维持电流 I_H　是指维持晶闸管导通所必需的最小电流，一般为几十到几百 mA。

（5）转折电压 U_{bo}　是指晶闸管门极开路（$I_g = 0$）时、维持其阻断所能承受的最大正向电压，当大于 U_{bo}，晶闸管被击穿导通，处于失控状态。

2.1.4　全控型器件——电力 MOSFET 和绝缘栅双极型晶体管 IGBT

全控型功率开关器件指通过控制极（门极、栅极或基极）信号既可以控制其导通，又可以控制其关断的电力电子器件，又称为自关断器件。这类器件很多，门极可关断晶闸管（GTO，Gate - Turn - Off Thyristor），电力场效应晶体管（Power MOSFET），绝缘栅双极型晶体管（IGBT，Insulate - Gate Bipolar Transistor）等均属于此类。目前，以电力 MOSFET 和 IGBT 为主的全控型器件被广泛用于新能源发电系统，作为高速开关器件在各类电力电子变换器中承担了关键任务。

2.1.4.1　电力场效应晶体管

电力场效应晶体管（Power MOSFET）是近年来发展最快的全控型电力电子器件之一。它的显著特点是用栅极电压（输入）控制漏极电流（输出），由于 MOSFET 的门极输入阻抗趋于无穷大，因此所需驱动功率小，属电压型驱动器件，驱动电路简单；又由于它是靠多数载流子导电的单极性器件，没有少数载流子导电所需的存储时间，因此是目前开关速度最高的商品化电力电子器件（新材料在研器件除外），在中小功率的高频电源中使用最为广泛。

1. 电力场效应晶体管的基本特性

电力 MOSFET 与信息电子技术应用的 MOSFET 类似，按导电沟道可分为 P 沟道和 N 沟道。在电力 MOSFET 中，应用最多的是绝缘栅 N 沟道增强型（简称 VD - MOSFET）。

电力 MOSFET 是多元集结构，一个器件由许多个小 MOSFET 元组成，每个元的形状和排列方式不同。美国 IR 公司采用 VD - MOS 技术生产的电力 MOSFET 称为 HEXFET，具有六边形元胞结构。西门子公司的 SIPMOSFET 采用了正方形单元。图 2-3a 是 N 沟道增强型 VD - MOSFET 中一个元胞的内部结构，图 2-3b 为电力 MOSFET 的电路图形符号。

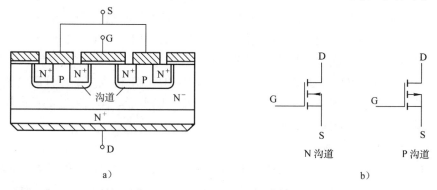

图 2-3　电力 MOSFET 元胞内部结构和电路图形符号

a）元胞内部结构　b）电路图形符号

对于 N 沟道增强型 VD‑MOSFET，当漏极（D）接电源正极，源极（S）接电源负极，且栅极（G）与源极（S）间的电压 U_{GS} 为零时，由于 P 体区与 N^- 漂移区形成的 PN 结为反向偏置，故漏源之间不导电。如果施加正的 U_{GS} 电压，由于栅极（G）是绝缘的，因此几乎没有栅极电流流过。但栅极的正电压会将 P 区中的少数载流子——电子吸引到栅极下面的 P 区表面，当 U_{GS} 大于开启电压 U_T 时，栅极下 P 区的电子浓度将超过空穴浓度，从而使 P 型反转成 N 型，形成反型层。该反型层形成 N 沟道，使 PN 结消失，漏极和源极之间形成单极性的 N 沟道导电通路。栅源电压 U_{GS} 越高，反型层越厚，导电沟道越宽，则漏极电流越大。漏极电流 I_D 不仅受到栅源电压 U_{GS} 的控制，而且也与漏源极电压 U_{DS} 密切相关。电力 MOSFET 的静态特性分为输入转移特性和输出 V‑A 特性两部分：①漏极电流 I_D 和栅源电压 U_{GS} 的关系为 $I_D = f(U_{GS})$，它反映了输入控制电压与输出电流的关系，称为 MOSFET 的输入转移特性，如图 2-4a 所示；②以栅源电压 U_{GS} 为参变量，反映漏极电流 I_D 与漏源极之间电压的关系为 $I_D = f(U_{DS})|_{U_{GS}=\text{const}}$ 的曲线称为电力 MOSFET 的输出特性，如图 2-4b 所示。

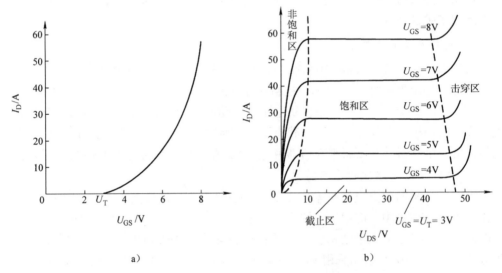

图 2-4 电力 MOSFET 的转移特性和输出特性

a）输入转移特性 b）输出 V‑A 特性

MOSFET 是靠多子导电，不存在少子存储效应，因而关断过程非常迅速，开关时间在 10～100ns 之间，工作频率高达 800kHz 及以上，是目前常用电力电子器件中最高的。由于电力 MOSFET 结构所致，漏源间形成一个寄生的反并联二极管（也称为本体二极管），使漏源极间电压 U_{DS} 为负时出现导通状态。本体二极管是 MOSFET 构成中不可分割的整体，这样虽然在许多应用中简化了电路设计，减少了器件数量，但由于本体二极管的反向恢复时间较长，在高频应用场合必须注意其影响。

2. 电力 MOSFET 的主要参数

1）漏源极间电压 U_{DS}：电力 MOSFET 的电压定额参数，为漏源极间的最大反向承受电压。

2）漏极直流电流额定值 I_D 和漏极脉冲电流峰值 I_{DM}：电力 MOSFET 的电流额定参数。

3）漏源极间通态电阻 $R_{DS(on)}$：在栅源极间施加一定电压（10～15V），漏源极间的导通电阻。

4）栅源极间电压 U_{GS}：栅源极之间的绝缘层很薄，一般当 $|U_{GS}| > 20V$ 时将导致绝缘层击穿。因此在焊接、驱动等方面必须注意，防止静电损坏或误导通。

5）极间电容：电力 MOSFET 的 3 个电极之间分别存在极间电容 C_{GS}、C_{GD} 和 C_{DS}。一般生产厂商提供的是漏源极短路时的输入电容 C_{iss}、共源极输出电容 C_{oss} 和反向转移电容 C_{rss}。它们之间的关系为

$$C_{iss} = C_{GS} + C_{GD} \tag{2-1}$$
$$C_{oss} = C_{DS} + C_{GD} \tag{2-2}$$
$$C_{rss} = C_{GD} \tag{2-3}$$

尽管电力 MOSFET 是用栅源极间电压驱动的、输入阻抗很高，但由于存在输入电容 C_{iss}，开关过程中驱动电路要对输入电容充放电。这样，用作高频开关时，驱动电路必须具有很低的内阻抗及一定的驱动电流能力。

2.1.4.2　绝缘栅双极型晶体管——IGBT

电力 MOSFET 具有驱动方便、开关速度快等优点，但导通后呈现电阻性质，在电流较大时管压降较高，而且器件的功率容量较小，一般仅适用于小功率装置。大功率晶体管（GTR，Giant Transistor）的饱和压降低、容量大，但属于电流驱动型，需要较大的驱动功率。此外，GTR 器件又是双极型器件，导致其开关速度降低。而绝缘栅双极型晶体管（IG-BT）是 MOSFET 和 GTR 的复合器件，因此 IGBT 兼有两者的优点。

1. IGBT 的基本特性

IGBT 是 20 世纪 80 年代出现的一种电压驱动的全控型器件，其电路图形符号如图 2-5 所示。它共有三个引出电极，分别是栅极 G、集电极 C 和发射极 E。IGBT 是 MOSFET 与 GTR 的新型复合器件，输入部分是一个 MOSFET，因此栅极是控制极，输入内阻很高，属于电压驱动型。它具有电力 MOSFET 驱动功率小、开关速度高的特点；其输出部分可等效为一个 PNP 型晶体管，同时兼有 GTR 饱和压降低和电导调制效应的特点，因此具有通流能力强、耐压等级高等 GTR 固有的优点。IGBT 的开关频率虽低于

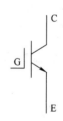

图 2-5　IGBT 电路图形符号

电力 MOSFET，但第三代高速型 IGBT 在软开关模式下开关频率达到 200kHz，高于 GTR 器件 10 倍以上。目前 IGBT 已取代 GTR，成为工业、国防领域应用最为广泛的大功率电力电子器件。

IGBT 的静态特性也分为输入转移特性 $I_C = f(U_{GE})$ 和输出 V - A 特性 $I_C = f(U_{CE})\big|_{U_{GE} = \text{const}}$ 两种，静态特性曲线和各区域定义均与电力 MOSFET 基本类似。当 IGBT 的栅极 G 与发射极 E 之间的外加电压 $U_{GE} = 0$ 时，集电极电流 $I_c = 0$，IGBT 处于阻断状态（简称断态）；在栅极 G 与发射极 E 之间外加足够大的正向控制电压 U_{GE}（一般为 5～15V），IGBT 转入导通状态（通态），当 U_{CE} 大于一定值（一般 2V 左右）时，$I_c > 0$。

2. IGBT 的主要参数

1）最大集射极间电压 BU_{CES}：决定了器件的最高工作电压，这是由内部 PNP 晶体管所能承受的击穿电压确定的。

2）最大集电极电流 I_{CM}：包括在一定壳温下的额定直流电流 I_c 和 1ms 脉宽时的最大

脉冲电流 I_{CP}。不同生产厂商产品的标称电流 I_C 通常为壳温在25℃或80℃条件下的额定直流电流。

3）最大集电极功耗 P_{CM}：在正常工作温度下允许的最大耗散功率。

4）集射极间饱和压降 $U_{CE(sat)}$：对栅极与发射极（G—E）间施加一定的正向电压，在一定的结温及集电极电流条件下，集射极（C—E）间的饱和通态压降。此压降在集电极电流较小时，呈负温度系数，在电流较大时，为正温度系数，这一特性使 IGBT 并联扩流运行较为方便。

2.2 半导体功率器件的驱动与保护电路

实际的电力电子变换器是由主电路、驱动器及保护电路、控制电路、检测与显示电路等多个子系统构成。驱动器接收控制系统输出的控制信号，经功率放大和隔离后，驱动功率开关器件的导通、关断，它是连接功率器件与控制系统的桥梁，在电源变换器中起着十分重要的作用。由于半导体功率开关器件种类繁多，不同的开关器件对驱动器的性能要求不尽相同，典型的驱动器分为电流驱动型和电压驱动型两大类：电流驱动型驱动的功率开关器件主要有 SCR、GTO 和 GTR；电压驱动型驱动的功率开关器件主要有 MOSFET、IGBT 和 SIT（静电感应晶体管）等。但几乎所有的功率开关器件对驱动器的某些技术特性要求是一致的，良好的驱动器应具备响应速度快、输入-输出之间电气隔离和功率放大功能。

保护与检测电路也是一个实用化电源变换器必不可少的子系统，是整个电源系统能够连续、可靠、稳定运行的安全保障。常规变换器中的保护电路主要有过电流、过电压、过热和缓冲吸收等保护功能。

2.2.1 晶闸管触发驱动器

晶闸管（早期称 SCR）是半控型电流触发器件，当晶闸管阳极（A）与阴极（K）之间正偏压、对门极（G）施加足够大的触发电流时，可以使其导通。因此，对晶闸管的触发信号要求是：①流过门极的脉冲电流有足够大的幅值并持续一定时间；②有尽可能快的电流上升前沿；③控制电路和主电路进行隔离；④触发信号与电源电压相位保持同步。

常用的电气隔离方式有光电耦合器或脉冲变压器两种隔离，这两种方式各有优缺点：光电耦合器体积小，信号具有单向传导特性、电磁干扰小，但光电耦合器是有源器件、输出侧要求有独立的直流电源，当承受主电路高压冲击时易损坏；脉冲变压器是无源器件，用于控制和主电路的隔离不用另加工作电源，但脉冲变压器一、二次侧信号双向传输、高压侧对控制侧的电磁干扰大，还需防止磁心饱和。

由脉冲变压器（T）和晶体管放大器（TRA）组成的晶闸管驱动器如图 2-6 所示，当控制系统输出的脉冲信号施加于晶体管的基极，经晶体管电流放大后推动变压器（T）的一次侧，触发电流经变压器耦合到二次侧，再由隔离二极管 VD 提供触发晶闸管的正向脉冲电流 I_G。当晶体管放大器的输入信号为零时，变压器的一次绕组励磁电流经齐纳二极管 VS 和续流二极管 VD 迅速衰减至零，防止脉冲变压器磁饱和。

图 2-7 所示为一个简单的光电耦合器件隔离的晶闸管驱动电路。光电耦合器由发光二极管（LED）和光敏晶体管（LAT）组成，光电耦合器输出侧的电源直接由主电路获得。当输

入端触发脉冲为高电平时 LED 导通，并发射红外光触发 LAT 导通，LAT 经限流电阻 R_2 产生门极触发电流 I_G 而触发晶闸管导通。显然，这时 LAT 必须承受与被触发晶闸管一样的高压。

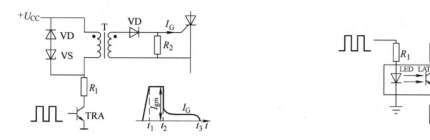

图 2-6　采用脉冲变压器隔离的晶闸管驱动器及驱动电流　　图 2-7　采用光电耦合器隔离的晶闸管驱动器

目前，晶闸管主要应用于 AC—DC 相控式整流和 AC—AC 相控式交流调压变换，适用的各种触发驱动器都已集成化、系列化。例如国产的 KJ 或 KC 系列晶闸管集成触发驱动器，可大幅度简化触发电路的设计，显著减小电源整机的体积与重量，提高整机的可靠性。

2.2.2　IGBT 和 MOSFET 驱动器

和电流驱动的双极型晶体管（GTR）不同，电力 MOSFET 和 IGBT 器件的门极（G）物理层均为绝缘栅结构，输入阻抗很大，因而属于电压驱动型，在稳态下仅需极小的栅极电流就能维持器件的导通状态。但由于这类器件的栅极电容较大，在触发导通瞬间需要完成对电容的充电，当电容电压超过阈值电压时，其输入极 MOSFET 才能导通；同理，关断时要完成对栅极电容的放电。因此，为提高器件的开关速度，电压驱动型器件的栅极驱动器除应具有更快的响应速度（ns 级）外，同样需要足够大的栅极正向导通驱动能力（一般为 +15V，大于数百 mA）和反向关断电压（一般为 –5V），以保证瞬时完成对等效栅极电容的充电或放电过程。

2.2.2.1　电力 MOSFET 器件的驱动要求

如前所述，MOSFET 是单极性电压型驱动器件，具有开关频率高、通态电阻低、体电阻正温系数、适于并联等优点；但由于输入电容的影响，当对电力 MOSFET 的驱动能力不足时，会延长转换过程、增大开关损耗。电力 MOSFET 栅极输入电路本质上是容性的，但它的实际负载由于米勒效应的影响与实际容性负载有很大的差别，更不能仅将电力 MOSFET 的输入电容 C_{iss} 当作驱动电路的实际负载来考虑。实际上，一个电力 MOSFET 的动态有效输入电容 C_{ie} 要比 C_{iss} 高得多，所以驱动电路设计选型时，不仅要知道电力 MOSFET 最大有效负载，更重要的是要知道驱动电路在特定开关过程中的瞬时负载。这可以从栅源电压 U_{GS} 与总的栅极电荷 Q_G 之间的栅极电荷特性曲线上得到，如图 2-8 所示。有效电容为

$$C_{ie} = \frac{\Delta Q_G}{\Delta U_{GS}} \tag{2-4}$$

驱动电流为

$$I_{GS} = \frac{\Delta Q_G}{\Delta t} \tag{2-5}$$

栅极所需驱动功率为

$$P_{\text{drive}} = Q_G U_{GS} f \qquad (2\text{-}6)$$

栅极特性曲线上任意一点的斜率为

$$\frac{\Delta U_{GS}}{\Delta Q_G} = \frac{1}{\dfrac{\Delta Q_G}{\Delta U_{GS}}} = \frac{1}{C_{ie}} \qquad (2\text{-}7)$$

即等于该点有效输入电容的倒数。

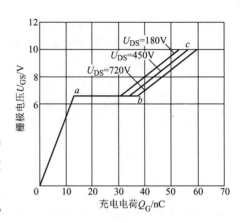

图 2-8 栅极电荷特性曲线
（FQA11N90C 型功率 MOSFET）

从图 2-8 还可以看出，电力 MOSFET 栅极电荷特性曲线至少有 3 种不同数值的斜率（对应 3 种不同数值的输入电容）：①0—a 段，斜率 $\Delta U_{GS}/\Delta Q_G$ 很大，对应的 C_{ie} 很小，因而很容易充电；②a—b 平台段，斜率 $\Delta U_{GS}/\Delta Q_G$ 为零，对应的 C_{ie} 为无穷大，充电困难；③b—c 段，斜率 $\Delta U_{GS}/\Delta Q_G$ 比 0—a 段小，对应的 C_{ie} 比 0—a 段大。上述 3 段对应的栅极电荷的意义为：0—a 段栅极电荷对应于导通延迟期间所需的电荷；a—b 平台段栅极电荷对应于影响 U_{DS} 上升或下降所需的电荷；b—c 段栅极电荷对应于关断延迟期间的电荷。

显然，根据图 2-8 所示的各栅极电荷的数值 ΔQ_G 和相应的各段所要求的时间 Δt，就可以粗略地计算出各段所对应的驱动电流为

$$I_G = \frac{\Delta Q_G}{\Delta t} \qquad (2\text{-}8)$$

从而，可根据计算出的驱动电流来选择具有相应驱动电流能力的驱动电路。

例如，型号为 FQA11N90C 的电力 MOSFET，主要参数：漏极额定电流 $I_D = 11\text{A}$，漏源反向电压 $U_{DS} = 900\text{V}$，耗散功率 $P_{on} = 300\text{W}$，工作频率 $f = 1\text{MHz}$，其他参数见手册。计算它对驱动电流的要求。

在导通延迟时间段，电力 MOSFET 所需的驱动电流为

$$I_{G1} = \frac{\Delta Q_{G(0\text{—}a)}}{t_{d(on)}} = \frac{12\text{nC}}{60\text{ns}} = 200\text{mA}$$

在上升、下降时间段，电力 MOSFET 所需的驱动电流为

$$I_{G2} = \frac{\Delta Q_{G(a\text{—}b)}}{t_r} = \frac{\Delta Q_{G(a\text{—}b)}}{t_f} = \frac{23\text{nC}}{130\text{ns}} = 177\text{mA}$$

在关断延迟时间段，电力 MOSFET 所需的驱动电流为

$$I_{G3} = \frac{\Delta Q_{G(b\text{—}c)}}{t_{off}} = \frac{35\text{nC}}{130\text{ns}} = 269\text{mA}$$

驱动功率为

$$P_{\text{drive}} = Q_G U_{GS} f = 70\text{nC} \times 12\text{V} \times 1\text{MHz} = 840\text{mW}$$

需要注意的是，上述计算出来的驱动电流值是近似值，所以选择驱动电路时要留有一定的裕量，根据实际经验，一般取 1.5 ~ 2 倍的保证裕量。

2.2.2.2 功率 IGBT 器件的驱动要求

如前所述，IGBT 也属于电压驱动型器件，对驱动电路的特性要求基本与功率 MOSFET 相似。对 IGBT 器件的导通、关断驱动，要求给其栅极和发射极（G—E）之间分别施加正

向电压和负向电压，栅极电压可由不同的驱动电路产生。当选择 IGBT 驱动电路时，必须考虑使功率器件快速关断时对负偏压的大小、栅极电荷的放电速度、光电耦合器的传输速度及隔离等级和独立驱动电源的功率等要求。由于 IGBT 栅极—发射极间阻抗很大，又属于电压驱动型，对 100A 以下中小功率 IGBT 可使用类似 MOSFET 器件的驱动技术，由于 IGBT 的输入电容较 MOSFET 更大，对 IGBT 的关断负电压和驱动功率要比 MOSFET 驱动电路高。对 IGBT 驱动电路的一般要求是：

（1）栅极驱动电压选择　触发 IGBT 导通时，正向栅极电压值应该足够大，使 IGBT 处于完全饱和状态，并使通态损耗减至最小，同时也应限制短路电流和开关应力。在任何情况下，导通时的栅极驱动电压应该在 12 ~ 20V 之间；当栅极电压为零时，IGBT 处于关断状态。但是，为了保证 IGBT 在集电极—发射极间出现 du/dt 电压冲击时仍保持关断，通常在栅极—发射极间施加一个反向偏置电压，采用反向偏压还能减少关断损耗、提高关断速度。反向偏压应该在 $-15 ~ -5V$ 之间。

（2）栅极输入电阻 R_G 选择　在驱动电路输出端至 IGBT 栅极之间串联适当的输入电阻 R_G（又称阻尼电阻），起到消除谐振和限流的作用，对 IGBT 驱动相当重要。IGBT 的导通和关断是通过对 G—E 两端电容的充电与放电实现的，因此栅极的阻尼电阻值对 IGBT 的动态特性产生重要影响。电阻较小可加快栅极电容的充放电速度，从而减小开关时间和开关损耗。所以，较小的栅极电阻增强了器件工作的快速性（可避免 du/dt 带来的误导通），但与此同时，它只能承受较小的栅极噪声，并可能导致 G—E 两端电容与栅极引线的寄生电感产生谐振。

（3）栅极驱动功率选择　IGBT 处于高速开关状态时，会产生发热并消耗驱动电源的功率。其功率值受栅极驱动电路正、负偏置电压的差值 ΔU_{CE}、栅极总电荷 Q_G 和工作频率 f 的影响。电源的最大峰值电流为

$$I_{PEK} = \pm (\Delta U_{GS}/R_G) \tag{2-9}$$

电源的平均功率为

$$P_{drive} = Q_G U_{GS} f \tag{2-10}$$

2.2.2.3　电力 MOSFET 和 IGBT 器件驱动器应用实例

下面介绍几种典型的 MOSFET、IGBT 器件驱动器的典型应用实例。

1. TLP250 小功率驱动电路及应用

TLP250 是一种可直接驱动小功率 MOSFET 和 IGBT 的功率型光电耦合器件，其最大驱动峰值电流达 1.5A，输入输出隔离等级 2500V。选用 TLP250 光电耦合器既保证了功率驱动电路与 PWM 脉宽调制控制电路的可靠隔离，又能功率放大，具备直接驱动 MOSFET 的能力，使驱动电路特别简单。东芝公司的专用集成功率驱动电路 TLP250 是 8 脚双列封装，适合用于 100A 及以下的电力 MOSFET 或 50A 及以下的 IGBT 的栅极驱动。TLP250 主要具备以下特征：输入阈值电流为 5mA（max），电源电流为 11mA（max），电源电压为 10 ~ 35V，输出电流为 ±0.5A（min），开关时间为 0.5μs（max）。可用于对 300kHz 以下开关器件的直接驱动。

由 TLP250 组成的驱动器如图 2-9 所示。TLP250 输出经一对晶体管（VT_1、VT_2）组成的推挽功率放大电路及负偏压与保护外围电路，可直接驱动电力 MOSFET 或 IGBT 器件（VT_3）。图中 VT_1、VT_2 组成推挽输出功率放大电路，R_2、C_1、VS_1 组成负偏压供给电路。负

偏压的大小取决于稳压管 VS_1 的击穿电压值，一般 VS_1 选 5.1V 稳压管；R_2 是限流电阻，C_1 为储能电容，R_3 是栅极阻尼电阻，VS_2、VS_3 分别是栅极过电压保护稳压管（一般 ±15V）。

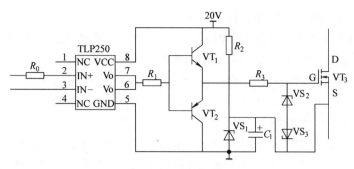

图 2-9 TLP250 组成的驱动器

当 2 脚（IN +）输入高电平时，VT_1 导通、VT_2 截止，驱动器 +20V 电源减去 VS_1 阴极 5.1V 后，以约 +15V 高电平驱动 MOSFET（VT_3）导通；反之，当 2 脚（IN +）输入为低电平时，VT_1 截止、VT_2 导通，已储能的 C_1 经开关器件 VT_3 的源栅极（S—G）间快速放电，放电回路为 C_{1+}—S—G—R_3—VT_2—C_{1-}，此时电流 $I_G < 0$，使 VT_3 的 S—G 两端承受反向瞬态尖峰电压，令 VT_3 快速关断，稳态后 U_{GS} 被 VS_1 嵌位在 −5.1V，使 MOSFET 处于可靠关断状态。

2. IHD680 驱动集成组件

IHD680 是 CONCEPT 公司出品的驱动电力 MOSFET 及 IGBT 的两单元集成组件。它内部采用脉冲变压器隔离，具有完善的保护功能，可以在 0 ~ 1MHz 的开关频率范围内驱动单管或半桥的上下两只 IGBT 或电力 MOSFET 器件，可提供 8A 的峰值输出电流，是高频大功率驱动器的理想选择。瑞士 CONCEPT 公司还有 2SDxxx、2SCxxx 等 IGBT 系列驱动器产品，是国际知名的 IGBT 驱动器供应商。

由 IHD680 组件构成的典型驱动器如图 2-10 所示，图为一只单桥臂、双功率器件驱动的典型应用。IHD680 组件的主要参数为：导通延迟时间 $t_{d(on)} = 60ns$，关断延迟时间 $t_{d(off)} = 60ns$，电流上升时间 $t_r = 30ns$，电流下降时间 $t_f = 30ns$，峰值输出电流 $I_{pk} = 8A$，工作电源电压 12 ~ 16V，最高工作频率 $f_{max} = 1MHz$。由 IHD680 集成组件构成的驱动器具有保护功能完善、

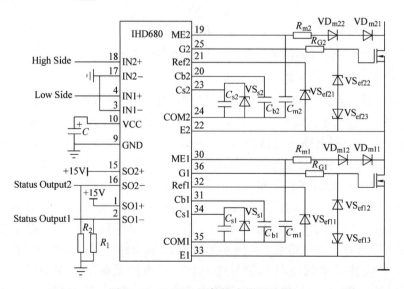

图 2-10 IHD680 组件构成的驱动器

驱动能力强、工作频率高的优点。但价格较贵，在高频驱动300A以上大功率开关器件时明显能力不足，导致目前推广应用受限。

3. IR2110驱动集成电路

IR2110是IR公司推出的电力MOSFET和IGBT专用驱动集成电路，内部应用自举功能设计了悬浮电源，可以在不单独使用浮地电源的前提下，同时驱动同一桥臂的上下两只电力MOSFET，具有较为快速完善的保护功能，由IR2110组成的典型驱动器如图2-11所示。它的主要参数如下：导通延迟时间 $t_{d(on)} = 120ns$，关断延迟时间 $t_{d(off)} = 94ns$，电流上升时间 $t_r = 25ns$，电流下降时间 $t_f = 17ns$，峰值输出电流 $I_{pk} = 2A$。

图2-11中，VD是自举二极管，采用恢复时间几十ns、耐压在500V以上的超快恢复二极管；C_H 是自举电容，采用 $0.1\mu F$ 的陶瓷圆片电容；C_L 是旁路电容，采用一个 $0.1\mu F$ 的陶瓷圆片电容和一个 $1\mu F$ 的钽电容并联；芯片引脚VDD、VCC分别外接输入级逻辑电源 U_{DD} 和低端输出级电源 U_{CC}，它们共用一个12V电源，而VB脚是高端输出级电源引脚，通过自举技术与VCC引脚使用同一电源，获得对上下开关管（VT$_1$、VT$_2$）的平衡驱动。考虑到在电力MOSFET漏极产生的浪涌电压会通过漏

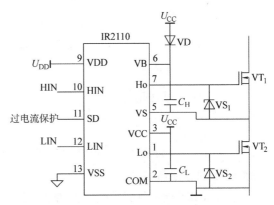

图2-11 IR2110组成的典型驱动器

栅极之间的米勒电容耦合到栅极，易造成氧化层击穿，故在 VT$_1$、VT$_2$ 的栅源之间各接入一只12V稳压管（VS$_1$、VS$_2$）以限制栅源电压，保护电力MOSFET的输入级。

IR2110的优点是：应用自举技术实现了单电源供电下，集成电路可驱动同一桥臂的上、下串接的两只MOSFET，芯片封装体积小、集成度高、响应快，内设欠电压封锁、外设保护封锁端口，芯片成本低、易于调试。最大的不足是不能产生负偏压，在驱动桥式电路的功率器件时，由于米勒效应的作用，在导通与关断时刻容易对栅极产生干扰，易造成功率器件误导通，致使桥臂上下管出现"直通"短路现象。

4. EXB841驱动集成电路

EXB841是富士公司推出的高速型IGBT专用驱动厚膜集成电路，主要特性为：驱动信号延迟小于1μs，最高工作频率40kHz，内部采用高速光电耦合器作为信号隔离，单20V电源供电，内部设有IGBT的过电流保护和过电压检测输出功能；具有过电流封锁软关断功能，可有效防止IGBT在高速关断时因 di/dt 过大造成IGBT器件二次击穿，导致器件的永久性损坏。由于它优良的特性，EXB841驱动集成电路广泛应用于开关电源、UPS、电力传动及电力补偿等应用领域对IGBT的驱动。

EXB841内部电路及外部驱动IGBT（VT$_6$）的标准接线如图2-12所示。EXB841由输入信号放大、过电流保护和内部5V电压基准等部分组成；放大部分由光电耦合器ISO$_1$、VT$_2$、VT$_4$、VT$_5$和 R_1、C_1、R_2、R_9组成，其中ISO为高速光电耦合器TLP550，起隔离作用，VT$_2$是中间级，VT$_4$和VT$_5$组成推挽输出级；过电流保护部分由 VT$_1$、VS$_1$、VT$_3$、VD$_1$ 和 C_2、R_3、R_4、R_5、R_6、C_3、R_7、R_8、C_4 等元件组成，它们实现过电流检测和延时保护功能；

EXB841 的 6 脚通过外部快速二极管 VD_2 接至 IGBT 的集电极（C），显然它是通过检测电压 U_{CE} 的高低来判断是否发生过电流或短路事故；5V 电压基准部分由 R_{10}，VS_2 和 C_5 组成，既为驱动 IGBT 提供 $-5V$ 的反偏压，同时也为输入光电耦合器 ISO 提供辅助电源。

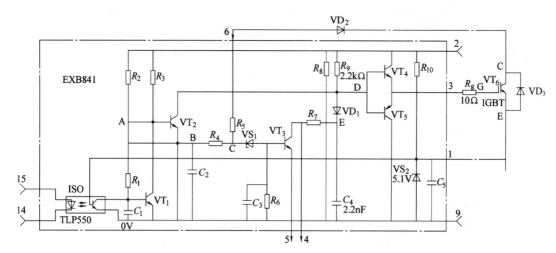

图 2-12　EXB841 内部电路及外部驱动 IGBT 的标准接线

EXB841 的主要特点如下：

1）由于 IGBT 通常只能承受 $10\mu s$ 的短路电流，所以在 EXB8xx 系列驱动器内设有过电流保护功能，实现过电流检测和延时保护功能。如果发生过电流，驱动器的软关断电路就缓速关断 IGBT（对持续时间小于 $10\mu s$ 的过电流不动作），从而保证 IGBT 不损坏。而如果采用快速关断模式预防器件过电流，反而会在 C—E 极之间产生很高的 du/dt 电压冲击导致 IGBT 击穿。

2）IGBT 在开关过程中需要一个 15V 电压以获得导通开启电压，还需要一个 $-5V$ 关断电压，以加快关断速度并防止器件在稳态截止时的"误通"，这两种电压均可利用外部 20V 独立供电电源及稳压管 VS_2 在驱动器内部分压产生。

3）由图 2-12 可知，光电耦合器 ISO_1 由稳压管 VS_2 提供 5.1V 工作电源，虽然简化了电路，但 EXB841 的 1 脚与 IGBT 的 E 极连接，在 IGBT 的开关过程会造成较大的电位波动，产生浪涌尖峰，这无疑对 EXB841 可靠运行不利。另外，从 EXB841 内部印制电路板（PCB）实际走线来看，光电耦合器的电源引脚到稳压管 VS_2 的走线很长，而且很靠近输出级（VT_4、VT_5），易受干扰。

4）IGBT 导通和关断时，稳压管 VS_2 易受浪涌电压和电流冲击而损坏。另外，从 PCB 实际走线看，VS_2 的限流电阻 R_{10} 两端分别接在 EXB841 的 1 脚和 2 脚上，在实际电路测试时易被示波器探头等短路，从而可能损坏 VS_2，导致 EXB841 不能继续使用。

2.2.3　功率器件的保护电路

1. 过电流保护电路

过电流保护在电源变换电路中是极其重要的环节，它的性能会直接影响装置的可靠性。在电源变换电路中，过电流形成的原因主要有：①开关管或二极管损坏造成短路；②控制电路或驱动电路故障或由于干扰引起的误动作；③输出线接错或绝缘击穿造成短路；④负载短路或过载引起的过电流。

选择电力 MOSFET 和 IGBT 的电流定额时，最大电流允许值一般为 2 倍的额定工作电流值，IGBT 允许过电流时间一般 ≤20μs，电力 MOSFET 允许过电流时间还要小。考虑到过电流检测和硬件保护动作的延迟时间，因此要求过电流检测的电流传感器（一般用霍尔传感器）响应速度要尽可能快（一般要求检测延迟 ≤1μs）。

有些商品化的 IGBT 或 MOSFET 专用驱动集成电路中设计有电流保护功能，如 EXB8xx 系列、IR2xxx 系列、2SDxxx 系列驱动集成电路中都有过电流保护功能，简化了保护电路的设计。为了提高电力电子装置的运行可靠性，除了在驱动电路中加过电流保护功能外，根据实际需要还应在整流电路输出侧、逆变电路输入侧、负载回路等选加过电流检测与保护电路。

电流检测传感器的检测位置如图 2-13 所示，常规形式可选择：①与直流母线串联，可以检测直流母线、逆变电路输入侧或负载回路的过电流；②与负载串联，可检测负载回路因短路、接地等造成的过电流；③与每一只 IGBT

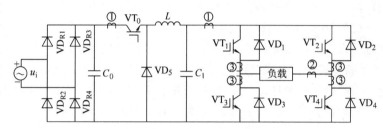

图 2-13　电流检测传感器的检测位置

串联，可直接检测任一 IGBT 的过电流，但使用的电流传感器较多、成本高，一般仅在大容量装置或对电源安全要求很高的应用场合（如航空电源）中采用。以上安装电流检测位置视具体应用场合进行组合、取舍，对于中小容量的电源装置一般选用①、②即可。

2. 过电压保护电路

（1）开关过程引起的过电压分析　IGBT 的开关时间约为 1μs，MOSFET 的开关时间小于 0.5μs，高速型 MOSFET 小于 100ns。当 IGBT 或 MOSFET 由通态迅速关断时，有很大的 $-di/dt$ 产生，由于主回路的布线存在分布电感，因此会引起较大的尖峰电压 $-Ldi/dt$，如图 2-14 所示。这个尖峰电压与直流电源电压叠加后产生峰值电压 U_{cesp}，并施加在关断的 IGBT 的 C—E 极之间。如果尖峰电压很大，可能使叠加后的 U_{cesp} 超

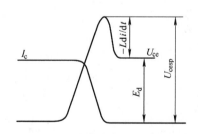

图 2-14　开关管关断时的电压波形

出器件的反向安全工作区，或因 du/dt 太大引起器件误导通。

常用的过电压抑制方法是在器件输出端并接电容，对过电压冲击起缓冲作用；设计合适的缓冲电路，吸收 du/dt 或采用软开关技术等。采用性能良好的缓冲电路，可使电力 MOS-FET 或 IGBT 工作在较理想的安全工作区域（SOA）内，同时缩短开关时间、减少开关损耗，对装置的运行效率、可靠性、安全性都具有重要意义。

（2）典型缓冲吸收电路实例　对功率器件开关过程产生的 du/dt 过电压防护，主要依靠在功率开关器件输出侧两端加缓冲电路进行抑制，电路的主要形式如图 2-15 所示。在 50A 以下小功率开关器件应用场合，只要采用无感电容 C_s（一般小于 0.47μF）并联在每只开关器件输出端就能取得良好的缓冲效果，电路接线如图 2-15a 所示；电容 C_s 的电压缓冲作用是

将开关管关断时产生的尖峰电压用电容吸收，并以电场能的形式加以储存，当开关管下一次导通时，电容的储能经过导通的开关管放电，由于开关管在导通时电阻很小，因此放电电流峰值较大，可能对开关管造成较大的电流应力，同时会增加开关损耗。因此，单一电容的缓冲电路一般仅适用于50A以下的小功率MOSFET或IGBT开关器件。为防止开关器件导通瞬间，因电容放电产生的电流冲击损坏器件，对容量较大的开关器件（50~100A）通常采用图2-15b所示的 RC 缓冲吸收电路，为提高缓冲效果应适当加大 C_s 容量并串接限流电阻 R_s，每个开关器件可各用一组，也可一个桥臂上下两个器件共用一组，当然吸收效果要差一些。容量更大的功率开关器件，当需要以较高的开关频率运行时，线路杂散电感和开关损耗对其影响更大，为减小缓冲电路自身损耗、加快电容 C_s 的充电速度，常使用快恢复隔离二极管 VD_s 与 C_s、R_s 一起构成如图2-15c和d所示的 RCD 缓冲电路。

（3）缓冲吸收电路元件参数的选择　以图2-15c和图2-15d为例，分析缓冲电路的工作原理。设直流母线的线路电感为 L_m，并假设完成充电后 C_s 上的稳态电压为 E_d，在开关器件VT关断过程中，会在线路电感 L_m 两端产生反电动势 $L_m di/dt$，使直流母线中出现尖峰电压，这个尖峰电压迅速通过 VD_s 对 C_s 充电，被 C_s 储存吸收；当尖峰电压过后，C_s 上的电压大于 E_d，VD_s 截止后，C_s 中的储能通过 R_s 对电源 E_d 放电（回馈电能）。

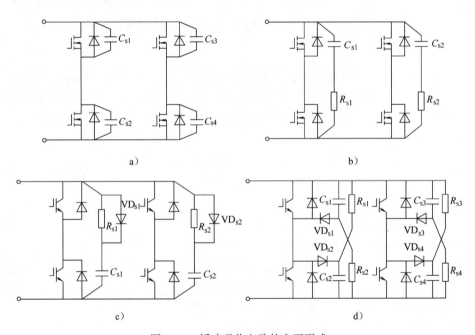

图2-15　缓冲吸收电路的主要形式

a）单纯 C 缓冲吸收式　b）RC 缓冲吸收式　c）RCD 缓冲吸收式　d）RCD 交叉连接缓冲吸收式

由于 VD_s 导通瞬间具有正向过渡特性，开始时有较大的正向电压，加在VT器件的C—E两端，其峰值电压为

$$U_{cesp} = E_d - L_m \frac{di}{dt} = U_{Cs} + U_{Ds} \tag{2-11}$$

其中，VD_s 承受的反向电压为

$$U_{Ds} = U_{cep} - E_d = \Delta U_{CE} \tag{2-12}$$

产生过电压的根本原因是主回路存在分布电感 L_m，其在开关管 VT 关断过程的储能为

$$P_{Lm} = \frac{1}{2} L_m I_o^2 \tag{2-13}$$

此时，缓冲电路吸收的能量为

$$P_{Cs} = \frac{1}{2} C_s (U_{cep}^2 - E_d^2) \tag{2-14}$$

根据能量守恒定律，令缓冲电路吸收的能量与 L_m 的储能相等

$$C_s (U_{cep}^2 - E_d^2) = L_m I_o^2 \tag{2-15}$$

为确保 L_m 的储能全部被 C_s 吸收，应有

$$C_s \geqslant \frac{L_m I_o^2}{U_{cep}^2 - E_d^2} \tag{2-16}$$

选择 $L_m = 1\mu H/m$，$I_o = 2I_c$（额定值），$U_{cep} = 0.9 U_{cesp}$；$E_d = 400V$（对于交流 220V 电网）或 $E_d = 700V$（交流 380V 电网）。

对缓冲电阻 R_s 取值的要求是当开关管关断时，C_s 积累的 90% 电荷能及时释放掉。阻值过小缓冲电路可能振荡，并导致过大的放电电流，使开关管导通时的电流增加。R_s 的取值为

$$R_s \leqslant \frac{1}{2.3 C_s f} \tag{2-17}$$

缓冲电阻产生的功耗与阻值无关，主要取决于放电电流、开关频率和线路分布电感。功耗由下式确定

$$P_{Rs} \geqslant 10 \frac{L_m I_o^2 f}{2} \tag{2-18}$$

式(2-18) 中，系数 10 是电阻 R_s 的功率裕量，以防温度过高损坏电阻；f 为开关频率。

为最大限度地减小回路分布电感对高频开关电路的影响，所有缓冲吸收电路使用的元件均应选用高频无感元件，且走线尽可能短直、靠近开关器件。

2.3　常用脉宽调制（PWM）控制技术

脉冲宽度调制简称脉宽调制（PWM，Pulse Width Modulation）控制技术，就是对脉冲的宽度进行调制的技术，即通过对一系列脉冲的宽度进行调制，来等效地获得所需要的波形（含形状和幅值）。PWM 控制的思想源于通信技术，全控型器件的发展使得实现 PWM 控制变得十分容易。PWM 调制波的频率不受电网电源频率的限制，是高频化绿色电源的基础，在电力电子技术的发展史上占有十分重要的地位。

2.3.1　直流 PWM 控制技术

常用直流的脉冲宽度调制（PWM）是通过功率开关器件的开关作用，将恒定直流电压转换成频率一定、宽度可调的方波脉冲电压，通过调节脉冲电压的宽度从而改变输出电压平均值的一种功率变换技术。直流 PWM 广泛用于 DC—DC 变换，又称为直流斩波调压。根据开关频率和功率的不同，可选用 GTO、GTR、IGBT 或电力 MOSFET 等全控型器件构成脉冲宽度调制器的主开关。

1. 单极式脉宽调制原理

图 2-16a 为降压型直流 PWM 变换器示意图，又称 Buck 变换器。其输出电压 u_o 只有一个正极性，因此称单极式 PWM 变换器。设 VT 为理想开关，VD 为续流二极管，在 VT 关断时释放感性负载的滞后电流。周期性地控制 VT 导通（t_{on}）与关断（t_{off}），可将输入直流电压 U_i 调制成脉宽为 t_{on}、周期为 T 的瞬时输出电压 u_0，如图 2-16b 所示。

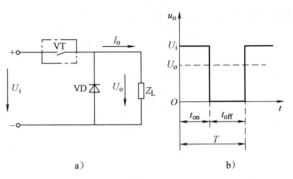

图 2-16 降压型直流 PWM 变换器

a) Buck 变换器示意图 b) 输出电压波形

假设 $t=0$ 时刻 VT 导通且维持 t_{on} 时段，则输入电压 U_i 全部加到负载上；然后 VT 关断 t_{off} 时段，流过感性负载 Z_L 中的滞后电流经二极管 VD 续流。如此周而复始，则负载两端的电压 u_o 波形如图 2-16b 所示。当电感储能较大时输出电流连续，负载端电压的平均值为

$$U_o = \frac{1}{T}\int_0^{t_{on}} U_i \mathrm{d}t = \frac{t_{on}}{t_{on}+t_{off}}U_i = \frac{t_{on}}{T}U_i = D_y U_i \qquad (2\text{-}19)$$

$$D_y = \frac{t_{on}}{t_{on}+t_{off}} = \frac{t_{on}}{T} \qquad (2\text{-}20)$$

式中，D_y 为 PWM 的占空比，改变脉冲宽度 t_{on} 就能改变 D_y，可实现对输出电压 U_o 的控制。

2. 双极式脉宽调制变换器

常用主电路拓扑分全桥（H 型）和半桥（T 型）两种。H 型变换器如图 2-17 所示，它由 4 个电力晶体管（$VT_1 \sim VT_4$）和 4 个反并联续流二极管（$VD_1 \sim VD_4$）组成全桥式 PWM 变换器。在控制方式上分双极式、单极式和受限单极式三种，由于双极式工况下的变换器具有对电源 U_i 利用率高、可在四象限连续运行、输出电流保持连续（CCM）运行、驱动简单等优点，在中小功率的新能源变换器中获得广泛应用。以下重点介绍双极驱动的 H 型 PWM 变换器。

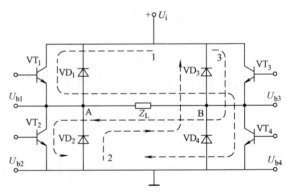

图 2-17 双极式 H 型 PWM 变换器

如图 2-17 所示的双极式 PWM 变换器，其 4 只开关器件 VT 的基极驱动分两组，VT_1、VT_4 和 VT_2、VT_3 以交叉互补模式轮流驱动，使两组器件周期导通或关断，即基极驱动电压 $U_{b1} = U_{b4}$、$U_{b2} = U_{b3} = -U_{b1}$，同桥臂器件（$VT_1$ 和 VT_2 或 VT_4 和 VT_3）互补导电，属于 180° 导电模式。实际应用中，为避免同桥臂器件同时导通，造成电源"直通"的短路事故，驱动顺序需要遵循"先关断后开通"的原则，即先关断原导通器件后才能高电平触发原关断的器件，为保证装置能可靠运行，必须在关断与开通指令之间插入"死区时间"，死区时间取决于开关器件的导通延时和关断恢复时间，一般取二者之和的 2～3 倍。

电路输出端 AB 之间接感性负载 Z_L，各点波形如图 2-18 所示。

1) 当 $0 \leqslant t < t_{on}$ 时，U_{b1} 和 U_{b4} 为正电平，晶体管 VT_1 和 VT_4 饱和导通；而 U_{b2} 和 U_{b3} 为负电平，VT_2 和 VT_3 截止。这时 $+U_i$ 加在电枢 AB 两端，$U_{AB} = U_i$，负载电流 i_o 沿回路 1 流通。

2) 当 $t_{on} \leqslant t < T$ 时，U_{b1} 和 U_{b4} 变为负电平，使 VT_1 和 VT_4 截止；U_{b2}、U_{b3} 变正，但 VT_2、VT_3 并不能立即导通，因在负载电感释放储能的作用下，滞后的 i_o 沿回路 2 经 VD_2—Z_L—VD_3—U_i 通道续流，VD_2、VD_3 的通态压降使 VT_2 和 VT_3 的 C—E 端承受反压，此时 $U_{AB} = -U_i$。U_{AB} 在一个周期内正负轮流，变换器输出电压 U_{AB} 和电流 i_{o1} 波形如图 2-18b 所示。

3) 当 U_{AB} 呈正、负双极式变化时，双极式驱动的 H 型 PWM 变换器在负载电感储能作用下，使电流 i_o 平滑波动，无论负载或电感的大小，变换器都处于 CCM 工况，输出电流保持连续；但电路也分两种模式：电感或负载较大时，输出电流始终为正值，$i_o = i_{o1}$ 正向电流路径和顺序为 1→2 回路；反之，电感或负载储能不足，会导致 i_o 出现负值（$i_o = i_{o2}$），工作在 3→4 回路。i_{o2} 的一个完整周期路径和顺序为 1→2→3→4 回路，其中 1、2 回路工况如前所述，电流为正；当回路 2 电流下降到零，VD_2、VD_3 截止，当 $U_{b2} = U_{b3}$ 仍为高电平时，VT_2 和 VT_3 由截止转导通，电流反向流入 $+U_i$→VT_3→Z_L→VT_2→$-U_i$ 的 3 回路，直至 $U_{b2} = U_{b3}$ 变负，VT_2 和 VT_3 恢复关断，电感释放储能维持反向电流由回路 3 转入回路 4，电流通过 VD_4→Z_L→VD_4→$+U_i$ 构成的通道续流。为简洁起见，未在图 2-17 中标出 i_{o2} 的 4 回路。

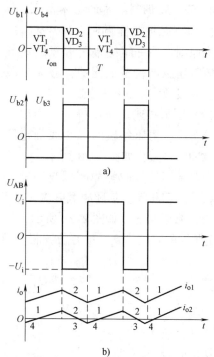

图 2-18 双极式 PWM 变换器的电压和电流波形
a) VT 驱动信号波形 b) 负载 Z_L 的电压与电流波形

2.3.2 正弦波脉宽调制（SPWM）控制技术

1. SPWM 调制技术的基本原理

正弦波脉宽调制（SPWM，Sinusoidal Pulse Width Modulation）是以输出电压为正弦波作为逆变器输出的期望波形，以频率比期望波高得多的等腰三角波作为载波（Carrier Wave），并用频率和期望波相同的正弦波作为调制波（Modulation Wave）或称参考正弦波（Reference Wave）。当调制波 u_r 与载波 u_c 相交时，由交点时刻确定逆变器开关器件的导通和关断，从而获得在正弦调制波的半个周期内呈两边窄中间宽的等幅不等宽的矩形序列方波。其原理是按照波形面积相等原则，将正弦波分为 n 等份，每一个矩形波的面积与相应位置的正弦波面积相等，在 n 较多条件下，这个序列的矩形波与期望的正弦波传输的能量等效。这种调制方法称作正弦波脉宽调制，这种序列的矩形波称作 SPWM 波，其形成原理如图 2-19 所示。

2. SPWM 调制技术的基本原则

（1）正弦波脉宽调制（SPWM）的基本思想及原则　用一组等幅不等宽的矩形脉冲序列等效正弦波传输的能量，遵循分段面积相等、分段数大于 3 的原则。

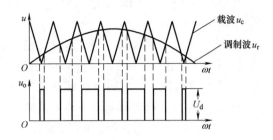

图 2-19　SPWM 调制的基本原理

（2）图形描述　假设将正弦半波按横坐标等分 7 段，再以每段的中心线确定等幅不等宽脉冲的位置，如图 2-20 所示。显然，为使每个等幅不等宽的脉冲面积与等宽不等幅的正弦波面积相等，其脉冲宽度应按正弦规律变化。

（3）数学描述　如图 2-21 所示，将正弦波电压 $u = U_m\sin\omega t$ 的 1/2 周期分为 n 等份，设第 i 个脉冲的宽度为 δ_i、中心位置相位角为 θ_i，根据面积相等原则，得到

$$\delta_i U_d = \int_{\theta_i - \frac{\pi}{2n}}^{\theta_i + \frac{\pi}{2n}} U_m\sin(\omega t)\, d(\omega t)$$

$$= 2U_m\sin\theta_i\sin\frac{\pi}{2n} \tag{2-21}$$

当 n 较大时有

$$\sin\frac{\pi}{2n} \approx \frac{\pi}{2n} \tag{2-22}$$

将式（2-22）代入式（2-21），得

$$\delta_i = \frac{\pi U_m}{n U_d}\sin\theta_i \tag{2-23}$$

由式（2-23）可见，脉冲宽度 δ_i 按其所在中心位置相位角 θ_i 的正弦规率变化。

脉冲幅值不变而宽度变化称为脉宽调制，当脉宽按正弦规律变化时则称为正弦波脉宽调制，简称 SPWM。

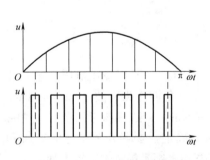

图 2-20　SPWM 基本原理的图形描述

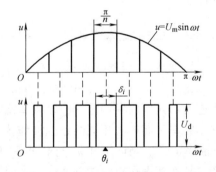

图 2-21　SPWM 原理的数学描述

（4）计算法和调制法　对于按面积等效原则计算脉宽和间隔，只要知道逆变器预期输出的正弦波频率、幅值以及半个周期中设定的脉冲个数，则脉冲的宽度及脉冲间隔可以由 SPWM 的数学描述式（2-21）、式（2-23）准确求出，然后据此作为开关变量的控制信号，控

制开关器件的通断。然而当逆变器输出的频率、幅值及相位变化较大时，计算工作量很大，尤以三相电路的计算过程繁琐，往往不能满足快速跟踪频率变化的实时控制需求。因此，一般采用较为简单、实用的规则采样调制法。

3. 单相全桥 SPWM 变换器及其工作原理

如图 2-22 所示的变换器采用 SPWM 控制方式，电路通常用于 DC—AC 电源变换，故又称为逆变器，它有两种驱动（调制）方式：

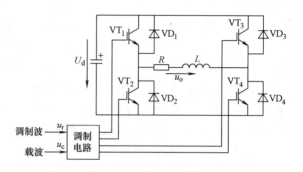

方式一（单极式控制）：在 1/2 周期内的输出电压波形只有一个极性。当正弦调制波为正半波时，控制 VT_4 常通、VT_3 常断，交替互补驱动 VT_1 与 VT_2 导通与关断，使输出电压 u_o 只有正极性；当正弦调制波为负半波时，VT_4 常断、VT_3 常通，驱动 VT_1 与 VT_2 交替导通与关断，此时输出电压 u_o 只有负极性，脉宽调制原理和电压波形如图 2-23 所示。

图 2-22　单相全桥 SPWM 变换器工作原理图

单极式 SPWM 控制方式的特点是：调制波半个周期内，载波只是在一种极性范围内变化，脉宽调制波 u_0 也只在一种极性范围内变化；在调制波一个周期内，输出电压的脉宽调制波有正、负和零三种电平值。

方式二（双极式控制）：在每个载波周期内输出电压波形既有正又有负极性。同时对 VT_1、VT_4 与 VT_2、VT_3 做交叉互补驱动，类似于直流 H 型 PWM 变换器在双极式驱动模式下的工况，脉宽调制控制模式为 180°导电型，脉宽调制原理和电压波形如图 2-24 所示。

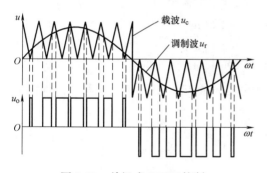

图 2-23　单极式 SPWM 控制

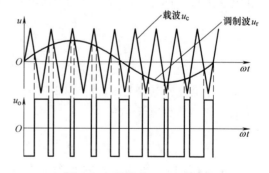

图 2-24　双极式 SPWM 控制

当 u_r 与 u_c 相交，且 $u_r \geqslant u_c$ 时，VT_1、VT_4 导通，VT_2、VT_3 关断，输出正电压；同理，当 $u_r \leqslant u_c$ 时，VT_2、VT_3 导通，VT_1、VT_4 关断，输出负电压。双极式 SPWM 控制方式的特点是：调制波 u_r 在半个周期内，载波正负对称，脉宽调制波 u_0 也正负对称。

单极式与双极式 SPWM 控制方式相比较，单极式控制谐波含量相对较小，对电源利用率高，但控制实现相对复杂；而双极式控制方式谐波含量相对较大，对电源利用率较低，但控制实现相对简单，应用更加广泛。

2.3.3 SVPWM 与 CHBPWM 控制技术

1. SVPWM 控制技术

空间电压合成矢量的脉冲宽度调制（SVPWM，Space Vector Pulse Width Modulation），简称空间矢量脉宽调制（SVPWM）。由德国学者 Dr. Depenbrock 于 1985 年提出，用于解决异步电动机的高动态性能的速度控制，其主要思想是：以三相对称正弦波电压供电时，三相交流电动机的定子磁链 $\boldsymbol{\Psi}_s$ 为理想的圆形轨迹，以此为参考标准，对三相逆变器的不同开关模式做适当切换，从而形成定子电压空间合成矢量接近圆形轨迹（实为正六边形）的 PWM 波。利用 SVPWM 技术可实现对电机磁链轨迹的准确跟踪，同时利用转矩反馈可以直接控制电动机的电磁转矩，因此又称为直接转矩控制。SVPWM 技术采用滞环切换控制模式，这类双位置砰-砰控制器具有结构简单、鲁棒性强、抗干扰好和系统动态特性好的优点。该技术已在除电机控制之外的新能源转换（风力发电系统）、有源电力滤波（APF，Active Power Filter）等领域的 PWM 整流器与逆变器中获得成功应用。

图 2-25 给出负载为三相异步电动机的 SVPWM 逆变器供电原理图，为使电动机对称工作，6 只开关必须轮流导通三相平衡供电。a、b、c 分别代表 3 个桥臂的开关状态，定义上桥臂器件导通为 "1" 状态、下桥臂器件导通为 "0" 状态，并按 UVW 相序依次排列。

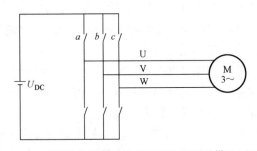

图 2-25 三相异步电动机的 SVPWM 逆变器供电原理图

由图 2-25 和 6 只器件轮流导通的状态，可以推导出三相逆变器输出的相电压矢量 $[\boldsymbol{U}_U、\boldsymbol{U}_V、\boldsymbol{U}_W]^T$ 与开关状态矢量 $[\boldsymbol{a}、\boldsymbol{b}、\boldsymbol{c}]^T$ 的关系为

$$\begin{bmatrix} \boldsymbol{U}_U \\ \boldsymbol{U}_V \\ \boldsymbol{U}_W \end{bmatrix} = \frac{U_{DC}}{3} \begin{bmatrix} 2 & -1 & -1 \\ -1 & 2 & -1 \\ -1 & -1 & 2 \end{bmatrix} \begin{bmatrix} \boldsymbol{a} \\ \boldsymbol{b} \\ \boldsymbol{c} \end{bmatrix} \tag{2-24}$$

式中 U_{DC} 是直流电源电压。对式(2-24) 的三相空间电压矢量 $\boldsymbol{U}_U$、$\boldsymbol{U}_V$、$\boldsymbol{U}_W$ 求和，得到输出端的空间电压合成矢量为

$$\boldsymbol{U}_{out} = \frac{2}{3}(\boldsymbol{U}_U + \boldsymbol{U}_V e^{j2\pi/3} + \boldsymbol{U}_W e^{j4\pi/3}) \tag{2-25}$$

由式(2-25) 可得 $\boldsymbol{U}_{out}$ 的 8 个基本空间电压合成矢量或开关状态，如图 2-26 所示。其中 6 个空间电压合成矢量幅值相等，都为 $2U_{DC}/3$，相位角互差 $\pi/3$，这 6 个矢量分别记作 $\boldsymbol{U}_0(001)$、$\boldsymbol{U}_{60}(011)$、$\boldsymbol{U}_{120}(010)$、$\boldsymbol{U}_{180}(110)$、$\boldsymbol{U}_{240}(100)$ 和 $\boldsymbol{U}_{300}(101)$，称为有效矢量；而逆变器上部 3 只开关同时导通（111）或下部 3 只同时导通（000），形成输出短路、合成电压矢量为零，将零电压矢量记作 $\boldsymbol{O}_{000}$、$\boldsymbol{O}_{111}$。

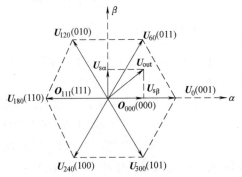

图 2-26 基本 SVPWM 轨迹图

当全部 6 个非零基本空间电压矢量依次独立输出时，电动机的定子磁链矢量 $\boldsymbol{\varPsi}_s$ 始端的运动轨迹是一个正六边形，显然按照这样的供电方式只能形成正六边形的旋转磁场，而不是理想的圆形磁场轨迹。所以，需要让正六边形变成正 N 边形，N 的次数越大就越接近于圆，这样就需要更多的逆变器开关状态；而利用 6 个非零的基本电压空间矢量的线形时间组合，就可得到更多的开关状态，以达到圆形磁链轨迹的目的；其缺点是成倍提高了开关频率，导致开关损耗成倍增加，还受到器件开关频率的限制。

2. CHBPWM 控制技术

如前所述，应用 SPWM 控制技术是控制逆变器输出电压的脉冲宽度按参考正弦波幅值变化，是以输出电压逼近正弦波为目标的一种 PWM 技术。但是，在许多实际应用场合是以电流正弦波作为控制目标的，比如交流电机的转矩控制、可再生能源并网发电系统、有源滤波器的电流补偿等应用场合。因此，在这些场合对逆变器输出电流实行闭环控制，使其逼近理想的正弦波，显然要比以电压是正弦波为控制目标的 SPWM 调制技术具有更好的性能。一种常用又简单的电流闭环控制方法是电流滞环跟踪 PWM（CHBPWM，Current Hysteresis Band PWM）控制。

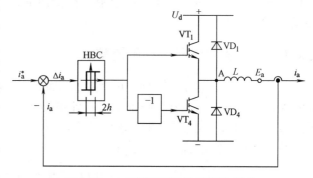

图 2-27 给出采用 CHBPWM 控制技术的电流控制原理图。为简化分析，仅给出三相变换器中的 A 相电流 i_a 的反馈控制电路，电路负载是电动

图 2-27 电流滞环跟踪控制的原理图

机 A 相绕组（性质是带漏感的反电动势负载）。其中，电流控制器是带滞环的比较器 HBC，环宽为 $2h$，将给定电流 i_a^* 与实际输出电流 i_a 进行比较，当电流偏差 Δi_a 超过环宽 h 时，滞环控制器 HBC 的输出翻转，控制逆变器上（或下）桥臂的功率器件 VT_1 与 VT_4 导通或关断。

逆变器的电流波形如图 2-28a 所示，图 2-28b 给出了逆变器经 CHBPWM 调制后的输出电压波形。由图 2-28b 可见，当电流 i_a 处于上升阶段时（VT_1 导通、VT_4 关断），输出相电压为 $+0.5U_d$；而当 VT_1 截止时，电感 L 释放储能使电流 i_a 下降，VD_4 导通提供续流，此时输出相电压是 $-0.5U_d$。因此，输出相电压波形呈 PWM 状，但与两侧窄、中间宽的 SPWM 波相反，两侧增宽而中间变窄，这说明为了使电流波形跟踪正弦波，应该调整输出相电压波形的脉冲密度，电流越大密度越高。采用 CHBPWM 技术控制的电流精度取决于环宽 h，h 越小精度越高，代价是开关频率会成倍增加。因此，电流的精度归根结底受到器件开关频率的限制。

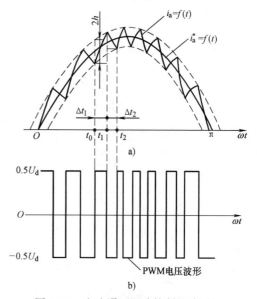

图 2-28 电流滞环跟踪控制的波形图
a）给定与输出电流波形 b）PWM 电压波形

闭环控制是各种跟踪型 PWM 变换器的共同特点，采用 CHBPWM 电流跟踪型变换器具有硬件电路简单，实时控制的电流响应快，不用载波、输出电压波形不含特定谐波的优点，但与 SPWM 计算法及调制法相比，相同开关频率时输出电流中高次谐波含量较多。

2.4 AC—DC 变换电路

将交流电变换成直流电的过程称为 AC—DC 变换或整流。传统的整流电路是利用二极管或晶闸管的单向导电性，将交流电变换成直流电的电路，是电力电子技术最早推广应用的电路类型。实现整流的电力半导体器件，连同辅助元器件及控制系统称之为整流器（Rectifier）或 AC—DC 变换器（AC—DC Converter）。现代整流器出现了采用 PWM 控制技术与全控型器件相结合的拓扑结构，具有 AC—DC/DC—AC 双向变换的优秀品质。整流电路通常指实现电能变换的主电路拓扑，它的类型很多，按使用的器件类型可分为不控整流、相控整流和 PWM 斩波整流 3 类。

2.4.1 二极管整流器——不控整流

由于二极管是不可控器件，因此整流电路的输出电压也不可控，其大小取决于输入电压和电路形式，主要为需求固定直流电压的负载供电。常用二极管整流电路的主要形式如表 2-1 所示。定义表中各图的输入电压为 u_i，输出电压为 u_o；带隔离变压器时，变压器的一次和二次电压分别为 u_1 和 u_2。

表 2-1 常用二极管整流器的主要形式

名称	输出电压型	输出电流型
单相半波		
单相全波		
单相桥式		

（续）

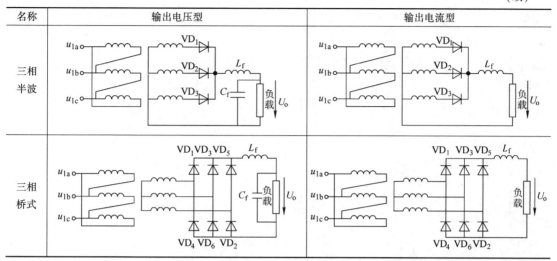

根据负载的不同性质，输出端采用的滤波电路不尽相同。要求电流稳定的负载一般只加电感滤波；要求电压稳定的负载，一般只加电容滤波；既要电压稳定又要电流稳定的负载需要同时用电感、电容组成 LC 滤波电路。加电感滤波还可提高输入交流电源的功率因数，减小谐波。

2.4.2　晶闸管整流器——相控整流

由于晶闸管是半控型器件，通过控制门极的触发延迟角，就能控制晶闸管的导通时刻，达到控制（移相调节）输出直流电压的目的，同时将输入的交流电源整流成可控的直流电源，提供给要求电压可连续变化的负载。常用晶闸管整流电路的主要形式如表 2-2 所示，表中的变压器一次和二次绕组电压分别为 u_1、u_2，U_o 为输出电压。晶闸管整流电路的拓扑与二极管整流电路基本类似，只要将二极管整流器件用晶闸管替换，保留原电路二极管续流器件即可。但由于晶闸管的可控性，构成的桥式整流电路又可分为半控桥和全控桥两类。此外，完整的晶闸管整流器还需要移相触发电路、控制电路、检测和保护电路。相比二极管整流器具有更多的选择性和复杂性。工作于相位控制模式的晶闸管，产生的高次谐波对电网会造成二次污染，深度调压时功率因数低也是其主要缺点。

表 2-2　常用晶闸管整流器的主要形式

名称	输出电压型	输出电流型
单相半波		
单相全波		

（续）

名称	输出电压型	输出电流型
单相桥式半控		
单相桥式全控		
三相半波		
三相桥式半控		
三相桥式全控		

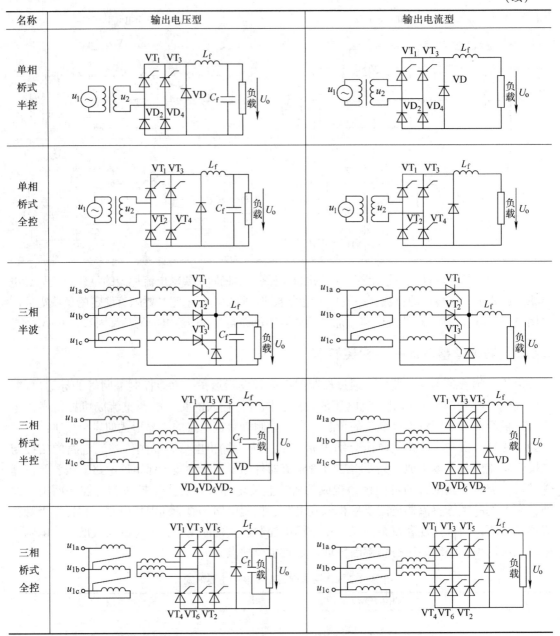

2.4.3 PWM 整流器——斩波整流

　　随着电力电子设备的大量应用，高次谐波、低功率因数对公共电网的危害日益严重，为了改善电网质量、提高电能利用效率，一种新型的脉冲宽度调制（PWM，Pulse Width Modulation）型高频开关模式整流器（SMR，Switched Mode Rectifier）于 20 世纪 90 年代投入实际应用。PWM – SMR 具有网侧功率因数高，谐波分量低，可 AC—DC/DC—AC 双向变换，可利用一套电源进行正、反向整流、逆变的四象限运行；与传统的二极管不控整流和晶闸管相控整流器相比，具有网侧电流畸变很小、功率因数任意可控等优点。此外，SMR 和传统相控整流器相比，其体积和重量成倍减小，动态响应快，是取代传统整流器的理想电源。

　　PWM-SMR 一般采用全控型电力电子开关器件（电力 MOSFET、IGBT），用高频脉宽调制（PWM）方波驱动其导通或关断，所以从本质上讲属于 PWM 斩波整流器。PWM 整流器的类型繁多，根据电路拓扑结构和外特性，SMR 可分为电压型（升压型或 Boost 型）和电流型（降压型或 Buck 型）。升压电路的特点是输出的直流电压高于交流输入电源线电压峰值，这是其升压拓扑结构决定的，升压型整流器输出一般呈电压源特征。电流型或降压型整流器输出的直流电压总是低于交流输入电源的峰值电压，这也是由其电路拓扑决定的，降压型整流器输出一般呈电流源特征。按是否具有能量回馈功能，可将 PWM 整流器分为无能量回馈的整流器（PFC，Power Factor Correction）和具有能量回馈的开关模式整流器（Reversible SMR），无论哪种 PWM 整流器，都基本能达到功率因数为 1。但不同的结构在谐波含量、控制的复杂性、动态性能、电路体积、重量、成本等方面有较大差别。

　　能量可回馈型的 PWM 整流器均采用全控型半导体开关器件，它比 PFC 电路具有更快的动态响应速度和更好的输入电流波形。另外，它还可以把交流输入电流的功率因数控制为任意值，实现交流—直流侧的双向能量流动。在实际应用中，特别是在中小功率领域，将二极管与自关断器件反并联，可组成一个双向导电的开关器件，在直流侧并联一个大电容构成电压型的 PWM 整流器，是能量可双向流动的高频 PWM 整流器的主流。

　　图 2-29 和图 2-30 分别给出单相半桥和全桥电压（升压）型 PWM 整流器（VSR，Voltage Source Rectifier），图 2-31 则是三相电压型 SMR。除必须具有网侧电感 L 外，PWM 整流器的主电路拓扑和逆变器是一样的。稳态工作时，整流器输出直流电压不变，开关管按正弦规律做 SPWM 脉宽调制，整流器交流侧（网侧）的输入电压 U_i 从直流侧观察与逆变器工作原理相同，可看作 DC—AC 逆变工作。由于电感的滤波作用，忽略整流器交流侧输出交流电压的谐波，变换器可以看作是三相平衡的可控正弦波电压源。它与电网的正弦电压 U_s 共同作用于电感 L，产生正弦输入电流（i_a、i_b、i_c）。适当控制整流器交流端电压 U_i 的幅值和相位，就可以获得所需大小和相位的输入电流 i。

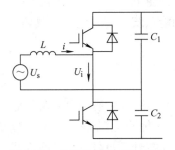

图 2-29　单相半桥 PWM-VSR

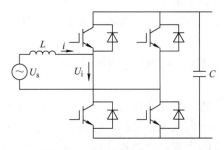

图 2-30　单相全桥 PWM-VSR

　　图 2-32 所示为三相电流型（降压型）PWM 整流器（CSR，Current Source Rectifier），由于网侧电感 L 很大，电流型整流器一般不采用单相电源。因为直流输出平波电抗器 L_d 的储能和滤波作用，其输出呈直流电流源特征。从交流侧看，电流型整流器可以看成是一个可控电流源。与电压型相比，电流型整流器有其独特的优点。首先，由于输出电感的存在，它没有桥臂直通和输出短路现象；其次，开关器件直接对直流电流做脉宽调制，所以其输入电流控制简单，理论上即使电流开环也能得到比较好的输入电流波形和快速的电流响应。不过，

电流型整流器通常要经 *LC* 滤波器与电网连接，且由于直流侧的平波电感和交流侧 *LC* 滤波器的存在，使电源的体积和重量显著增大。

电流型 SMR 应用不广泛的原因有两个：一是电流型整流器输出电感的体积、重量和损耗都比较大；二是常用的现代全控型开关器件，如 IG-BT、P－MOSFET 存在集成在器件内部的反并联二极管，使其成为反向自然导电的逆导型开关器件。在电流型变换器电路中为防止电流反向流动，必须再在外部串联一个反向隔离二极管，造成主电路结构更加复杂，且通态损耗加大。电流型 SMR 通常只在大功率、采用 GTO 器件的应用场合使用，因为 GTO 本身具有单向导电性，不必再串接隔离二极管，而电流型 SMR 具有较高的可靠性，在大容量电源中采用有利电路的过电流保护和安全运行。

从更广的角度看，无论是电流型还是电压型的 SMR，都属于能量可双向交流的 AC—DC/DC—AC "背靠背" PWM 变换器，既可运行于整流状态，

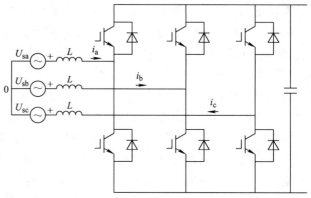

图 2-31　三相 PWM－VSR

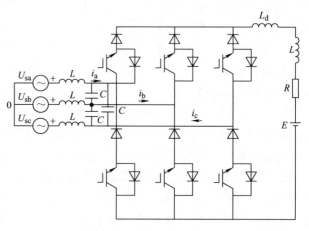

图 2-32　三相 PWM－CSR

也可运行于逆变状态，作整流器只是它们的功能之一。上述的主电路结构已被广泛用于无功补偿器，有源电力滤波器，风力、太阳能并网发电，电力储能系统，有源电子负载等领域。

2.5　DC—DC 变换电路

直流—直流变换器（DC—DC Converter）的功能是将一种直流电变换为另一种固定或可调电压的直流电，又称为直流斩波器（DC Chopper）。按输入-输出之间是否有电气隔离可分为非隔离式和隔离式直流变换器两种。非隔离式直流变换器按开关器件的使用数又可分为单管、双管和四管 3 类。常用的单开关器件直流变换器主要有 6 种：降压（Buck）型变换器，升压（Boost）型变换器，降—升压（Buck—Boost）型变换器和 3 种升—降/降—升压（Cúk、Sepic 和 Zeta）型变换器。双开关器件的 DC—DC 变换器有两级串接升压型和半桥式（Buck—Boost）变换器。四开关器件的变换器主要是全桥式 DC—DC（Buck—Boost）变换器或称 H 型变换器。隔离式变换器也分为单开关管和双开关管两种，单开关管有单端正激式变换器（Forward Converter）和单端反激式变换器（Flyback Converter）两种，双管的有双端正激、双端反激、推挽和半桥等 4 种。

利用变压器耦合、隔离的变换器可同时实现输入与输出间的电气隔离、电压匹配和磁场耦合，有利于扩大变换器的电压应用范围，还可实现多路输出。

2.5.1 单管非隔离式 DC—DC 变换器

表 2-3 列出了 6 种单管非隔离式 DC—DC 变换器的电路形式、电路特点。

表 2-3 单管非隔离式 DC—DC 变换器的电路形式与特点

名　称	电路形式	电路特点
Buck 变换器		一种降压型 DC—DC 变换电路，输出电压小于或等于输入电压，输入电流断续。输出电压 $U_o = D_y U_i$，占空比 $D_y = t_{on}/T_s = 0 \sim 1$（下同）
Boost 变换器		一种升压型 DC—DC 变换电路，输出电压大于输入电压，VT 的占空比 D_y 必须小于1，输入电流连续。输出电压 $U_o = U_i/(1 - D_y)$
Buck—Boost 变换器		一种降升压型 DC—DC 变换电路，输出电压小于或大于输入电压，输出电压极性和输入电压相反，输入电流断续。输出电压 $U_o = -D_y U_i/(1 - D_y)$
Cúk 变换器		一种升降压型 DC—DC 变换电路，输出电压大于或小于输入电压，输出电压极性和输入电压相反，输入电流连续。输出电压 $U_o = -(D_y/1 - D_y) U_i$
Sepic 变换器		一种升降压型 DC—DC 变换电路，输出电压大于或小于输入电压，输出电压极性和输入电压相同，输入电流断续。输出电压 $U_o = (D_y/1 - D_y) U_i$
Zeta 变换器		一种升降压型 DC—DC 变换电路，输出电压大于或小于输入电压，输出电压极性和输入电压相同，输入电流连续。输出电压 $U_o = (D_y/1 - D_y) U_i$

2.5.2 隔离式 DC—DC 变换器

隔离式变换器按变压器的激励方式可分为单端激励、双端激励 2 种，单端激励变换器结构简单，价格便宜，但单端激励时变压器磁心仅工作在 I 象限，利用率较低，仅适合小容量隔离式 DC—DC 变换电源；双端激励时变压器的磁心工作于 I、Ⅲ象限，利用率高，不需要复位绕组，适用于大中容量开关电源。单端激励又分为单端正激和反激两种。在单端正激变换器中，隔离变压器一次侧的开关器件与二次侧的整流器件导通/关断的状态相同。同理，在反激变换器中，变压器一次侧开关器件与二次侧整流器件的导通/关断状态相反。

1. 单端正激式 DC—DC 变换器

单端正激式 DC—DC 变换器（Forward Converter）实际上是在降压型 Buck 变换器中插入隔离变压器而成，主电路如图 2-33 所示。图中 VT 是主开关器件，VD_1 是输出整流二极管，VD_2 是续流二极管，L 是输出滤波电感，C_1 是输出滤波电容，R 为负载；变压器有 3 个绕组，一次绕组 N_1，二次绕组 N_2，复位绕组 N_3，圆点"·"表示变压器绕组的同名端；VD_3 是复位绕组 N_3 的串联二极管。主开关器件 VT 的栅极驱动信号 U_{tg} 以 PWM 方式工作，图 2-34 给出驱动信号 U_{tg}、各工作点电压（U_{N1}、U_{D2}）、磁通（Φ）和电流（i_{Lf}、i_{N1}、i_{N2}）的波形。

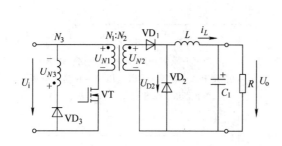

图 2-33 单端正激式 DC—DC 变换器主电路 　　　图 2-34 正激式变换器工作波形

单端正激变换器实际上是一个隔离的 Buck 变换器，其输出电压与输入电压的关系为

$$U_o = D_y \frac{U_i}{K_{12}} \tag{2-26}$$

在式（2-26）中，$K_{12} = N_1/N_2$，为变压器一、二次绕组的匝比；$D_y = T_{on}/T_s$，为占空比；T_{on} 为开关器件 VT 的导通时间；T_s 为变换器的开关工作周期。在正激变换器中，一个重要的概念是变压器必须在每个工作周期进行磁复位，否则磁通将不断增加，导致磁心饱和。因此在一个工作周期中，开关管 VT 导通时的磁通增量 $\Delta\Phi_{(+)}$，应该等于开关管 VT 关断时的磁通减量 $\Delta\Phi_{(-)}$，即

$$\frac{U_i}{N_1} D_y T_s = \frac{U_i}{N_3} \Delta D T_s \tag{2-27}$$

或

$$\Delta D = \frac{N_3}{N_1} D_y = \frac{D_y}{K_{13}} \tag{2-28}$$

由于 $\Delta D \leqslant 1 - D_y$，要满足上式，有 $D_y \leqslant 1 - \Delta D$，即

$$D_y \leqslant 1 - \frac{N_3}{N_1} D_y$$

(2-29)

$$D_{ymax} \leqslant \frac{N_1}{N_1 + N_3} = \frac{K_{13}}{1 + K_{13}}$$

开关管 VT 上的耐压是输入电压 U_i 与复位绕组 N_3 的电压 $K_{13}U_i$ 之和，所以 K_{13} 不能太大，也不能太小。K_{13} 过小，占空比 D_y 就要减小，为了充分提高占空比 D_y，又使开关管承受的压降 U_{VT} 较小，一般取 K_{13} 等于 1，这时 D_y 等于 0.5，U_{VT} 等于 $2U_i$。

Buck 变换器引入隔离变压器实现了电源侧与负载侧的电气隔离；通过选择电压比，可使正激变换器的输出电压高于电源电压或低于电源电压；此外，还可实现多路独立输出。

2. 单端反激式 DC—DC 变换电路

单端反激式变换器（Flyback Converter）在变压器的一次侧是降压型 Buck 变换器，变压器二次侧是升压型 Boost 变换器，也是一种隔离型直流变换器。单端反激变换器中变压器的磁通也只在单方向变化，开关管导通时电源将能量转为磁能存储在变压器的电感中，当开关管关断时再将磁能转变为电能传送给负载。图 2-35 为反激式变换器的主电路，它由开关管 VT、整流二极管 VD$_1$、电容 C_1 和变压器构成。开关管 VT 按 PWM 方式工作。变压器的一次绕组 N_1 和二次绕组 N_2 要求紧密耦合，变压器铁心采用普通导磁材料时必须加气隙，以保证在最大负载电流时铁心不饱和，因为变压器通过的电流有直流成分。

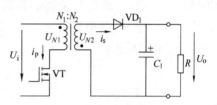

图 2-35　反激式变换器主电路

单端反激式变换器有电流连续模式（CCM）和电流断续模式（DCM）两种工作方式。在单端反激式变换器中，变压器是耦合电感，对于一次绕组 N_1 的自感 L_1，当开关管 VT 阻断时其电流必然为零，因此它的电流不可能连续。但这时在二次绕组 N_2 的自感 L_2 上必引起电流。故对反激变换器来说，电流连续是指变压器两个绕组的合成安匝在一个开关周期内不为零。而电流断续是指变压器两个绕组的合成安匝在一个开关周期内有一段时间为零。

（1）电流连续模式（CCM）的工作原理和基本关系

1）工作原理。电流连续时单端反激式变换器的工作原理如图 2-36a 所示，可分为两个开关工作模式。

① 工作模式 1[0，T_{on}] 时段：当 $t = 0$ 时，VT 导通，电源电压 U_i 加在一次绕组 N_1 上，这时二次绕组 N_2 上的感应电压为

$$u_{N2} = \frac{-N_2}{N_1} U_i \quad (2\text{-}30)$$

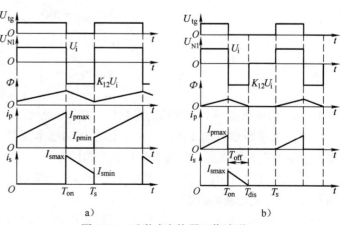

图 2-36　反激式变换器工作波形

a）电流连续模式（CCM）　b）电流断续模式（DCM）

其极性为上负下正。由于二极管 VD_1 承受反向电压而截止，此时负载电流由滤波电容 C_1 提供，因此二次绕组 N_2 处于开路状态，只有一次绕组工作。一次绕组 N_1 相当于一个电感，其电感值为 L_1，一次电流 I_p 从 I_{pmin} 开始线性增加，一次绕组回路的微分方程为

$$\frac{\mathrm{d}i_p}{\mathrm{d}t} = \frac{U_i}{L_1} \tag{2-31}$$

当 $t = T_{on}$ 时，I_p 达到最大值 I_{pmax}

$$I_{pmax} = I_{pmin} + \frac{U_i}{L_1}D_yT_s \tag{2-32}$$

在 I_p 增加过程中，变压器磁心被磁化，磁通 Φ 线性增加，其增量为

$$\Delta\Phi_{(+)} = \frac{U_i}{N_1}D_yT_s \tag{2-33}$$

② 工作模式 $2[T_{on}, T_s]$ 时段：当 $t = T_{on}$ 时，VT 关断，此时一次绕组开路，二次绕组的感应电压改变极性，其极性为上正下负，二极管 VD_1 导通，储存在变压器中的磁场能通过 VD_1 释放，同时向滤波电容 C_1 和负载 R 供电。这时只有变压器的二次侧在工作，二次绕组相当于一个电感，其电感量为 L_2，二次绕组上的电压为 U_o，电流 I_s 从 I_{smax} 线性下降，二次回路的微分方程为

$$\frac{\mathrm{d}i_s}{\mathrm{d}t} = \frac{U_o}{L_2} \tag{2-34}$$

当 $t = T_s$ 时，I_s 达到最小值 I_{smin}

$$I_{smin} = I_{smax} - \frac{U_o}{L_2}(1 - D_y)T_s \tag{2-35}$$

在 I_s 下降过程中，变压器磁心被去磁，磁通 Φ 线性减小，其减小量为

$$\Delta\Phi_{(-)} = \frac{U_o}{N_2}(1 - D_y)T_s \tag{2-36}$$

2）基本关系。稳态工作时，VT 导通时磁心磁通 Φ 的增加量必然等于 VT 关断时磁通 Φ 的减小量，即

$$\Delta\Phi_{(+)} = \Delta\Phi_{(-)} \tag{2-37}$$

$$\frac{U_i}{N_1}D_yT_s = \frac{U_o}{N_2}(1 - D_y)T_s \tag{2-38}$$

$$\frac{U_o}{U_i} = \frac{N_2}{N_1}\frac{D_y}{1 - D_y} = \frac{1}{K_{12}}\frac{D_y}{1 - D_y} \tag{2-39}$$

式中 K_{12} 为变压器一、二次侧的匝数比，$K_{12} = N_1/N_2$。

（2）电流断续模式（DCM）的工作原理和基本关系 电流断续单端反激式变换器的工作原理如图 2-36b 所示，分为 3 个开关工作模式。

① 工作模式 $1[0, T_{on}]$ 时段：当 $t = 0$ 时，VT 导通，一次电流 I_p 从零开始线性增加，到 $t = T_{on}$ 时，I_p 达到最大值 I_{pmax}。

② 工作模式 $2[T_{on}, T_{dis}]$ 时段：当 $t = T_{on}$ 时、VT 关断，一次绕组开路，二次绕组的感应电压改变极性，二极管 VD_1 导通，储存在变压器中的磁场能通过 VD_1 释放，同时向滤波电

容 C_1 和负载 R 供电。这时只有变压器的二次侧在工作，二次绕组相当于一个电感，其量为 L_2，电流 I_s 从 I_{smax} 线性下降，到 $t = T_{dis}$ 时，$I_s = 0$。

③ 工作模态 3 $[T_{dis}，T_s]$ 时段：在这个阶段，VT 关断，VD_1 截止，变压器一、二次侧都开路，负载 R 仅由滤波电容 C_1 提供能量。

2.6 DC—AC 变换电路

2.6.1 常用 DC—AC 变换电路

将直流电变换为交流电的过程称为逆变换或 DC—AC 变换，实现逆变的主电路称为 DC—AC 变换电路或逆变器。通常将 DC—AC 变换电路、控制电路、驱动及保护电路组成的 DC—AC 逆变电源称为逆变器（Inverter）。表 2-4 列出 4 种常用的 DC—AC 逆变电路的基本类型。

表 2-4 常用 DC—AC 逆变电路的基本类型

名　　称	电路形式	电路特点
电压型单相半桥逆变器		直流母线电容滤波，直流电压 U_d 经 C_1、C_2 分压，VT_1、VT_2 交替导通/关断；负载上的电压幅值为 U_d 的 1/2，功率为全桥逆变器的 1/4；开关管 VT_1、VT_2 上承受的最大电压为 U_d；控制方式主要是 PWM 脉宽调制控制、移相控制等
电压型单相全桥逆变器		直流母线电容 C_d 滤波，VT_1、VT_4 和 VT_2、VT_3 交替导通/关断；加在负载上的电压幅值为 U_d，输出功率为半桥逆变器的 4 倍；开关管 $VT_1 \sim VT_4$ 上承受的最大电压为 U_d；控制方式有单极、双极式 PWM 脉宽调制控制，移相控制，调频控制等方式
电流型单相全桥逆变器		直流母线电感 L_d 滤波，VT_1、VT_4 和 VT_2、VT_3 交替导通/关断；负载上的电流波形为方波，幅值为 I_d；开关管 $VT_1 \sim VT_4$ 上承受的电压为负载上的电压；负载上的电压幅值和相位取决于负载阻抗的大小和性质

（续）

名　称	电路形式	电路特点
电压型三相桥式逆变器	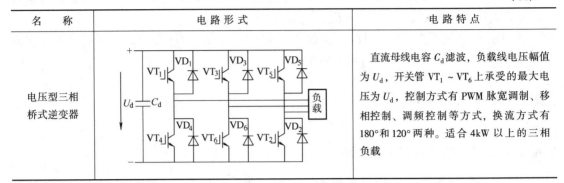	直流母线电容 C_d 滤波，负载线电压幅值为 U_d，开关管 $VT_1 \sim VT_6$ 上承受的最大电压为 U_d，控制方式有 PWM 脉宽调制、移相控制、调频控制等方式，换流方式有 $180°$ 和 $120°$ 两种。适合 4kW 以上的三相负载

2.6.2 DC—AC 逆变器的分类

1. 电压型逆变器

电压型逆变器的直流输入端并接有大电容储能元件，逆变桥输出到负载两端的电压为方波，其幅值为电容电压。逆变桥的输出电流的大小和相位由负载决定，电流波形取决于负载的性质，电阻性负载的电流波形和电压波形一样是方波，电阻电感性负载的电流波形根据其阻抗角的大小在方波和三角波之间；纯电感负载的电流波形是三角波，且功率因数为零。对于电阻电感性负载，为了提高逆变器输出功率因数，可外加补偿电容，组成 RLC 谐振负载，当逆变器的开关频率和谐振负载频率一致时，谐振负载等效为电阻 R，而负载 R 上的电压和电流都是正弦波，相位差为零，这时开关器件工作在零电流关断（ZCS）的软开关状态，逆变器输出的有功功率最大。RLC 谐振负载有串联型和并联型，将 $R—L—C$ 串联可组成串联谐振逆变器，串联谐振逆变器采用电压型逆变器，由恒电压源供电。

2. 电流型逆变器

电流型逆变器直流输入串接大电感储能元件，逆变器由电感稳流提供恒电流，逆变桥输出到负载的电流为方波，其幅值为电感电流。逆变桥输出的电压值由负载决定，电压波形取决于负载的性质，电阻性负载的电压波形和电流波形一样是方波，电阻电感性负载的电压波形根据其阻抗角的大小在方波和三角波之间；纯电感负载的电压波形是三角波，且功率因数为零。对于电阻电感性负载，为了提高逆变器输出功率因数，可外加补偿电容，组成 RLC 并联型谐振负载，这时开关器件工作在零电压导通（ZVS）的软开关状态，当逆变器的开关频率和谐振负载频率一致时，谐振负载等效为电阻 $R_o = L/RC$，这时逆变器输出的有功功率最大。并联谐振逆变器采用电流型逆变器，由恒电流源供电。

3. 单相半桥逆变器

单相半桥逆变器有两个桥臂，其中一个桥臂由开关器件和反并联二极管组成，另一个桥臂由两个参数相同的大容量电容串接而成，负载连接在两个桥臂的中点。单相半桥逆变器只能组成电压型逆变器，负载两端的电压幅值是外加电源电压的一半，因此负载上的最大功率只是全桥逆变器的 1/4。

4. 单相全桥逆变器

单相全桥逆变器有两个桥臂，每个桥臂由开关器件和反并联二极管组成，负载连接在两个桥臂的中点。单相半桥逆变器可组成电压型逆变器和电流型逆变器，组成电流型逆变器时，开关管上不能加反并联二极管，如果开关器件自身带有反并联二极管，则必须在每个开关管上串接二极管，防止在桥臂换流时引起内部环流。

5. 三相桥式逆变器

在三相逆变电路中，应用最广泛的是三相桥式逆变器，常用 180°换流导电型。六个开关管的换相顺序为 VT$_1$—VT$_2$—VT$_3$—VT$_4$—VT$_5$—VT$_6$，每个开关管的导通角度为 180°。为防止同一桥臂上下两个开关管同时导通造成电源短路（又称直通），两个开关管要先关后开，并留有安全裕量，称为死区时间，死区时间的长短根据开关器件的速度来决定，单相桥逆变器也有死区时间。另外还常用 PWM 脉宽调制和移相调功控制方式。

2.7 AC—AC 变换电路

交流—交流变换器（AC—AC Converter）分为三大类：一类是频率不变仅改变电压有效值的 AC—AC 电压变换器，又称为交流斩波（降压）调压器或交流电压控制器；第二类是将特定电压和频率值的交流电不经中间直流环节直接变为较低电压和频率的变压变频器（VVVF），这类 AC—AC 变换器没有中间环节，又称为直接式 AC—AC 变换器，一般采用晶闸管相控模式对输入变换器的工频交流电进行降压与降频变换，早期主要用于粗轧机、球磨机、转炉等大型设备的交流电机调速；近十年出现第三类先进的 AC—AC 矩阵式变换器，采用 PWM 控制技术，使变换器输出的交流电压和频率不受输入电源电压与频率的限制，具有调压调频范围宽、总谐波系数（THD）低和动态性能好的优点，有良好的应用前景。但此电路控制比较复杂，有些技术问题尚未解决，目前尚处于研究及实验室验证阶段。本节分别对三类 AC—AC 交流变换电路基本类型及特点进行归纳。

2.7.1 AC—AC 交流斩波（降压）调压器

第一类 AC—AC 交流斩波（降压）调压器的基本类型及电路特点见表 2-5。

表 2-5 常用 AC—AC 交流电压控制器

名　称	电路形式	电路特点
单相全控	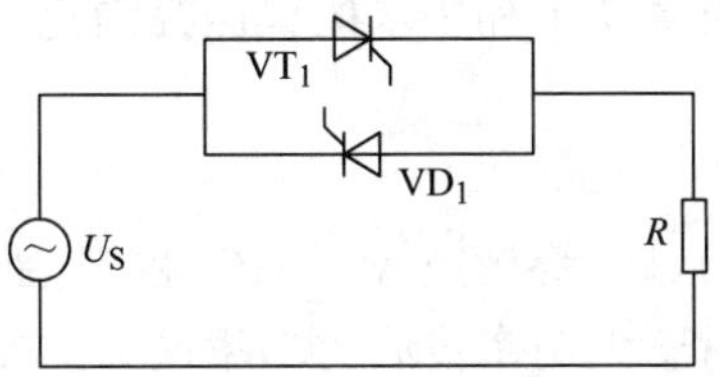	单相全控型电压控制器，是最基本的交流调压电路。图中两只晶闸管（VT$_1$、VT$_2$）可由一只双向晶闸管取代，但有效电流定额需扩大约 70%
单相半控	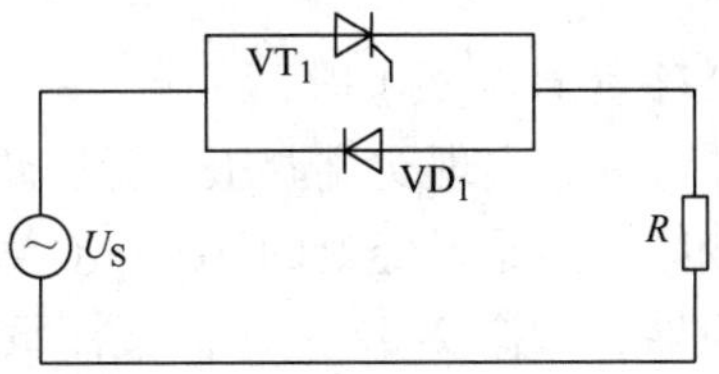	节省了一个晶闸管，但移相控制运行时输出电压正负半波不对称，会产生直流分量，还会对交流电网造成谐波污染，不宜用于较大功率的调压控制场合

（续）

名　　称	电　路　形　式	电　路　特　点
带中性线 N，星形联结		带一根电源中性线，相当于 3 只单相晶闸管交流调压器的组合，适合带中线的星形平衡负载调压或调功。缺点是三相不平衡运行时，中线含有较大电流及谐波
无中性线的三相连接		三相负载可为星形、三角形联结，每相电路通过另一相形成回路。不对称运行时，三角形负载内部有较大环流
内三角形联结的控制器		反并联晶闸管与各相负载串联后再接成三角形，相当于 3 个单相电压控制器组成三相晶闸管交流电压控制器。优点是对电网冲击小，缺点是要求负载有 6 个抽头

以上各种不同形式的交流电压调节电路的输出电压、电流与触发延迟角 α 和负载性质有关；此外，不同形式的电路在负载电流和线电流中所引起的谐波含量各不相同。选择哪一种电路形式，取决于负载电路的性质、负载功率和要求的调压控制范围。

2.7.2　典型 AC—AC 变换电路

目前，典型的 AC—AC 变换电路分为晶闸管相控 AC—AC 变换电路、矩阵 AC—AC 变换电路和脉宽调制 AC—AC 斩波电路等。对于大功率负载的功率调节、加热、电机驱动等应用场合，晶闸管仍然占有优势地位。近十年，利用全控型开关器件构成的 AC—AC 交流脉宽调制变换器的研究及应用日益成熟。

1. 晶闸管相控 AC—AC 变压变频电路（第二类）

第一类 AC—AC 交流变换器（表 2-5）只能实现交流调压，无法调频。如果电压与频率均可调，使用晶闸管相控 AC—AC 变压变频电路是最经典的 AC—AC 直接式变换电路，这种变换器无中间直流环节，又称第二类变换器，如图 2-37 所示。交流负载考虑到三相电网平衡问题，常分为单相负载和三相负载。对大功率单相负载供电，可采用两组三相半波或三相全桥式整流电路反并联，构成三相-单相 AC—AC 变压变频电路为负载 Z_L 供电（见图 2-37a）。正反两组整流电路在一个输出周期内交替工作实现调频，改变晶闸管相位实现调压，故又称为可逆整流器。对于三相大功率负载，采用三组独立的 AC—AC 可逆整流器与负载（星形）连接，各相输出电压相位互错 120°，且输出频率与晶闸管相位相等，构成三相平衡的三相-三相 AC—AC 变压变频电路，如图 2-37b 所示。

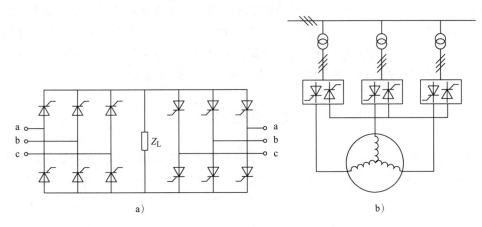

图 2-37　晶闸管相控 AC—AC 变压变频电路

a）三相-单相变换电路　b）三相-三相变换电路

晶闸管相控 AC—AC 变压变频电路具有单机功率变换、频率变换、电压变换的功能，可四象限运行，正弦波模式下低频输出波形谐波小、效率高，但接线复杂，受限于电网频率和变频器的脉波数，输出频率较低，网侧功率因数较低，网侧电流谐波含量大。变换电源主要在大功率交流电动机软起动、变频调速、风力发电及大功率 LED 驱动场合应用。

2. 矩阵 AC—AC 变换电路（第三类）

为克服晶闸管相控 AC—AC 接线复杂、受限于电网频率和变频器的脉波数、输出频率较低、网侧功率因数较低、网侧电流谐波含量大、频谱复杂等缺点，本世纪初出现了基于 PWM 调制的第三类交流变换——矩阵 AC—AC 变换电路，如图 2-38 所示。矩阵 AC—AC 变换电路是一种基于双向开关并采用脉宽调制获得期望输出电压的电力电子变流装置，直接矩阵变换器是指普通三相-三相矩阵变换器。它是由 9 个四象限功率开关按照 3×3 的矩阵进行排列组成，每个四象限功率开关均具有双向导通和双向阻断的能力。通过四象限功率开关的导通和阻断，三相输入交流电源中的任意一相可以直接连接至三

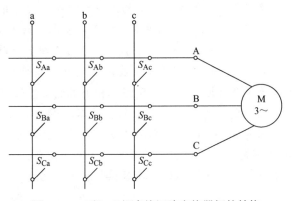

图 2-38　三相-三相直接矩阵变换器拓扑结构

相交流输出的任意一相。为了滤除输入电流中的高次谐波，矩阵变换器的输入侧通常接入三相 LC 低通滤波器。

由于矩阵 AC—AC 变换器具有功率开关数多、数学模型和控制复杂等特点，为确保系统

稳定可靠地运行，一般采用直接传递函数、间接空间矢量调制、直接空间矢量调制、双电压控制等控制策略，并取得较理想的控制效果。

与晶闸管相控交—交变频器和脉宽调制 AC—DC—AC 变换器相比，直接矩阵 AC—AC 变换器具有如下优点：①双向功率流，实现了真正意义上的四象限运行；②可以实现任意负载时单位网侧功率因数；③输入与输出正弦电流波形谐波含量少；④不需直流储能环节的电感或电容，体积和重量小。目前，直接矩阵变换器尚未在工业生产中得到推广应用，其原因为：①功率开关器件较多，换流控制繁杂；②无中间直流环节，使得非正常电网电压情况下控制十分困难，系统性能受到影响；③无中间直流环节，负载侧的干扰将直接影响到输入侧性能，受器件高频开关影响，网侧 EMC 较大；④箝位保护电路复杂，体积较大，成本较高。

本 章 小 结

本章对新能源发电技术涉及的基本电源变换电路进行了归纳总结。介绍了电力电子变换技术常用的电力电子器件及应用电路，晶闸管、MOSFET 和 IGBT 器件的驱动与保护电路，常用的 PWM 控制技术，最后介绍了基本的 AC—DC、DC—DC、DC—AC、AC—AC 四种变换电路。

本章的主要内容和要求包括：

1）电力电子器件及应用：要求了解与掌握不可控、半控、全控型器件，电压触发型、电流触发型器件的分类和特性。

2）驱动与保护电路：要求掌握晶闸管、MOSFET 和 IGBT 驱动电路的基本结构和基本要求，会跟据具体器件选用合适的驱动器，掌握保护电路的基本功能和原理，特别是缓冲电路的选择和参数计算。

3）常用 PWM 控制技术：要求了解 PWM 技术的特点，熟悉直流 PWM 控制技术、SPWM 控制技术、SVPWM 与 CHBPWM 等 4 种控制技术的原理、波形和用途。

4）AC—DC 整流变换电路：要求了解二极管不控整流、晶闸管可控整流器的拓扑结构和电路特点，掌握各种电路的工作原理和参数计算。

5）DC—DC 直流斩波变换电路：要求了解 Buck 变换器、Boost 变换器、Buck–Boost 变换器、Cúk 变换器、Sepic 变换器、Zeta 变换器电路的特点、电路拓扑结构和工作原理。

6）DC—AC 逆变电路：要求了解电压型单相半桥逆变器、电压型单相全桥逆变器、电流型单相全桥逆变器、电压型三相桥式逆变器的拓扑结构和特点。

7）AC—AC 交流变换电路：要求了解 AC—AC 变换器中的调压、调压调频与矩阵变换器这三类 AC—AC 变换电路的区别，了解晶闸管相控（又称晶闸管交流斩波）技术的 AC—AC 变换器的工作原理，了解单相交流全控型、单相交流半控型及三相交流负载星形联结与三角形联结的 AC—AC 变换器拓扑和主要用途。

第3章 风能、风力发电与控制技术

空气流动形成了风，风能是太阳能的一种转换形式。风能的特点是具有随机性并随高度的变化而变化。风能的主要应用是风力发电：风力发电是通过风力发电机组实现风能到机械能，再到电能的转换，风力机和发电机组成了风力发电机组。风力机有水平轴和垂直轴两种，以水平轴为主；发电机中除传统的交直流发电机外，还有一些新型风力发电机。风力发电机组的控制系统是一个综合性控制系统，其控制复杂，一般采用微机控制。风力机的调节与控制包括：定桨距调节控制、变桨距调节控制、偏航系统的调节与控制。风力发电机组控制策略有：恒速恒频控制、变速恒频控制两种；变速恒频控制用于双馈异步发电机和同步发电机两种形式。不同的风力发电机组其并网技术和方式不同：风力同步发电机组的并网方法以自动准同步并网为主；风力异步发电机组的并网以晶闸管软并网为主。对于并网运行的风力异步发电机组一般通过补偿装置进行无功功率的补偿。风力发电的经济技术评价可通过经济性指标来衡量。

本章主要介绍：风的特性及风能利用，风力发电机组及其工作原理，风力发电机组的控制策略，风力机的调节与控制，风力发电机的控制，风力发电机组的控制与并网技术和风力发电的经济技术性评价。

3.1 风的特性及风能利用

风能是太阳能的一种转换形式，是一种重要的自然能源，也是一种巨大的、无污染、永不枯竭的可再生能源。风的形成是空气流动的结果，风的产生是随时随地的，其方向和大小不定。风能的特点为能量巨大，但能量密度低。风能的应用很多，其中以风力发电最为广泛。

3.1.1 风的产生

风是地球上的一种自然现象，是太阳能的一种转换形式，它是由太阳辐射热和地球自转、公转和地表差异等原因引起的，大气是这种能源转换的媒介。

地球绕太阳运转，由于日地距离和方位不同，地球上各纬度所接受的太阳辐射强度也有差异，地球南北极接受太阳辐射能少，所以温度低，气压高；而赤道接受的热量多，温度高，气压低。地球表面被大气层所包围，当太阳辐射能穿越地球大气层照射到地球表面时，太阳将地表的空气加温，空气受热膨胀后变轻上升，热空气上升，冷空气横向切入，由于地球表面各处受热不同，使大气产生温差形成气压梯度，从而引起大气的对流运动。风是大气对流运动的表现形式。

图 3-1 所示为地球上风的运动。由此可见太阳能形成大气压差，而大气压差是风产生的根本原因。

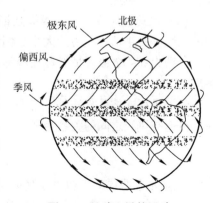

图 3-1 地球上风的运动

3.1.2 风的特性与风能

风的产生是随时随地的，其方向、速度和大小不定。风能的特点是：能量巨大，但能量密度低，当流速同为 3m/s 时，风力的能量密度仅为水力的 1/1000；风能的利用简单、无污染、可再生；风的稳定性、连续性、可靠性差；而且风的时空分布不均匀。

1. 风的表示法

风向、风速和风力是描述风的 3 个重要参数。风向是风吹来的方向，如果风是从南方吹来就称为南风。风速是表示风移动的速度，即单位时间内空气在水平方向上流动所经过的距离。风力表示风的大小，以风力强度等级来区别。风向、风速和风力这些参数都是随时随地变化的。地球自转、公转的力量和地表地形差异等因素，都将造成风力、风向和风速的改变，依季节或时期的不同也会产生固定的风（季风）。

(1) 风向的表示法 风向一般用 16 个方位表示，也可以用角度表示。当用 16 个方位表示时，分别为北北东（NNE）、北东（NE）、东北东（ENE）、东（E）、东南东（ESE）、南东（SE）、南南东（SSE）、南（S）、南南西（SSW）、南西（SW）、西南西（WSW）、西（W）、西北西（WNW）、北西（NW）、北北西（NNW）、北（N），另外静风记为 C。风向方位图如图 3-2 所示。当用角度表示时，以正北为基准，顺时针方向旋转，东风为 90°，南风为 180°，西风为 270°，北风为 360°。

(2) 风速的表示法 各国表示风速单位的方法不尽相同，如用 m/s、n mile/h、

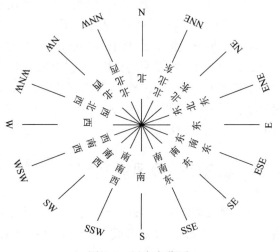

图 3-2 风向方位图

mile/h、km/h 等，国际上的单位为 m/s 或 km/h。由于风时有时无、时大时小，每一瞬时的速度都不相同，所以风速是指一段时间内的平均值，即平均风速。一般以 10m 高度处为观测基准，但平均风速所取的时间有多种，如有 1min、2min、10min 平均风速，有 1h 平均风速，也有瞬时风速等。

(3) 风速与风级 风力等级是根据风对地面或海面物体影响而引起的各种现象，按风力的强度等级来估计风力的大小。国际上采用的为蒲福风级，从静风到飓风共分为 13 个等级。分别为 0 ~ 12 级，虽然现在国际上将风级的划分增加到 18 级，但常用的仍为 12 级风的标准。

除了风级的估计方法外，还可以根据每级风相应的风速数据，判定风的等级或计算风速。风速与风级之间的关系为

$$\bar{v}_N = 0.1 + 0.824 N^{1.505} \tag{3-1a}$$

式中，$\bar{v}_N$ 为 N 级风的平均风速（m/s）；N 为风的级数。

如果已知风的级数 N，可以计算平均风速。

N 级风的最大风速为

$$v_{N\max} = 0.2 + 0.824N^{1.505} + 0.5N^{0.56} \tag{3-1b}$$

N 级风的最小风速为

$$v_{N\min} = 0.824N^{1.505} - 0.56 \tag{3-1c}$$

2. 风的特性

风的特性包括风的随机性、风随高度的变化等。

（1）风的随机性　风的产生是随机的，但可以根据风随时间的变化总结出一定的规律，风随时间的变化包括每日的变化和季节的变化。一天之中风的强弱在某种程度上可以看作是周期性的，如地面上夜间风弱，白天风强；高空中正相反，是夜里风强，白天风弱。这个逆转的临界高度约为 100 ~ 150m。由于季节的变化，太阳和地球的相对位置也发生变化，使地球上存在季节性的温差，因此风向和风的强度也会发生季节性变化。我国大部分地区风的季节性变化情况是：春季最强，冬季次之，夏季最弱。当然也有部分地区例外，如沿海温州地区，夏季季风最强，春季季风最弱。

风速是不断变化的，一般所说的风速是指变动部位的平均风速。通常自然风是一种平均风速与瞬间激烈变动的紊流相重合的风。紊乱气流所产生的瞬时高峰风速也叫阵风风速。图 3-3 所示为阵风和平均风速的关系。

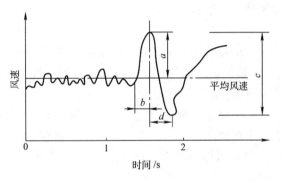

图 3-3　阵风和平均风速的关系
a—阵风振幅　b—阵风的形成时间
c—阵风的最大偏移量　d—阵风消失的时间

（2）风随高度的变化而变化　从空气运动的角度，通常将不同高度的大气层分为三个区域，如图 3-4 所示。离地面 2m 以内的区域称为底层；2 ~ 100m 的区域称为下部摩擦层，两者总称为地面境界层；从 100 ~ 1000m 的区段称为上部摩擦层，以上三区域总称为摩擦层。摩擦层之上是自由空气。

关于风速随高度而变化的经验公式很多，通常采用所谓指数公式，即直接应用风速随高度变化的指数律，以 10m 为基准，修正到不同高度的风速，其表达式为

$$\frac{v}{v_0} = \left(\frac{h}{h_0}\right)^k \tag{3-2}$$

式中，v 为距地面高度为 h 处的风速（m/s）；v_0 为高度为 h_0 处的风速（m/s），一般取 h_0 为 10m；k 为修正指数，它取决于大气稳定度和地面粗糙度等，其值

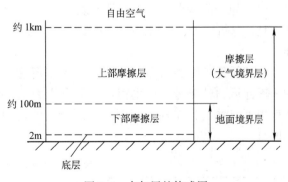

图 3-4　大气层的构成图

约为 0.125 ~ 0.5，在开阔、平坦、稳定度正常的地区为 1/7。

对于地面境界层，风速随高度的变化则主要取决于地面粗糙度。不同地面情况的地

面粗糙度 α 如表 3-1 所示。此时计算近地面不同高度的风速时仍采用上述公式，只是用 α 代替式 (3-2) 中的指数 k。

从表 3-1 中的数据可见，粗糙地面比光滑地面的 α 值大，这是因为粗糙地面在近地层更易形成湍流，使得风速随高度增加得快，风速梯度大。为了从自然界获取最大的风能，应尽量利用高空中的风能，一般至少比周围的障碍物高 10m 左右。

3. 风能

风是空气的水平运动，空气运动产生的动能称为"风能"。

表 3-1 不同地面情况的地面粗糙度

地 面 情 况	粗糙度 α
光滑地面，硬质地面，海洋	0.10
草地	0.14
城市平地，有较高草地，树木极少	0.16
高的农作物，篱笆，树木少	0.20
树木多，建筑物极少	0.22 ~ 0.24
森林，村庄	0.28 ~ 0.30
城市有高层建筑	0.40

(1) 风能密度 空气在 1s 内以速度 v 流过单位面积产生的动能称为"风能密度"，风能密度的一般表达式为

$$E = 0.5\rho v^3 \qquad (3-3)$$

式中，E 为风能密度 (W/m²)；ρ 为空气质量密度 (kg/m³)；v 为风速 (m/s)。

ρ 值的大小随气压、气温和湿度等大气条件的变化而变化，在常温 (15℃) 和 1 个标准大气压下，ρ 值可取为 1.225kg/m³。

由于风速时刻在变化，通常用某一段时间内的平均风能密度来说明该地的风能资源潜力。平均风能密度一般采用直接计算和概率计算两种方法求得。

(2) 风能的定义 空气在 1s 内以速度 v 流过面积为 S 截面的动能称为风能。风能的表达式为

$$W = ES = 0.5\rho v^3 S \qquad (3-4)$$

式中，W 为风能 (W)；E 为风能密度 (W/m²)；S 为截面积 (m²)。

从风能的计算公式可见：风能的大小与气流密度和通过的面积成正比，与气流速度的 3 次方成正比，可见风速对风能的影响很大。

(3) 风能的特点 风能与其他能源相比，既有其明显的优点，又有其局限性。风能的优点是：蕴量巨大、可以再生、分布广泛、没有污染。缺点是：密度低、不稳定、地区差异大。

密度低是风能的一个重要缺陷。由于风能来源于空气的流动，而空气的密度是很小的，因此风力的能量密度也很小，只有水力的 1/816。表 3-2 所示为各种能源的含能量，从表中可以看出，在各种能源中，风能的含能量是极低的，这个特点给其利用带来一定的困难。

表 3-2 各种能源的含能量

能源类别	风能 (3m/s)	水能 (流速3m/s)	波浪能 (波高2m)	潮汐能 (潮差10m)	太阳能	
					晴天平均	昼夜平均
能量密度 /(kW/m²)	0.02	20	30	100	1.0	0.16

由于气流瞬息万变，因此风的脉动、日变化、季变化以至年际的变化都十分明显，波动很大，极不稳定。由于地形的影响，风力的地区差异非常明显。一个邻近的区域，有利地形下的风力，往往是不利地形下的几倍甚至几十倍。

3.1.3 风能的利用

风能的利用主要是将大气运动时所具有的动能转化为其他形式的能量，一般利用风推动风车的转动以形成动能。其具体用途包括风力发电、风帆助航、风车提水、风力致热采暖等。风能转换与应用情况如图3-5所示。

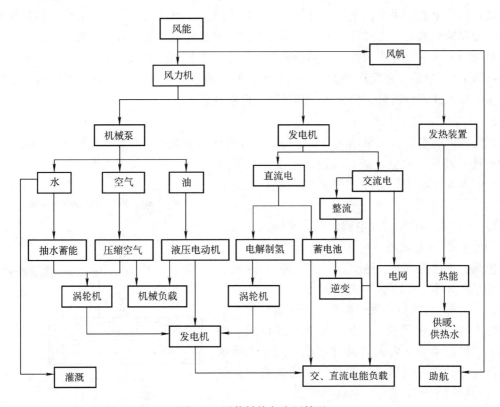

图 3-5　风能转换与应用情况

在风能的各种应用中，风力发电是风能利用的最重要形式。从风力发电技术状况以及实际运行情况表明，它是一种安全可靠的发电方式。风力发电机组的生产和控制技术日渐成熟，产品商品化的进程加快，降低了风力发电成本，已经具备了和其他发电手段相竞争的能力。和其他发电方式相比：风力发电不消耗资源、不污染环境；建设周期一般很短，安装一台可投产一台，装机规模灵活，可根据资金多少来确定装机量；运行简单，可完全做到无人值守；实际占地少，机组与监控、变电等建筑仅占风力发电场约1%的土地，其余场地仍可供农、牧、渔使用；对土地要求低，在山丘、海边、河堤、荒漠等地形条件下均可建设；此外，在发电方式上还有多样化的特点，既可联网运行，也可和柴油发电机等联成互补系统或独立运行，可解决边远无电地区的用电问题。

3.2　风力发电及其工作原理

19 世纪末，丹麦人首先研制了风力发电机。1891 年，丹麦建成了世界第一座风力发电站。100 多年来，世界各国成功研制了类型各异的风力发电机组。

3.2.1　风力发电机组的分类及结构

1. 风力发电机组的分类

风力发电包含两个能量转换过程，即风力机（风轮）将风能转换为机械能和发电机将机械能转换为电能。风力发电所需要的装置，称为风力发电机组。风力发电机组的分类有很多种，按风轮轴的安装形式可分为水平轴风力发电机组和垂直轴风力发电机组两种；按风力发电机的功率来分可分为四种，分别为微型（额定功率为 50～1000W）、小型（额定功率为 1.0～10kW）、中型（额定功率为 10～100kW）和大型（额定功率大于 100kW）风力发电机组；按运行方式来分可分为独立运行和并网运行两种方式。

2. 风力发电机组的结构

风力发电机组中，水平轴风力发电机组是目前技术最成熟、产量最大的形式；垂直轴风力发电机组因其效率低、需起动设备等技术原因应用较少，因此下面主要介绍水平轴风力发电机组的结构。

1）独立运行的风力发电机组。水平轴独立运行的风力发电机组由风轮（包括尾舵）、发电机、支架、电缆、充电控制器、逆变器、蓄电池组等组成，其主要结构如图 3-6 所示。

2）并网运行的风力发电机组。并网运行的水平轴风力发电机组由风轮、增速齿轮箱、发电机、偏航装置、控制系统、塔架等部件组成，图 3-7 所示为并网运行的水平轴风力发电机组的原理框图，图中电容补偿用于异步风力发电机系统。

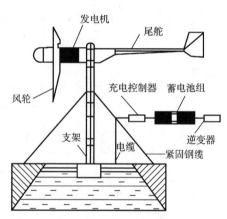

图 3-6　水平轴独立运行风力
发电机组结构示意图

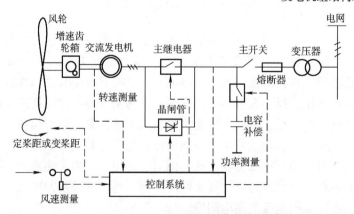

图 3-7　并网运行的水平轴风力发电机组原理框图

图3-8所示为大型风力发电机组的基本结构，它由叶片、轮毂、主轴、增速齿轮箱、调向机构、发电机、塔架、控制系统及附属部件（机舱、机座、回转体、制动器）等组成。

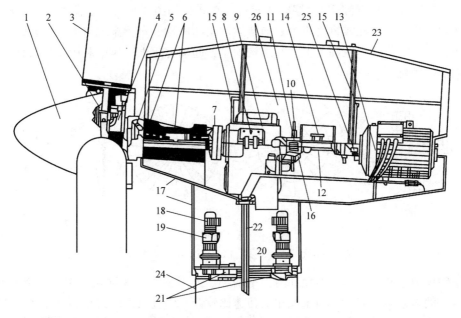

图3-8　大型风力发电机组基本结构

1—导流罩　2—轮毂　3—叶片　4—叶尖刹车控制系统　5—集电环　6—主轴　7—收缩盘
8—锁紧装置　9—增速齿轮箱　10—刹车片　11—刹车片厚度检测器　12—万向联轴器
13—发电机　14—安全控制箱　15—舱盖开启阀　16—刹车汽缸　17—机舱
18—偏航电机　19—偏航齿轮　20—偏航圆盘　21—偏航锁定　22—主电缆
23—风向风速仪　24—塔架　25—振动传感器　26—舱盖

3. 风力发电机组的工作原理

在并网运行的风力发电机组中，当风以一定速度吹向风力机时，在风轮的叶片上产生的力驱动风轮叶片低速转动，将风能转换为机械能，通过传动系统由增速齿轮箱增速，将动力传递给发电机，发电机匀速运转，把机械能转变为电能。整个机舱由高大的塔架举起，由于风向经常变化，为了有效地利用风能，还安装有迎风装置。迎风装置根据风向传感器测得的风向信号，由控制器控制偏航电动机，驱动与塔架上大齿轮相啮合的小齿轮转动，使机舱始终对准风的方向。而在独立运行的风力发电机组中，风轮驱动风力发电机，将风能转化为电能，通过蓄电池蓄能，直接或通过逆变器转换成交流电供给电网达不到地区的用户使用，尾舵的作用也是使风轮对准风向，以捕获最大的风能。

3.2.2　风力机及风能转换原理

风力机又称为风轮，主要有水平轴风力机和垂直轴风力机。风轮包括叶片和轮毂等，叶片安装在轮毂上，一般为1～4片，常用的为2～3片。由于叶片是风力发电机接受风能的部件，其叶片的扭曲、翼型的各种参数及叶片的结构都直接影响叶片接受风能的效率和叶片的寿命。

1. 风力机的结构

1) 水平轴风力机。水平轴风力机的旋转轴与风向平行，即与地面成水平状态。主要有荷兰式、农庄式（又称美洲式）、桨叶式和自行车式，如图3-9所示。荷兰式、农庄式为早期大量使用的机型，桨叶式风力机为目前普通使用的一种。自行车式风力机由轮毂、辐条和外圈组成，中空的桨叶套在辐条上，其结构简单、起动力矩大、风能利用系数较高，是稍晚发展起来的一种机型。

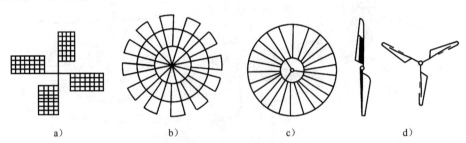

图 3-9 水平轴风力机

a) 荷兰式 b) 农庄式 c) 自行车式 d) 桨叶式

水平轴风力机又可分为升力型和阻力型两类。升力型旋转速度快，阻力型旋转速度慢，风力发电一般多采用升力型。由于风轮的转速比较低，而且风力的大小和方向经常变化，使转速不稳定，所以在带动发电机之前，还必须附加一个把转速提高到发电机额定转速的齿轮变速箱，再加一个调速机构使转速保持稳定，然后再连接到发电机上。为保持风轮始终对准风向以获得最大的功率，小型水平轴风力机还需在风轮的后面装一个类似风向标的尾舵，而对于大型的风力机，则利用风向传感元件及伺服电动机组成的传动机构来控制。

水平轴风力机的技术参数主要有：风轮直径，一般风力机的功率越大，风轮直径越大；叶片数量，高速发电机的风力机叶片数为 2~4 片，低速风力机大于 4 片；风能利用系数，一般为 0.15~0.5 之间；起动风速，一般为 3~5m/s；停机风速，一般为 15~35m/s；输出功率，几十 W~几 MW。

2) 垂直轴风力机。垂直轴风力机的旋转轴垂直于地面，即与风向垂直，又称立轴风力机。立轴风力机在风向改变时无需对风，其设计、制造、安装、运行都比水平轴风力机简单和方便。常见的有萨窝纽斯式、达里厄式和旋翼式，如图3-10所示。

目前主要使用的是水平轴风力机，其数量占绝大多数，可达98%以上。垂直轴风力机主要是达里厄式。

图 3-10 垂直轴风力机

a) 萨窝纽斯式 b) 达里厄式 c) 旋翼式

2. 风力机的气动原理

风力发电机组中的风轮之所以能将风能转化为机械能，是因为风力机具有特殊的翼型。现代风力机叶片的翼型及翼型受力分析图如图3-11所示，图3-12为翼型压力分布图。图3-11中的翼型尖尾点 B 称为后缘翼型，圆头上的 A 点称为前缘，连接前、后缘的直线 AB 称为翼弦；ACB 为翼型上表面，ADB 为翼型下表面；α 角为翼弦与相对风速之间的夹角，称为迎角（或攻角，也称为功角）；翼弦与风轮旋转平面之间的夹角 θ 称为安装角（或桨距角 β）；风轮旋转平面与相对风速之间的夹角 ϕ 称为相对风向角。现分析风轮不动时受到风吹的情况：当风以速度矢量 v 吹向叶片时，在翼型的上表面，风速减小，形成低压区，翼型的下表面，风速增大，形成高压区，上下表面间形成压差，产生垂直于翼弦的力 F（空气总动力）。力 F 可以分解为与相对风速方向平行的阻力 F_D 和垂直于风向的升力 F_L，升力使风力机旋转，实现能量的转换。

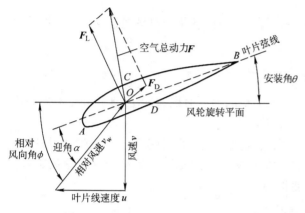

图 3-11　风力机的叶片翼型及受力

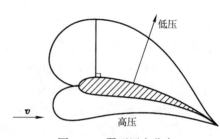

图 3-12　翼型压力分布

合力 F 的大小可表示为

$$F = \frac{1}{2}\rho C S v^2 \tag{3-5}$$

式中，F 为合力 F 的大小（N·m）；ρ 为空气质量密度（kg/m³）；S 为叶片面积（m²）；C 为空气动力系数；v 为风速（m/s）。

阻力 F_D 和升力 F_L 的大小分别为

$$\begin{cases} F_L = \dfrac{1}{2}\rho C_L S v^2 \\ F_D = \dfrac{1}{2}\rho C_D S v^2 \end{cases} \tag{3-6}$$

式中，C_L 和 C_D 为翼型的升力和阻力系数。

由于 F_D 和 F_L 互相垂直，因此有

$$\begin{cases} F^2 = F_L^2 + F_D^2 \\ C^2 = C_L^2 + C_D^2 \end{cases} \tag{3-7}$$

翼型的升力和阻力随迎角 α 的变化而变化，其中升力随迎角 α 的增加而增加，阻力随迎角的增加而减小。当迎角增加到某一临界值时，升力突然减小而阻力急剧增加，此时风轮叶片突然丧失支承力，这种现象称为失速。

3. 风力机叶片的速度

由图 3-11 可知

$$v_w = u + v \tag{3-8}$$

式中，v_w 为相对速度（m/s）；u 为叶片线速度（m/s）；v 为风速（m/s）。
其中

$$u = \omega r_i = \frac{2\pi r_i n}{60} \qquad (3\text{-}9)$$

式中，ω 为叶片角速度（rad/s）；r_i 为叶片计算速度点到转动中心的距离（m）；n 为叶片转速（r/min）。

4. 风力机的输出功率

当风吹向风力机的叶片时，风力机的主要作用是将风能转化为机械能，风力机的机械输出功率可表示为

$$P_a = \frac{1}{2} C_P A \rho v^3 \qquad (3\text{-}10)$$

式中，P_a 为风力机的机械输出功率（W）；A 为风力机的扫风面积（m^2），$A = \pi r^2$，r 为风轮半径；C_P 为风力机的利用系数（一般取 1/3 ~ 2/5）。

根据式(3-10)，风力机的机械输出功率主要与风力机的利用系数、风力机的扫风面积、空气质量密度及风速有关，其与风速的 3 次方成正比，可见风速对能量转化的影响。

对于已安装完成的风力机，其输出功率主要取决于风速和风轮的利用系数。风轮的利用系数最大只能达到 0.593，实际应用时，该系数与风速、风力机的转速以及风力机叶片参数有关，一般为 $C_P = C_P(\beta, \lambda)$，其中 λ 为叶尖速比，即风轮的叶尖速度与风速之比，β 为桨距角。在 β 一定时，风力机的利用系数 C_P 与叶尖速比 λ 的关系如图 3-13 所示。对应于最大的风力机利用系数 C_{Pm} 有一个叶尖速比 λ_m，因风速经常变化，为实现风能的最大捕获，风力机应变速运行，以维持叶尖速比 λ_m 不变。

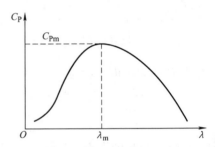

图 3-13　风力机的利用系数与叶尖速比的关系

3.2.3　风力发电机及工作原理

在由机械能转换为电能的过程中，发电机及其控制器是整个系统的核心，它不仅直接影响整个系统的性能、效率和供电质量，而且也影响到风能吸收装置的运行方式、效率和结构。

风力发电机的运行方式不同，一般所用的发电机也不同。独立运行的风力发电机组中所用的发电机主要有直流发电机、永磁式交流同步发电机、硅整流自励式交流发电机及电容式自励异步发电机。并网运行的风力发电机机组中使用的发电机主要有同步发电机、异步发电机、双馈发电机、低速交流发电机、无刷双馈发电机、交流整流子发电机、高压同步发电机及开关磁阻发电机等。下面分别介绍这两种运行方式中的主要发电机。

3.2.3.1　独立运行风力发电机组中的发电机

独立运行的风力发电机容量较小、一般在 7.5kW 以下，适用于户用型的离网供电系统。系统通常与蓄电池和功率变换器配合实现直流电和交流电的持续供给。通过控制发电机的励磁、转速及功率变换器以产生恒定电压的直流电或恒压恒频的交流电。独立运行的交流风力发电系统结构如图 3-14 所示。

独立运行的风力发电机主要有永磁式交流同步发电机、硅整流自励式交流发电机及电容式自励异步发电机。下面分类介绍这几种风力发电机的结构和发电原理。

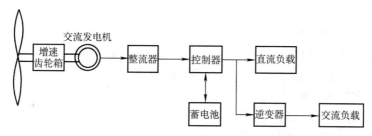

图 3-14　独立运行的交流风力发电机系统结构

1. 永磁式交流同步风力发电机

永磁式交流同步发电机转子采用永磁材料励磁，转子磁极有凸极式和爪极式两种。定子与普通交流电机相同，由定子铁心和定子绕组组成，在定子铁心槽内安放有三相绕组或单相绕组，图 3-15 为凸极式永磁同步发电机的结构。

当风轮带动发电机转子旋转时，旋转的磁场切割定子绕组，在定子绕组中产生感应电动势，由此产生交流电流输出。定子绕组中的交流电流建立的旋转磁场的转速与转子的转速同步，属于小型同步发电机。

永磁式交流同步发电机的转子上没有励磁绕组，因此无励磁绕组的铜损耗，发电机的效率高；转子上无集电环，发电机运行更可靠；永磁材料一般有铁氧体和钕铁硼两种，其中钕铁硼的剩余磁场强度和矫顽力高，磁能积大，发电机体积更小，重量更轻，制造工艺简便，因此广泛应用于小型及微型风力发电机中。

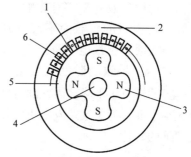

图 3-15　凸极式永磁同步发电机结构
1—定子齿　2—定子轭　3—永磁体转子
4—转子轴　5—气隙　6—定子绕组

2. 硅整流自励式交流同步发电机

硅整流自励式交流同步发电机的定子由定子铁心和三相定子绕组组成，定子绕组为星形联结，放在定子铁心的内圆槽内；转子由转子铁心、转子绕组（即励磁绕组）、集电环和转子轴等组成，转子铁心有凸极式和爪极式两种，转子上的励磁绕组通过集电环和电刷与整流器的直流输出端相连，以获得直流励磁电流。其电路原理如图 3-16 所示。

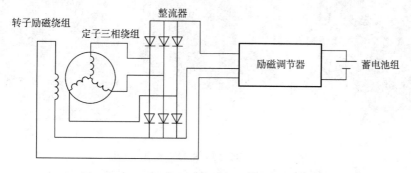

图 3-16　硅整流自励式交流同步发电机电路原理

硅整流自励式交流同步发电机一般带有励磁调节器，通过自动调节励磁电流的大小，来抵消因风速变化而导致的发电机转速变化对发电机端电压的影响，延长蓄电池的使用寿命，提高供电质量。

3. 电容自励式异步发电机

电容自励式异步发电机是在异步发电机的定子绕组的输出端接上电容，以产生超前于电压的容性电流，建立磁场，从而建立电压。其电路原理如图 3-17 所示。

自励式异步发电机建立电压的条件有两条：其一是发电机必须有剩磁，若无剩磁，可用蓄电池对其充磁；其二是发电机的输出端并联足够的电容。

独立运行的自励式异步发电机带负载运行时，负载的大小和性质对发电机输出的电压及频率都有影响。自励式异步发电机的负载为感性负载，当负载增大时，感性电流将抵消一部分容性电流，导致励磁电流的减小，

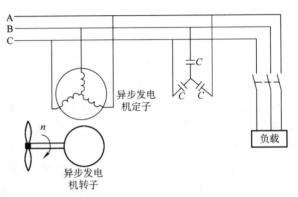

图 3-17　电容自励式异步发电机电路原理

使发电机的端电压下降，因此随着感性负载的增大，必须增加并接的电容数量，以维持励磁电流大小不变。为了维持发电机的频率不变，当发电机的负载增大时，还必须相应地提高发电机转子的转速。

3.2.3.2 并网运行风力发电机组中的发电机

1. 异步发电机

（1）异步发电机的结构　异步发电机的定子为三相绕组，可采用星形或三角形联结；转子绕组为笼型或绕线型，与电容自励式异步发电机相同，也是采用定子绕组并接电容器来提供无功电流建立磁场，发电机转子的转速略高于旋转磁场的同步转速，并且恒速运行，发电机运行在发电状态。图 3-18 ~ 图 3-20 分别为三相笼型异步发电机转子结构、三相绕线转子异步发电机剖面和三相绕线转子异步发电机的转子绕组接线。

a)　　　　　　　　　　b)　　　　　　　　　　c)

图 3-18　三相笼型异步发电机转子结构

a）三相笼型异步发电机转子剖面　b）小型笼型异步发电机转子　c）笼型转子结构

因风力机的转速较低，在风力机和发电机之间需经增速齿轮箱传动来提高转速以达到适合异步发电机运转的转速。一般与电网并联运行的异步发电机为4极或6极发电机，当电网频率为50Hz时，发电机转子的转速必须高于1500r/min或1000r/min，才能运行在发电状态，向电网输送电能。

图3-19 三相绕线转子异步发电机剖面

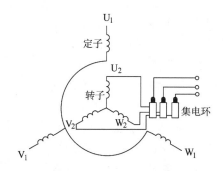

图3-20 绕线转子异步发电机的转子绕组接线

（2）异步发电机的工作原理 根据电机学的理论，当异步电机接入频率恒定的电网上时，由定子三相绕组中电流产生的旋转磁场的同步转速 n_1 决定于电网的频率 f_1 和电机绕组的极对数 p，三者的关系为

$$n_1 = \frac{60f_1}{p} \tag{3-11}$$

异步电机中旋转磁场和转子之间的相对转速为 $\Delta n = n_1 - n$，相对转速与同步转速的比值称为异步电机的转差率，用 s 表示，即

$$s = \frac{n_1 - n}{n_1} \tag{3-12}$$

异步电机可以工作在不同的状态。当转子的转速小于同步转速时（ $n < n_1$ ），电机工作在电动状态，电机中的电磁转矩为拖动转矩，电机从电网中吸收无功功率建立磁场，吸收有功功率将电能转化为机械能；当异步电机的转子在风力机的拖动下，以高于同步转速旋转时（ $n > n_1$ ），电机运行在发电状态，电机中的电磁转矩为制动转矩，阻碍电机旋转，此时电机需从外部吸收无功电流建立磁场（如由电容提供无功电流），而将从风力机中获得的机械能转化为电能提供给电网。此时电机的转差率 s 为负值，一般其绝对值在2%~5%之间，并网运行的较大容量异步发电机的转子转速一般在 $(1 \sim 1.05)n_1$ 之间。

风力异步发电机并入电网运行时，只要发电机转速接近同步转速就可以并网，对机组的调速要求不高，不需要同步设备和整步操作。异步发电机的输出功率与转速近似成线性关系，可通过转差率来调整负载。

风力异步发电机与电网的并联可采用直接并网、降压并网和通过晶闸管软并网三种方式，具体内容将在3.5.3节中加以介绍。

2. 同步风力发电机

（1）普通同步发电机

1）同步发电机的结构。同步发电机是目前使用最多的一种发电机。同步发电机的定子由定子铁心和三相定子绕组组成；转子由转子铁心、转子绕组（即励磁绕组）、集电环和转子轴等组成, 转子上的励磁绕组经集电环、电刷与直流电源相连, 通以直流励磁电流来建立磁场。为了便于起动, 磁极上一般还装有笼型起动绕组。同步发电机的转子有凸极式和隐极式两种, 其结构如图3-21所示。隐极式的同步发电机转子呈圆柱体状, 其定、转子之间的气隙均匀, 励磁绕组为分布绕组, 分布在转子表面的槽内。凸极式转子具有明显的磁极, 绕在磁极上的励磁绕组为集中绕组, 定、转子间的气隙不均匀。凸极式同步发电机结构简单、制造方便, 一般用于低速发电场合; 隐极式的同步发电机结构均匀对称, 转子机械强度高, 可用于高速发电。

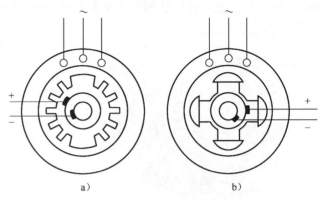

图 3-21 同步发电机结构
a) 隐极式 b) 凸极式

2) 同步发电机的工作原理。同步发电机在风力机的拖动下, 转子 (含磁极) 以转速 n 旋转, 旋转的转子磁场切割定子上的三相对称绕组, 在定子绕组中产生频率为 f_1 的三相对称的感应电动势和电流输出, 从而将机械能转化为电能。由定子绕组中的三相对称电流产生的定子旋转磁场的转速与转子转速相同, 即与转子磁场相对静止。因此发电机的转速、频率和极对数之间有着严格不变的固定关系, 即

$$f_1 = \frac{pn}{60} = \frac{pn_1}{60} \tag{3-13}$$

当发电机的转速一定时, 同步发电机的频率稳定, 电能质量高; 同步发电机运行时可通过调节励磁电流来调节功率因数, 既能输出有功功率, 也可提供无功功率, 可使功率因数为1, 因此被电力系统广泛接受。但在风力发电中, 由于风速的不定性使得发电机获得不断变化的机械能, 给风力机造成冲击和高负载, 对风力机及整个系统不利。为了维持发电机发出的电能的频率与电网频率始终相同, 发电机的转速必须恒定, 这就要求风力机有精确的调速机构, 以保证风速变化时维持发电机的转速不变, 即等于同步转速。

为了改善同步发电机的性能, 出现了一些新型的同步发电机, 下面分别简单介绍。

(2) 新型同步发电机

1) 低速同步发电机。低速同步发电机的转子极数很多, 转速较低, 径向尺寸较大, 轴向尺寸较小, 发电机呈圆盘形, 可以直接与风力机相连接, 省去了齿轮箱, 减小了机械噪声和机组的体积, 从而提高系统的整体效率和运行可靠性。但其功率变换器的容量较大, 成本较高。

2) 高压同步发电机。高压同步发电机的定子绕组采用高压圆形电缆取代普通同步发电机中的扁绕组, 以提高耐压等级, 其电压可提高到 10～20kV, 甚至可达40kV以上, 因此可不用升压变压器而与电网直接相连, 避免了变压器运行时的损耗, 同时也提高了运行可靠性; 转子用永磁材料制成, 且为多极式的, 转速较低, 可省去齿轮传动机构而直接与风力机连接, 减小了齿轮传动的机械噪声和机械损耗, 降低了机械维护工作量。此外, 转子上无励磁绕组, 不需要集电环, 无励磁铜损耗和集电环的摩擦损耗, 系统的效率较高。但这种发电

机为满足绕组匝数的要求,定子铁心槽形为深槽形的,定子齿的抗弯强度下降,必须采用新型坚固的槽楔来压紧定子齿;因发电机采用永磁转子,需要大量稳定性高的永磁材料;与电网并联的高压同步发电机对风电场的有关方面也提出了较高的要求。

风电场中的每台高压同步发电机发出的交流电能可先经整流器变换为高压直流电输出,并接到直流母线上,实现并网,再将直流电由逆变器转化为交流电,输送到地方电网。若远距离输电时,可采用升压变压器接入高压输电线路,如图 3-22 所示。

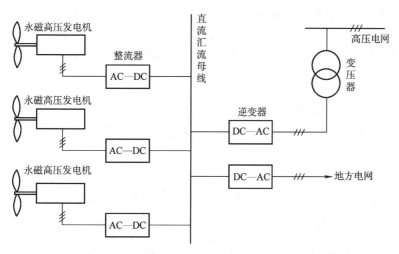

图 3-22　采用高压同步发电机技术的风电场电气连接图

3. 双馈异步发电机

双馈异步发电机属于异步发电机的一种,是绕线转子异步发电机,当今最有发展前途的一种发电机。因在风力发电系统中应用较多,此处单独列出进行讨论。

(1) 双馈异步发电机的结构　其结构是由一台带集电环的绕线转子异步发电机和 AC—DC—AC 变频器组成。AC—DC—AC 变频器中的整流器通过集电环与转子电路相连接,将转子电路中的交流电整成直流电,经平波电抗器滤波后再由逆变器逆变成交流电回馈电网。发电机向电网输出的功率由两部分组成,即直接从定子输出的功率和通过变流器从转子输出的功率。其系统结构如图 3-23 所示。图中 P_w 为风力机的输入功率,P_a 为风力机的输出功率。

(2) 双馈异步发电机的工作原理　异步发电机中定、转子电流产生的旋转磁场始终是相对静止的,当发电机转速变化而频率不变时,发电机转子的转速和定、转子电流的频率关系可表示为

$$f_1 = \frac{p}{60}n \pm f_2 \qquad (3\text{-}14)$$

式中,f_1 为定子电流的频率 (Hz),$f_1 = pn_1/60$,n_1 为同步转速;p 为发

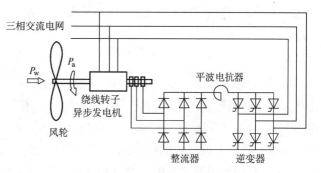

图 3-23　双馈异步发电机的系统结构

电机的极对数;n 为转子的转速 (r/min);f_2 为转子电流的频率 (Hz),因 $f_2 = sf_1$,故 f_2 又称为转差频率。

由式(3-14)可见：当发电机的转速 n 变化时，可通过调节 f_2 来维持 f_1 不变，以保证与电网频率相同，实现变速恒频控制。此时风力机的速度随着风速的变化而变化，可通过发电机的控制使风力机运行在最佳叶尖速比，以实现整个运行速度范围内均有最佳功率利用因数。

根据双馈异步发电机转子转速的变化，双馈异步发电机可以有 3 种运行状态：

1）亚同步运行状态。此时 $n < n_1$，转差率 $s > 0$，式(3-14)取正号，频率为 f_2 的转子电流产生的旋转磁场的转速与转子转速同方向，功率流向如图 3-24a 所示。

2）超同步运行状态。此时 $n > n_1$，转差率 $s < 0$，式(3-14)取负号，转子中的电流相序发生了改变，频率为 f_2 的转子电流产生的旋转磁场的转速与转子转速反方向，功率流向如图 3-24b 所示。

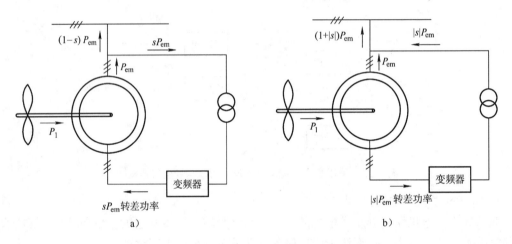

图 3-24 双馈异步发电机运行时的功率流向图

a）亚同步运行 b）超同步运行

3）同步运行状态。此时 $n = n_1$，$f_2 = 0$，转子中的电流为直流，与同步发电机相同。

（3）双馈异步发电机运行时的功率分析 双馈异步发电机运行时的功率分析与其他发电机不同。若不计定、转子的铜损耗，风力发电机中的轴上输入的机械功率为 P_1，从转子传送到定子上的电磁功率为 P_{em}，定子输出的电功率为 $(1-s)P_{em}$，转子输入的电功率为 sP_{em}，有

$$P_1 = P_{em} = (1-s)P_{em} + sP_{em} \tag{3-15}$$

从式(3-15)可见：亚同步运行状态时，转差率 $s > 0$，$sP_{em} > 0$，需要向转子绕组馈入电功率，由原动机转化过来并由定子输出的电能只有 $(1-s)P_{em}$，比转子传送到定子上的电磁功率 P_{em} 小；超同步运行状态时，转差率 $s < 0$，转子输入的电功率 sP_{em} 为负值，定、转子同时发电，转子发出的电能经双向变流器馈入电网，总输出的电能为 $(1+|s|)P_{em}$，大于 P_{em}，这是双馈异步发电机的一个重要特性。不同状态时的功率流向如图 3-24 所示。

双馈异步发电机的转子通过双向变频器与电网连接，可实现功率的双向流动，功率变换器的容量小，成本低；既可以亚同步运行，也可以超同步运行，因此调速范围宽；可跟踪最佳叶尖速，实现最大风能捕获；可对有功功率和无功功率进行控制，提高功率因数；能吸收

阵风能量，减小转矩脉动和输出功率的波动，因此电能质量高，是目前很有发展潜力的变速恒频发电机。但系统的控制部分复杂，转子上的电刷和集电环降低了系统运行的可靠性，增大了系统维护的工作量。为解决其不足，出现了无刷双馈异步发电机。

4. 无刷双馈异步发电机

无刷双馈异步发电机（BDFM，Brushless Doubly-Fed Machine）的基本原理与双馈异步发电机相同，不同之处是取消了电刷和集电环，系统运行的可靠性增大，但系统体积也相应增大，常用的有级联式和磁场调制型两种类型。

级联式无刷双馈异步发电机由两台绕线转子异步发电机同轴相连，一台作为主发电机（功率电机），一台作为励磁电机（控制电机），由于两个电机的磁路彼此独立，很容易实现有功功率和无功功率的解耦控制，但系统体积增大，损耗也增大。其接线图如图 3-25 所示。

磁场调制型无刷双馈异步发电机的定子侧有两套极对数不同的绕组，极对数为 p_p 的定子绕组称为功率绕组，极对数为 p_c 的定子绕组称为控制绕组；转子采用不同的磁阻式结构，通过限制磁通路径，以产生交、直轴方向上的磁阻差别，来调制定子绕组产生的极数不同的气隙磁场。两套定子绕组在电路和磁路方面是解耦的，其接线图如图 3-26 所示。

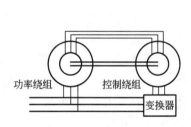

图 3-25　级联式无刷双馈异步发电机接线图

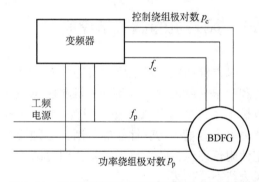

图 3-26　磁场调制型无刷双馈异步发电机接线图

5. 开关磁阻发电机

开关磁阻发电机又称为双凸极式发电机（简称 SRG），定、转子的凸极均由普通硅钢片叠压而成，定子极数一般比转子的极数多，转子上无绕组，定子凸极上安放有彼此独立的集中绕组，径向独立的两个绕组串联起来构成一相。与三相电机不同，各相绕组在物理空间上是彼此独立的。其结构如图 3-27 所示。图中 S_1、S_2 为功率变换器中的电力电子开关，以控制各相电路的导通与关断，VD_1、VD_2 为续流二极管。

开关磁阻发电机作为风力发电机时，其系统一般由风力机、开关磁阻发电机及功率变换器、控制器、蓄电池、逆变器、负载以及辅助电源等组成，其系统组成如图 3-28 所示。对于开关磁阻发电机来说，机械能转化为电能是利用控制器使相电流与转子位置合适地进行同步来实现的。通过功率变换器使相绕组获得励磁电流。发电工作时，相励磁电流通常在定、转子磁极重合的附近加入，以得到与转速相反方向的电磁转矩，实现机械能向电能的转换。当可控开关器件关断时，相绕组中的能量通过续流二极管流回电源，该返回的能量比励磁期间相绕组吸收的能量大得多。

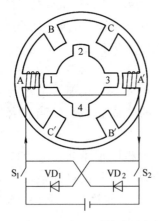

图 3-27 三相 (6/4 极) 开关磁阻发电机结构

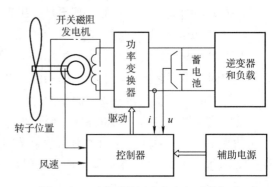

图 3-28 开关磁阻风力发电机系统组成

开关磁阻发电机的结构简单，控制灵活，效率高而且转矩大，在风力发电系统中可用于直接驱动、变速运行，有一定的开发、研究价值。

风力发电系统中的发电机还有很多种，因篇幅限制，不再赘述。

3.3 风力机的调节与控制

风力机和发电机是风力发电中的两个关键部分，有限的机械强度和电气性能使其速度和功率受到限制，因此风力机和发电机的功率和速度控制是其关键技术之一。风力发电机组在超过额定风速（一般为 12 ~ 16 m/s）以后，由于机械强度和风力机、发电机、电力电子容量等物理性能的限制，必须降低风能所捕获的能量，使功率的输出保持在额定值附近即保持功率输出恒定，同时减少叶片承受负荷和整个风力机受到的冲击，保证风力机不受伤害。

风力机的功率调节利用的是气动功率调节技术，气动功率调节的原理如图 3-29 所示。风力机的功率调节方式有定桨距失速调节、变桨距调节和主动失速调节三种。这里主要介绍前两种调节方式。

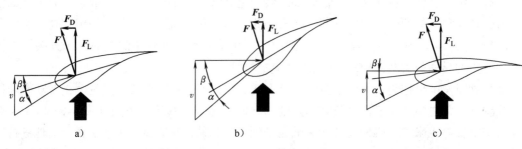

图 3-29 气动功率调节原理

a) 定桨距失速　b) 变桨距　c) 主动失速

v—轴向风速　β—桨距角　α—攻角　F—作用力　F_D—阻力　F_L—升力

3.3.1　风力机的定桨距调节与控制

定桨距失速调节简称为定桨距调节，一般用于恒速控制，定桨距是指桨叶与轮毂的刚性连接。定桨距风力发电机组的主要结构特点是：桨叶与轮毂的连接是固定的，即当风速变化时，桨叶的迎风角度不能随之变化，风力机的功率调节完全依靠叶片的气动特性。

定桨距调节基本原理是利用桨叶翼型本身的失速特性，当桨距角 β 固定不变时，随着风速增加到高于额定风速时，气流的功角 α 增大，分离区形成大的涡流，流动失去翼型效应，与未分离时相比，上下翼面压力差减小，致使阻力增加，升力减小，形成失速工作状态，其效率降低，从而达到限制功率的目的。定桨距失速调节的优点是结构简单，性能可靠。

为了解决低风速或低负载时的效率问题，定桨距风力发电机组普遍采用设计两个不同功率、不同极对数的双速异步发电机的方法。大功率高转速的发电机工作于高风速区，小功率低转速的发电机工作于低风速区，由此来调整叶尖速比 λ，追求最佳风能利用系数 C_p。当风速超过额定风速时，通过叶片的失速或偏航控制降低 C_p，从而维持功率恒定。实际上定桨距风力发电机组输出功率的大小受到空气密度、叶片安装角度、高风速的影响较大，因此难以做到功率恒定，通常有些下降。

3.3.2　风力机的变桨距调节与控制

变桨距风力机的整个叶片可以绕叶片中心轴旋转，使叶片的攻角在一定范围（0 ~ 90°）变化，变桨距调节是通过变桨距机构改变叶片桨距角的大小，使叶片桨距角随风速的变化而变化。一般用于变速运行的风力发电机，主要目的是改善机组的起动性能和功率特性。根据其作用可分为三个控制过程：起动时的转速控制，额定转速以下（欠功率状态）的不控制和额定转速以上（额定功率状态）的恒功率控制。

1. 变桨距调节的三个控制过程

（1）起动时的转速控制　变桨距风轮的桨叶在静止时，桨距角 β 为90°，这时气流对桨叶不产生转矩，实际上整个桨叶是一块阻尼板。当风速达起动风速时，桨叶向0°方向转动，直到气流对桨叶产生一定的攻角，风力机获得最大的起动转矩，实现风力发电机的起动，因此不再需要其他辅助起动设备。在发电机并入电网以前，变桨距系统桨距角的给定值由发电机的转速信号控制。转速调节器按一定的速度上升斜率给出速度参考值，变桨距系统根据给定的速度参考值与反馈信号比较来调整桨距角，进行速度闭环控制。当转速反馈值超过给定值（同步转速）时，桨距角 β 向迎风面积减小的方向转动一个角度，β 增大，攻角 α 减小；反之则向迎风面积增大的方向转动，β 减小，攻角 α 增大。为了减小并网时的冲击，保证平稳并网，可以在一定的时间内，保持发电机的转速在同步转速附近，寻找最佳时间并网。

当风力发电机需要脱离电网时，变桨距系统可以先转动叶片使之功率减小，在发电机与电网断开前，功率减小到零，因此当发电机与电网脱开时，没有转矩作用于风力发电机组上，避免了在定桨距风力发电机组上每次脱网时要经历突甩负载的过程。

（2）额定转速以下（欠功率状态）的不控制　发电机并网后，当风速低于额定风速时，发电机运行于额定功率以下的低功率状态，称为欠功率状态。早期的变桨距风力发电机组对此状态不做控制，控制器将叶片桨距角置于0°附近，不再变化，与定桨距风力发电机组相似，发电机的功率根据叶片的气动性能随风速的变化而变化。为了改善低风速时的桨叶性能，近几年来，在并网运行的异步发电机上，利用新技术，根据风速的大小调整发电机的转差率，使其尽量运行在最佳叶尖速比上，以优化功率输出。

（3）额定转速以上（额定功率状态）的恒功率控制　当风速过高时，通过调整桨叶节距，改变气流对叶片的攻角，使桨距角 β 向迎风面积减小的方向转动一个角度，β 增大，攻角 α 减小，如图 3-29c 所示，从而改变风力发电机组获得的空气动力转矩，使功率输出保持在额定值附近，这时风力机在额定点的附近具有较高的风能利用系数。图 3-30 为变桨距和定桨距风力发电机组在不同风速下的输出功率曲线。由图可见，在额定风速以下，两者相似，但在额定风速以上，变桨距风力发电机的输出功率维持恒定，而定桨距风力发电机组由于风力机的失速，当风速增大时输出功率反而减小。

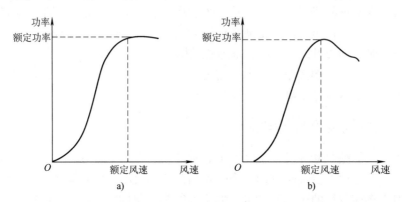

图 3-30　变桨距和定桨距风力发电机组在不同风速下的输出功率曲线
a）变桨距风力发电机组的功率曲线　b）定桨距风力发电机组的功率曲线

2. 变桨距的控制系统

传统的变桨距风力发电控制系统框图如图 3-31 所示。在起动时实现转速控制，由速度控制器起作用，起动结束后，在额定风速以下，转速环开环，系统不进行控制。当风速达到或超过额定风速时，切换到功率控制，功率控制器根据给定与反馈的功率信号比较后进行功率控制，以维持额定功率不变。由于风速变化很快，变桨距系统的动态响应难以达到要求，因此在功率控制的过程中，对于绕线转子异步发电机采用了新型控制系统，变桨距系统由风速的低频分量和发电机转速控制。风速的低频分量通过功率控制实现，风速的高频分量产生的机械能波动，通过控制发电机中的转子电流对电机转差进行控制，从而快速改变发电机的

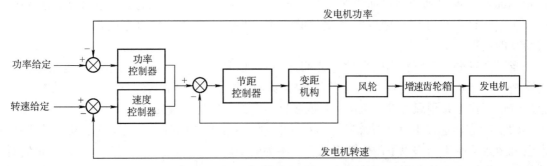

图 3-31　传统的变桨距风力发电控制框图

转速。当风速高于额定风速时，允许发电机的转速升高，将瞬变的风能以风轮的动能储存起来，当转速降低时再将动能释放出来，使功率曲线更加平稳。

新型控制系统与传统控制系统的主要区别是采用了两个速度控制器及增加了转子电流的控制。其中一个速度控制器的作用与传统的速度控制器相同，即用于起动时的转速控制和在同步转速附近的转速控制。另一个速度控制器的作用是在并网后，和功率控制器一起通过转子电流的控制实现电机转差即转速的控制。该控制器受发电机的转速和风速的双重控制，在达到额定值之前，速度给定值随功率给定值增大；当风速高于额定风速时，发电机的转速通过改变风力机的节距来跟踪相应的速度给定值，维持功率恒定。

带转子电流控制器（RCC）的绕线转子异步发电机系统如图3-32所示。转子电流控制器安装在绕线转子异步发电机的转子轴上，通过集电环与转子电路相连，转子电路中外接三相电阻，使通过一组电力电子器件来调整转子回路电阻，从而调节发电机的转差率，实现调速的目的，其控制系统原理框图如图3-33所示。图中的开关S代表机组起动并网前的控制方式，为转速闭环控制；开关R代表机组并网后的控制方式，为功率闭环控制。其控制过程可分为

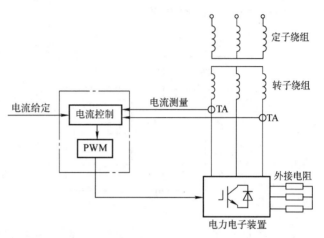

图3-32　带转子电流控制器的绕线式异步发电机的系统

3种情况：当风速达到起动风速时，风力机开始起动，随着转速的升高，变桨距控制使风力机的叶片节距角连续变化，发电机的转速上升到给定转速值（同步转速）后，发电机并入电网；发电机并网后，通过转速控制、功率控制和转子电流的控制使发电机的转差率调到最小1%（发电机的转速大于同步转速1%），同时由变桨距机构将叶片攻角调到零，以获得

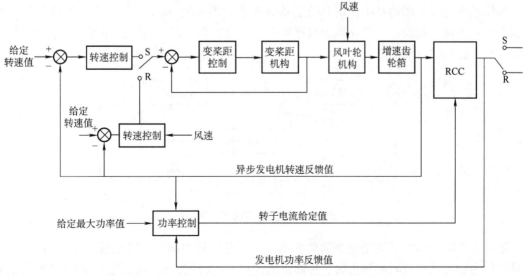

图3-33　变桨距风力机——转差可调异步发电机控制原理框图

最大风能；当风速大于额定风速时，由于转子电流控制环节的动作时间远比变桨距机构的动作时间快，通过转子电路中电力电子装置的 PWM 控制来调节转子电路中所串的电阻值，从而改变发电机的转差率，以维持转子电流不变，因此发电机的输出功率也将维持不变，实现恒功率输出。

3. 变桨距控制系统的节距控制

变桨距控制系统的节距控制是由比例阀来实现的。控制系统结构如图 3-34 所示，控制器根据功率或转速信号给出 –10～10V 的控制电压。通过比例阀控制器转换成一定范围的电流信号，控制比例阀输出流量的方向和大小。变桨距液压缸按比例阀输出的方向和流量操纵桨叶节距角在 5°～88° 之间变化。

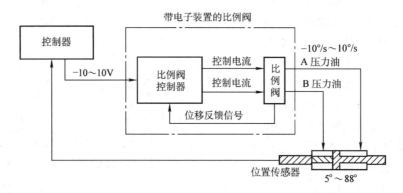

图 3-34 节距控制系统结构

变桨距风力发电机组的叶片一般较轻，机头质量比失速机小，其起动和制动性能好，在额定风速之后，输出功率可保持相对稳定，保证了较高的发电量。但由于增加了一套变桨距机构，系统复杂度和故障率增大，维护工作量增大。

3.3.3 风力机偏航系统的调节与控制

偏航系统是一个随动系统，偏航控制系统框图如图 3-35 所示。对风力发电机组的偏航控制主要完成两个功能：一是使风轮跟踪风向的变化，利于最大风能的捕获；二是当机舱内的电缆发生缠绕时自动解缆。

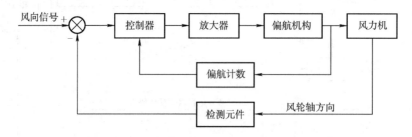

图 3-35 偏航控制系统框图

正常工作时，偏航系统是一个随动系统。一般在风轮的前部或者机舱一侧装有风向仪，当风轮的主轴与风向仪指向偏离时，控制系统经过一段时间的确认后，会控制偏航电机或者偏航液压马达将风轮调整到与风向一致的方向。就偏航控制而言，对响应的速度和控制的精度要求并不高。但是在对风过程中，整个风力发电机组作为一个整体转动，具有很大的转动惯量，从控制的稳定性角度考虑，应该设置足够大的阻尼。偏航角度大小的检测通过安装在机舱内的角度编码器实现。作为角度编码器失效的后备措施，在由机舱引入塔架的电缆上安装有行程开关，电缆缠绕达到一定程度，行程开关动作，控制器检测到该信号会起动相应的处理程序。

风力发电机组无论处于运行状态还是待机状态均可以主动对风。当紧急停车时，需要通过偏航调节使机舱经过最短的路径与风向成 90° 夹角。

在风力发电机组工作时，如果向一个方向偏航的角度过大，将使由机舱引入塔架的各类电缆发生缠绕，影响整个发电机组的正常工作。因此当达到风力发电机规定的解缆圈数时，系统应自动解缆，此时起动偏航电机向相反方向转动缠绕圈数，使机舱返回电缆无缠绕位置。解缆完成后，发电机组再进入正常发电的工作状态。

3.4 风力发电机组的控制

3.4.1 风力发电机组的恒速恒频控制

恒速恒频风力发电系统一般应用于独立运行式的系统中，多采用笼型异步发电机，不管风速如何变化，发电机都维持在高于同步转速附近做恒速运行以实现发电频率的恒定。恒速恒频风力发电机组的基本结构如图 3-36 所示，风能带动风力机，经齿轮箱升速后驱动异步发电机将风能转化为电能，另一方面又必须从电网吸收滞后的无功功率。目前国内外普遍使用的是水平轴、上风向、定桨距（或变桨距）风力机，其有效风速范围约为 3 ~ 30m/s，额定风速一般设计为 8 ~ 15m/s，风力机的额定转速大约为 20 ~ 30r/min。就风力机的调节方式而言，恒速恒频风力发电系统又分为定桨距失速调节型和变桨距调节型两种。

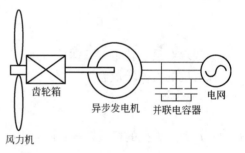

图 3-36 恒速恒频风力发电机组基本结构

恒速恒频发电机由风力机驱动至高于同步速的转速时，电磁转矩的方向与旋转方向相反，电机作为发电机运行，其作用是把机械功率转变为电功率。恒速恒频发电机的输出功率与转速有关，通常在高于同步转速 3% ~ 5% 时达到最大值，超过这个转速，恒速恒频发电机将进入不稳定运行区。

恒速恒频风力发电系统具有结构简单、成本低、过载能力强以及运行可靠性高等特点。但是在恒速恒频风力发电系统中，一方面，风电机组直接与电网相连，风电的特性将直接对电网产生影响；另一方面，其发电设备为异步发电机，它的运行需要无功电流支持，加重了电网的无功负担，使系统的潮流分布更加复杂。因此这类系统如果需要并网发电，它的并网运行将给系统的规划、设计和运行带来许多不同于常规能源发电的新问题，随着风力发电规模的不断扩大，这些问题将愈加突出。

3.4.2 风力发电机组的变速恒频控制

为实现风能的最大利用和功率的最大输出及稳定，变速恒频风力发电系统的基本控制策略一般确定为：低于额定风速时，跟踪最大风能利用系数，以获得最大能量；高于额定风速时，跟踪最大功率，并保持输出功率稳定。

3.4.2.1 转速控制策略

低于额定风速时，为了保持在最佳叶尖速比下工作，必须根据风速的变化随时调节发电机转子的转速，一般通过控制发电机的电磁转矩实现转速的控制。图 3-37 为最佳转矩-转速曲线。

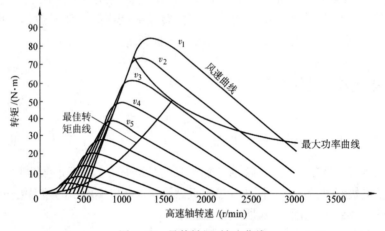

图 3-37 最佳转矩-转速曲线

为实现对最佳转矩-转速曲线的跟踪，一般有间接速度控制和直接速度控制两种方法。风力机的机械转矩为

$$T_a = \frac{1}{2}\rho\pi C_T(\lambda,\beta) r^3 v^2 \tag{3-16}$$

式中，T_a 为风力机的机械转矩；r 为风轮桨叶半径；$C_T(\lambda, \beta)$ 为优化转矩系数；β 为桨距角，低速时为定值；λ 为叶尖速比，$\lambda = \dfrac{\omega_a r}{v}$，$\omega_a$ 为叶尖速度；ρ 为空气质量密度；v 为风速。

而发电机转矩的期望值与转速的关系为

$$T^* = K_{opt}\omega^2 \tag{3-17}$$

式中，T^* 为转矩的期望值；K_{opt} 为具有最佳 C_p 值的比例系数。

间接速度控制就是利用式(3-17) 的关系控制转矩的，因风力机的转速不是直接被控制的，称为间接速度控制。直接速度控制是将任一给定时刻所需的最佳发电机的转速设置为风速的函数，通过转矩观测器预测风力发电机的机械传动转矩并加以控制。发电机参考转速的设定式为

$$\omega^* = \sqrt{\frac{T_m}{K_{opt}}} \tag{3-18}$$

式中，ω^* 为发电机转速的参考值；T_m 为转矩的观测值（包含对传动损耗的补偿）。

发电机转矩的设定式为

$$T_e = K_{opt}\omega^2 - B\omega \qquad (3-19)$$

式中，B 为系统的摩擦转矩系数。

间接速度控制和直接速度控制的速度控制策略如图 3-38 所示。图中系统的给定 ω_{opt} 为对应最佳风能利用系数时的转速值，ω_{opt} 与有效风速 v 之间的关系可从下式的叶尖优化速比得到

$$v = \frac{\omega_{opt}r}{\lambda_{opt}} \qquad (3-20)$$

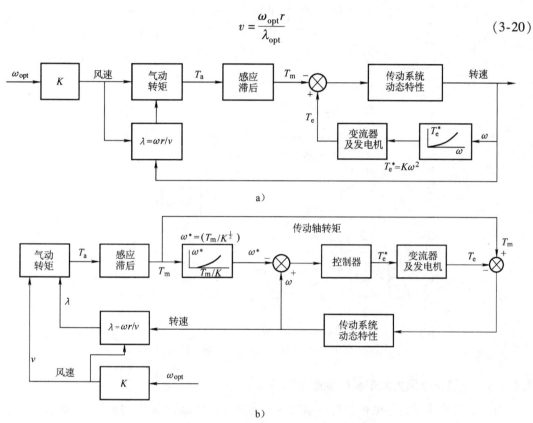

图 3-38 变速恒频发电机组的速度控制策略

a) 间接速度控制策略 b) 直接速度控制策略

风力机随风速的 3 次方获取能量，因此在风速大幅度、快速变化时，控制增益也应变化，风力机的转速控制实为跟踪控制，对应最大能量捕获的转速值就是系统的输入，由于机械转矩滞后于电磁转矩，所以在动作上有一个感应滞后环节。

3.4.2.2 功率控制策略

高风速时，为保持发电机输出功率的恒定，控制系统通过调节风力机的功率系数，将功率输出限制在允许范围之内；同时使发电机的转速能随功率的输入做快速变化，以保证发电机在允许的转速范围内持续工作并保持传动系统具有良好的柔性。

风轮功率系数的控制一般采用两种方法：①控制发电机的电磁转矩来改变发电机的转速，使 P_{max} 最大化，对风能最大利用；②改变桨叶节距角来改变空气动力转矩，维持最大（额定）功率不变。或者将两种方法结合起来，以改善性能。图 3-39 为功率控制系统总框

图，图 3-40 为改变桨叶节距角的控制系统，为限制最大功率输出，对最大节距角进行了限制。当转速高于参考转速时，控制器输出节距角偏差值 $\Delta\beta$ 与参考节距 β^* 比较，由桨叶节距调节器调节节距以维持功率恒定。控制器可采用 PI 或 PID 调节器。

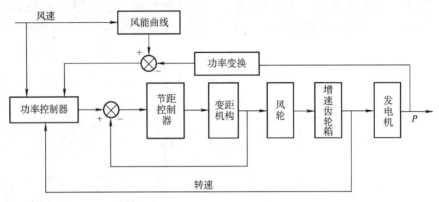

图 3-39 功率控制系统总框图

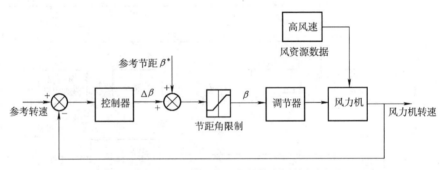

图 3-40 改变桨叶节距角的控制系统框图

3.4.2.3 双馈异步风力发电机的变速恒频控制策略

由于双馈异步风力发电机具有控制灵活、能量双向传输、电机可四象限平滑运行、电力电子变换装置功率小（约 30% 的电机容量）等一系列优点，在大中型风力发电系统中优势显著。双馈异步发电机系统中的变频器采用双 PWM 变频器，发电机根据风力机转速的变化调节转子励磁电流的频率，实现恒频输出；再通过矢量变换控制实现发电机的有功功率和无功功率的独立调节，进而控制发电机组的转速实现最佳风能的捕获。采用矢量控制技术的双馈异步发电机构成的变速恒频并网发电系统如图 3-41 所示。图中 DFIG 为双馈异步发电机，系统采用如下控制技术：

1. 背靠背的双 PWM 变频器

为实现转子中能量的双向流动，转子中的变频器采用背靠背方式的双 PWM 变频器，它是由两个 PWM 功率变换器背靠背组成，图 3-42 为由 IGBT 电力电子器件组成的双 PWM 变频器的主电路。变频器中的两个 PWM 变换器经常变换运行状态，在不同的能量流向下分别实现整流和逆变的功能，与电网相连的变换器称为网侧变换器，与转子绕组相连的称为转子侧变换器。

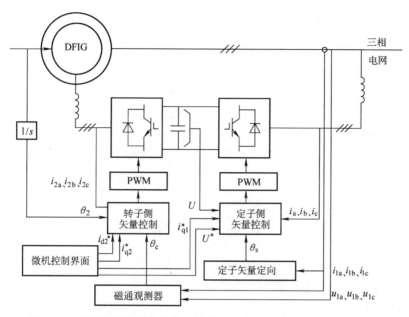

图 3-41 采用矢量控制技术的双馈异步发电机变速恒频并网发电系统

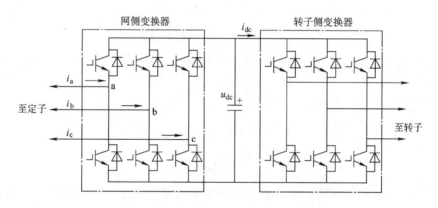

图 3-42 由 IGBT 电力电子器件组成的双 PWM 变频器的主电路

2. 双馈发电机的矢量控制

由于双馈发电机的电路存在着磁路上的耦合，双馈发电机在三相坐标下的数学模型是非线性、时变的高阶系统，为达到直流电机的控制性能，实现励磁电流和转矩电流即有功电流和无功电流的解耦控制，双馈发电机一般都采用矢量控制技术。其基本方法是通过三相静止绕组 a、b、c 到二相同步旋转的 d/q 轴绕组的变换，将定子电流分解为 d 轴的无功励磁电流分量和 q 轴的有功转矩电流分量，通过对 d 轴电流的调节可实现磁场调节和无功功率的调节，而通过控制 q 轴电流可实现转矩即转速的调节。

通过三相静止绕组 a、b、c 到二相静止绕组 α、β 的变换，再将两相静止绕组变换到二相以同步转速旋转的 d/q 轴绕组，可得 d/q 轴坐标系下的方程式。其中电压方程（按电动机惯例）为

$$\begin{cases} u_{d1} = R_1 i_{d1} + P\psi_{d1} - \omega_1 \psi_{q1} \\ u_{q1} = R_1 i_{q1} + P\psi_{q1} + \omega_1 \psi_{d1} \\ u_{d2} = R_2 i_{d2} + P\psi_{d2} - \omega_s \psi_{q2} \\ u_{q2} = R_2 i_{q2} + P\psi_{q2} + \omega_s \psi_{d2} \end{cases} \tag{3-21}$$

式中，u_{d1}、u_{q1}、u_{d2}、u_{q2}为定、转子上 d、q 轴的电压分量；i_{d1}、i_{q1}、i_{d2}、i_{q2}为定、转子上 d、q 轴的电流分量；R_1、R_2为定、转子电阻；ψ_{d1}、ψ_{q1}、ψ_{d2}、ψ_{q2}为定、转子上 d、q 轴的磁链分量；P 为微分算子；ω_1、ω_s为同步角速度和转差角速度，$\omega_s = s\omega_1$。

磁链方程为

$$\begin{cases} \psi_{d1} = L_1 i_{d1} + L_m i_{d2} \\ \psi_{q1} = L_1 i_{q1} + L_m i_{q2} \\ \psi_{d2} = L_2 i_{d2} + L_m i_{d1} \\ \psi_{q2} = L_2 i_{q2} + L_m i_{q1} \end{cases} \tag{3-22}$$

式中，L_1、L_2、L_m为定、转子自感和互感。

运动方程和电磁转矩方程分别为

$$\begin{cases} T_a - T_e = \dfrac{J}{p} P\omega \\ \omega = P\theta_2 \\ T_e = pL_m(i_{q1} i_{d2} - i_{d1} i_{q2}) \end{cases} \tag{3-23}$$

式中，T_a为风力机输出转矩；T_e为发电机的电磁转矩；J为系统的转动惯量；p为发电机极对数；ω为转子角速度；θ_2为转子转过的角度。

定子中的有功功率和无功功率分别为

$$\begin{cases} P_1 = \dfrac{3}{2}(u_{d1} i_{d1} + u_{q1} i_{q1}) \\ Q_1 = \dfrac{3}{2}(u_{d1} i_{q1} + u_{q1} i_{d1}) \end{cases} \tag{3-24}$$

为简化有功功率和无功功率的计算，双馈发电机采用定子磁场定向技术，将定子磁链 ψ_1 的方向取在 d 轴上，其定子磁场矢量图如图 3-43 所示，由图可见

$$\begin{cases} \psi_{d1} = \psi_1 \\ \psi_{q1} = 0 \end{cases} \tag{3-25}$$

考虑发电机工作在同步频率下时，由发电机定子电阻产生的电压降比电动势小得多，忽略电阻压降，可得

$$\begin{cases} u_{d1} = 0 \\ u_{q1} = u_1 = \omega_1 \psi_1 \end{cases} \tag{3-26}$$

式中，u_1 为定子电压。

由式 (3-26) 可得

$$\psi_1 = \frac{u_1}{\omega_1} \tag{3-27}$$

式 (3-27) 表明，在 ω_1 一定时，ψ_1 只与 u_1 有关。

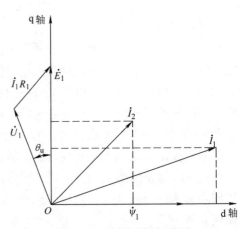

图 3-43　定子磁场矢量图

由式(3-21)、式(3-22)、式(3-24) 和式(3-25) 可得定、转子侧电流为

$$
\begin{cases}
i_{d1} = -\dfrac{P\psi_1}{R_1} \\[2mm]
i_{q1} = \dfrac{u_1 - \omega_1\psi_1}{R_1} \\[2mm]
i_{d2} = \dfrac{R_1 + L_1 P}{R_1 L_m}\psi_1 \\[2mm]
i_{q2} = -\dfrac{L_1}{L_m}i_{q1} = \dfrac{L_1\omega_1}{L_m R_1}\psi_1 - \dfrac{L_1}{L_m R_1}u_1
\end{cases}
\tag{3-28}
$$

将式(3-28) 代入转子电压方程式(3-21)，可得转子电压为

$$
\begin{cases}
u_{d2} = R_2 i_{d2} + \sigma L_2 P i_{d2} - \omega_s \sigma L_2 i_{q2} \\[2mm]
u_{q2} = R_2 i_{q2} + \sigma L_2 P i_{d2} + \omega_s\left(\dfrac{L_m}{L_1}\psi_1 + \sigma L_2 i_{d2}\right)
\end{cases}
\tag{3-29}
$$

式中，$\sigma = L_2 - L_m^2/L_1$。

将电流计算结果代入电磁转矩方程式(3-23)，可得电磁转矩为

$$
T_e = \frac{pL_m}{L_1}\psi_1 i_{q2}
\tag{3-30}
$$

将电压和电流的计算结果代入功率方程式(3-24)，可得定子上的有功功率和无功功率为

$$
\begin{cases}
P_1 = -\dfrac{1.5L_m}{L_1}\psi_1\omega_1 i_{q2} = -\dfrac{1.5L_m}{L_1}u_1 i_{q2} \\[2mm]
Q_1 = \dfrac{1.5}{L_1}\psi_1\omega_1(\psi_1 - L_m i_{d2}) = \dfrac{1.5}{L_1}u_1\left(\dfrac{u_1}{\omega_1} - L_m i_{d2}\right)
\end{cases}
\tag{3-31}
$$

当发电机并入电网后，定子电压 u_1 恒定，则 ψ_1 也不变，由式(3-30) 和式(3-31) 可见，发电机电磁转矩可通过转子中的 q 轴电流 i_{q2} 进行控制，达到调速的目的；而定子有功功率 P_1 只与转子电流 i_{q2} 有关，无功功率 Q_1 只与 i_{d2} 有关，从而实现了有功功率和无功功率的解耦控制，因此将 i_{q2} 称为转矩电流，i_{d2} 称为励磁电流。

由图 3-43 可见，定子电压综合矢量超前定子磁链矢量近似 90°，由磁通观测器观测到的定子三相电压经过 3/2 变换，得到二相静止坐标系的定子电压 u_α、u_β，然后经 K/P 变换（二相坐标到极坐标的变换）计算出定子电压矢量位置给定 θ_u，则定子磁链矢量位置为 $\theta_s = \theta_u + 90°$，从而得出坐标系 d 轴的位置，$\psi_1$ 也可以由式(3-31) 计算出。图 3-44 为定子磁链观测器框图。

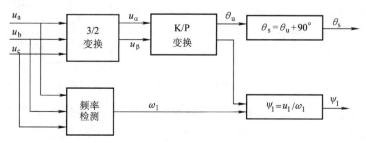

图 3-44　定子磁链观测器框图

3. 网侧变换器的矢量控制

双馈发电机网侧变换器的矢量控制框图如图 3-45 所示。由计算机输入的电压和电流的给定值分别为 U^* 和 i_{q1}^*，电压给定值与来自变频器直流侧的电压反馈信号进行比较，通过 PI 调节器输出电流参考信号 i_{d1}^*，根据实测的定子侧电压和电流，经矢量变换和计算出电流 i_{d1} 和 i_{q1}，i_{d1}^* 与 i_{d1} 比较后经 PI 控制器输出 PWM 控制信号，i_{q1}^* 与 i_{q1} 比较后也经 PI 控制器输出 PWM 控制信号，两者共同控制网侧变换器。

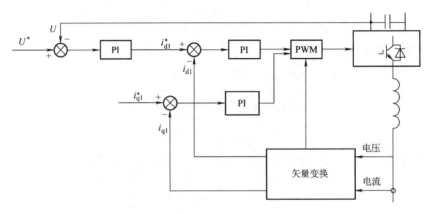

图 3-45　双馈发电机网侧变换器的矢量控制框图

4. 转子侧变换器的矢量控制

图 3-46 为双馈发电机转子侧变换器的矢量控制框图，图中 Q_1^*、P_1^* 分别为定子的有功功率和无功功率给定值，给定值与来自发电机模型中经矢量变换和计算得到的反馈值比较，经 PI 调节器调节后分别输出电流的给定值 i_{d2}^*、i_{q2}^*，电流的给定值与电流的反馈值比较后经 PI 调节器输出 PWM 控制信号，通过对转子侧变换器的矢量控制，实现定子有功功率和无功功率的解耦控制。同理，发电机电磁转矩和转速的控制也可以通过矢量控制实现。

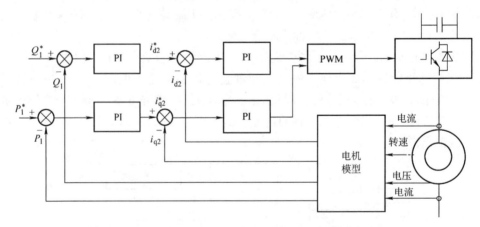

图 3-46　双馈发电机转子侧变换器的矢量控制框图

由图可见，双馈发电机由于网侧和转子侧变换器均采用了矢量控制，通过三相 a、b、c 到二相 d、q 的变换，实现了 d、q 轴电流的解耦，通过磁通观测器观测磁通，分别对 d、q

轴电流进行控制可实现转矩、有功功率和无功功率的控制，从而控制转速和改善电网的功率因数。

3.4.2.4　永磁同步风力发电机的变速恒频控制策略

随着风速的变化，永磁同步电机发出的电频率也是变化的，该系统采用与异步发电机变速恒频系统同样的方式，通过定子绕组与电网之间的变频器把频率变化的电能转换为与电网频率相同的电能送入电网。因此，与异步发电机变速恒频系统相同，该系统电力电子变换器的容量与发电机额定容量相同，提高了成本，增加了系统损耗。但永磁同步发电机容易实现低转速多极对数，可以采用直驱形式省去齿轮箱，整个系统的成本相对降低了，并可提高可靠性、减小系统噪声。永磁同步发电机变速恒频控制包括以下几个方面：

1. 永磁同步发电机控制策略

永磁同步发电机（PMSG）通过全功率并网变换器（电机侧变换器和电网侧变换器）接入电网，不同的并网变换器拓扑结构决定了永磁同步风力发电机组具有不同的控制策略。根据不同的电机侧变换器及电网侧变换器结构，应用直驱永磁同步风力发电机组的并网拓扑结构主要有以下几种：

（1）二极管不控整流接晶闸管逆变器　应用该种并网拓扑结构的永磁同步风力发电机组如图3-47a所示。电机侧变换器采用二极管不控整流方式，电网侧变换器中的开关管采用技术成熟、成本较低的晶闸管。

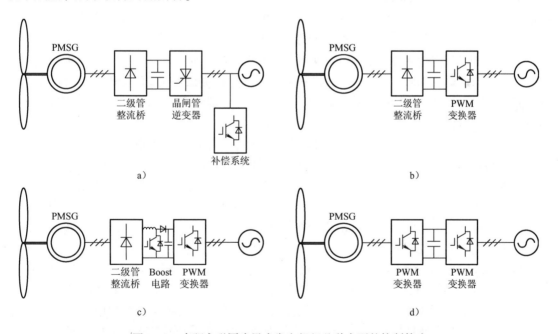

图3-47　直驱永磁同步风力发电机组几种主要的控制策略

a）二极管不控整流接晶闸管逆变器　b）二极管不控整流接 PWM 电压源型变换器
c）电机侧变换器两级结构接 PWM 电压源型变换器　d）双 PWM 电压源型变换器

在这种并网拓扑结构下，永磁同步发电机输出频率和电压变化的交流电，经二极管整流至直流，再由晶闸管逆变器把直流电逆变为和电网匹配的交流电。由于永磁同步发电机无励磁，且整流部分为不可控的整流二极管，因此，永磁同步发电机缺乏灵活的控制，易造成发电机在较低的功率因数下运行，且发电机定子谐波、转矩脉动都较大。在这种并网拓扑结构下，若要实现对永磁同步发电机转速的控制，只能通过控制晶闸管逆变器来实现：永磁同步发电机运行某一确定转速下，通过不控整流有一个确定的直流侧电压，因此可以通过控制直流侧电压来实现对发电机转速的控制。由于晶闸管逆变器需要从电网吸收无功功率，同时在其交流侧产生大量的谐波电流，因此，一个补偿装置常被置于晶闸管逆变器的交流端，用来补偿其运行时造成的无功消耗和谐波失真。

显而易见，这种并网拓扑方式的优点是并网变换器成本低，适合大容量风力发电机组应用，因此早期的风电机组并网多采用这种方式。但是其缺点也相当明显：整个系统控制不够灵活，需要额外的补偿装置，且补偿装置的加入导致整个系统控制复杂。

（2）二极管不控整流接 PWM 电压源型变换器　应用该种并网拓扑结构的直驱永磁同步风力发电机组如图 3-47b 所示。这种并网拓扑结构与方式 1 几无二致，只是将电网侧变换器改为有自关断能力的器件组成的电压源型变换器。与晶闸管逆变器相比，PWM 电压源型变换器开关频率的提高，使得电网侧变换器对于电网的谐波污染大大减少。并且，PWM 电压源型变换器具有灵活的有功功率和无功功率调节的能力。

同样是因为电机侧采用二极管不控整流，直流侧电压会随着发电机运行工况的不同而变化，过高或过低的直流侧电压对于电网侧 PWM 电压源型变换器的控制是不利的：风速较低时，对应的直流侧电压也较低，此时为了并入电网，就需要提高 PWM 电压源变换器的调制深度，这会导致 PWM 电压源型变换器运行效率低、损耗大等。极端情况下会危及变换器的安全运行，进而影响整个风电机组的并网稳定运行。

（3）电机侧变换器两级结构接 PWM 电压源型变换器　应用该种并网拓扑结构的直驱永磁同步风力发电机组如图 3-47c 所示。这种并网拓扑结构是在方式 2 的基础上，直流侧加入 Boost 升压环节。这样，将变化的直流侧电压稳定在一合理的范围，以解决方式 2 中 PWM 电压源型变换器直流侧电压较低时运行特性差的问题。

加入 Boost 升压电路后，通过控制流过升压电路中电感的电流可以达到间接控制永磁同步发电机转矩的目的，直流侧电压的稳定交由电网侧变换器完成。这种并网拓扑结构由于加入了一级 Boost 升压环节，因此，电机侧变换器变成不控整流和升压斩波两级结构，相对于方式 2 增加了系统的复杂性。并且，由于电机侧变换器依然采用二极管不控整流，因此上述永磁同步发电机定子谐波、转矩脉动等问题依然存在。由于无法直接控制永磁同步发电机的电磁转矩，电机侧的控制缺乏灵活性，机组整体运行特性受到一定限制。

（4）双 PWM 电压源型变换器　应用该种拓扑结构的直驱永磁同步风力发电机组如图 3-47d 所示。为了解决以上并网拓扑结构中发电机侧二极管不控整流带来的诸多问题，将前述二极管不控整流部分换成 PWM 电压源型变换器，这样，电机侧变换器和电网侧变换器均为 PWM 电压源型变换器，形成“背靠背”变换器或称双 PWM 变换器结构。显然，相比以上 3 种结构，电机侧采用 PWM 电源型变换器的主动整流方案的成本相对要高一些。

这种拓扑结构的并网主电路方案相对成熟，技术实现可靠，对电机侧变换器和电网侧变换器均可实现 PWM 控制技术。特别是，可在电机侧变换器采用矢量控制技术，对永磁同步发电机完成诸如单位功率因数、最大转矩电流比、最小损耗等各种控制方案，因此控制灵活度很高，有利于提高风力发电机组的运行特性。同时，PWM 电压源型变换器优良的输入、输出特性保证了发电机和电网受到非常低的谐波污染，且电机侧和电网侧的功率因数均可控。

2. 电机侧变换器的矢量控制

采用矢量控制技术可以使交流调速获得直流调速同样优良的控制性能。其基本思想是在普通的三相交流电动机上设法模拟直流电动机转矩控制的规律，在磁场定向坐标上，将电流矢量分解成为产生磁通的励磁电流分量和产生转矩的转矩电流分量，并使得两个分量相互垂直，彼此独立进行调节。这样，交流电动机的转矩控制从原理和特性上就和直流电动机相似了。矢量控制的目的是为了改善转矩控制性能，最终落实到对定子电流的控制上。因此矢量控制的关键仍是对电流矢量的幅值和空间位置的控制。

假设 d-q 坐标系以同步速度旋转 q 轴超前于 d 轴，将 d 轴定位于转子永磁体的磁链方向上，可得到电机的定子电压方程为

$$\begin{cases} u_{\text{sd}} = R_{\text{s}}i_{\text{sd}} + L_{\text{s}}\dfrac{\mathrm{d}i_{\text{sd}}}{\mathrm{d}t} - \omega_{\text{s}}L_{\text{s}}i_{\text{sq}} \\ u_{\text{sq}} = R_{\text{s}}i_{\text{sq}} + L_{\text{s}}\dfrac{\mathrm{d}i_{\text{sq}}}{\mathrm{d}t} + \omega_{\text{s}}L_{\text{s}}i_{\text{sd}} + \omega_{\text{s}}\psi \end{cases} \tag{3-32}$$

式中，R_{s} 和 L_{s} 分别为发电机的定子电阻和电感；u_{sd}、u_{sq}、i_{sd}、i_{sq} 分别为 d、q 轴定子电压、电流分量，ω_{s} 为同步电角速度，ψ 为转子永磁体磁链。

通常采用 $i_{\text{sd}} = 0$ 的控制方式，则其电磁转矩可表示为

$$T_{\text{em}} = p\psi i_{\text{sq}} \tag{3-33}$$

式中，p 为电机极对数。

由式 (3-32) 可知，定子 d、q 轴电流除受控制电压 u_{sd} 和 u_{sq} 的影响外，还受耦合电压 $-\omega_{\text{s}}L_{\text{s}}i_{\text{sq}}$ 和 $-\omega_{\text{s}}L_{\text{s}}i_{\text{sd}}$、$\omega_{\text{s}}\psi$ 的影响。因此，电机的电流环控制除了需对 d、q 轴电流分别进行闭环 PI 调节得到相应控制电压 u'_{sd} 和 u'_{sq} 之外，还需分别加上交叉耦合电压补偿项 $-\omega_{\text{s}}L_{\text{s}}i_{\text{sq}}$ 和 $-\omega_{\text{s}}L_{\text{s}}i_{\text{sd}}$、$\omega_{\text{s}}\psi$，从而得到最终的 d、q 轴控制电压分量 u_{sd} 和 u_{sq}。

根据发电机的功率平衡关系有

$$P_{\text{s}} = P_{\text{e}} - P_{\text{cu}} \tag{3-34}$$
$$P_{\text{e}} = T_{\text{e}}\omega \tag{3-35}$$

式中，P_{s} 为发电机输出的有功功率；P_{e} 为电磁功率；P_{cu} 为定子铜耗；T_{e} 为发电机的电磁转矩。

由式 (3-33) ~ 式 (3-35) 可知，通过调节发电机的电磁转矩，可以调节发电机输出的有功功率。而调节发电机的电磁转矩可以通过控制电机的 q 轴电流分量来实现。所以，将功率闭环的 PI 调节器输出作为电机 q 轴电流分量的给定值，通过有功功率、电流双闭环实现发电机输出有功功率的调节。由于要控制电网侧变换器来保持直流侧电压恒定，因此运行过程中直流侧电容的充放电功率变化很小，如果进一步忽略变换器的损耗，则可认为发电机输出的有功功率经双 PWM 变换器后全部馈入电网。因此，发电机输出的有功功率可通过间接测量网侧变换器馈入电网的有功功率 P_{g} 来近似获得。从而可得外环采用有功功率环的电机侧变换器控制框图如图 3-48 所示。

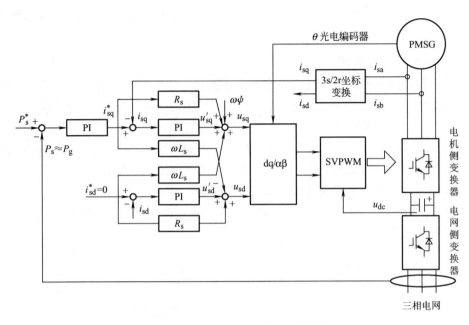

图 3-48 电机侧变换器的控制框图

3. 电网侧变换器的矢量控制

d - q 坐标系下电网侧变换器的数学模型为

$$\begin{cases} L_g \dfrac{\mathrm{d}i_{gd}}{\mathrm{d}t} = -R_g i_{gd} + \omega_g L_g i_{gq} - v_{gd} + u_{gd} \\[2mm] L_g \dfrac{\mathrm{d}i_{gq}}{\mathrm{d}t} = -R_g i_{gq} - \omega_g L_g i_{gd} - v_{dq} + u_{gq} \\[2mm] C \dfrac{\mathrm{d}u_{dc}}{\mathrm{d}t} = v_{gd} + v_{gq} - i_L \end{cases} \tag{3-36}$$

以电网电压空间矢量方向为 d 轴方向，与之垂直的方向超前 90° 为 q 轴方向，则有

$$\begin{cases} u_{gd} = |\vec{U}_{gd}| = \sqrt{\dfrac{3}{2}} U_{gm} \\[2mm] u_{gq} = 0 \end{cases} \tag{3-37}$$

d - q 坐标系下，从网侧变换器输入到电网的有功功率和无功功率分别为

$$\begin{cases} P_g = -u_{gd} i_{gd} - u_{gq} i_{gq} = -u_{gd} i_{gd} \\[2mm] Q_g = u_{gd} i_{gq} - u_{gq} i_{gd} = u_{gd} i_{gq} \end{cases} \tag{3-38}$$

式中，P_g 大于 0 表示变换器工作在逆变状态，有功功率从直流侧流向交流电网；P_g 小于 0 表示变换器工作于整流状态，有功功率从交流电网流向直流侧。Q_g 大于 0 表示变换器向电网发出滞后无功功率；Q_g 小于 0 表示变换器从电网吸收滞后无功功率。

由式 (3-38) 可以看出，调节输出电流在 d、q 轴的分量，就可以独立地控制变换器输出的有功功率和无功功率。从电路拓扑结构可以看出，当永磁同步电机发出的有功功率大于流入电网的有功功率时，多余的有功功率会使直流侧电容电压升高；反之，直流侧电容电压会降低。因此，可对直流侧电容电压进行控制，通过控制直流侧电压维持不变，在忽略变换器损耗时，可认为永磁同步电机发出的有功功率全部反馈回电网。用直流侧电压调节器的输出作为 d 轴电流分量（有功电流）的给定值，它反映了变换器输出有功电流的大小。通过控制 q 轴电流分量控制电网侧变换器发出的无功功率。因此，对网侧变换器可采用双闭环控制，外环为直流电压控制环，主要作用是稳定直流侧电压，其输出为网侧变换器的 d 轴电流给定量 i_{gd}^*；内环为电流环，主要作用是跟踪电压外环输出的有功电流指令 i_{gd}^* 以及设定的无功电流指令 i_{gq}^*，以实现快速的电流控制。这样既可保证发电机输出的有功功率能及时经网侧变换器馈入电网，又可实现发电系统的无功控制。

由式（3-36）可知，d、q 轴电流除受控制电压 v_{gd} 和 v_{gq} 的影响外，还受耦合电压 $\omega L_g i_{gq}$、$-\omega L_g i_{gd}$ 以及电网电压 u_{gd} 的影响。因此，对 d、q 轴电流可分别进行闭环 PI 调节控制得到相应控制电压 v_{gd}' 和 v_{gq}'，并加上交叉耦合电压补偿项 Δv_{gd} 和 Δv_{gq}，即可得到最终的 d、q 轴控制电压分量 v_{gd} 和 v_{gq}。结合电网电压综合矢量位置角 θ_g 和直流电容电压 u_{dc} 经空间电压矢量调制后可得到电网侧变换器所需的 PWM 驱动信号。电网侧变换器的电压、电流双闭环控制策略结构框图如图 3-49 所示。图中，u_{dc}^* 和 Q_g^* 分别为设定的直流侧电压和网侧无功。

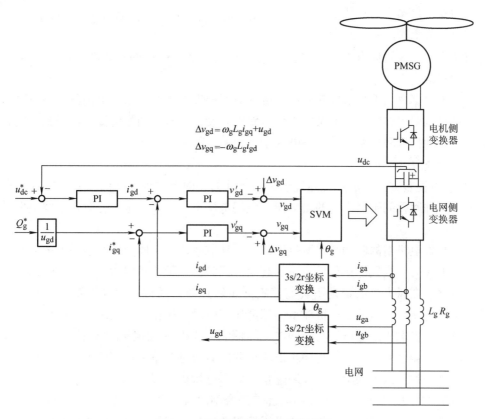

图 3-49 电网侧变换器的控制框图

3.5 风力发电机组的并网与安全运行

3.5.1 同步风力发电机组的并网技术

同步发电机的转速和频率之间有着严格不变的固定关系，同步发电机在运行过程中，可通过励磁电流的调节，实现无功功率的补偿，其输出电能频率稳定，电能质量高，因此在发电系统中，同步发电机也是应用最普遍的。

1. 同步风力发电机组的并网条件和并网方法

（1）并网条件 同步风力发电机组与电网并联运行的电路如图 3-50 所示，图中同步发电机的定子绕组通过断路器与电网相连，转子励磁绕组由励磁调节器控制。

风力同步发电机组并联到电网时，为防止过大的电流冲击和转矩冲击，风力发电机输出的各相端电压的瞬时值要与电网端对应相电压

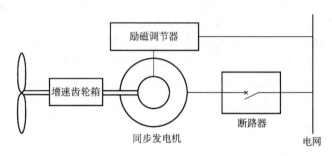

图 3-50 同步发电机与电网并联运行的电路

的瞬时值完全一致，具体有 5 个条件：①波形相同；②幅值相同；③频率相同；④相序相同；⑤相位相同。

在并网时，因风力发电机旋转方向不变，只要使发电机的各相绕组输出端与电网各相互相对应，条件④就可以满足；而条件①可由发电机设计、制造和安装保证；因此并网时，主要是其他 3 条的检测和控制，其中条件③是必须满足的。

（2）并网方法

1）自动准同步并网。满足上述理想并联条件的并网方式称为准同步并网方式，在这种并网方式下，并网瞬间不会产生冲击电流，电网电压不会下降，也不会对定子绕组和其他机械部件造成冲击。

风力同步发电机组的起动与并网过程如下：偏航系统根据风向传感器测量的风向信号驱动风力机对准风向，当风速达到风力机的起动风速时，桨距控制器调节叶片桨距角使风力机起动。当发电机在风力机的带动下转速接近同步转速时，励磁调节器给发电机输入励磁电流，通过励磁电流的调节使发电机输出的端电压与电网电压相近。在风力发电机的转速几乎达到同步转速、发电机的端电压与电网电压的幅值大致相同和断路器两端的电位差为零或很小时，控制断路器合闸并网。风力同步发电机并网后通过自整步作用牵入同步，使发电机电压频率与电网一致。以上的检测与控制过程一般通过微机实现。

2）自同步并网。自动准同步并网的优点是合闸时没有明显的电流冲击，缺点是控制与操作复杂、费时。当电网出现故障而要求迅速将备用发电机投入时，由于电网电压和频率出现不稳定，自动准同步法很难操作，往往采用自同步法实现并联运行。自同步并网的方法是，同步发电机的转子励磁绕组先通过限流电阻短接，电机中无励磁磁场，用原动机将发

机转子拖到同步转速附近（差值小于5%）时，将发电机并入电网，再立刻给发电机励磁，在定、转子之间的电磁力作用下，发电机自动牵入同步。由于发电机并网时，转子绕组中无励磁电流，因而发电机定子绕组中没有感应电动势，不需要对发电机的电压和相角进行调节和校准，控制简单，并且从根本上排除不同步合闸的可能性。这种并网方法的缺点是合闸后有电流冲击和电网电压的短时下降现象。

2. 风力同步发电机组的功率调节和补偿

（1）有功功率的调节　风力同步发电机中，风力机输入的机械能首先克服机械阻力，通过发电机内部的电磁作用转化为电磁功率，电磁功率扣除电机绕组的铜损耗和铁损耗后即为输出的电功率，若不计铜损耗和铁损耗，可认为输出功率近似等于电磁功率。同步发电机内部的电磁作用可以看成是转子励磁磁场和定子电流产生的同步旋转磁场之间的相互作用。转子励磁磁场轴线与定、转子合成磁场轴线之间的夹角称为同步发电机的功率角 δ，电磁功率 P_{em} 与功率角 δ 之间的关系称为同步发电机的功角特性，如图3-51所示。

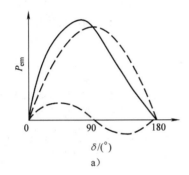 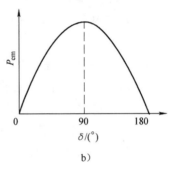

图3-51　同步发电机的功角特性

a）凸极机　b）隐极机

当由风力驱动的同步发电机并联在无穷大电网时，要增大发电机输出的电能，必须增大风力机输入的机械能。当发电机输出功率增大即电磁功率增大时，若励磁不作调节，从图3-51可见，发电机的功率角也增大，对于隐极机而言，功率角为90°（凸极机功率角小于90°）时，输出功率达最大，这个最大的功率称为失步功率，又称为极限功率。因为达到最大功率后，如果风力机输入的机械功率继续增大，功率角超过90°，发电机输出的电功率反而下降，发电机转速持续上升而失去同步，机组无法建立新的平衡。例如一台运行在额定功率附近的风力发电机，突然的一阵剧风可能导致发电机的功率超过极限功率而使发电机失步，这时可以增大励磁电流，以增大功率极限，提高静态稳定度，这就是有功功率的调节。

并网运行的风力同步发电机当功率角变为负值时，电机将运行在电动机状态，此时风力发电机相当于一台大风扇，电机从电网吸收电能。为避免发电机电动运行，当风速降到一临界值以下时，应及时地将发电机与电网脱开。

（2）无功功率的补偿　电网所带的负载大部分为感性的异步电动机和变压器，这些负载需要从电网吸收有功功率和无功功率，如果整个电网提供的无功功率不够，电网的电压会下降；同时同步发电机带感性负载时，由于定子电流建立的磁场对电机中的励磁磁场有去磁作用，发电机的输出电压也会下降。因此，为了维持发电机的端电压稳定和补偿电网的无功功率，需增大同步发电机的转子励磁电流。同步发电机的无功功率补偿可用其定子电流 I 和励磁电流 I_f 之间的关系曲线来解释。在输出功率 P_2 一定的条件下，定子电流 I 和励磁电流 I_f 之间的关系曲线也称为 V 形曲线，如图 3-52 所示。

从图 3-52 中可以看出：当发电机工作在功率因数为 1 时，发电机励磁电流为额定值，此时定子电流为最小；当发电机励磁大于额定励磁电流（过励）时，发电机的功率因数为滞后的，发电机向电网输出滞后的无功功率，改善电网的功率因数；而当发电机励磁小于额定励磁电流（欠励）时，发电机的功率因数为超前的，发电机从电网吸收滞后的无功功率，使电网的功率因数更低。另外，这时的发电机还存在一个不稳定区（对应功率角大于 90°），因此，同步发电机一般工作在过励状态下，以补偿电网的无功功率和确保机组稳定运行。

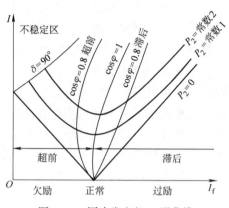

图 3-52　同步发电机 V 形曲线

3. 带变频器的同步风力发电机组的并网

同步发电机可通过调节转子励磁电流，方便地实现有功和无功功率的调节，这是其他发电机难以与其相比的优点。但恒速恒频的风力发电系统中，同步发电机和电网之间为"刚性连接"，发电机输出频率完全取决于原动机的转速，并网之前发电机必须经过严格的整步和（准）同步，并网后也必须保持转速恒定，因此对控制器的要求高，控制器结构复杂。

在变速恒频风力发电系统中，同步发电机的定子绕组通过变频器与电网相连接，如图 3-53 所示，图中交流发电机为同步发电机，变频器为 AC—DC—AC 变频器。当风速变化时，为实现最大风能捕获，风力机和发电机的转速随之变化，发电机发出的为变频交流电，通过变频器转化后获得恒频交流电输出，再与电网并联。由于同步发电机与电网之间通过变频器相连接，发电机的频率和电网的频率彼此独立，并网时一般不会发生因频率偏差而产生的较大的电流冲击和转矩冲击，并网过程比较平稳。缺点是电力电子装置价格较高、控制较复杂，同时非正弦逆变器在运行时产生的高频谐波电流流入电网，将影响电网的电能质量。

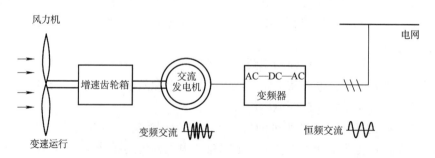

图 3-53　变速恒频风力同步发电机组经变频器与电网的连接

3.5.2　异步风力发电机组的并网技术

异步发电机具有结构简单、价格低廉、可靠性高、并网容易、无失步现象等优点，在风力发电系统中应用广泛。但其主要缺点是需吸收 20% ~30% 额定功率的无功电流以建立磁场，为了提高功率因数必须另加功率补偿装置。

1. 普通交流异步风力发电机组的并网方式

普通交流异步风力发电机组的并网方式主要有 4 种：直接并网、准同期并网、降压并网和通过晶闸管软并网。

（1）直接并网　异步风力发电机组直接并网的条件有两个：一是发电机转子的转向与旋转磁场的方向一致，即发电机的相序与电网的相序相同；二是发电机的转速尽可能接近于同步转速。其中第一条必须严格遵守，否则并网后，发电机将处于电磁制动状态，在接线时应调整好相序；第二条的要求不是很严格，但并网时发电机的转速与同步转速之间的误差越小，并网时产生的冲击电流越小，衰减的时间越短。

异步风力发电机组与电网的直接并联如图 3-54 所示。当风力机在风的驱动下起动后，通过增速齿轮箱将异步发电机的转子带到同步转速附近（一般为 98% ~100%）时，测速装置给出自动并网信号，通过断路器完成合闸并网过程。这种并网方式比同步发电机的准同步并网简单，但并网前由于发电机本身

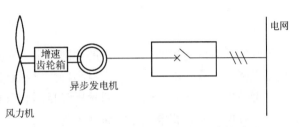

图 3-54　异步风力发电机与电网的直接并联

无电压，并网过程中会产生 5 ~6 倍额定电流的冲击电流，引起电网电压下降。因此这种并网方式只能用于异步发电机容量在百 kW 级以下且电网的容量较大的场合。

（2）准同期并网　与同步发电机准同步并网方式相同，在转速接近同步转速时，先用电容励磁，建立额定电压，然后对已励磁建立的发电机电压和频率进行调节和校正，使其与系统同步。当发电机的电压、频率、相位与系统一致时，将发电机投入电网运行。采用这种方式，若按传统的步骤经整步到同步并网，则仍需要高精度的调速器和整步、同期设备，不仅要增加机组的造价，而且从整步达到准同步并网所花费的时间很长，这是我们所不希望的。该并网方式合闸瞬间尽管冲击电流很小，但必须控制在最大允许的转矩范围内运行，以免造成网上飞车。

（3）降压并网　降压并网是在发电机与电网之间串接电阻或电抗器，或者接入自耦变压器，以降低并网时的冲击电流和电网电压下降的幅度。发电机稳定运行时，将接入的电阻等元件迅速从线路中切除，以免消耗功率。这种并网方式的经济性较差，适用于百 kW 级以上、容量较大的机组。

（4）晶闸管软并网　晶闸管软并网是在异步发电机的定子和电网之间通过每相串入一只双向晶闸管，通过控制晶闸管的导通角来控制并网时的冲击电流，从而得到一个平滑的并网暂态过程，如图 3-55 所示。其并网过程如下：当风力机将发电机带到同步转速附近时，在检查发电机的相序和电网的相序相同后，发电机输出端的断路器闭合，发电机经一组双向

晶闸管与电网相连，在微机的控制下，双向晶闸管的触发角由180°到0°逐渐打开，双向晶闸管的导通角则由0°到180°逐渐增大，通过电流反馈对双向晶闸管的导通角实现闭环控制，将并网时的冲击电流限制在允许的范围内，从而异步发电机通过晶闸管平稳地并入电网。并网的瞬态过程结束后，当发电机的转速与同步转速相同时，控制器发出信号，利用一组断路器将双向晶闸管短接，异步发电机的输出电流将不经过双向晶闸管，而是通过已闭合的断路器流入电网。但在发电机并入电网后，应立即在发电机端并入功率因数补偿装置，将发电机的功率因数提高到0.95以上。

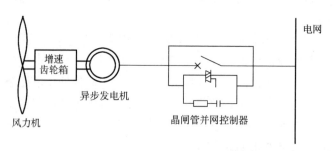

图3-55　风力异步发电机经晶闸管软并网

晶闸管软并网是目前一种先进的并网技术，在其应用时对晶闸管器件和相应的触发电路提出了严格的要求，即要求器件本身的特性要一致、稳定；触发电路工作可靠，控制极触发电压和触发电流一致；开通后晶闸管压降相同。只有这样才能保证每相晶闸管按控制要求逐渐开通，发电机的三相电流才能保证平衡。

在晶闸管软并网的方式中，目前触发电路有移相触发和过零触发两种方式。其中移相触发的缺点是发电机中每相电流为正负半波的非正弦波，含有较多的奇次谐波分量，对电网造成谐波污染，因此必须加以限制和消除；过零触发是在设定的周期内，逐步改变晶闸管导通的周波数，最后实现全部导通，因此不会产生谐波污染，但电流波动较大。

2. 双馈异步风力发电机组的并网技术

目前，适合交流励磁双馈风力发电机组的并网方式主要是基于定子磁链定向矢量控制的准同期并网控制技术，包括空载并网方式、独立负载并网方式以及孤岛并网方式。另外，对于垂直轴型的双馈机组，由于不能自动起动，所以必须采用"电动式"并网方式。下面对各种并网技术的实现原理分别给予简要介绍。

（1）空载并网技术　所谓空载并网就是并网前双馈发电机空载，定子电流为零，提取电网的电压信息（幅值、频率、相位）作为依据提供给双馈发电机的控制系统，通过引入定子磁链定向技术对发电机的输出电压进行调节，使建立的双馈发电机定子空载电压与电网电压的频率、相位和幅值一致。当满足并网条件时进行并网操作，并网成功后控制策略从并网控制切换到发电控制，如图3-56所示。

（2）独立负载并网技术　独立负载并网控制原理如图3-57所示，该技术的基本思路为：并网前双馈电机带负载运行（如电阻性负载），根据电网信息和定子电压、电流对双馈电机和负载的值进行控制，在满足并网条件时进行并网。独立负载并网方式的特点是：并网前双馈电机已经带有独立负载，定子有电流，因此并网控制所需要的信息不仅取自于电网侧，同时还取自于双馈电机定子侧。

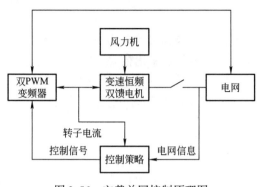

图 3-56 空载并网控制原理图

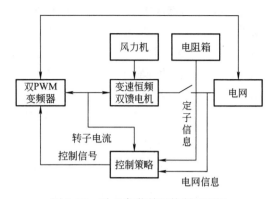

图 3-57 独立负载并网控制原理图

负载并网方式发电机具有一定的能量调节作用，可与风力机配合实现转速的控制，降低了对风力机调速能力的要求，但控制较为复杂。

（3）孤岛并网方式　孤岛并网控制方案可分为 3 个阶段：

第一阶段为励磁阶段，如图 3-58 所示，从电网侧引入一路预充电回路接交直交变流器的直流侧。预充电回路由开关 S_1、预充电变压器和直流充电器构成。

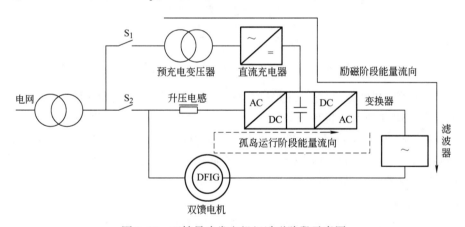

图 3-58 双馈异步发电机组励磁阶段示意图

当风机转速达到一定转速要求后，S_1 闭合，直流充电器通过预充电变压器给交直交变流器的直流侧充电。充电结束后，电机侧变流器开始工作，供给双馈电机转子侧励磁电流。此时，控制双馈电机定子侧电压逐渐上升，直至输出电压达到额定值，励磁阶段结束。

第二阶段为孤岛运行阶段。首先将 S_1 断开，然后启动网侧变流器，使之开始升压运行，将直流侧升压到所需值。此时，能量在网侧变流器，电机侧变流器以及双馈异步发电机之间流动，它们共同组成一个孤岛运行方式。

第三阶段为并网阶段。在孤岛运行阶段，定子侧电压的幅值、频率和相位都与电网侧相同。此时闭合开关 S_2，电机与电网之间可以实现无冲击并网。并网后，可通过调节风机的桨距角来增加风力机输入能量，从而达到发电的目的。

（4）"电动式"并网方式　前面介绍的几种并网方式都是针对具有自起动能力的水平轴双馈风力发电机组的准同期并网方式，对于垂直轴型的双馈机组（又称达里厄型风力机）

由于不具备自起动能力，风力发电机组在静止状态下的起动可由双馈电机运行于电动机工况来实现。

如图 3-59 所示，为实现系统起动，在转子绕组与转子侧变频器之间安装一个单刀双掷开关 S_3，在进行并网操作时，首先操作 S_3 将双馈发电机转子经电阻短路，然后闭合 S_1 连接电网与定子绕组。在电网电压作用下双馈电机将以感应电动机转子串电阻方式逐渐起动。通过调节转子串电阻的大小，可以提高起动转矩减小起动电流，从而缓解机组起动过程的暂态冲击。

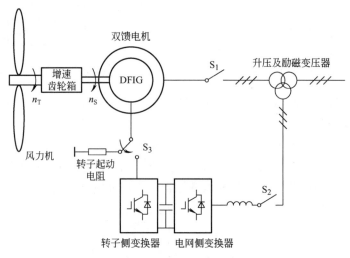

图 3-59 双馈发电机电动式并网原理图

当双馈感应发电机转速逐渐上升并接近同步转速时，转子电流将下降到零。在此条件下，操作 S_3 断开串联电阻后将转子绕组与转子侧变频器相连接，同时触发转子侧变频器投入励磁。最后在成功投入励磁后，调节励磁使双馈发电机迅速进入定子功率或转速控制状态，完成机组起动过程。这种并网方式实现方法简单，通过适当的顺序控制就能够实现不具备自起动能力的双馈发电机组的起动与并网的需要。

3. 并网运行时的功率输出及无功功率的补偿

（1）并网运行时的功率输出 异步发电机的转矩-转速曲线如图 3-60 所示，并网后，发电机运行在曲线上的直线段，即发电机的稳定运行区域。发电机输出的电流大小及功率因数决定于转差率 s 和发电机的参数，对于已制成的发电机其参数不变，而转差率大小由发电机的负载决定。当风力机传给发电机的机械功率和机械转矩增大时，发电机的输出功率及转矩也随之增大，由图 3-60 可见，发电机的转速将增大，发电机从原来的平衡点 A_1 过渡到新的平衡点 A_2 继续稳定运行。但当发电机输出功率超过其最大转矩对应的功率时，随着输入功率的增大，发电机的制动转矩不但不增大反而减小，发电机转速迅

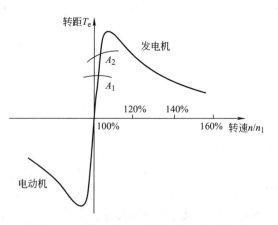

图 3-60 异步发电机的转矩-转速关系曲线

速上升而出现飞车现象,十分危险。因此必须配备可靠的失速桨叶或限速保护装置,以确保在风速超过额定风速及阵风时,从风力机输入的机械功率被限制在一个最大值范围内,从而保证发电机输出的功率不超过其最大转矩所对应的功率。

并网运行的风力异步发电机当电网电压变化时对其有一定的影响。因为发电机的电磁制动转矩与电压的二次方成正比,当电网电压下降过大时,发电机也会出现飞车现象;而当电网电压过高时,发电机的励磁电流将增大,功率因数下降,严重时将导致发电机过载运行。因此对于小容量的电网,一方面选用过载能力大的发电机,另一方面配备可靠的过电压和欠电压保护装置。

(2) 并网运行时无功功率的补偿 风力异步发电机在向电网输出有功功率的同时,还必须从电网中吸收滞后的无功功率来建立磁场和满足漏磁的需要。因一般大中型异步发电机的励磁电流约为其额定电流的 20% ~ 30%,如此大的无功电流的吸收,将加重电网无功功率的负担,使电网的功率因数下降,同时引起电网电压下降和线路损耗增大,影响电网的稳定性。因此并网运行的风力异步发电机必须进行无功功率的补偿,以提高功率因数及设备利用率,改善电网电能的质量和输电效率。目前调节无功的装置主要有同步调相机、有源静止无功补偿器、并联补偿电容器等。其中以并联电容器应用的最多,因为前两种装置的价格较高,结构、控制比较复杂,而并联电容器的结构简单、经济、控制和维护方便、运行可靠。并网运行的异步发电机并联电容器后,其所需要的无功电流由电容器提供,从而减轻电网的负担。

在无功功率的补偿过程中,发电机的有功功率和无功功率随时在变化,普通的无功功率补偿装置难以根据发电机无功电流的变化及时地调整电容器的数值,因此补偿效果受到一定的影响。为了实现无功功率及时、准确的补偿,必须计算出任何时期的有功功率、无功功率,并计算出需要投入的电容值来控制电容器的投入数量,而这些大量和快速的计算及适时的控制,目前可通过 DSP 和计算机来实现。

4. 双馈异步风力发电机组的并网运行与功率补偿

双馈异步发电机目前主要应用于变速恒频风力发电系统中。发电机与电网之间的连接是"柔性连接",经过矢量变换后双馈异步发电机转子电流中的有功分量和无功分量实现了解耦,通过对发电机转子交流励磁电流的调节与控制来满足并网条件,可以成功地实现并网;同时通过对转子电流中的有功和无功分量的控制,可以很方便地实现功率控制及无功功率的补偿。

双馈异步发电机的并网过程及特点如下:

1) 风力机起动后带动发电机至接近同步转速时,由转子回路中的变频器通过对转子电流的控制实现电压匹配、同步和相位的控制,以便迅速地并入电网,并网时基本上无电流冲击。

2) 通过转子电流的控制可以保证风力发电机的转速随风速及负载的变化而及时地调整,从而使风力机运行在最佳叶尖速比下,获得最大的风能及高的系统效率。

3) 双馈异步发电机可通过励磁电流的频率、幅值和相位的调节,实现变速运行下的恒频及功率调节。当风力发电机的转速随风速及负载的变化而变化时,通过励磁电流频率的调节实现输出电能频率的稳定;改变励磁电流的幅值和相位,可以改变电机定子电动势和电网电压之间的相位角,也即改变了电机的功率角,从而实现有功功率和无功功率的调节。

3.5.3　双馈异步风力发电机的并网运行系统

1. 双馈异步发电机变速恒频运行的并网系统

这种变速恒频风力发电系统所用的发电机为双馈异步发电机，如图 3-61 所示。发电机的定子直接连接在电网上，转子绕组通过集电环经 AC—AC 或 AC—DC—AC 变频器与电网相连，通过控制转子电流的频率、幅值、相位和相序实现变速恒频控制。为实现转子中能量的双向流动，应采用双向变频器。其中 AC—AC 变频器的输出电压谐波多，输入侧功率因数低，使用的功率元件数量多，目前已被电压型 AC—DC—AC 变频器代替。随着电力电子技术的发展，最新应用的是双 PWM 变频器，通过 SPWM 控制技术，可以获得正弦波转子电流，以减小电机中的谐波转矩，同时实现功率因数的调节。变频器一般用微机控制。

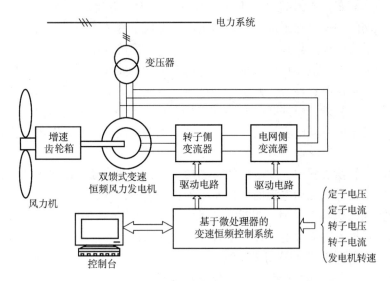

图 3-61　双馈异步发电机变速恒频运行的并网系统

双馈异步发电机变速恒频风力发电机组可运行在亚同步状态、同步状态和超同步状态。为了实现变速，当风速变化时，通过转速反馈系统控制发电机的电磁转矩，使发电机转子转速跟踪风速的变化，以获取最大风能。为实现恒频输出，当转子的转速为 n 时，因定子电流的频率 $f_1 = pn/60 \pm f_2$，由变频器控制转子电流的频率 f_2，以维持 f_1 恒定。当转子转速小于同步转速时，发电机运行在亚同步状态，此时定子向电网供电，同时电网通过变频器向转子供电，提供交流励磁电流；当转子转速高于同步转速时，发电机运行在超同步状态，定、转子同时向电网供电；当转子转速等于同步转速时，发电机运行在同步状态，$f_2 = 0$，变频器向转子提供直流励磁，定子向电网供电，相当于一台同步发电机。

由于这种变速恒频方案是在转子电路中实现的，流过转子电路中的功率为转差功率，一般只为发电机额定功率的 $1/4 \sim 1/3$，因此变频器的容量可以很小，大大降低了变频器的成本和控制难度；定子直接连接在电网上，使得系统具有很强的抗干扰性和稳定性；可通过改变转子电流的相位和幅值来调节有功功率和无功功率，实现电网功率因数的补偿。缺点是发电机仍有电刷和集电环，工作可靠性受影响。

2. 无刷双馈异步发电机变速恒频运行的并网系统

磁场调制型无刷双馈异步发电机的定子中的功率绕组直接与电网相连，控制绕组通过变频器与电网相连，系统如图 3-62 所示。

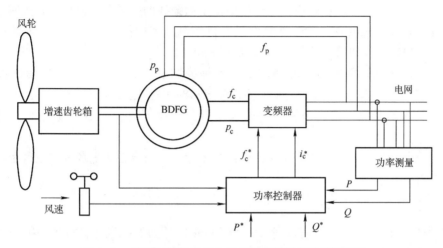

图 3-62　无刷双馈异步发电机变速恒频运行的并网系统

图 3-62 中 P^* 和 Q^* 分别为有功功率和无功功率的给定值；功率控制器根据功率给定与反馈值及频率检测信号按一定的控制规则输出频率和电流的控制信号。无刷双馈发电机转子的转速随风速的变化而变化，以保证系统运行在最佳工况下，提高风能转化的效率。当发电机的转速变化时，由变频器来改变控制绕组的频率，以使发电机的输出频率与电网一致。

由于这种变速恒频控制方案是在定子上的控制绕组中实现的，控制绕组的功率只占发电机总功率的一小部分，因此变频器的容量可以较小；除实现变速恒频控制外，还可以实现有功功率和无功功率的灵活控制，以补偿电网的功率因数；发电机上无电刷和集电环，系统运行的可靠性增大。但发电机结构和控制器较复杂。

3.5.4　风力发电机组的并网安全运行与防护措施

并网控制系统是风力发电机组的核心部件，是风力发电机组安全运行的根本保证，所以为了提高风力发电机组运行安全性，必须认真考虑控制系统的安全性和可靠性问题。控制系统的安全保护组成如图 3-63 所示。

3.5.4.1　雷电安全保护

多数风机都安装在山谷的风口处、山顶上、空旷的草地、海边海岛等，易受雷击。安装在多雷雨区的风力发电机组受雷击的可能性更大，其控制系统大多为计算机和电子器件，最容易因雷电感应造成过电压损坏，因此需要考虑防雷问题。一般使用避雷器或防雷组件吸收雷电波。

当雷电击中电网中的设备后，大电流将经接地点

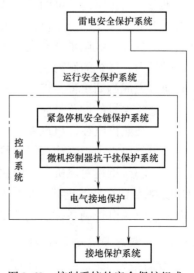

图 3-63　控制系统的安全保护组成

泄入地网，使接地点电位大大升高。若控制设备接地点靠近雷击大电流的入地点，则电位将随之升高，会在回路中形成共模干扰，引起过电压，严重时会造成相关设备绝缘击穿。

根据国外风场的统计数据表明，风电场因雷击而损坏的主要风电机部件是控制系统和通信系统。雷击事故中的40%～50%涉及到风电机控制系统的损坏，15%～25%涉及到通信系统，15%～20%涉及到风机叶片，5%涉及到发电机。

我国一些风场统计雷击损坏的部件主要也是控制系统和监控系统的通信部件。这说明以电缆传输的4～20 mA电流环通信方式和RS485串行通信方式由于通信线长，分布广，部件多，最易受到雷击，而控制部件大部分是弱电器件，耐过压能力低，易造成部件损坏。

防雷是一个系统工程，不能仅仅从控制系统来考虑，需要在风电场整体设计上考虑，采取多层防护措施。

3.5.4.2 运行安全保护

1）大风安全保护：一般风速达到25m/s（10min）即为停机风速，机组必须按照安全程序停机，停机后，风力发电机组必须90°对风控制。

2）参数越限保护：各种采集、监控的量根据情况设定上、下限值，当数据达到限定位时，控制系统根据设定好的程序进行自动处理。

3）过电压过电流保护：当装置元件遭到瞬间高压冲击和电流过电流时所进行的保护。通常采用隔离、限压、高压瞬态吸收元件、过电流保护器等。

4）震动保护：机组应设有三级震动频率保护，震动球开关、震动频率上限1、震动频率极限2，当开关动作时，控制系统将分级进行处理。

5）开机关机保护：设计机组开机正常顺序控制，确保机组安全。在小风、大风、故障时控制机组按顺序停机。

3.5.4.3 电网掉电保护

风力发电机组离开电网的支持是无法工作的，一旦有突发故障而停电时，控制器的计算机由于失电会立即终止运行，并失去对风机的控制，控制叶尖气动刹车和机械刹车的电磁阀就会立即打开，液压系统会失去压力，制动系统动作，执行紧急停机。紧急停机意味着在极短的时间内，风机的制动系统将风机叶轮转数由运行时的额定转速变为零。大型的机组在极短时间内完成制动过程，将会对机组的制动系统、齿轮箱、主轴和叶片以及塔架产生强烈的冲击。紧急停机的设置是为了在出现紧急情况时保护风电机组安全。然而，电网故障无需紧急停机；突然停电往往出现在天气恶劣、风力较强时，紧急停机将会对风机的寿命造成一定影响。另外风机主控制计算机突然失电就无法将风机停机前的各项状态参数及时存储下来，这样就不利于迅速对风机发生的故障作出判断和处理。针对上述情况，可以在控制系统电源中加设在线UPS后备电源，这样当电网突然停电时，UPS自动投入，为风电机控制系统提供电力，使风电控制系统按正常程序完成停机过程。

3.5.4.4 紧急停机安全链保护

系统的安全链是独立于计算机系统的硬件保护措施，即使控制系统发生异常，也不会影响安全链的正常动作。安全链是将可能对风力发电机造成致命伤害的超常故障串联成一个回路，当安全链动作后将引起紧急停机，执行机构失电，机组瞬间脱网，控制系统在 3s 左右将机组平稳停止，从而最大限度地保证机组的安全。发生下列故障时将触发安全链：叶轮过速、机组部件损坏、机组振动、扭缆、电源失电、紧急停机按钮动作。

3.5.4.5 微机控制器抗干扰保护

风电场控制系统的主要干扰源有：工业干扰，如高压交流电场、静电场、电弧、晶闸管等；自然界干扰，如雷电冲击、各种静电放电、磁爆等；高频干扰，如微波通信、无线电信号、雷达等。这些干扰通过直接辐射或由某些电气回路传导进入的方式进入到控制系统，干扰控制系统工作的稳定性。从干扰的种类来看，可分为交变脉冲干扰和单脉冲干扰两种，它们均以电或磁的形式干扰控制系统。

参考国家（国际）关于电磁兼容（EMC）的有关标准，风电场控制设备也应满足相关要求。

3.5.4.6 接地保护

接地保护是非常重要的环节。良好的接地将确保控制系统免受不必要的损害。在整个控制系统中通常采用以下几种接地方式，来达到安全保护的目的。

工作接地、保护接地、防雷接地、防静电接地、屏蔽接地。接地的主要作用一方面是为了保证电器设备安全运行，另一方面是防止设备绝缘被破坏时可能带电，以致危及人身安全。同时能使保护装置迅速切断故障回路，防止故障扩大。

3.5.4.7 低电压穿越能力

随着并网风电容量的快速增长，必须考虑电网故障时风电机组的各种运行特性对电网稳定性的影响。风电技术较为先进的国家（如德国、丹麦、美国等）根据电网实际运行状况制定了风电并网导则，对接入电网的风电场提出了严格的技术要求。该技术要求一般包括无功电压控制、有功频率控制以及低电压穿越能力等，其中风电机组的低电压穿越（LVRT，Low Voltage Ride Through）能力是风电大规模并网运行必不可少的条件及要求，是指当电网故障或扰动引起风电场并网点的电压跌落时，在一定电压跌落的范围内，风电机组能够不间断并网运行。

我国根据实际电网结构及风电发展情况制定了风电场接入电网技术规定，其中对风电机组低电压穿越能力也做出了详细的规定，规定的风电场低电压穿越要求为：

1）风电场内的风电机组具有在并网点（与公共电网直接连接的风电场升压变高压侧母线）电压跌落至 20% 额定电压时能保持并网运行 625ms 的低电压穿越能量。

2）风电场并网点电压在发生跌落后 3s 内能够恢复到额定电压的 90% 时，风电场内的风电机组保持并网运行。

不同类型的风电机组可以采取不同的技术措施来实现其 LVRT 功能。对于采用普通异步电机作为发电机的固定转速风电机组，可以采用无功补偿的方案来实现风电机组的 LVRT 功能，以满足风电机组并网标准对其 LVRT 能力的要求。还可以通过改变转子回路励磁方式来实现风电机组的 LVRT 功能。对于普通异步发电机、直驱风电机组和双馈风电机组实现 LVRT 功能的方式，其中有双馈变速风电机组可以依靠机组本身实现 LVRT 功能。在外部系统故障引起风电机组端电压跌落时，风电场仍然维持运行，因此完全满足风电并网标准对于风电机组 LVRT 能力的要求。利用转子撬棒投入与切除策略及动作时间实现 LVRT 功能，不过要注意这种方式对机组的影响。

1. 双馈风电机组 LVRT 模型及其控制

双馈风力发电系统实现 LVRT 的基本要求为：① 电网故障时，避免过电流、过电压对变流器造成损坏；② 尽可能减少故障时机械转矩跃变给齿轮箱和风机带来的冲击，防止齿轮箱和风机产生机械损坏；③ 满足电网的 LVRT 标准。

电网故障引起机端电压的小幅度三相对称骤降时，应尽量考虑通过改 DFIG 的运行控制来实现发电机的不间断运行。大幅度三相对称电压骤降故障时，有效的办法是采用转子绕组快速短接保护装置（Crowbar）使转子侧变流器旁路，并将电力电子开关关断。考虑到在电网故障清除前切 Crowbar，可能会在电网恢复时因变流器再次过电流而引发又一次的短接保护动作；而若在电网故障完全清除之后切除 Crowbar，则因转子被短接时 DIFG 类似于一台并网笼型异步发电机，运行滑差很大，将从电网中吸收大量无功功率致使交流电网难以迅速恢复正常。因此，正确选择 Crowbar 的投入与切除时刻，对于实现双馈风电机组的低电压穿越并表现出良好的暂态运行特性至关重要。

（1）转子 Crowbar 模型 图 3-64 为保护转子侧变流器设置的旁路电路，其各相均串联一个可关断晶闸管和一个电阻器，并与转子侧变流器并联。在图示规定的参考方向下，转子侧电流、电压有如下关系：

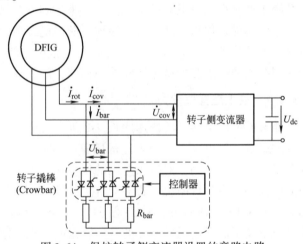

图 3-64 保护转子侧变流器设置的旁路电路

$$\begin{cases} \dot{I}_{rot} = \dot{I}_{bar} + \dot{I}_{cov} \\ \dot{U}_{bar} = \sqrt{3}\,\dot{I}_{bar}R_{bar} \\ \dot{U}_{cov} = \dot{U}_{bar} \end{cases} \quad (3\text{-}39)$$

式中，$\dot{I}_{rot}$、$\dot{I}_{bar}$、$\dot{I}_{cov}$ 分别为转子侧相电流、旁路支路相电流、变流器支路相电流；$\dot{U}_{bar}$、$\dot{U}_{cov}$ 分别为旁路线电压和变流器端电压；R_{bar} 为旁路电阻。

当机组正常运行时，Crowbar 关断，$\dot{I}_{bar}=0$；当系统发生故障时，Crowbar 投入，机侧变流器闭锁，$\dot{I}_{cov}=0$。

（2）桨距角控制 在定子电压跌落的同时，双馈电机的输出功率和电磁转矩下降，如果此时风力机机械功率保持不变，电磁转矩的减小势必会导致转子加速。所以，在外部故障导致的低电压持续存在时，风电机组转子旁路电路投入的同时需要调节风力机桨距角，减小风力机捕获的风能，进而减小风力机机械转矩，以稳定风电机组转速，实现风电机组的低电压穿越功能。

（3）LVRT 控制　在外部系统发生短路故障时，双馈电机定子电压突降，定子电流增加，在转子侧感应出较大的电流，LVRT 功能将保护转子侧变流器并且使机组持续运行不致从电网解列。双馈变速风电机组的控制过程如下：

1）当转子侧电流超过设定值时，转子 Crowbar 投入运行，转子侧变流器被旁路，电网侧变流器及发电机定子仍与电网相连。

2）风力机桨距角控制系统即刻起动，减少风力机捕获的功率，减小机械转矩。

3）根据具体设置退出转子 Crowbar，变流器恢复对机组的控制，系统恢复正常运行。

2. 永磁直驱风力发电机组 LVRT 模型及其控制

永磁直驱风力发电系统通过全功率变流器与电网隔离，在电压跌落时，可以只在网侧变流器和直流环节采取应对措施，而不必影响到机侧变流器以及发电机系统的正常运行，从而在故障消除后，迅速恢复正常工作。这是永磁直驱风力发电系统的低电压穿越能力优于双馈异步发电系统之处。

当电网电压跌落时，网侧变流器输出的功率受到限制，这会造成直流侧电压的上升，因此直流侧需采取措施保持功率平衡，限制其电压升高。为提高直驱风力发电系统的低电压穿越能力，通常在直流侧增加过电压保护（Chopper）电路，故障期间由 Chopper 电路吸收多余的能量，并通过与网侧变流器的配合，保持直流电压恒定，使直驱式风力发电系统可以继续安全地并网运行。

类似地，直驱风力发电系统实现 LVRT 的基本要求为：① 电网故障时，避免直流环节的过电压对变流器造成损坏；② 满足电网的 LVRT 标准。

图 3-65 给出了永磁直驱风力发电系统 LVRT 保护策略，即在电网发生低电压故障时触发 IGBT 投入卸荷负载，消耗直流环节滞留的功率，避免发生过电压而损坏变流器。

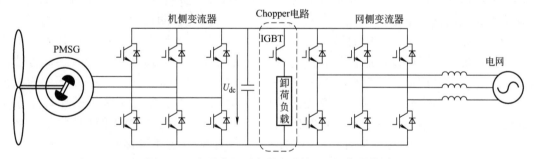

图 3-65　永磁直驱风力发电系统 LVRT 保护策略

3.5.4.8　防孤岛保护能力

孤岛效应是指包含负荷和电源的部分电网，从主网脱离后继续孤立运行的状态。孤岛可分为非计划性孤岛和计划性孤岛。非计划孤岛的供电状态是未知的，可能将造成一系列的不利影响，传统的发电系统中的过/欠电压、过/欠频保护已经不再满足安全供电的要求，非计划孤岛运行可能危害系统设备和相关人员，因此需要发电系统具有防孤岛保护功能。

孤岛形成的原因主要有：

1）并网设备故障。并网线或并网开关是风力发电连接于低压母线的唯一联系，一旦出现故障将导致线路保护动作跳闸，使故障线路或保护范围内的线路与风力发电断开。当一切并网设备断开后，风力发电区域便形成孤岛。

2）电压或频率越限。电压或频率越限将导致相关电气量保护的动作跳闸。一种是风电自身的保护动作，使风电退出运行以便保护相关电气设备；另一种就是线路或变压器等的后备保护或由其他电气量构成的解列保护动作。

3）失步保护动作。当配电网含有非逆变型风力发电时，一旦包含风力发电的区域系统与配电网主系统失步时，失步保护动作使风电离网或断开并网设备从而导致孤岛。

4）自动重合闸的误操作或自身的装置缺陷造成的非计划孤岛。

近年来我国分散式风力发电也快速发展，分散式风力发电孤岛问题更加突出，与集中式、大规模风力发电相比，分散式风力发电分散安装于配电网负载端，通过小规模分布式开发，就地分布接入低压配电网，在风力发电机组满发或限功率运行时，发生孤岛的概率更大，且分散式风力发电更加靠近用户，发生孤岛所造成的危害也更大。因此，国家电网企业标准 Q/GDW1866—2012《分散式风电接入电网技术规定》对分散式风力发电的防孤岛保护做出了明确的要求，分散式风电的孤岛运行与防孤岛保护问题也受到了越来越广泛的关注。

国内外研究学者在孤岛保护领域已经取得了丰硕的研究成果。当前检测方法主要包括逆变器端和电网端两大类。其中逆变器端检测法又分为被动式和主动式：被动式是通过检测主网脱离时逆变器的端电压幅值、频率变化、相位波动以及谐波的异常情况来判断孤岛发生与否。此方法利用并网逆变器自带的控制检测功能就可实现相关电气量的检测，无需增加额外的辅助和测量装置，具有对电能没有污染、不干扰系统正常运行以及在多台逆变器下具有较高检测效率的优点；但此法的缺点是检测盲区较大，判据门槛值不易确定，某些判据参数不能直接得到，需要二次测量，而且运算复杂，计算误差较大，所以此方法一般需要与主动式检测法配合使用。主动式检测法是在逆变器的控制信号中分别注入微量的电流、频率和初始相位来对输出端口的电压、频率和功率进行扰动，通过检测相关电气扰动量是否越过孤岛检测判据来达到孤岛检测的目的。由于并网下的扰动量受主网系统自我平衡作用的影响，变化不明显，而孤岛状态下的扰动量几乎不受孤岛区域系统的控制，所以通过相关电气量的响应情况即可判断孤岛发生与否。此方法的检测盲区小，精准度高，但对电能质量有一定负面影响，尤其在多个逆变器下的检测效果可能不理想甚至失效。电网端检测法又被称为远程检测法，通过无线通信手段来采集断路器的位置状态信息，并于系统侧发出载波信号。而置于风电侧的接收器将根据载波信号的信息量判定孤岛发生与否，一旦电网断电，并网逆变器将接收到孤岛状态信息，从而风电离网。这种方法的优点是：没有检测盲区，检测结果精确度高，不受逆变器数量的影响，而且性能与分布式电源的类型无关，不影响系统的正常工作，不会对电能质量造成污染，所以是极其可靠的检测方法。这种方法的缺点是：需要额外设备的辅助，功能实现成本高、经济性低，不易操作。在较大容量的风电场上应用这种方法有更高的性价比。上述两大类孤岛检测方法充分利用了从并网状态到孤岛状态时电气量的变化特征来构建孤岛检测判据，从而为判定孤岛发生与否提供了强有力的支撑。

3.5.4.9 并网谐波抑制

由于电力电子变流装置的大量应用，输电线和分布式电网中总会存在一定程度的电力谐波。为此，根据国际电工组织的 IEEE - 519 - 2014 和国标 GB/T 14549—2008 等电网谐波规范，允许工业电网中存在一定比例的谐波，在电网电压为 6kV、10kV 时允许电压总谐波含量不超过 4.0%，电网电压在 35kV、66kV 时不超过 3.0%，电网电压在 110kV 时不超过 2.0%。我国装机运行的双馈型风电机组额定电压通常为 690V，这意味着并网风电机组至少要能承受 4% 的并网点电压畸变率。在双馈风电发电机系统中，严重的电网谐波将引起定、转子电流畸变和输出功率、转矩的波动，甚至可能导致机组不得不从电网中解列。同时，并网导则也对风电场注入电力系统的电流谐波有相关限制性要求，详见国标 GB/T 14549—1993。电网电压谐波畸变工况下保持不脱网运行、减少向并网端的谐波电流注入构成了并网风电机组双重约束条件。从上面的分析可见，解决电力谐波是一项很有必要的任务，实际上，电力谐波的治理问题已经在全世界范围内引起了重视，主要在谐波的管理、谐波分析和治理方面。谐波问题的处理集中体现在谐波成分分析、谐波检测和谐波抑制几个方向，谐波治理是供电所保证电网电能质量必须采取的措施。现代工商业以及城市居民的用电需求量大，用电设备各不相同，这也就对电网电能质量提出了更高的要求。因此，能否处理好电网电能质量问题将会影响到国民经济的各个方面和整体经济的增长。

要使风电机组可靠运行，需要在风电机组控制系统的保护功能设计上加以重视。在设计控制系统的时候，往往更注重系统的最优化设计和提高可利用率，然而进行这些设计的前提条件却是风电机组控制系统的安全保护，只有在确保机组安全运行的前提下，我们才可以讨论机组的最优化设计、提高可利用率等。因此，控制系统具备完善的保护功能，是风电机组安全运行的首要保证。

3.6　风力发电的经济技术性评价

风力发电的经济性评价主要由其经济性指标来衡量，风力发电成本的影响以初期建设投资、运行时的发电量及管理、税收政策等为主要影响因素。

3.6.1　风力发电的经济性指标

风力发电的经济性指标主要有单位千瓦造价、单位千瓦时投资成本、财务内部收益率和财务净现值、投资回收期及投资利润率等。

1. 单位千瓦造价

单位千瓦造价表示风力发电系统每千瓦的投资成本，其计算公式为

$$单位千瓦造价 = \frac{总投资}{总装机容量}（元/kW） \tag{3-40}$$

风电项目的总投资由风力发电机组、土建工程、电气工程、安装工程、财务成本及其他（含征地、设计勘测）等组成，其各部分所占的比例大致如图 3-66 所示。

从图 3-66 可见，风电机组的投资所占比重最大，为总投资的 73%，因此降低风电机组的投资，可以显著地降低风力发电的单位千瓦造价。

总装机容量是指风电场全部风力发电机组的总容量，因此提高风电场的单机容量也可以降低风力发电的单位千瓦造价。

由于单位千瓦造价中没有考虑风资源、风力发电机与风资源的匹配、风力发电机的可靠性等因素，因此不能全面地反映风力发电系统的经济性。

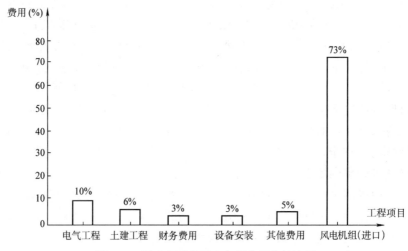

图 3-66　风电项目投资中各部分所占的比例

2. 单位千瓦时投资成本

单位千瓦时投资成本表示在风力发电设备的使用期限（一般 20 ~ 30 年）内，每生产单位千瓦时的电量所需要的投资费用，其计算公式为

$$单位千瓦时投资成本 = \frac{年固定费用 + 运行维护费用 + 大修费用}{年发电量} \tag{3-41}$$

式(3-41) 中，年固定费用包括设备的年折旧费、摊销贷款利息、人工费、管理费、税金等。运行维护费用包括计划内的保证风力发电机正常运行所进行的正常维修费用。

大修费用指的是风力发电设备在使用期内大修的年平均费用。一般风力发电机组每隔 5 年、10 年、15 年大修一次，主要维修机械部件。

风电场的年发电量主要与风电场的风资源情况、风力发电机组的功率曲线及风机与风资源的匹配情况有关。为降低风力发电的单位千瓦时投资成本应选择风力资源丰富的风电场及与其相匹配的风力发电机组。

由于单位千瓦时投资成本考虑了风力发电系统的原始建设投资成本、风资源、风力发电机组与风资源的匹配情况、机组使用期间内的运行维护及大修费用，因此真实地反映了风力发电系统的经济性。

3. 财务内部收益率（FIRR）和财务净现值（FNPV）

财务内部收益率（FIRR）是指风电项目在整个计算期内各年净现金流量现值累计等于零时的折现率。它反映项目所占资金的盈利率，是考察项目盈利能力的动态评价指标。其计算公式为

$$\sum_{t=1}^{n} (CI - CO)_t (1 + FIRR)^{-t} = 0 \tag{3-42}$$

式中，CI 为现金流入量；CO 为现金流出量；$(CI - CO)_t$ 为第 t 年的净现金流量；n 为计算期，$t = 1, 2, \cdots, n$。

只有在风电项目的财务内部收益率大于电力行业基准的财务内部收益率时，其项目的盈利能力才能满足最低要求，在财务上才可以被接受。

财务净现值（*FNPV*）是指行业的基准收益率或设定的折现率，将项目计算期内各年净现金流量折现到建设初期的现值之和，是考察项目在计算期内盈利能力的动态评价指标。其计算公式为

$$FNPV = \sum_{t=1}^{n} (CI - CO)_t (1 + I_C)^{-t} \tag{3-43}$$

式中，I_C为项目所属行业的基准收益率。

财务净现值可以通过现金流量表计算得到，只有财务净现值大于或等于零的项目才可以被接受。

4. 投资回收期（P_t）

投资回收期或投资还本年限 P_t 是以项目的净收益抵偿全部投资（包括固定资产投资和流动资金投资）所需要的时间。它是考察项目在财务上的投资回收能力的主要静态指标。投资回收期（以年表示）一般从建设开始年算起，其计算公式为

$$\sum_{t=1}^{P_t} (CI - CO)_t = 0 \tag{3-44}$$

投资回收期可根据财务现金流量表（全部投资）中累计净现金流量计算出，所计算的结果应小于行业的基准投资回收期。

5. 投资利润率

投资利润率是指项目达到设计生产能力后的一个正常年份的年利润总额与现项目总投资的比率。它是考察项目单位投资盈利能力的静态指标。其计算公式为

$$投资利润率 = \frac{年利润总额或平均利润总额}{项目总投资} \times 100\% \tag{3-45}$$

风力发电项目除了上面的直接经济性指标外，其项目还有巨大的社会效益。风能是一种可再生能源，取之不尽、用之不竭。风力发电是一种洁净的、无污染的发电方式，对人类赖以生存的生态环境没有任何破坏，环境效益十分明显。

3.6.2 影响风力发电经济性的主要因素

风力发电成本的影响因素很多，变化范围很大，其中以初期建设投资、运行时的发电量及管理、税收政策等为主要影响因素。

1. 初期建设投资

（1）风力发电机组的投资 在风电项目的投资中，风电机组的投资占到70%～80%左右，因此降低风电机组的造价是降低风电成本最有效的方法。目前我国的大型风电机组主要靠进口，进口的价格及进口环节中的关税及增值税的减免与否直接影响风电机组的造价。

（2）风电场配套部分投资 风电场配套部分投资占到总投资的20%～30%，这部分投资主要与风电场的选址、风电场与电网的距离、风电场的配套设施及接入电网的系统等有关。

（3）融资的成本 风电场的投资很大，一般本金只占到20%左右，大部分资金由贷款和融资获得，因此贷款的利息和还款的期限都直接影响风电场的投资及将来的财务成本。

2. 发电量

风电场的收入来源于发电量，发电量的多少直接影响风电场的经济指标。影响发电量的因素主要有：①风电场的风能资源，包括风力机轮毂点的年平均风速、风速频率分布、主风向是否明显、空气密度等；②风电场风力发电机的排列应合理，应充分利用场地，减少风力机之间的影响，使整个风电场的发电量达到最优；③发电机的选型，应根据风资源情况选择合适类型的风力发电机；④风力发电场的运行管理水平。

3. 运行管理成本

运行管理成本主要包括风力发电机运行时的维护费用及人员工资等。政府对风力发电的税收政策对其影响也很大。

风能是一种无污染、清洁的可再生能源，近年来，由于能源危机和地球环境问题，各国都在大力研究新能源发电，其中以风力发电发展最快。风力发电发展的特点和趋势主要表现在4个方面：一是成本更低，性能更完善。风力发电通过降低风力发电机和风力机的制造成本，采用低速发电机由风力机直接驱动，省去齿轮箱，将功率电力电子技术和各种最新的控制理论应用于风力发电及其并网的控制中，不断地降低成本，改善电能质量，以提高与火力发电、水力发电竞争的能力。二是单机容量越来越大。在风能丰富的地区竞相建设大型风电场，提高风力机安装的高度及增大风力机叶片的直径，以此降低风力发电的成本，提高风能的捕获。三是中小型风力发电已经成为牧区或海岛居民用电的主要来源，提高了边远地区人们的生活质量。最后一点是各国政府在税收、入网电价、资金等方面对各种新能源发电技术都出台了一些鼓励政策，进一步推动了风力发电技术的发展。随着风力发电技术的发展，风力发电成本的逐渐降低，风力发电向电网提供的电能质量的不断提高，风力发电的直接和间接效益越来越显著，将为人类最终解决能源供给问题带来新的希望。

本 章 小 结

风能是太阳能的一种转换形式，风的形成是空气流动的结果。风向、风速和风力是描述风的3个重要参数。风具有随机性并随高度的变化而变化的特点。空气水平运动产生的动能称为风能。风能是清洁的可再生能源，风能的应用有很多，其中最主要的应用是风力发电。风力发电的原理是风推动风力机旋转，将风能转换为机械能，再由风力机带动发电机转动，将机械能转换为电能，从而实现能量的二次转换。风力机和发电机是风力发电机组的主要部件。风力机有水平轴和垂直轴两种，其中以水平轴为主。当风吹向风力机时，由于风力机叶片的上下表面形状的差异，造成两个表面压力差从而产生动力使风力机旋转。风力机输出的机械功率与风速的3次方成正比，风速对输出功率影响很大，为得到风能的最大捕获，风力机的转速应随风速的变化而变化，以维持最佳叶尖速比不变。

风力发电中所用的发电机种类很多，除传统的交直流发电机外，还出现了一些新型风力发电机，其中最有发展前途的应是双馈异步发电机。风力发电机组的控制系统是一个综合性控制系统，其控制复杂，一般采用微机控制。风力发电机组的控制最主要的是低风速时，跟踪最佳叶尖速比，以获取最大风能；高风速时限制风能的捕获，以维持输出功率不变；调节机组的功率，以确保输出电能的电压和频率稳定。并网型风力发电机组的功率调节控制有：

定桨距失速调节、变桨距调节和主动失速调节3种。定桨距失速调节一般用于恒速控制，其控制简单，效率低，为提高效率，一般采用双速发电机（大/小发电机）。变桨距调节一般用于变速运行的风力发电机组，其起动性能和功率特性得到改善。变桨距风力发电机组的控制有传统的控制系统和新型的控制系统两种，其中新型的控制系统中的两个速度控制器，分别实现启动和并网后的速度控制。变速恒频风力发电机组的转速随风速变化，通过适当的控制得到恒频电能。变速恒频风力发电机组的控制主要有转速控制和功率控制。转速控制一般通过控制发电机的电磁转矩实现，有直接转矩和间接转矩控制两种方式。功率控制可通过控制发电机的电磁转矩或改变桨距角实现。在双馈异步风力发电机系统中，通过矢量变换可分别实现转矩和功率控制。不同的风力发电机组其并网技术和方式不同，风力异步发电机组的晶闸管软并网是其主要的发展方向，风力同步发电机组的并网方法以自动准同步并网为主。对于并网运行的风力异步发电机组一般通过补偿装置进行无功功率的补偿，以电容补偿为主。风力发电的经济技术评价可通过经济性指标来衡量。

第4章　太阳能、光伏发电与控制技术

太阳是万物之源，太阳能是最原始同时也是最永恒的能量，它不但清洁，而且取不尽用不竭，同时太阳能还是其他各种形式可再生能源的基础。世界各国正在大力发展太阳能的应用工程与技术，包括太阳能热利用、太阳能光伏发电等相关技术。本章首先介绍太阳能的基本知识，进而阐述光伏发电的原理及太阳能电池的相关技术，重点介绍太阳能光伏发电系统最大功率点跟踪（MPPT）控制的原理及常用方法；最大功率点的仿真与实现；光伏发电的孤岛运行结构、工作原理、储能及其结构；光伏阵列并网发电的结构及工作原理、功率跟踪及锁相环等相关技术问题，最后阐述制约光伏发电的主要因素，光伏发电的经济技术指标及其发展方向。

4.1　太阳的辐射及太阳能利用

4.1.1　太阳的辐射

1. 太阳的概况

太阳是太阳系的中心天体，是离地球最近的一颗恒星。它是一个炽热的气态球体，直径约为 1.39×10^6 km，质量约为 2.2×10^{27} t，为地球质量的 3.32×10^5 倍，它的质量是整个太阳系的 99.865%，体积则比地球大 1.3×10^6 倍，平均密度为地球的 1/4。太阳也是太阳系里唯一自己发光的天体。如果没有太阳的照射，地球的地面温度将很快降低到接近热力学温度 0K，人类及大部分生物将无法生存。

太阳的主要组成气体为氢（约80%）和氦（约19%）。太阳内部持续进行着氢聚合成氦的核聚变反应，不断地释放出巨大的能量，并以辐射和对流的方式由核心向表面传递热量，温度也从中心向表面逐渐降低。

2. 太阳的结构

太阳的结构如图4-1所示，从中心到边缘可分为核反应区、辐射区、对流区和太阳大气。

（1）太阳的核反应区　在太阳平均半径23%（0.23R）的区域内是太阳的内核，其温度约为 $8 \times 10^6 \sim 4 \times 10^7$ K，密度为水的 $80 \sim 100$ 倍，占太阳全部质量的40%、总体积的15%。这部分产生的能量占太阳产生总能量的90%。氢聚合时放出 γ 射线，当它经过较冷区域时由于消耗能量，波长增长，变成 X 射线或紫外线及可见光。

（2）辐射区　太阳平均半径 0.23 ~

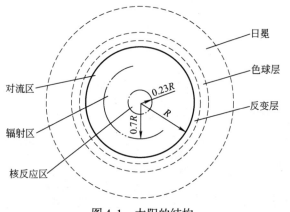

图4-1　太阳的结构

0.7R 之间的区域称为"辐射输能区",温度降到 1.3×10^5 K,密度下降为 $0.079 \mathrm{g/cm^3}$。太阳内核产生的能量通过这个区域辐射出去。

(3) 对流区 太阳平均半径 $0.7 \sim 1.0R$ 之间的区域称为"对流区",温度下降到 5×10^3 K,密度下降到 $10^{-8} \mathrm{g/cm^3}$。在对流区,太阳的能量通过对流方式传播。

(4) 太阳大气 太阳的外部是一个光球层,它就是人们肉眼所看到的太阳表面,其温度为 5762 K,厚约 1.5×10^4 km,密度为 $10^{-8} \mathrm{g/cm^3}$,它是由强烈电离的气体组成,太阳能绝大部分辐射都是由此向太空发射的。光球外面分布着不仅能发光,而且几乎是透明的太阳大气,称之为"反变层",它是由极稀薄的气体组成,厚约数百千米,能吸收某些可见光的光谱辐射。"反变层"的外面是太阳大气上层,称之为"色球层",厚约 $1 \sim 1.5 \times 10^4$ km,大部分由氢和氦组成。"色球层"外是伸入太空的银白色日冕,高度有时达几十个太阳半径。

从太阳的构造可见,太阳并不是一个温度恒定的黑体,而是一个多层的有不同波长发射和吸收的辐射体。不过在太阳能利用中通常将它视为一个温度为 6000 K,发射波长为 $0.3 \sim 3\mu\mathrm{m}$ 的黑体。

3. 太阳活动

昼夜是由于地球自转而产生的,而季节是由于地球的自转轴与地球围绕太阳公转轨道的转轴呈 23°27′ 的夹角而产生的。地球每天绕着通过南极和北极的"地轴"自西向东逆时针自转一周,每转一周为一昼夜,所以地球每小时自转 15°。地球除自转外,还循着偏心率很小的椭圆轨道每年绕太阳运行一周。地球自转轴与公转轨道面的法线始终成 23°27′。地球公转时自转轴的方向不变,总是指向地球的北极。因此地球处于公转轨道的不同位置时,太阳光投射到地球上的方向也就不同,于是形成了地球上的四季变化。地球绕太阳运行示意如图 4-2 所示。每天中午时分,太阳的高度总是最高。在热带低纬度地区(即在赤道与南北纬度 23°27′ 之间的地区),一年中太阳有两次垂直入射,太阳总是靠近赤道方向。在北极和南极地区以及南北纬度 23°27′ ~ 90° 之间的地区,冬季太阳低于地平线的时间长,而夏季是高于地平线的时间长。

由于地球以椭圆形轨道绕太阳运行,因此太阳与地球之间的距离不是一个常数,而且一年里每天的日地距离也不一样。某一点的辐射强度与该点和辐射源之间距离的二次方成反比,这意味着地球大气上方的太阳辐射强度会随日地间距离不同而有差异。然而,由于日地间距离太大(平均距离为

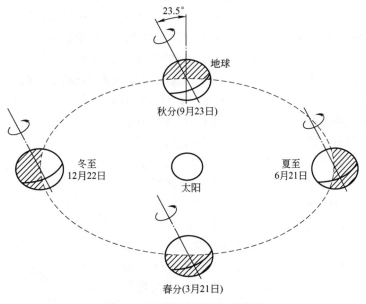

图 4-2 地球绕太阳运行示意图

1.5×10^8 km），所以地球大气层外的太阳辐射强度几乎是一个常数。因此人们就采用所谓"太阳常数"来描述地球大气层上方的太阳辐射强度，它是指平均日地距离时，在地球大气层上界垂直于太阳辐射的单位表面积上所接受的太阳辐射能，通过各种先进手段测得的太阳常数的标准值为 1353 W/m^2。一年中由于日地距离的变化所引起太阳辐射强度的变化不超过 $\pm3.4\%$。

4. 太阳的辐射

太阳辐射是地球表层能量的主要来源。太阳辐射在大气上界的分布是由地球的天文位置决定的，称此为天文辐射。除太阳本身的变化外，天文辐射能量主要决定于日地距离、太阳高度角和昼长。太阳照射到地平面上的辐射由两部分组成——直接辐射和漫射辐射。太阳辐射穿过大气层而到达地面时，由于大气中空气分子、水蒸气和尘埃等对太阳辐射的吸收、反射和散射，不仅使辐射强度减弱，还会改变辐射的方向和辐射的光谱分布。因此，实际到达地面的太阳辐射通常是由直射和漫射两部分组成。直射是指直接来自太阳，其辐射方向不发生改变的辐射；漫射则是被大气反射和散射后方向发生了改变的太阳辐射，它由 3 部分组成：太阳周围的散射（太阳表面周围的天空亮光），地平圈散射（地平圈周围的天空亮光或暗光），及其他的天空散射辐射。另外，非水平面接收来自地面的辐射称为反射辐射。直接辐射、漫射辐射和反射辐射的总和称为总辐射。可以依靠透镜或反射器来聚焦直接辐射，如果聚光率很高（聚式收集器），就可获得高能量密度，同时减弱了漫射辐射；如果聚光率较低（非聚式收集器），则只可以对部分太阳周围的漫射辐射进行聚光。漫射辐射的变化范围很大，当天空晴朗无云时，漫射辐射约为总辐射的 10%。但当天空乌云密布见不到太阳时，此时没有直射辐射，因而漫射辐射等于总辐射，此时聚式收集器采集的能量通常要比非聚式收集器采集的能量少得多。反射辐射一般都很弱，但当地面有冰雪覆盖时，垂直面上的反射辐射可达总辐射的 40%。

太阳光线与地平面的夹角称为太阳高度角，它有日变化和年变化。太阳高度角大，则太阳辐射强。

地面辐射的时空变化特点是：①全年以赤道获得的辐射最多，极地最少，这种热量不均匀分布，必然导致地表各纬度的气温产生差异，在地球表面出现热带、温带和寒带气候；②太阳辐射夏天大冬天小，它导致夏季温度高而冬季温度低。

到达地面的太阳辐射主要受大气层厚度的影响，大气层越厚，地球大气对太阳辐射的吸收、反射和散射就越严重，到达地面的太阳辐射就越少。此外大气的状况和大气的质量对到达地面的太阳辐射也有影响。太阳辐射穿过大气层的路径长短与太阳辐射的方向有关，如图 4-3 所示。A 为地球海平面上的一点，当太阳在天顶位置 S 时，太阳辐射穿过大气层到达 A 点的路径为 OA。当太阳位于 S' 点时，其穿过大气层到达 A 点的路径则为 $O'A$。$O'A$ 与 OA 之比称之为"大气质量"。它表示太阳辐射穿过地球大气的路径与太阳在天顶方向垂直入射时的路径之比，通常以符号 m 表示，并设定标准大气压和 0℃时海平面上太阳垂直入射时，大气质量 $m=1$。

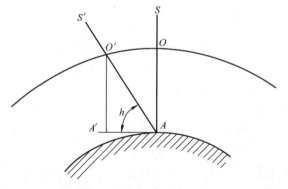

图 4-3 大气质量示意图

由图 4-3 可知，图中 $O'A'$ 与 OA 近似相等，从三角函数关系得

$$m = \frac{O'A}{OA} = \frac{1}{\sin h} \tag{4-1}$$

式中，h 为太阳的高度角。

显然，地球上不同地区、不同季节、不同气象条件下，到达地面的太阳辐射强度都是不相同的。热带、温带和寒冷地带的太阳平均辐射强度值如表 4-1 所示。

表 4-1　热带、温带和寒冷地带的太阳平均辐射强度

地　区	太阳平均辐射强度	
	$kW \cdot h/(m^2 \cdot d)$	W/m^2
热带、沙漠	5 ~ 6	210 ~ 250
温带	3 ~ 5	130 ~ 210
阳光较少地区（北欧）	2 ~ 3	80 ~ 130

通常根据各地的地理和气象情况，已将到达地面的太阳辐射强度制成各种可供工程使用的图表，它们对太阳能利用以及对建筑物的采暖和空调设计都是至关重要的数据。

大气对太阳辐射具有削弱作用，包括大气对太阳辐射的吸收、散射和反射。太阳辐射经过整层大气时，$0.29 \mu m$ 以下的紫外线几乎全部被吸收，在可见光区大气吸收很少，而在红外区吸收很强。大气中吸收太阳辐射的物质主要有氧、臭氧、水蒸汽和液态水，其次有二氧化碳、甲烷、一氧化二氮和尘埃等。云层能强烈吸收和散射太阳辐射，同时还强烈吸收地面反射的太阳辐射，云的平均反射率为 0.50 ~ 0.55。

经过大气削弱之后到达地面的太阳直接辐射、散射辐射以及反射辐射之和称为太阳总辐射。就全球平均而言，太阳总辐射只占到地球大气上界太阳辐射的 45%。总辐射量随纬度升高而减小，随高度升高而增大。一天内中午前后最大，夜间为零；一年内夏天大冬天小。

太阳辐射能量中可见光线（$0.4 \sim 0.76 \mu m$）、红外线（$> 0.76 \mu m$）和紫外线（$< 0.4 \mu m$）分别占 50%、43% 和 7%，即集中于短波波段，故也将太阳辐射称为短波辐射。

地球轨道上的平均太阳辐射强度为 $1367 kW/m^2$，地球赤道的周长为 $4 \times 10 km$，从而可计算出，地球获得的太阳辐射能量达 173000 TW，地球上的生物依赖这些能量维持生存。虽然太阳能资源总量相当于现在人类所利用的能源的一万多倍，但在地球上太阳能的能量密度低，而且它因地而异，因时而变，使得开发和利用太阳能面临许多问题。这些特点使太阳能的利用在整个综合能源体系中的作用受到一定的限制。

尽管太阳辐射到地球大气层的能量仅为其总辐射能量（约为 3.75×10^{26} W）的 22 亿分之一，但已高达 173000TW，也就是说太阳每秒钟照射到地球上的能量就相当于 500 万吨煤。图 4-4 所示为地球上的能流，可以看出，地球上的风能、水能、海洋温差能、波浪能和生物质能以及部分潮汐能都来源于太阳；即使是地球上的化石燃料（如煤、石油、天然气等）从根本上说也是远古以来储存下来的太阳能。所以广义的太阳能所包括的范围非常大，狭义的太阳能则限于太阳辐射能的光热、光电和光化学的直接转换。

太阳能既是一次能源，又是可再生能源。它资源丰富，既可免费使用，又无需运输，对环境无任何污染。但太阳能也有两个主要缺点：一是能流密度低；二是其强度受各种因素（季节、地点、气候等）的影响不能维持常量。

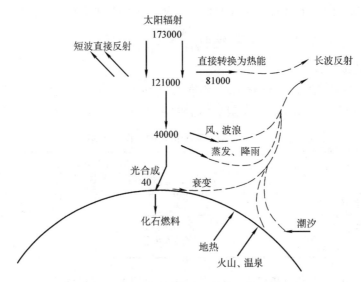

图 4-4 地球上的能流（单位 10^6 MW）

4.1.2 太阳能的转换与利用

太阳能是一种理想的可再生能源，人类对太阳能的利用有着悠久的历史。我国早在两千多年前的战国时期就知道利用钢制四面镜聚焦太阳光来点火；利用太阳能来干燥农副产品。发展到现代，太阳能的利用已日益广泛，它包括太阳能的光热利用，太阳能的光电利用和太阳能的光化学利用等。目前，太阳能的利用主要有光热和光电两种方式。

在发达国家，太阳能的开发利用日益广泛，其技术也日益成熟。比如日本多年来一直积极开发太阳能等新能源，其太阳能发电量自 2000 年以来一直位居世界首位，国内设施容量约 64 万 kW，到 2010 年，日本政府计划将国内设施容量增长 7 倍，达到 482 万 kW。以色列计划在内盖夫沙漠建设占地面积 400 公顷的太阳能电站，设计发电能力 50 万 kW，约占该国电力生产量的 5%。美国启动了"100 万套屋顶光伏规划"，计划到 2010 年在 100 万套屋顶安装光伏发电系统，装机容量 300 万 kW。德国于 1999 年 1 月启动了"十万太阳能屋顶计划"，共安排 4.6 亿欧元的财政预算，对开发利用太阳能的企业和用户进行资助。目前，安装太阳能照明系统的家庭已占德国家庭总数的 0.9%，太阳能照明系统在大型公共建筑中也得到了大力推广，2006 年世界杯足球赛场之一的德国凯泽斯劳滕足球场即采用了太阳能照明设备。

近年来，我国也对可再生能源的开发利用给予了高度重视。2006 年，《中华人民共和国可再生能源法》正式颁布实施，对开发利用太阳能等可再生能源提供了基本的法律保障。为促进可再生能源产业的发展，2005 年国家发改委编制了《可再生能源产业发展指导目录》，用以指导相关部门制定支持政策和措施，引导相关研究机构和企业的技术研发、项目示范和投资建设方向。建设部等部门也出台了有关扶持太阳能开发利用的政策，根据《关于新建居住建筑严格执行节能设计标准的通知》，国家已推出"可再生能源在建筑规模化应用城市级示范"，对于在建筑中广泛使用太阳能等可再生能源的，给予一定补贴。在国家政策的大力推进下，太阳能的开发利用在许多城市均得到较快发展。

专家预测，到 2020 年，我国可再生能源将占到能源消费总量的 15%，可再生能源年利用量达到 7.3 亿吨标准煤。其中，太阳能发电装机容量达到 1.6 亿 kW，太阳能热水器总集热面积达到 8 亿 m^2。到 2050 年，太阳能发电装机容量达到 6 亿 kW，太阳能热水器总集热面积达到 30 亿 m^2。

太阳能的转换与利用包括了太阳能的采集、转换、储存、传输与应用等方面。

1. 太阳能采集

太阳辐射的能流密度低，在利用太阳能时为了获得足够的能量，或者为了提高温度，必须采用一定的技术和装置（集热器），对太阳能进行采集。集热器按是否聚光，可以划分为聚光集热器和非聚光集热器两大类。非聚光集热器（平板集热器，真空管集热器）能够利用太阳辐射中的直射辐射和散射辐射，集热温度较低；聚光集热器能将阳光汇聚在面积较小的吸热面上，可获得较高温度，但只能利用直射辐射，且需要跟踪太阳。

（1）平板集热器　历史上早期出现的太阳能装置主要为太阳能动力装置，大部分采用聚光集热器，只有少数采用平板集热器。平板集热器是在 17 世纪后期发明的，但直至 1960 年以后才真正进行深入研究和规模化应用。在太阳能低温利用领域，平板集热器的技术经济性能远比聚光集热器好。为了提高效率，降低成本，或者为了满足特定的使用要求，人类开发研制了许多种平板集热器。按工质划分有空气集热器和液体集热器，目前大量使用的是液体集热器；按吸热板芯材料划分有钢板铁管、全铜、全铝、铜铝复合、不锈钢、塑料及其他非金属集热器等；按结构划分有管板式、扁盒式、管翅式、热管翅片式、蛇形管式集热器，还有带平面反射镜集热器和逆平板集热器等；按盖板划分有单层或多层玻璃、玻璃钢或高分子透明材料、透明隔热材料集热器等。目前，国内外使用比较普遍的是全铜集热器和铜铝复合集热器。铜翅和铜管的结合，国外一般采用高频焊，国内以往采用介质焊，1995 年我国也开发成功全铜高频焊集热器。

（2）真空管集热器　为了减少平板集热器的热损、提高集热温度，国际上 20 世纪 70 年代研制成功真空集热管，其吸热体被封闭在高度真空的玻璃真空管内，大大提高了热性能。将若干支真空集热管组装在一起，即构成真空管集热器，为了增加太阳光的采集量，有的在真空集热管的背部还加装了反光板。真空集热管大体可分为全玻璃真空集热管、玻璃 U 形真空集热玻璃管、金属热管真空集热管、直通式真空集热管和储热式真空集热管等。最近，我国还研制成全玻璃热管真空集热管和新型全玻璃直通式真空集热管。

（3）聚光集热器　聚光集热器主要由聚光器、吸收器和跟踪系统 3 大部分组成。按照聚光原理区分，聚光集热器基本可分为反射聚光和折射聚光两大类，每类中按照聚光器的不同又可分为若干种。为了满足太阳能利用的要求，简化跟踪机构，提高可靠性，降低成本，在 20 世纪研制开发的聚光集热器品种很多，但推广应用的数量远比平板集热器少，商业化程度也低。在反射式聚光集热器中应用较多的是旋转抛物面镜聚光集热器（点聚焦）和槽形抛物面镜聚光集热器（线聚焦）。前者可以获得高温，但要进行二维跟踪；后者可以获得中温，只要进行一维跟踪。

其他反射式聚光器还有圆锥反射镜、球面反射镜、条形反射镜、斗式槽形反射镜、平面、抛物面镜聚光器等。此外，还有一种应用在塔式太阳能发电站的聚光镜——定日镜。定日镜由许多平面反射镜或曲面反射镜组成，在计算机控制下这些反射镜将阳光都反射至同一吸收器上，吸收器可以达到很高的温度，获得很大的能量。利用光的折射原理可以制成折射式聚光器。历史上曾有人在法国巴黎用两块透镜聚集阳光进行熔化金属的表演。有人利用一组透镜并辅以平面镜组装成太阳能高温炉。显然，玻璃透镜比较重、制造工艺复杂、造价高，很难做得很大。

2. 太阳能的转换

太阳能是一种辐射能，具有即时性，必须即时转换成其他形式能量才能储存和利用。将太阳能转换成不同形式的能量需要不同的能量转换器，集热器通过吸收面可以将太阳能转换成热能，利用光伏效应太阳电池可以将太阳能转换成电能，通过光合作用植物可以将太阳能转换成生物质能等。原则上，太阳能可以直接或间接转换成任何形式的能量，但转换次数越多，最终太阳能转换的效率便越低。

（1）太阳能—热能转换 黑色吸收面吸收太阳辐射，可以将太阳能转换成热能，其吸收性能好，但辐射热损失大，所以黑色吸收面不是理想的太阳能吸收面。选择性吸收面具有高的太阳吸收比和低的发射比，吸收太阳辐射的性能好，且辐射热损失小，是比较理想的太阳能吸收面。这种吸收面由选择性吸收材料制成，简称为选择性涂层。

（2）太阳能—电能转换 电能是一种高品位能量，利用、传输和分配都比较方便。将太阳能转换为电能是大规模利用太阳能的重要技术基础，世界各国都十分重视，其转换途径很多，有光电直接转换，有光热电间接转换等。

（3）太阳能—氢能转换 氢能是一种高品位能源。太阳能可以通过分解水或其他途径转换成氢能，即太阳能制氢，其主要方法如下：

1）太阳能电解水制氢。电解水制氢是目前应用较广且比较成熟的方法，效率较高（75%～85%），但耗电大，使用常规电解水制氢，从能量利用而言得不偿失。所以，只有当太阳能发电的成本大幅度下降后，才能实现大规模电解水制氢。

2）太阳能热分解水制氢。将水或水蒸汽加热到3000K以上，水中的氢和氧便能分解。这种方法制氢效率高，但需要高倍聚光器才能获得如此高的温度，一般不采用这种方法制氢。

3）太阳能热化学循环制氢。为了降低太阳能直接热分解水制氢要求的高温，发展了一种热化学循环制氢方法，即在水中加入一种或几种中间物，然后加热到较低温度，经历不同的反应阶段，最终将水分解成氢和氧，而中间物不消耗，可循环使用。热化学循环分解的温度大致为900～1200K，这是普通旋转抛物面镜聚光器比较容易达到的温度，其分解水的效率在17.5%～75.5%。存在的主要问题是中间物的还原，即使按99.9%～99.99%还原，也还要做0.1%～0.01%的补充，这将影响氢的价格，并造成环境污染。

4）太阳能光化学分解水制氢。这一制氢过程与上述热化学循环制氢有相似之处，在水中添加某种光敏物质作催化剂，增加对阳光中长波光能的吸收，利用光化学反应制氢。日本有人利用碘对光的敏感性，设计了一套包括光化学、热电反应的综合制氢流程，每小时可产氢97L，效率达10%左右。

5）太阳能光电化学电池分解水制氢。利用N型二氧化钛半导体电极作阳极，而以铂黑作阴极，制成太阳能光电化学电池，在太阳光照射下，阴极产生氢气，阳极产生氧气，两电极用导线连接便有电流通过，即光电化学电池在太阳光的照射下同时实现了分解水制氢、制氧和获得电能。但是，光电化学电池制氢效率很低，仅0.4%，只能吸收太阳光中的紫外光和近紫外光，且电极易受腐蚀，性能不稳定，所以很难达到实用要求。

　　6）太阳光络合催化分解水制氢。科学家1972年发现三联吡啶钌络合物的激发态具有电子转移能力，并从络合催化电荷转移反应，提出利用这一过程进行光解水制氢。这种络合物是一种催化剂，它的作用是吸收光能，产生电荷分离，电荷转移和集结，并通过一系列偶联过程，最终使水分解为氢和氧。

　　7）生物光合作用制氢。绿藻在无氧条件下，经太阳光照射可以放出氢气；蓝绿藻等许多藻类在无氧环境中适应一段时间，在一定条件下都有光合放氢作用。由于对光合作用和藻类放氢机理了解还不够，藻类放氢的效率很低，要实现工程化产氢还有相当大的距离。据估计，如藻类光合作用产氢效率提高到10%，则每天每平方米藻类可产9克氢分子。

　　(4) 太阳能—生物质能转换　通过植物的光合作用，太阳能把二氧化碳和水合成有机物（生物质能）并释放出氧气。光合作用是地球上最大规模转换太阳能的过程，现代人类所用燃料都是远古和当今光合作用太阳能的结果。目前，光合作用机理尚不完全清楚，能量转换效率一般只有百分之几，今后对其机理的研究具有重大的理论意义和实际意义。

　　(5) 太阳能—机械能转换　物理学家实验证明光具有压力，提出利用在宇宙空间中巨大的太阳帆，在阳光的压力作用下可推动宇宙飞船前进，将太阳能直接转换成机械能。通常，太阳能转换为机械能，需要通过中间过程进行间接转换。

　　3. 太阳能的储存

　　地面上接收到的太阳能，受气候、昼夜、季节的影响，具有间断性和不稳定性。因此，太阳能储存十分必要，尤其对于大规模利用太阳能更为必要。太阳能无法直接储存，必须转换成其他形式能量才能储存。大容量、长时间、经济地储存太阳能，在技术上比较困难。

　　(1) 热能储存

　　1）显热储存。利用材料的显热储能是最简单的储能方法，在实际应用中，水、沙、石子、土壤等都可作为储能材料，其中水的比热容最大，应用较多。

　　2）潜热储存。利用材料在相变时放出和吸入的潜热储能，其储能量大，且在温度不变情况下放热。在太阳能低温储存中常用含结晶水的盐类储能，如10水硫酸钠、10水氯化钙、12水磷酸氢钠等。但在使用中要解决过冷和分层问题，以保证工作温度和使用寿命。太阳能中温储存温度一般在100℃以上、500℃以下，通常在300℃左右。适宜于中温储存的材料有高压热水、有机流体、多晶盐等。太阳能高温储存温度一般在500℃以上，目前正在试验的材料有金属钠、熔融盐等。1000℃以上极高温储存，可以采用氧化铝和氧化锆耐火球。

　　3）化学储热。利用化学反应储热，储热量大、体积小、重量轻，化学反应产物可分离储存，需要时才发生放热反应，储存时间长。真正能用于储热的化学反应必须满足以下条件：反应可逆性好、无副反应，反应迅速，反应生成物易分离且能稳定储存，反应物和生成物无毒、无腐蚀、无可燃性，反应热大、反应物价格低等。目前已筛选出一些化学吸热反应能基本满足上述条件，如 $Ca(OH)_2$ 的热分解反应，利用上述吸热反应储存热能，用热时则通过放热反应释放热能。但是，$Ca(OH)_2$ 在大气压脱水反应温度高于500℃，利用太阳能在这一温度下实现脱水十分困难，加入催化剂可降低反应温度，但温度仍相当高。其他可用于储热的化学反应还有金属氢化物的热分解反应、硫酸氢铵循环反应等。

　　4）塑晶储热。1984年，美国在市场上推出一种塑晶家庭取暖材料。塑晶学名为新戊二醇（NPG），它和液晶相似，有晶体的三维周期性，但力学性质像塑料。它能在恒定温度下储热和放热，但不是依靠固—液相变储热，而是通过塑晶分子构型发生固—固相变储热。塑晶在恒温44℃时，白天吸收太阳能而储存热能，晚上则放出白天储存的热能。

5）太阳池储热。太阳池是一种具有一定盐浓度梯度的盐水池，可用于采集和储存太阳能。由于它简单、造价低和宜于大规模使用，引起人们的重视。

（2）电能储存　电能储存比热能储存困难，常用的是蓄电池，正在研究开发的还有超导储能。铅酸蓄电池利用化学能和电能的可逆转换，实现充电和放电，价格较低，但使用寿命短、体积大、重量重、需要经常维护。目前，与光伏发电系统配套的储能装置，大部分为铅酸蓄电池。现有的蓄电池储能密度较低，难以满足大容量、长时间储存电能的要求。某些金属或合金在极低温度下成为超导体，理论上电能可以在一个超导无电阻的线圈内储存无限长的时间。这种超导储能不经过任何其他能量转换直接储存电能，效率高、起动迅速、可以安装在任何地点，尤其是消费中心附近，不产生任何污染，但目前超导储能在技术上尚不成熟，需要继续研究开发。

（3）氢能储存　氢可以大量、长时间储存。它能以气相、液相、固相（氢化物）或化合物（如氨、甲醇等）形式储存。气相储存：储氢量少时，可以采用常压湿式气柜、高压容器储存；大量储存时，可以储存在地下储仓、不漏水土层覆盖的含水层、盐穴和人工洞穴内。液相储存：液氢具有较高的单位体积储氢量，但蒸发损失大。将氢气转化为液氢需要进行氢的纯化和压缩，正氢—仲氢转化，最后进行液化。液氢生产过程复杂、成本高，目前主要用作火箭发动机燃料。固相储氢：利用金属氢化物固相储氢，储氢密度高，安全性好。目前，基本能满足固相储氢要求的材料主要是稀土系合金和钛系合金。

（4）机械能储存　太阳能转换为电能，推动电动水泵将低位水抽至高位，便能以位能的形式储存太阳能；太阳能转换为热能，推动热机压缩空气，也能储存太阳能；但在机械能储存中最受人关注的是飞轮储能。近年来，由于高强度碳纤维和玻璃纤维的出现，用其制造的飞轮转速大大提高，增加了单位质量的动能储量；电磁悬浮、超导磁浮技术的发展，结合真空技术，极大地降低了摩擦阻力和风力损耗；电力电子技术的新进展，使飞轮电机与系统的能量交换更加灵活。在太阳能光伏发电系统中，飞轮可以代替蓄电池用于蓄电。

4. 太阳能的传输

太阳能不像煤和石油一样用交通工具进行运输，而是应用光学原理，通过光的反射和折射进行直接传输，或者将太阳能转换成其他形式的能量进行间接传输。直接传输适用于较短距离，基本上有3种方法：通过反射镜及其他光学元件组合，改变阳光的传播方向，达到用能地点；通过光导纤维，可以将入射在其一端的阳光传输到另一端，传输时光导纤维可任意弯曲；采用表面镀有高反射涂层的光导管，通过反射可以将阳光导入室内。间接传输适用于各种不同距离。将太阳能转换为热能，通过热管可将太阳能传输到室内；将太阳能转换为氢能或其他载能化学材料，通过车辆或管道等可输送到用能地点；空间电站将太阳能转换为电能，通过微波或激光将电能传输到地面。太阳能传输包含许多复杂的技术问题，需要认真进行研究，才能更好地利用太阳能。

5. 太阳能的利用

（1）太阳辐射的热能利用　我国有13亿人口，3.5亿个家庭，若每日每户供应60℃热水100L，全年需 $6.643 \times 10^{11} kW \cdot h$，约为全国年发电量的一半，折合电费约为4000亿元。由于市场需求大，太阳能热水器是光热利用最成功的领域。我国在太阳能热水器的基础理论研究、工艺材料研究、应用研究、技术标准、制造水平、产品质量等方面，总体处于国际先进水平，多个指标国际领先。我国从事太阳能热水器生产、销售和安装服务的企业有 1000 多家，热水器保有量 $4 \times 10^{11} m^2$，太阳能热水器产销量和安装面积居世界第一。2002 年，太阳能热水器产量约 $1.0 \times 10^7 m^2$，产值约 110 亿元，产值超亿元的企业已达十几家；2005 年，全国太阳能热水器年生产能力达 $1.1 \times 10^7 m^2$，总保有量 $6.4 \times 10^7 m^2$。太阳能热水器主要有玻璃真空管式、热管真空管式、平板式和少量闷晒式，其中玻璃真空管式占 80% 以上。

（2）太阳能光热利用 除太阳能热水器外，还有太阳房、太阳灶、太阳能温室（薄膜大棚）、太阳能干燥系统、太阳能土壤消毒杀菌技术等。

（3）太阳能热发电 太阳能热发电是太阳能热利用的一个重要方面，这项技术利用集热器把太阳辐射的热能集中起来给水加热产生蒸汽，然后通过汽轮机带动发电机而发电。根据集热方式不同，又分高温发电和低温发电。

（4）太阳能综合利用 若用太阳能全方位地解决建筑内热水、采暖、空调和照明用能，这是最理想的方案。太阳能与建筑（包括高层）一体化研究与实施，是太阳能开发利用的重要方向。

（5）太阳能光伏发电技术 通过转换装置把太阳辐射能转换成电能利用的属于太阳能光发电技术，光电转换装置通常是利用半导体器件的光伏效应原理进行光电转换的，因此又称太阳能光伏技术。

6. 太阳能应用史

近百年间，太阳能综合利用技术得到前所未有的快速发展，大约经历了以下 7 个阶段：

第一阶段（1900～1920 年），在这一阶段，世界上太阳能研究的重点仍是太阳能动力装置，但采用的聚光方式多样化，且开始采用平板集热器和低沸点工质，装置逐渐扩大，最大输出功率达 73.64kW，实用目的比较明确，但造价仍然很高。

第二阶段（1920～1945 年），在这 20 多年中太阳能研究工作处于低潮，参加研究工作的人数和研究项目大为减少，其原因与矿物燃料的大量开发利用和发生第二次世界大战（1935～1945 年）有关，而太阳能又不能解决当时对大量能源的急需，因此使太阳能研究工作逐渐受到冷落。

第三阶段（1945～1965 年），在第二次世界大战结束后的 20 年中，一些有远见的人士已经注意到石油和天然气资源正在迅速减少，呼吁人们重视这一问题，从而逐渐推动了太阳能研究工作的恢复和开展，并且成立太阳能学术组织，举办学术交流和展览会，再次兴起太阳能研究热潮。

第四阶段（1965～1973 年），这一阶段，太阳能的研究工作停滞不前，主要原因是太阳能利用技术处于成长阶段，尚不成熟，并且投资大，效果不理想，难以与常规能源竞争，因而得不到公众、企业和政府的重视和支持。

第五阶段（1973～1980 年），自从石油在世界能源结构中担当主角之后，石油就成了左右一个国家经济和决定生死存亡、发展和衰退的关键因素，1973 年 10 月爆发中东战争，石油输出国组织采取石油减产、提价等办法，支持中东人民的斗争，维护本国的利益。其结果是使那些依靠从中东地区大量进口廉价石油的国家，在经济上遭到沉重打击，这便是西方所谓的世界"能源危机"（也称"石油危机"）。这次"能源危机"在客观上使人们认识到：现有的能源结构必须彻底改变，应加速向未来能源结构过渡，从而使许多国家、尤其是工业发达国家，重新加强了对太阳能及其他可再生能源技术发展的支持，在世界范围内再次兴起了开发利用太阳能热潮。这一时期，太阳能开发利用工作处于前所未有的大发展时期，具有以下特点：①各国加强了太阳能研究工作的计划性，不少国家制定了近期和远期阳光计划。开发利用太阳能成为政府行为，支持力度大大加强。国际间的合作十分活跃，一些第三世界国家开始积极参与太阳能开发利用工作；②研究领域不断扩大，研究工作日益深入，取得一批较大成果，如 CPC、真空集热管、非晶硅太阳电池、光解水制氢、太阳能热发电等；③各国制定的太阳能发展计划，普遍存在要求过高、过急问题，对实施过程中的困难估计不足，希望在较短的时间内取代矿物能源，大规模利用太阳能。④太阳能热水器、太阳能电池等产品开始实现商业化，太阳能产业初步建立，但规模较小，经济效益尚不理想。

第六阶段（1980～1992年），20世纪70年代兴起的开发利用太阳能热潮，在进入80年代后不久开始落潮，逐渐进入低谷。世界上许多国家相继大幅度削减太阳能研究经费，其中美国最为突出。导致这种现象的主要原因是：世界石油价格大幅度回落，而太阳能产品价格居高不下，缺乏竞争力；太阳能技术没有重大突破，提高效率和降低成本的目标没有实现，以致动摇了一些人开发利用太阳能的信心；核电发展较快，对太阳能的发展起到了一定的抑制作用。

第七阶段（1992年至今），由于大量燃烧矿物能源，造成了全球性的环境污染和生态破坏，对人类的生存和发展构成威胁。在这样的背景下，1992年联合国在巴西召开"世界环境与发展大会"，会议通过了《里约热内卢环境与发展宣言》《21世纪议程》《联合国气候变化框架公约》等一系列重要文件，把环境与发展纳入统一的框架，确立了可持续发展的模式。这次会议之后，世界各国加强了清洁能源技术的开发，将利用太阳能与环境保护结合在一起，使太阳能利用工作走出低谷，逐渐得到加强。1996年，联合国在津巴布韦召开"世界太阳能高峰会议"，会后发表了《哈拉雷太阳能与持续发展宣言》，会上讨论了《世界太阳能10年行动计划》（1996～2005年）《国际太阳能公约》《世界太阳能战略规划》等重要文件。这次会议进一步表明了联合国和世界各国对开发太阳能的坚定决心，要求全球共同行动，广泛利用太阳能。1992年以后，世界太阳能利用又进入一个发展期，其特点是：太阳能利用与世界可持续发展和环境保护紧密结合，全球共同行动，为实现世界太阳能发展战略而努力；太阳能发展目标明确，重点突出，措施得力，保证太阳能事业的长期发展；在加大太阳能研究开发力度的同时，注意科技成果转化为生产力，发展太阳能产业，加速商业化进程，扩大太阳能利用领域和规模，经济效益逐渐提高；国际太阳能领域的合作空前活跃，规模扩大，效果明显。目前，在世界范围内已建成多个 MW 级的联网光伏电站，总功率为5MW 的太阳能发电站2004年9月在德国莱比锡附近落成，总功率为80.7MW 的世界最大的太阳能发电站2009年8月在德国利伯罗瑟太阳能发电站落成。欧洲是全球光伏终端市场的重心所在，德国长期占据主导地位，而在西班牙市场大幅萎缩之后，意大利、捷克、法国的新兴市场的迅速崛起，及时填补了这一空白。2010年中国光伏电池产量达到8000MW，约占全球总产量的50%，产能稳居世界首位。但受能源补贴政策、投资成本和回收周期的影响，光伏计划的实施并不理想，推广应用相对滞后。

通过上述回顾可知，在20世纪100年间太阳能发展道路并不平坦，一般每次高潮期后都会出现低潮期，处于低潮的时间大约有45年。太阳能利用的发展历程与煤、石油、核能完全不同，人们对其认识差别大，反复多，发展时间长。这一方面说明太阳能开发难度大，短时间内很难实现大规模利用；另一方面也说明太阳能利用还受矿物能源供应、政治和战争等因素的影响，发展道路比较曲折。尽管如此，从总体来看，20世纪取得的太阳能科技进步仍比以往任何一个世纪都大。

4.2 光伏发电原理与太阳电池

太阳能发电分光热发电和光伏发电，不论产销量、发展速度还是发展前景、光热发电都赶不上光伏发电。光伏发电是根据光生伏特效应原理，利用太阳电池将太阳光能直接转化为电能。不论是独立使用还是并网发电，光伏发电系统主要由太阳电池板（组件）、控制器和逆变器三大部分组成，它们主要由电子元器件构成，不涉及机械部件。所以，光伏发电设备极为精炼、可靠、稳定、寿命长，安装维护简便。理论上讲，光伏发电技术可以用于任何需要电源的场合，上至航天器，下至家用电器，大到兆瓦级电站，小到玩具，光伏电源可以无处不在。目前，光伏发电产品主要用于三大方面：一是为无电场合提供电源，主要为广大无电地区居民生活生产提供电力，还有微波中继电源等，另外还包括一些移动电源和备用电源；二是太阳能日用电子产品，如各类太阳能充电器、路灯、草坪灯和交通信号警示灯等；三是并网发电，这在发达国家已经大面积推广实施。

4.2.1 太阳能光伏发电的原理

太阳电池的原理是基于半导体的光伏效应，将太阳辐射直接转换为电能。所谓光电效应，就是指物体在吸收光能后，其内部能传导电流的载流子分布状态和浓度发生变化，由此产生出电流和电动势的效应。在气体、液体和固体中均可产生这种效应，而半导体光伏效应的效率最高。

当太阳光照射到半导体的PN结上，就会在其两端产生光生电压，若在外部将PN结短路，就会产生光电流。光伏电池正是利用半导体材料的这些特征，把光能直接转化成为电能。而且在这种发电过程中，光伏电池本身不发生任何化学变化，也没有机械磨损，因而在使用中无噪声、无气味，对环境无污染。

根据固体物理理论，晶体中的所有电子都具有一定能量，每个电子具有的能量分布于不同的能级，从低到高依次排列。按照这种结构特征，可将物质分为导体、绝缘体和半导体3种类型。

一般的半导体结构如图4-5所示。

图4-5中，正电荷表示硅原子，负电荷表示围绕在硅原子周边的4个电子。当硅晶体中掺入其他的三价或五价杂质原子（如硼、磷等），与相邻硅原子结合就会在杂质周围形成空穴或多余电子，成为P型或N型半导体硅材料。当掺入硼时，硅晶体中就会多出空穴，它的形成如图4-6所示，其中正电荷表示硅原子，负电荷表示围绕

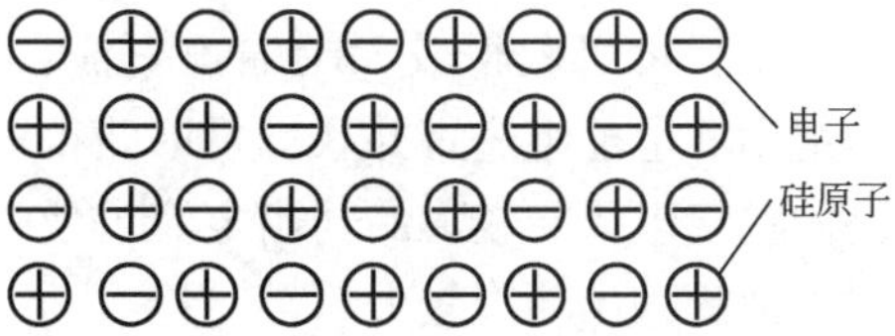

图4-5 一般的半导体结构

在硅原子周边的4个电子，因为掺入的硼原子周围只有3个电子，所以就会产生多余的空

穴，这些空穴因为没有电子而变得很不稳定，容易吸收临近电子而产生中和作用，并形成与电子移动反方向的电流，称这种硅为 P 型半导体。同样，掺入磷原子以后，因为磷原子有 5 个电子，所以就会有一个多余的电子变得非常活跃，它的移动形成电流。由于电子是负的载流子，因此称这种硅为 N 型半导体，如图 4-7 所示。

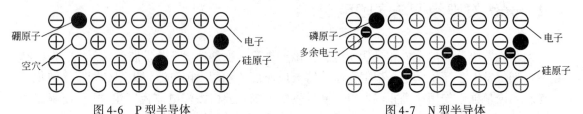

图 4-6 P 型半导体   图 4-7 N 型半导体

P 型半导体中含有较多的空穴，而 N 型半导体中含有较多的电子，当把 P 型和 N 型半导体结合在一起，形成了所谓的 PN 结，受光照射后在接触面就会形成电势差。这种含 PN 结的新型复合半导体晶片就是太阳电池晶片，如图 4-8 所示。

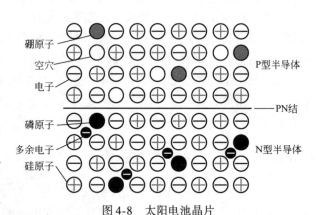

图 4-8 太阳电池晶片

当太阳电池晶片受光后，PN 结附近的 N 型半导体区域的电子将向 P 区扩散，而 P 型半导体区域的空穴往 N 区扩散，从而形成从 P 型区到 N 型区的电流，并在 PN 结中形成电势差，这个电势差就形成太阳电池的电压。太阳电池晶片受光的物理过程如图 4-9 所示。

由太阳电池晶片组成单体光伏电池，具有光—电转换特性，直接将太阳辐射能转换为电能，构成光伏发电的基本单元。光伏电池的输出电流受自身面积以及日照强度的影响，面积大的电池产生较强电流。将一系列单体光伏电池进行串联而成串联电池组，可以得到较高的输出电压；将一系列单体光伏电池进行并联，可以获得较大的输出电流；将多组串联电池组进行并联，可以获得较高的输出电压与较大的输出电流，使光伏电池的输出功率较大。

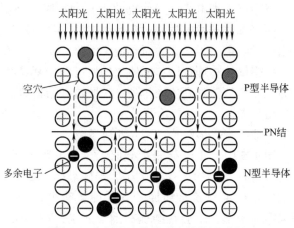

图 4-9 太阳电池晶片受光的物理过程

光伏发电系统将光伏电池组所获得的电能，经过一次甚至多次电力电子系统的变换，以及能量储存，最终向电力负载提供电能，完成发电全过程。

4.2.2　太阳电池的发展与分类

太阳电池是由太阳电池晶片组成的光伏发电基本元件，主要有单晶硅、多晶硅、非晶硅和薄膜电池等几种类型。单晶硅和多晶硅太阳电池用量最大，非晶硅太阳电池用于一些小系统和计算器辅助电源等。

1. 太阳电池的发展史

太阳电池从发明开始至今，其基本结构和机理没有改变，因而有必要回顾一下太阳电池的发展史：

1839 年，法国物理学家 E. Becquerel 发现液体的光生伏特效应，简称为光伏效应；

1877 年，W. G. Adams 和 R. E. Day 研究了硒的光伏效应，并制作了第一片硒太阳电池；

1904 年，Hallwachs 发现铜与氧化亚铜结合在一起具有光敏特性，爱因斯坦（Albert Einstein）发表关于光电效应的论文；

1918 年，波兰物理学家 Czochralski 发明生长单晶硅的提拉法工艺；

1921 年，爱因斯坦因解释了关于光电效应的理论而获得了诺贝尔（Nobel）物理奖；

1932 年，Audobert 和 Stora 发现硫化镉（CdS）的光伏现象；

1951 年，贝尔实验室通过在熔融锗晶体生长过程中加入微小颗粒杂质，制作 PN 结，实现制备单晶锗电池；

1954 年，贝尔实验室发现效率为 4.5% ~6% 的单晶硅太阳电池；

1957 年，Hoffman 电子的单晶硅太阳电池效率达到 8%；

1958 年，第一个光伏电池供电的卫星发射，从此太阳电池广泛用于空间技术发展；

1959 年，Hoffman 电子实现可商业化的单晶硅太阳电池效率达到 10%；

1960 年，Hoffman 电子实现单晶硅太阳电池效率达到 14%；

1963 年，Sharp 公司成功生产光伏电池组件；

1966 年，带有 1000 W 光伏阵列的大轨道天文观察站发射；

1973 年，美国特拉华大学建成世界第一个光伏住宅；

1974 年，日本推出光伏发电的"阳光计划"；

1977 年，世界光伏电池超过 500 kW；D. E. Carlson 和 C. R. Wronski 制成第一个非晶硅太阳电池；

1979 年，世界太阳能电池安装总量达到 1 MW；

1980 年，ARCO 太阳能公司成为世界上第一个年产量达 1 MW 光伏电池的生产厂家；三洋电气公司利用非晶硅电池率先制成手持式袖珍计算器；

1981 年，名为 Solar Challenger 的光伏动力飞机飞行成功；

1982 年，世界太阳电池年产量超过 9.3 MW；

1983 年，世界太阳电池年产量超过 21.3 MW；名为 Solar Trek 的 1 kW 光伏动力汽车穿越澳大利亚，20 天行程达到 4000 km；

1985 年，澳大利亚新南威尔士大学 Martin Green 研制的单晶硅太阳电池效率达到 20%；

1990 年，世界太阳电池年产量超过 46.5 MW；

1991 年，欧、美、日等相继实施太阳电池发电的"屋顶计划"

1992 年，世界太阳电池年产量超过 57.9 MW；

1995 年，世界太阳电池年产量超过 77. 7 MW；光伏电池安装总量达到 500 MW；

1997 年，世界太阳电池年产量超过 125. 8 MW；

1998 年，世界太阳电池年产量超过 151. 7 MW；多晶硅电池产量首次超过单晶硅；

1999 年，世界太阳电池年产量超过 201. 3 MW；非晶硅电池占市场份额 12. 3%；

2000 年，世界太阳电池年产量超过 287. 7 MW；安装超过 1000 MW，标志着太阳能时代的到来；

2001 年，世界光伏电池年产超过 400 MW；

2003 年，世界太阳电池年产量超过 1200 MW；多晶硅太阳电池效率达到 20. 3%；

2004 年，世界光伏电池年产达到 1000 MW；

2009 年，全球太阳电池产量 10300 MW；

2020 年，太阳电池发电成本与化石能源相接近；

2030 年，太阳电池发电达到 10% ~ 20%；

2050 年，太阳能利用将占有世界能源总能耗的 30% ~ 50%；

2100 年，太阳能、氢能、风能和生物质能等清洁可再生能源完全代替化石能源。

我国太阳能电池的发展历程：

1958 年，开始研制太阳电池；

1971 年，首次在人造卫星上应用太阳电池；

1979 年，开始生产单晶硅太阳电池；

1980 ~ 1990 年，建成多条单晶硅生产线；

2004 年，我国太阳电池产量达 50MW 以上。

我国太阳电池或太阳电池组件年产量达到 10MW 以上的厂家有：无锡尚德太阳能电力，保定天威英利新能源，河北晶奥，江苏林洋新能源，阿特斯太阳能光电，南京中电电气，赛维 LDK，浙江昱辉，上海交大泰阳绿色能源，常州天合光能等。我国正在成为世界重要的光伏工业生产基地之一，特别是长江三角洲太阳电池与组件生产，河北、辽宁硅片与太阳电池生产，天津非晶硅太阳电池，四川多晶硅材料，珠江三角洲光伏应用产品，包括非晶硅、单晶硅电池等，在我国初步形成一个光伏工业高技术产业链。我国光伏产业在 2005 年之后进入高速发展阶段，连续 5 年的年增长率超过 100%，自 2007 年开始，中国光伏电池的产量已连续多年稳居世界首位。2010 年，中国光伏电池产量超过了全球总产量的 50%。目前，已有数十家光伏公司分别在海内外上市，行业年产值超过 3000 亿元人民币，直接从业人数超过 30 万人。目前太阳电池制造水平比较先进，实验室效率已经达到 26. 3%，一般商业电池效率是 10% ~ 19%。掌握了包括太阳电池制造、多晶硅生产等关键工艺技术，设备及主要原材料逐步实现国产化，产业规模快速扩张，产业链不断完善，制造成本持续下降，具备较强的国际竞争能力。

《中华人民共和国可再生能源法》的颁布有力促进了我国太阳能工业的发展，光伏工业进入一个崭新的阶段，太阳能电池的研发、生产和应用形成一个世界级的产业基地，我国是世界光伏工业的重要组成部分。

2. 太阳电池的分类

太阳电池主要有以下几种类型：单晶硅太阳电池、多晶硅太阳电池、非晶硅太阳电池、碲化镉太阳电池、铜铟硒太阳电池等。目前在研究的还有纳米氧化钛敏化太阳电池、多晶硅薄膜太阳能以及有机太阳电池等。但实际应用的主要还是硅材料太阳电池，特别是晶体硅太阳电池。

（1）单晶硅太阳电池　单晶硅太阳电池是最早发展起来的，也是目前工程应用中转换效率最高的电池。由于其制作原料多数是从电子工业半导体器件加工中退出的产品，因而其成本相对较低。单晶硅太阳电池正在朝着超薄和高效方向发展，已经研究出转换效率达20%的超薄单晶硅太阳电池。

单晶硅太阳电池的基本结构多为 N^+/P 型，以 P 型单晶硅片为基片，其厚度一般为 $200 \sim 300 \mu m$，其电阻率一般为 $1 \sim 3\Omega \cdot cm$。单晶硅太阳电池光学、电学和力学性均匀一致，颜色多为黑色或深色，适合切割和制作。

单晶硅太阳电池主要应用于光伏电站，特别是通信电站，以及航空器电源，或用于聚焦光伏发电系统等。

（2）多晶硅太阳电池　在制作多晶硅太阳电池时，作为原料的高纯硅不是拉成单晶，而是熔化后浇铸成正方形的硅锭，然后切成薄片。多晶硅太阳电池的转换机制与单晶硅太阳电池完全相同。由于硅片由多个不同大小、不同取向的晶粒组成，而在晶粒界面处光转换受到干扰，因而多晶硅的转换效率相对较低。同时，其电学、力学和光学性能的一致性不如单晶硅太阳电池。但多晶硅的生产工艺简单，可以大规模生产，因而其产量和市场占有率最大。

多晶硅太阳电池的基本结构也多为 N^+/P 型，以 P 型多晶硅片为基片，其厚度一般为 $220 \sim 300 \mu m$，其电阻率一般为 $0.5 \sim 2\Omega \cdot cm$。商业化的多晶硅太阳电池转换效率多为 $13\% \sim 15\%$。

多晶硅太阳电池的性能稳定，主要应用于光伏电站，或作为光伏建筑材料，如光伏幕墙或屋顶光伏系统。由于多晶结构在太阳光作用下，不同晶面散射强度不同，可呈现不同色彩，因而多晶硅还具有良好的装饰效果。

（3）非晶硅太阳电池　1975 年 Spear 等利用硅烷的直流辉光放电技术制备出 H 材料，实现对非晶硅基材料的掺杂，并研制出非晶硅太阳电池。

非晶硅禁带宽度为 1.7eV，通过掺硼或磷，可得到 P 型非晶硅或 N 型非晶硅。在太阳光谱的可见光范围内，非晶硅的吸收系数比晶体硅大近一个数量级，其光谱响应的峰值与太阳光谱的峰值很接近。非晶硅材料的本征吸收系数很大，$1 \mu m$ 厚度就能充分吸收太阳光，可大量节省半导体材料。商业化的非晶硅电池产品的稳定转换效率多为 $5\% \sim 7\%$ 左右。非晶硅主要应用于消费市场，如手表、计算器和玩具等，也作为半透明光伏组件用于门窗或天窗等建筑材料。

4.2.3　光伏阵列与输出特性

1. 光伏电池的电特性

光伏电池的等效电路如图 4-10 所示。其中 I_{ph} 为光生电流，正比于光伏电池的面积和入射光的辐照度。$1cm^2$ 光伏电池的 I_{ph} 值平均为 $16 \sim 30mA$。环境温度升高，I_{ph} 值也会略有上升；一般地，温度每升高 $1\degree C$，I_{ph} 值上升 $78 \mu A$。在无光照条件下，光伏电池的基本特性类似普通二极管。I_D 为暗电流，即在无光照的条件下，由外电压作用下 PN 结内流过的单向电流，其大小反映在当前环境温度下光伏电池 PN 结自身所能产生的总扩散电流的变化情况。

I_L 为光伏电池输出的负载电流。U_{OC} 为光伏电池的开路电压，是指在 $100\mathrm{mW/cm^2}$ 光源的照射下，负载开路时光伏电池的输出电压值。开路电压与入射光辐照度的对数成正比，与环境温度成反比，温度每升高 $1℃$，U_{OC} 值约下降 $2\sim3\mathrm{mV}$，但与电池的面积大小无关。单晶硅光伏电池的开路电压一般为 $500\mathrm{mV}$，最高可达 $690\mathrm{mV}$。R_L 为负载电阻，R_s 为串联电阻，由光伏电池的体电阻、表面电阻、电极导体电阻、电极与硅表面接触电阻和金属导体电阻等组成。R_{sh} 为旁路电阻，主要由电池表面污浊和半导体晶体缺陷引起的漏电流所对应的 PN 结泄漏电阻和电池边缘的泄漏电阻等组成。

R_s 和 R_{sh} 均为光伏电池本身固有电阻，相当于内阻。对于理想的光伏电池，R_s 很小，而 R_{sh} 很大，在计算时可忽略不计，因而理想的光伏电池等效电路如图 4-11 所示。此外光伏电池等效电路还包含 PN 结的结电容和其他分布电容，但光伏电池应用于直流系统中，通常没有高频分量，因而这些电容也忽略不计。

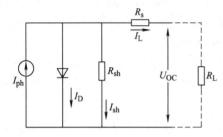

图 4-10 光伏电池的等效电路

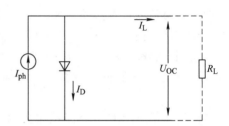

图 4-11 光伏电池理想条件下的等效电路

由上述定义，可列出光伏电池等效电路中各变量的关系为

$$I_D = I_0 \left(\exp \frac{qU_D}{AkT} - 1 \right) \tag{4-2}$$

$$I_L = I_{ph} - I_D - \frac{U_D}{R_{sh}} = I_{ph} - I_0 \left[\exp \left(\frac{q(U_{OC} + I_L R_S)}{AkT} \right) - 1 \right] - \frac{U_D}{R_{sh}} \tag{4-3}$$

$$I_{SC} = I_0 \left(\exp \frac{qU_{OC}}{AkT} - 1 \right) \tag{4-4}$$

$$U_{OC} = \frac{AkT}{q} \ln \left(\frac{I_{SC}}{I_0} + 1 \right) \tag{4-5}$$

式中，I_0 为光伏电池内部等效二极管 PN 结的反向饱和电流，与电池材料自身性能有关，反应了光伏电池对光生电子载流子最大的复合能力，是一个常数，不受光照强度的影响；I_{SC} 为短路电流，即将光伏电池置于标准光源的照射下，在输出短路时流过光伏电池两端的电流；U_D 为等效二极管的端电压；q 为电子电荷；k 为玻尔兹曼常量；T 为绝对温度；A 为 PN 结的曲线常数。

在弱光条件下 $I_{ph} \ll I_0$，由式（4-5）得

$$U_{OC} = \frac{AkT}{q} \frac{I_{ph}}{I_0} \tag{4-6}$$

而强光条件下 $I_{ph} \gg I_0$，同理可得

$$U_{OC} = \frac{AkT}{q} \ln \left(\frac{I_{ph}}{I_0} \right) \tag{4-7}$$

由此可见，在弱光条件下，开路电压随光的强度呈近似线性变化；而在强光条件下，开路电压则随光强呈对数关系变化。光伏电池的开路电压一般在 0.5 ~ 0.58V 之间。

在理想条件下（即 $R_s \to 0$，$R_{sh} \to \infty$）的等效电路电流方程为

$$I_L = I_{ph} - I_D - \frac{U_D}{R_{sh}} = I_{ph} - I_D \tag{4-8}$$

2. 光伏电池的伏安特性

根据式(4-3) 和式(4-5) 可以绘出光伏电池电压-电流的特性关系，又称伏安（V - A）特性曲线，如图 4-12 所示。图中曲线 1 为暗特性条件下的伏安特性曲线，即无光照时光伏电池的伏安特性曲线；曲线 2 为明特性条件下的伏安特性曲线。U_{OC}、I_{SC}、I_m、U_m、P_m 分别为光伏电池的开路电压、短路电流、最大功率输出时的电流、最大功率输出时的电压和最大输出功率。

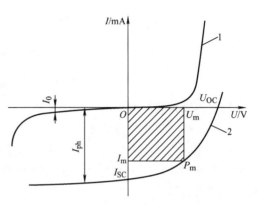

图 4-12　光伏电池的伏安特性曲线

3. 光伏阵列及其输出特性

由于光伏电池容量很小，输出电压也很低，输出峰值功率仅有 1W 左右，不能满足用电设备的用电需要，而且单个光伏电池片不便于安装使用，所以一般不单独使用。在实际应用时，通常要将几片、几十片甚至成百上千片单体光伏电池根据负载的需要，经过串联、并联连接起来而构成组合体，然后将该组合体通过一定的工艺流程封装在透明的薄板盒子内，并引出正负极线以供外部连接使用。封装前的组合体称为光伏电池模块组件，而封装后的薄板盒子称为光伏电池组合板，简称光伏电池板。工程上使用的光伏电池板是光伏电池使用的基本单元，其输出电压一般在十几至几十伏。将若干个光伏电池板根据负载容量大小要求，再进行串联或并联组成较大功率的供电装置，称为光伏阵列。

在构成光伏阵列时，根据负载的用电量、电压、功率及光照情况等，在选择光伏电池板的基础上确定光伏电池的总容量和光伏电池板的串联或并联的数量。当光伏电池板串联使用时，一般使用相同型号规格的单体光伏电池板，总的输出电压为各个单体光伏电池板电压之和，而输出电流为单体光伏电池板的输出电流。同理，当光伏电池板并联使用时，一般也要使用相同型号规格的单体光伏电池板，总的输出电流为各个单体光伏电池板输出电流之和，而输出电压则为单体光伏电池板的输出电压。

当光伏电池板串联使用时，要确定光伏阵列的输出电压，主要考虑负载电压的要求，同时要考虑蓄电池的浮充电压、温度及控制电路等影响。一般光伏电池的输出电压随温度的升高呈负特性，即输出电压随温度升高而降低，因而在计算电池组件串联级数时，要留有一定的余量。为提高光伏电池的利用率，最佳选择是使其工作于光伏阵列总伏安特性曲线的最大功率点位置，光伏电池板串联后的伏安特性曲线如图 4-13 所示。

同样，在确定光伏电池板的并联数量时，要考虑负载的总耗电量、当地年平均日照情况，同时考虑蓄电池组的充电效率、电池表面不清洁和老化等带来的不良因素。光伏电池板并联后的伏安特性曲线如图 4-14 所示。

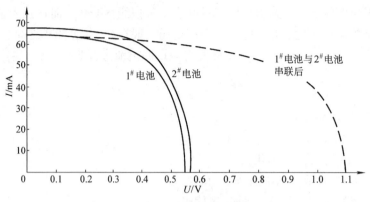

图 4-13　光伏电池板串联后的伏安特性

　　只有根据负载的要求合理地将光伏电池板通过串并联组合成光伏阵列，才能充分发挥光伏发电的优势，提高整体效率。

　　光伏阵列的分类有 3 种方式，按外形结构可分为平板式、曲面式、聚光式，按安装形式分为固定安装式、定向安装式、加固安装式，按使用场所又可分为地面式、高空式、宇宙空间式及潜水式等。

　　光伏阵列的输出特性曲线如图 4-15 所示。

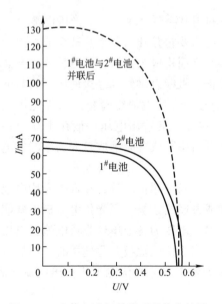

图 4-14　光伏电池板并联后的伏安特性

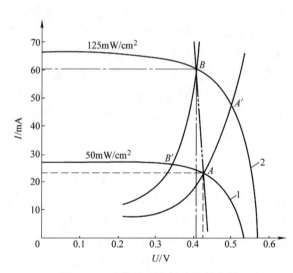

图 4-15　光伏阵列的输出特性曲线

4.2.4　光伏发电系统的构成与分类

1. 太阳能光伏发电系统的构成

　　太阳能光伏发电系统是利用太阳电池半导体材料的光伏效应，将太阳光辐射能直接转换为电能的一种新型发电系统。

　　光伏发电系统一般由 3 部分组成：太阳电池组件，中央控制器、充放电控制器、逆变器，蓄电池、蓄能元件及辅助发电设备等。典型的光伏发电系统如图 4-16 所示。

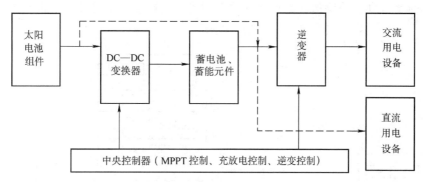

图 4-16 典型的光伏发电系统

（1）太阳电池组件 由太阳电池（也称光伏电池）按照系统的需要串联或并联而组成的矩阵或方阵，在太阳光照射下将太阳能转换成电能，它是光伏发电的核心部件。

（2）充放电控制器、逆变器 本部分除了对蓄电池或其他中间蓄能元件进行充放电控制外，一般还要按照负载电源的需求进行逆变，使光伏阵列转换的电能经过变换后可以供一般的用电设备使用。在这个环节要完成许多比较复杂的控制，如提高太阳能转换最大效率的控制、跟踪太阳的轨迹控制以及可能与公共电网并网的变换控制与协调等。

（3）蓄电池、蓄能元件及辅助发电设备 蓄电池或其他蓄能元件如超导、超级电容器等是将太阳电池阵列转换后的电能储存起来，以使无光照时也能够连续并且稳定地输出电能，满足用电负载的需求。蓄电池一般采用铅酸蓄电池，对于要求较高的系统，通常采用深放电阀控式密封铅酸蓄电池或深放电吸液式铅酸蓄电池等。

2. 光伏发电系统的分类

太阳能光伏发电就是在太阳光的照射下，将太阳电池产生的电能通过对蓄电池或其他中间储能元件进行充放电控制，或直接对直流用电设备供电，或将转换后的直流电经由逆变器逆变成交变电源供给交流用电设备，或者由并网逆变控制系统将转换后的直流电进行逆变并接入公共电网实现并网发电。光伏发电系统一般可分为独立系统、并网系统及混合系统。根据光伏系统的应用形式、应用规模和负载的类型，可将光伏发电系统分为 7 种：小型太阳能供电系统，简单直流系统，大型太阳能供电系统，交流、直流混合供电系统，并网发电系统，混合供电系统，并网混合供电系统。

（1）小型太阳能供电系统（Small DC） 如图 4-17 所示，该系统的特点是系统中只有直流负载而且负载功率比较小，整个系统结构简单，操作简便。如在我国的西北地区大面积推广使用了这种类型的光伏系统，负载为直流节能灯、家用电器等，用来解决无电地区家庭的基本照明和供电问题。

（2）简单直流供电系统（Simple DC） 如图 4-18 所示，该系统的特点是系统中负载为直流负载，而且负载的使用时间没有特别要求，负载主要在日间使用，系统中没有蓄电池，也不需要控制器。整个系统结构简单，直接使用太阳能电池阵列给负载供电，光伏发电的整体效率较高。如光伏水泵就使用了这种类型的光伏系统。

（3）大型太阳能供电系统（Large DC） 如图 4-19 所示，该系统的特点是系统中用电器也是直流负载，但负载功率比较大，整个系统的规模也比较大，需要配备较大的太阳能光伏阵列和较大的蓄电池组。常应用于通信、遥测、监测设备电源，农村集中供电站，航标灯塔、路灯等领域。如在我国的西部地区部分乡村光伏电站使用了这种类型的光伏系统，中国移动和中国联通公司在偏僻无电地区的通信基站等。

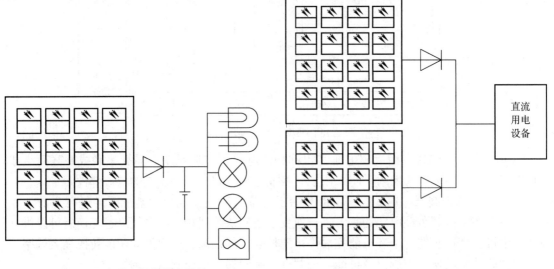

图 4-17　小型太阳能供电系统　　　　　　　　　图 4-18　简单直流供电系统

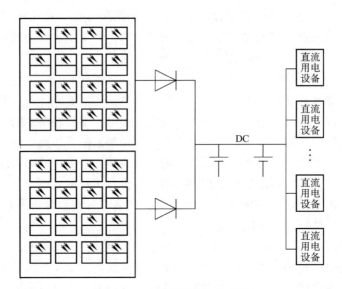

图 4-19　大型太阳能供电系统

（4）交流、直流供电系统（AC—DC）　如图 4-20 所示，该系统的特点是系统中同时含有直流负载和交流负载，整个系统结构比较复杂，整个系统的规模也比较大，同样需要配备较大的太阳能光伏阵列和较大的蓄电池组。如在一些同时具有交流和直流负载的通信基站或其他一些含有交流和直流负载的光伏电站中使用了这种类型的光伏系统。

（5）并网发电系统（Utility Grid Connect）　如图 4-21 所示，这种系统的最大特点是太阳电池阵列转换产生的直流电经过三相逆变器（DC—AC）转换成为符合公共电网要求的交流电并直接并入公共电网，供公共电网用电设备使用和远程调配。这种系统中所用的逆变器

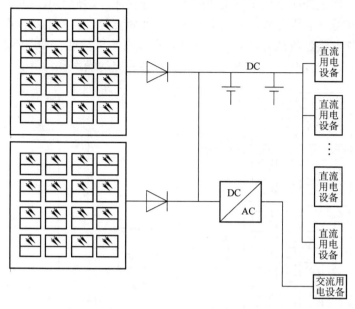

图 4-20 交流、直流供电系统

必须是专用的并网逆变器，以保证逆变器输出的电力满足公共电网的电压、频率和相位等性能指标的要求。这种系统通常能够并行使用市电和太阳电池阵列作为本地交流负载的电源，降低了整个系统的负载缺电率；而在夜晚或阴雨天气，本地交流负载的供电可以从公共电网获得。

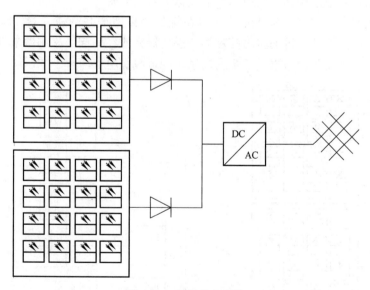

图 4-21 并网发电系统

并网光伏发电系统不需蓄电池，而且可以对公共电网起到调峰作用，但它作为一种分布式发电系统，对传统集中供电的电网系统会产生一些不良的影响，如谐波污染及孤岛效应等。

（6）混合供电系统（Hybrid） 混合供电系统中，除了太阳能光伏发电系统将太阳电池阵列所转换的电能经过变换后供用电负载使用外，还使用了燃油发电机或燃气发电机作为备用电源。这种系统综合利用各种发电技术的优点，互相弥补各自的不足，而使整个系统的可靠性得以提高，能够满足负载各种需要，并且具有较高的灵活性，如图 4-22 所示。然而这种系统的控制相对比较复杂，初期投入比较大，存在一定的噪声和污染。

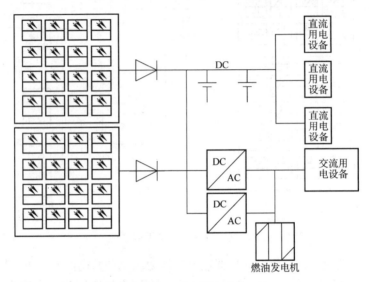

图 4-22　混合供电系统

这种系统应用于偏远无电地区的通信电源和民航导航设备电源。在我国新疆、云南建设的许多乡村光伏电站也采用光伏发电与柴油发电综合的方式。

（7）并网混合供电系统　以上混合供电系统如果再增加并网逆变器，就可以实现混合发电并网供电系统。这种系统通常将控制器与逆变器集成在一起，采用微电脑进行全面协调控制，综合利用各种能源，可以进一步提高系统的负载供电保障率，如图 4-23 所示。

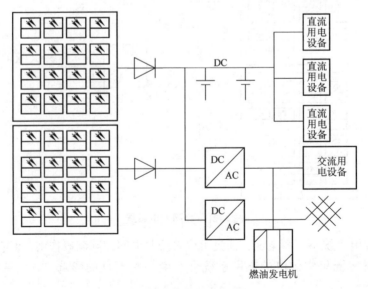

图 4-23　并网混合供电系统

4.3 光伏发电系统的 MPPT 控制技术

4.3.1 光伏电池的最大功率点及环境特性影响

由于在不同的光照强度下，光伏电池的输出电压和电流不同，将图 4-12 中的电流取反，即将第四象限翻转到第一象限，得到不同光照强度下的伏安特性，如图 4-24 所示。图中 3 条曲线分别对应的光照强度为 $50mW/cm^2$，$100mW/cm^2$，$125mW/cm^2$。

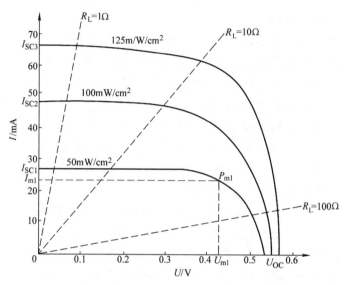

图 4-24 不同光照强度下光伏电池的伏安特性

由光伏电池的伏安特性可知，当光照强度发生变化时，为获取最大输出功率，需要相应地调节负载。如图 4-25 所示，当光照强度由 $50mW/cm^2$ 变为 $100mW/cm^2$ 时，最大功率点相应地由 P_{m1} 变化为 P_{m2}。为使光伏电池的输出保持最大功率值，就需要调节负载阻抗，相应地由 R_{L1} 变化为 R_{L2}。

最大功率点跟踪控制（MPPT，Maximum Power Point Trackers）是实时检测光伏阵列的输出功率，采用一定的控制算法预测当前工作状态下光伏阵列可能的最大功率输出，通过改变当前的阻抗来满足最大功率输出的要求，使光伏系统可以运行于最佳工作状态。

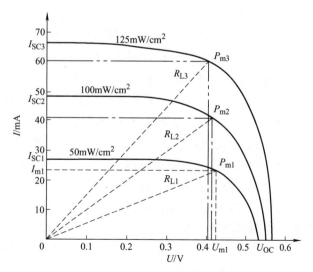

图 4-25 不同光照强度下的光伏电池最大功率点

4.3.2 光伏电池最大功率点跟踪与控制策略

最大功率点跟踪实质上就是一个自动寻优过程，即通过调控光伏电池端电压，进而改变它的工作点。由光伏电池输出的特性曲线可知，若光伏电池的工作位于最大功率点的电压左侧时，输出功率会随电压上升而增加；若光伏电池的工作位于最大功率点的电压右侧时，输出功率会随电压上升而减小。最大功率点的跟踪过程是判断目前的光伏电池其工作区域，并相应改变光伏电池端电压，让光伏电池其工作点向最大功率点逐渐靠拢的过程。

1. MPPT 控制方法的介绍

为使输出功率最大化，图 4-15 中的各特性曲线构成的矩形面积要最大。当图中两矩形分别为在各自特性条件下的面积最大者，即为各自状态下的最大输出功率。对于某光照条件下，所对应的输出特性曲线 1 上只有 A 点输出的功率最大；而对于另一光照条件下，所对应的输出特性曲线 2 上只有 B 点输出的功率最大。在一般情况下，由于光照强度的变化将使光伏阵列的输出特性曲线也相应地变化，为使无论在何种光照强度下，光伏阵列都能运行于最大功率点，就必须调整负载的阻抗，使工作点一直保持在最大功率点，即图 4-15 中的 A 点和 B 点等。采用这种方法，可以获得比恒电压控制更大的输出功率。但是在实际的应用系统中，通过调节负载阻抗大小的方式达到最大功率输出是很难实现的。

MPPT 的实现是一个动态自寻优过程，通过对光伏阵列当前的输出电压和电流的检测，得到当前阵列的输出功率，与已被存储的前一时刻功率进行比较，舍小存大、再检测、再比较，如此周而复始。MPPT 控制算法主要有定电压跟踪法、扰动观察法、功率反馈法、增量电导法、模糊逻辑控制法、滞环比较法、神经元网络控制法及最优梯度法等。

（1）固定电压跟踪法（CVT）该方法是对最大功率点曲线进行近似，求得一个中心电压，并通过控制使光伏阵列的输出电压一直保持该电压值，从而使光伏系统的输出功率达到或接近最大功率输出值。

这种方法具有使用方便、控制简单、易实现、可靠性高、稳定性好等优点，而且输出电压恒定，对整个电源系统是有利的。但是这种方法控制精度较差，忽略了温度对光伏阵列开路电压的影响，而环境温度对光伏电池输出电压的影响往往是不可忽略的。为克服使用场所冬夏、早晚、阴晴、雨雾等环境温度变化给系统带来的影响，在 CVT 的基础上可以采用人工调节或微处理器查询数据表格等方式进行修正。

（2）扰动观察法（爬坡法） 根据光伏阵列工作时不间断地检测电压扰动量，即根据输出电压的脉动增量（ $\pm \Delta U$ ）的输出规律，测得阵列当前的输出功率为 P_d，而被存储的前一时刻输出功率被记忆为 P_i，若 $P_d > P_j$，则 $U = U + \Delta U$；若 $P_d < P_j$，则 $U = U - \Delta U$；扰动观察法实现 MPPT 的过程如图 4-26 所示。实际上，这是一种寻优搜索过程，在寻优过程中不断地更新参考电压，使其逼近光伏阵列所对应的最大功率点电压值。由于光伏阵列的输出特性是一单值函数，故只需保证光伏阵列的输出电压在任何光照条件及环境温度下都能与该条件下的最大功率点对应，就可以保证光伏阵列工作于最大功率点。

该方法的优点是可以实现模块化控制，跟踪方法简单，在系统中容易实现；其缺点是这种方法只能使光伏输出电压在最大功率点附近振荡运行，而导致部分功率损失，并且初始值及跟踪步长的给定对跟踪精度和速度有较大影响。图 4-27 是采用扰动观察法的控制流程图。

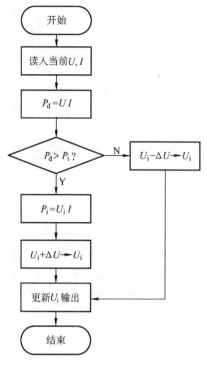

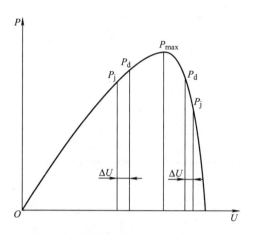

图 4-26 扰动观察法实现 MPPT 的过程

图 4-27 采用扰动观察法的控制流程图

（3）增量电导法 增量电导法也是 MPPT 控制常用的算法之一。由光伏阵列的 $P-U$ 曲线可知，当输出功率 P 为最大时，P_{max} 处的斜率为零，可得

$$\frac{\mathrm{d}P}{\mathrm{d}U} = I + U\frac{\mathrm{d}I}{\mathrm{d}U} = 0 \tag{4-9}$$

式（4-9）经整理，可得

$$\frac{\mathrm{d}I}{\mathrm{d}U} = -\frac{I}{U} \tag{4-10}$$

式（4-10）为光伏阵列达到最大功率点的条件，即当输出电压的变化率等于输出瞬态电导的负值时，光伏阵列即工作于最大功率点。

增量电导法就是通过比较光伏阵列的电导增量和瞬间电导来改变控制信号，这种方法也需要对光伏阵列的电压和电流进行采样。由于该方法控制精度高，响应速度较快，因而适用于大气条件变化较快的场合。同样由于整个系统的各个部分响应速度都比较快，故其对硬件的要求，特别是传感器的精度要求比较高，导致整个系统的硬件造价比较高。

图 4-28 是增量电导法的控制流程。图中 U_n、I_n 为光伏阵列当前电压、电流检测值，U_b、I_b 为前一控制周期的采样值。这种控制算法的最大优点是在光照强度发生变化时，光伏阵列输出电压能以平稳的方式跟踪其变化，其暂态振荡比扰动观察法小。

（4）模糊逻辑控制法 由于受太阳光照强度的不确定性、光伏阵列温度的变化、光伏

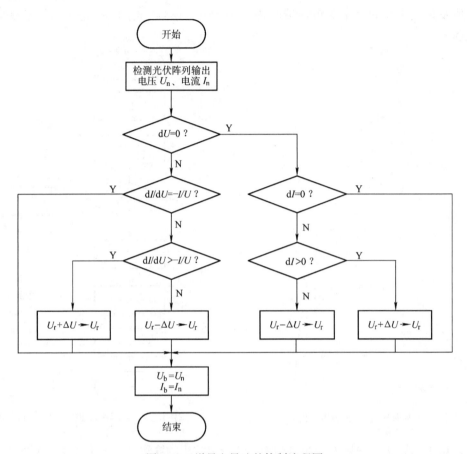

图 4-28 增量电导法的控制流程图

阵列输出特性的非线性及负载变化等因素的影响，实现光伏阵列的最大功率输出或最大功率点跟踪时，需要考虑的因素很多。模糊逻辑控制法不需要建立控制对象精确的数学模型，是一种比较简单的智能控制方法，采用模糊逻辑的方法进行 MPPT 控制，可以获得比较理想的效果。使用模糊逻辑的方法进行 MPPT 控制，通常要确定以下几个方面：①确定模糊控制器的输入变量和输出变量；②拟定适合本系统的模糊逻辑控制规则；③确定模糊化和逆模糊化的方法；④选择合理的论域并确定有关参数。

图 4-29 为采用模糊逻辑方法进行光伏阵列 MPPT 控制算法的流程。该方法具有较好的动态特性和控制精度。

（5）最优梯度法 最优梯度法是一种以梯度算法为基础的多维无约束最优化问题的数值计算方法。其基本思想是选取目标函数的负梯度方向作为每步迭代的跟踪方向，逐步逼近函数的最小值或最大值，具有运算简单、鲁棒性好的特点。

2. 太阳光跟踪系统

由于地球的自转使太阳光入射光伏阵列的角度时刻在变化，使得光伏阵列吸收太阳辐射受到很大的影响，进而影响到光伏阵列的发电能力。光伏阵列的放置形式有固定安装式和自动跟踪式两种形式，自动跟踪装置包括单轴跟踪系统和双轴跟踪系统。

光伏阵列的安装有两个角度参量，即光伏阵列安装的倾角和光伏阵列安装的方位角。其中光伏阵列安装的倾角是指光伏阵列组件一面与水平地面的夹角；光伏阵列安装的方位角指光伏阵列组件的垂直面与正南方向的夹角。一般地，在北半球，光伏阵列组件朝向正南（即光伏阵列组件的垂直面与正南的夹角为 0°）时，光伏阵列的发电量最大。

设计太阳光跟踪系统可以使光伏阵列板随太阳的运行而自动跟踪移动，使其表面一直朝向太阳，增加光伏阵列接受的太阳辐射量。对于一般不带太阳光聚光的光伏阵列，当光伏阵列的垂直面与太阳光线角度存在 25° 偏差时，可使光伏阵列的输出功率下降 10%，而采用理想的跟踪系统，则可以使能量收集率提高 30% 以上。但对于带有一定弧度（如抛物面、双曲面）或角度的镜面结构，通过反射或折射原理将太阳光聚集到光伏电池的聚光型光伏阵列，随着聚光倍数的增加，对太阳光跟踪精度的要求就越高，因为跟踪偏差带来的影响也越大。例如聚光倍数为 40 倍的聚光器，跟踪偏差只要为 0.5°，就会使输出功率下降 10%，如果偏差大于 5.5°，聚光点将偏离光伏电池，会造成功率输出为零。

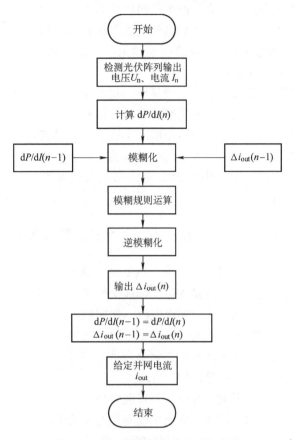

图 4-29　采用模糊逻辑方法进行光伏阵列 MPPT 控制算法的流程图

单轴跟踪可分为东西水平轴跟踪、南北水平轴跟踪和极轴跟踪三种；双轴跟踪可分为赤道轴跟踪和水平轴跟踪两种。对聚焦精度要求不高的平板光伏阵列和弧线型聚焦的聚光器，可采用控制系统相对简单的单轴跟踪，而对点型聚焦的聚光器则应采用双轴跟踪。

东西水平轴跟踪和南北水平轴跟踪方式分别是将光伏阵列固定在东西方向水平轴上或南北方向水平轴上，然后以该轴为旋转轴，不断改变光伏阵列与水平面的夹角，以达到跟踪太阳移动的目的。极轴跟踪是指将光伏阵列固定在方位角为 0° 且倾斜角为当地纬度的极轴上，并使其以地球自转角速度旋转，达到跟踪太阳的目的。

水平轴跟踪系统是使光伏阵列绕垂直轴旋转，以改变其方位角，用以跟踪太阳的方位；绕水平轴旋转以改变其仰角，用以跟踪太阳的高度角。

赤道轴跟踪系统使光伏阵列绕天轴和赤纬轴旋转，跟踪太阳的方位和高度角。

太阳跟踪系统有手动跟踪和自动跟踪两种形式。手动跟踪系统常用于平板式光伏阵列，工作人员每隔 1~2h 移动光伏阵列板一次，使其与最佳角度相差小于 10% 以内。自动跟踪系统由太阳光照度传感器、电机传动系统及控制电路等部分组成。基本控制原理为：由光敏传感器将太阳与光伏阵列之间的位置偏差信号和光强信号反馈给中央控制器，经控制电路的数据处理和放大，产生控制信号给电机驱动器，控制传动系统的电动机，带动相应的传动机构使光伏阵列的位置和角度跟踪太阳，如图 4-30 所示。

由于跟踪装置比较复杂，初始成本和维护成本比较高，安装跟踪装置获得额外的太阳能辐射产生的效益短期内无法抵消安装该系统所需要的成本，因而目前的太阳能光伏阵列发电系统中较少使用太阳光自动跟踪系统。

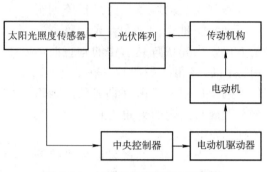

图 4-30　太阳光自动跟踪系统框图

4.3.3　光伏电池最大功率点的仿真与实现

1. Boost 电路实现 MPPT 仿真原理

光伏电池的输入输出特性受外界环境影响，而且总会存在一个最大功率点，对应最大功率点电压及最大功率点电流。而实现整个系统在最大功率点电压附近工作，直接改变光伏电池两端的电压和电流是很困难的。利用 Boost 升压电路实现光伏电池与负载电阻的匹配，从而实现电压的调节，主要是靠改变占空比来实现的这种方法结构简单，易于实现并且效率高，因而被广泛采用。

光伏发电系统中，实现最大功率点跟踪功能的是在 DC - DC 级。把该级作为光伏电池的负载，通过调整占空比来改变其与光伏电池输出特性的匹配，即可实现光伏电池的最大功率点跟踪，其实质是使光伏电池与后级的动态负载相匹配。当外界环境发生变化时，不断调整开关管的占空比，以使光伏电池与负载最佳匹配，这样就可以获得光伏电池的最大功率输出。Boost 转换电路的输出电压比输入电压高，属于升压电路，由储能电感、功率元件、二极管以及滤波电容等元件组成。

Boost 升压电路有两种工作方式：电感电流断续方式与电感电流连续方式。电感电流断续是指开关管关断期间，有一段时间电感上电流是零；电感电流连续是指输出滤波的电感上电流总大于零。Boost 转换电路如图 4-31 所示。当电感电流连续时，电路工作在两种状态：图 4-32 为功率开关管导通时的等效电路，图 4-33 为功率开关管关断时的等效电路。

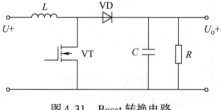

图 4-31　Boost 转换电路

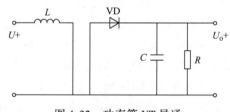

图 4-32　功率管 VT 导通

当 $t = 0$ 时，功率管 VT 导通，电压全部加到电感 L 上，电感上的电流 i_L 线性增加。二极管 VD 截止，负载将通过滤波电容 C 来提供。在 $t = T_{on}$ 时刻，i_L 达到最大值 i_{Lmax}。

$$L\frac{\mathrm{d}i_L}{\mathrm{d}t} = U \qquad (4-11)$$

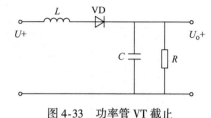

功率管导通期间，i_L电流增长量Δi_L为

$$\Delta i_L = \frac{U}{L}T_{\mathrm{on}} = \frac{U}{L}DT_s \qquad (4-12)$$

图 4-33　功率管 VT 截止

式中，D 为开关占空比。

在 $t = T_{\mathrm{on}}$ 时刻，功率管 VT 被关断，电感通过二极管 VD 向输出侧放电，电源功率与电感上的储能向电容 C 和负载转移。那么此时加在电感 L 上电压为 $U - U_o$。因为 $U_o > U$，故 i_L 线性减小。若当 $t = T_s$ 时，VT 再次导通，开始一个新的开关周期。

$$L\frac{\mathrm{d}i_L}{\mathrm{d}t} = U - U_o \qquad (4-13)$$

从上面的分析可以得出，Boost 转换电路分为两个工作阶段，功率管导通时，是电感 L 的储能阶段，此时电源不向负载提供能量，负载依靠储存于电容 C 的能量来维持工作。功率管 VT 关断时，电源与电感一同向负载供电，并给电容 C 充电。所以，电路输入电流即升压电感上电流平均值 $I_L = \frac{1}{2}(I_{L\max} + I_{L\min})$，功率管 Q 与二极管交替工作。当 VT 导通时，通过它的电流是 i_L；当 VT 截止时，通过 VD 的电流也为 i_L。流过它们的电流 i_{VD} 和 i_{VT} 之和就是升压电感电流 i_L。电路工作在稳态时，电容 C 的放电量等于充电量，电容上的平均电流值为零，因而流过二极管 VD 的平均电流值即是负载电流 I_o，功率管导通期间电感上的电流增加量 Δi_L 等于功率管截止期间的电流减小量，由式(4-11)、式(4-12)、式(4-13) 可以得到输出电压与输入电压之间的关系为

$$\frac{U_o}{U} = \frac{1}{1-D} \qquad (4-14)$$

光伏电池并非理想和容易控制的电源，充分利用光伏电池性能的最有效方法，是在光伏电池与负载之间加一个 MPPT 装置。差不多所有的 MPPT 装置都是由电力电子装置构成的。到目前为止，对光伏电池控制仿真模型的研究基本上都建立在光伏电池仿真模型的基础之上，通过添加电力电子器件或者状态空间表示法来建立电路仿真模型的。基于 Boost 电路阻抗变换的光伏电池的仿真模型，可以实时模拟光伏电池及其最大功率点特性曲线，不需要精确的内部电路及相关参数。当光伏电池接 Boost 转换电路时，如图 4-34 所示，考虑到当 Boost 电路输出负载为纯电阻时，如果转换电路的效率为 100%，那么由电路的输入输出功率相等，并在忽略 Boost 电路自身电感及电阻的情况下，电路的等效输入阻抗表示为

$$R' = R_L (1-D)^2 \qquad (4-15)$$

式中，R' 为电路的等效输入阻抗，R_L 为负载阻抗。

由式(4-15) 可知，占空比 D 值越大，Boost 电路的输入阻抗便会越小。若改变 Boost 电路开关的占空比，使光伏电池输出阻抗与等效输入阻抗相互匹配，光伏电池就会以最大功率输出。

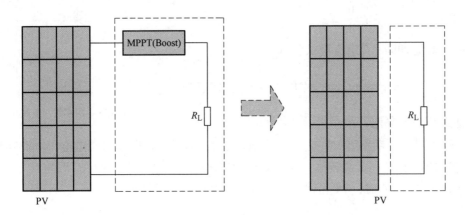

图 4-34　Boost 电路阻抗变换

2. Boost 电路实现 MPPT 仿真模型

由 Boost 电路阻抗变换的关系，在 MATLAB/Simulink 模型窗口中建立仿真模型如图 4-36 所示，模拟日照强度为 600W/m^2，环境温度 25℃时，负载为 100Ω，占空比 D 在 0 ~ 1 范围内调整光伏电池的输出特性。

将式(4-15) 代入 $U = IR$ 和 $P = UI$ 可以得出输出电压 U、功率 P 与占空比 D 的关系

$$U = f(D) = IR' = IR_L(1-D)^2 \tag{4-16}$$

$$P = f(D) = UI = I^2 R_L(1-D)^2 \tag{4-17}$$

建立基于 MPPT 电路的仿真模型，如图 4-35 所示。

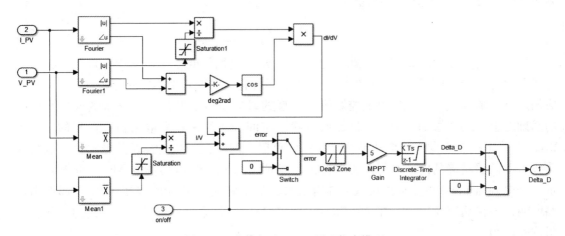

图 4-35　光伏电池 MPPT 原理仿真模型

3. Boost 电路实现 MPPT 的仿真及结果分析

图 4-36 是基于 Boost 电路的仿真波形，横坐标为时间 t，纵坐标从上到下依次为占空比 D、电流 I、电压 U、功率 P。可以看出，在最大功率点的左侧，功率随占空比的增加而增大；在最大功率点的右侧，功率随占空比的增加而减小。

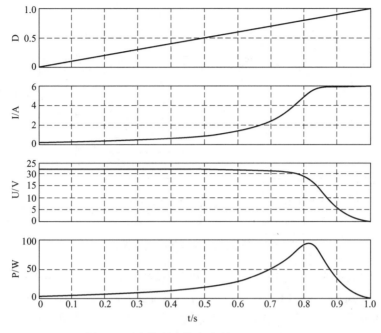

图 4-36 光伏电池仿真波形（$R_L = 100\Omega$）

4.4 独立式光伏发电系统

根据负载的用电要求对光伏电池板进行选择，组成适合要求的光伏阵列后，在光照条件下将太阳能转换为直流电能。该直流电一般要经过变换才能供各种用电设备使用，因而变换器是光伏发电系统的关键部件之一。

变换器可分为直流变换器和交流变换器两种，直流变换器的功能是将一种直流电压或电流变换为另一种所需的直流电压或电流，交流变换器则将直流电经过逆变换而成为通用的工频交流电或其他所需的交流电形式。

4.4.1 独立式光伏发电系统的结构及工作原理

独立式光伏发电系统指光伏发电所产生的直流电以及经过二次变换之后的交流电，直接向用电负载提供，而且仅限于向负载供电的电力系统，但该系统中也需要对储能单元进行电能管理。独立式光伏发电系统将太阳电池产生的电能通过对蓄电池或其他中间储能元件进行充放电控制；或直接对直流用电设备供电；或将转换后的直流电经由逆变器逆变成交变电源供给交流用电设备。图 4-17 所示的小型太阳能供电系统、图 4-18 所示的简单直流供电系统、图 4-19 所示的大型太阳能供电系统以及图 4-20 所示的交直流供电系统均属于独立式光伏发电系统。独立发电主要解决偏远的无电地区和特殊领域的供电问题，且以户用及村庄用的中小系统居多。从目前使用情况及今后一段时期发展来看，由于光伏发电的设备成本较高，大部分光伏发电应用不是在并网，而是作为独立的光伏电站。独立式光伏发电系统的基本结构如图 4-37 所示。

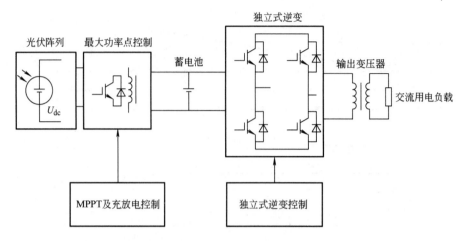

图 4-37　独立式光伏发电系统的基本结构

独立式光伏发电系统一般包括光伏电池 MPPT 控制器、蓄电池充放电控制器、直流升压或降压型变换器（Boost or Buck DC—DC Converter）以及交流逆变器（DC—AC Inverter）等。

独立式光伏发电系统一般应用于中小型系统，主要包括光伏阵列、DC—DC 变换器、蓄电池组、高频逆变器、低通滤波器及工频升压变压器。其中 DC—DC 变换器将光伏阵列输送的直流电升压，既为蓄电池组充电，也为高频逆变器提供直流电能，同时还实现光伏阵列的最大功率点跟踪控制；高频逆变器采用 SPWM 方式进行逆变，交流侧经 LC 滤波后得到 220V/50Hz 的正弦波交流电供负载使用。

独立式光伏发电系统的控制，除 MPPT 之外，输出电压的控制也是十分重要的。图 4-38 是一种数字式光伏发电系统输出电压控制原理，其中输出电压的采样由霍尔传感器完成，经调理电路后送入中央控制单元的 A/D 转换单元，

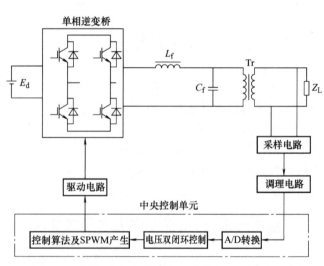

图 4-38　数字式的光伏发电系统输出电压控制原理

由此得到输出的反馈信息。将采样的输出电压反馈值与给定正弦表中的相应数据进行比较，得到偏差信号，经特定的算法计算得到输出的 SPWM 信号。

4.4.2　独立式光伏供电系统的储能与充放电控制技术

虽然独立式光伏发电系统功率不太大，但是由于太阳辐射能的不稳定性，以及考虑到夜间的用电，需要配置有足够容量的中间储能环节，并且对储能单元实施有效的能量管理。考虑价格因素及技术成熟度因素，目前中间储能环节大多采用的是在直流母线侧装置蓄电池。而对蓄电池的有效管理即合适的充放电控制，是保证蓄电池性能及其寿命的关键之一。考虑

到光伏发电产生的直流电压或电流的不稳定性，而蓄电池的电压相对稳定，要求直流侧必须装配相应的直流变换器并进行有效的控制。

1. 直流输电用升压及降压变换器（DC—DC Converter）

独立式光伏发电系统中的直流变换，包括升压变换器（Boost Converter）和降压变换器（Buck Converter），统称为DC—DC变换器。其中升压变换器主要应用于光伏发电系统向配电房直流输电，或将光伏电池（或蓄电池）的低电压经升压变换后输出，向高压用电器供电；降压变换器主要应用于光伏工作点功率控制、负载调节控制以及蓄电池充电控制等。

2. 蓄电池充放电控制器

蓄电池的充放电控制器通常为DC—DC变换器，通过调节充电器的直流电压和直流电流输出值，达到对蓄电池充电电流或充电电压等不同目标的控制，实现不同策略的充电控制。恒流充电是以使蓄电池充电电流保持恒定为控制目标的充电模式，恒压充电是以使蓄电池电压保持恒定为控制目标的充电模式。

蓄电池是光伏阵列发电系统中一个重要蓄能中间环节，担负着光伏电能在用电低峰时储存电能，而在光伏电能较低时释放电能，使发电系统能够比较平稳地对负载供电。光伏阵列发电系统中的蓄电池一般采用铅酸蓄电池，只有良好地应用铅酸蓄电池的充放电特性，对其实施充放电管理，才能使铅酸蓄电池处于最佳工作状态。

如果蓄电池始终按照可接受的电流进行充电，那么在任何时间 t，存储于蓄电池内的电荷量 Q 是从时间0到时间 t 的积分，见下式：

$$Q = \int_0^t i\mathrm{d}t = \int_0^t I_0 \mathrm{e}^{-\alpha t}\mathrm{d}t = \frac{I_0}{\alpha}(1 - \mathrm{e}^{-\alpha t}) \tag{4-18}$$

由式(4-18)可知，充电结束（$t\to\infty$）时充入蓄电池的电量是原来蓄电池放出的电荷量，即

$$Q = \frac{I_0}{\alpha} \tag{4-19}$$

由此可得

$$\alpha = \frac{I_0}{Q} \tag{4-20}$$

式中，α 为蓄电池的充电电流接受比，是一个重要的参数；I_0 为蓄电池可接受的初始充电电流；Q 为存储于蓄电池内的电荷量。

铅酸蓄电池的充放电过程受三个基本定律的支配和影响：

1）第一定律。对于任意给定的放电电流，α 与放电容量 c 的二次方根成反比，即

$$\alpha = \frac{K}{\sqrt{c}} \tag{4-21}$$

式(4-21)表明，蓄电池可接受的初始充电电流 I_0 与蓄电池的容量 c 有关，容量越大，初始充电电流也越大。

2）第二定律。对于任意给定的放电量，α 与放电电流 I_{dis} 的对数成正比，即

$$\alpha = K\lg(kI_{\mathrm{dis}}) \tag{4-22}$$

式中，I_{dis} 为放电电流；K、k 为常数。

由于 $I_0 = \alpha Q$，将式 (4-22) 代入式 (4-23)，可得

$$I_0 = \alpha Q = QK\lg(kI_{dis}) \tag{4-23}$$

由式 (4-23) 可知，蓄电池接受充电电流的能力与蓄电池的放电电流有关，放电电流越大，蓄电池可接受充电电流的能力也越强。

3）第三定律。蓄电池以不同的放电率放电后，可接受的充电电流是各个放电率的可接受充电电流之和，即

$$I_s = I_1 + I_2 + I_3 + \cdots \tag{4-24}$$

由此可得

$$\alpha_s = \frac{I_s}{Q_s} \tag{4-25}$$

式中，I_s 为总的可接受充电电流；Q_s 为蓄电池释放出的全部电量；α_s 为总充电电流接受比。

以上三个基本定律是铅酸蓄电池充放电的理论基础，揭示了蓄电池可接受充电电流与放电量之间的内在联系，并指出了在充电过程中对蓄电池实施一定深度的放电是提高充电电流接受比，从而实现快速充电过程的有效途径。

铅酸蓄电池的理想可接受充电电流曲线如图 4-39 所示。

但在实际应用过程中，让充电电流按照该曲线规律变化是有一定困难的，因为初始充电电流很大，但是其衰减很快，维持大电流充电的时间不长。对于铅酸蓄电池，影响蓄电池充电速度和充电电流的主要因素是充电过程中产生的极化现象。

为使蓄电池充电时间短，充电效率高，且不缩短蓄电池寿命，最好能将蓄电池的充电压控制在蓄电池析气电压以下。铅酸蓄电池在端电压上升到析气电压时充入的电量取决于充电电流的大小，即充电电流越大，

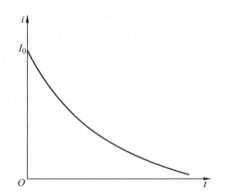

图 4-39　铅酸蓄电池的理想可接受充电电流曲线

充电电压越大，电压上升越快，充入的电量越少。为提高蓄电池充电效率并达到快速充电的目的，必须尽可能采取措施降低充电电压，在蓄电池端电压达到析气电压之前尽可能多地充电。

铅酸蓄电池的充电过程主要包括充电程度判断、从放电状态到充电状态的自动转换，以及充电各阶段模式的自动转换和停止控制等方面。

充电过程一般分为主充、均充和浮充 3 个阶段，有时在充电末期以微小充电电流长时间持续进行涓流充电。主充一般为快速充电，有两阶段充电、变流间歇式充电和脉冲式充电等模式；以慢充为主充模式的一般采用低充电电流的恒流充电模式。由于铅酸蓄电池在深度放电或长期浮充条件下，串联中的单体蓄电池的电压和容量都可能出现不平衡现象，而导致这种不平衡现象的充电方式称为均衡充电，简称均充。为保证蓄电池不过充，在蓄电池快速充电至 80% ~ 90% 的容量后，一般转为浮充，即恒压充电模式。为适应充电后期蓄电池可充电电流的减小，当浮充电压值与蓄电池端电压相等时即自动停止充电。为防止可能出现的蓄

电池充电不足，在此之后还可以用微小的充电电流进行涓流充电，使充电比较彻底。

对于充电程度的判断有三种方法：检测蓄电池去极化后的端电压变化，检测蓄电池的实际容量，检测蓄电池的端电压。

对于充电各阶段的自动转换方法有三种：采用定时控制方式，比较充电电流或充电电压是否达到设定值，采用积分电路在线监测蓄电池的容量。

对于蓄电池停止充电的控制方法有四种：定时控制，蓄电池的温度控制，蓄电池端电压负增量控制，蓄电池极化电压控制。

对蓄电池充电控制的实现方法有经典控制与智能控制两大类：

1）经典的充电控制。经典充电控制器一般包括充电电流的检测与自动调整、消除极化放电、自动停止充电检测等功能，其充电流程如图 4-40 所示。

2）智能化的充电控制。由于蓄电池的充电过程为非线性，为使充电过程最优，可采用各种智能控制方法，如模糊控制方法、神经元网络控制方法以及自适应控制方法等。例如智能模糊充电器，采用模糊控制方法对充电过程进行控制，可以实现对充电电流的高精度控制，并保证充电各阶段动作及时转换。

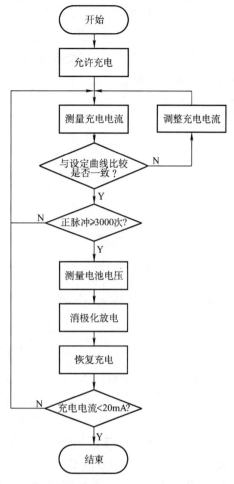

图 4-40　经典的蓄电池充电控制流程

4.5　并网式光伏发电系统

由于光伏阵列的太阳能转换受到太阳辐射因时因地的不同而不断地变化，因而要求光伏阵列并网逆变器应具有以下特点：具有较宽的直流输入电压范围；具有较高的可靠性和可恢复性；具有较高的逆变效率；具有较小的输出失真度。

光伏阵列发电的并网系统根据容量的大小，可以分为单相并网和三相并网。单相并网系统一般仅用于系统容量比较小的不间断电源系统中，不具备真正意义上的并网。因而一般的并网系统指三相并网系统。

4.5.1　并网式光伏发电系统的结构及工作原理

并网式光伏发电系统的最终输出为供电电网，而其直流侧直接接到光伏阵列的输出或者由光伏阵列经过 DC—DC 变换后输出。三相光伏阵列并网逆变器根据直流侧电源的型式分为电压型和电流型两大类，而根据逆变器的级数可分为单级式并网逆变、两级式并网逆变以及多级式并网逆变等。

1. 电压源型光伏阵列的逆变并网

图4-41为典型的电压源并网逆变器的拓扑结构，其中的U_{dc}为光伏阵列将太阳能转换后产生的直流电压源。由于逆变器输出电压一般为PWM方波，因而将输出电压接入公共电网侧时必须增加缓冲电感L_a、L_b、L_c。而大容量光伏阵列并网逆变器一般采用多重化逆变形式或多电平结构的逆变器。

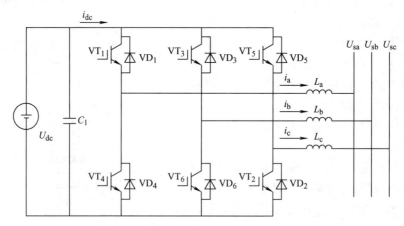

图4-41　典型的电压源并网逆变器的拓扑结构

这种光伏逆变装置白天向公共电网输送功率，其输出电流与电网电压同相，通过MPPT控制策略调节输出电流的大小，控制输出功率的大小。

2. 电流源型光伏阵列的逆变并网

图4-42为典型的电流源并网逆变器的拓扑结构，其中i_{dc}为光伏阵列将太阳能转换后产生的直流电流源，L为直流平波电抗器，它使脉动的直流电流变为平稳的电流。由于逆变器通常采用负载（电网）换相形式逆变，只需适当调节逆变输出侧输出电流的相位与幅值，就可以向公共电网输出功率，因而接入公共电网的电压端时不必增加缓冲电感L。为了改善输出电压的波形，在交流侧要增加滤波电容。

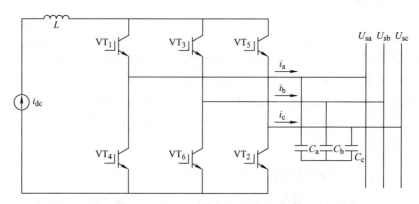

图4-42　典型的电流源并网逆变器的拓扑结构

3. 单级式并网逆变器

单级式并网逆变器必须能够在功率变换环节上实现升压、最大功率点跟踪、DC—AC变换以及光伏电池阵列与公共电网之间的电气隔离，因而这种变换器拓扑需要变压器。

图 4-43 所示为单级式并网双向反激式逆变器（BDFB，Bi-directional Fly-back Inverter）。主电路具有双向电流传导能力，并可保持输出电流连续。

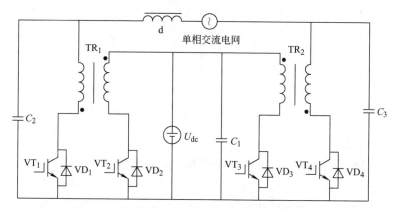

图 4-43　单级式并网双向反激式逆变器的拓扑结构

这种结构的缺点是在光伏电池阵列母线上的电容 C_1 所含的 2 倍工频纹波电压较大，要求该电容值比较大。

另一类单级并网逆变拓扑是采用全桥逆变后通过工频变压器直接接入电网。由于光伏直流母线与电网之间没有能量解耦环节，一般认为这种拓扑的效率较低。

4. 两级式并网逆变器

两级式并网逆变器是目前采用较多的拓扑结构。如果逆变器是自换相的，通过在 DC—DC 变换后的高压直流母线上并联一个电容，可以很好地实现能量解耦。主电路一般分为 DC—DC 变换环节和自换相或电网换相 DC—AC 逆变环节，如图 4-44 所示。

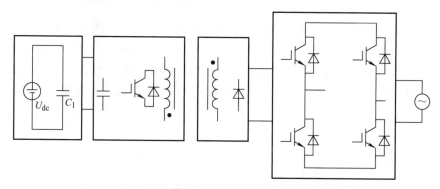

图 4-44　两级式并网逆变器的拓扑结构

另一种两级式并网逆变器拓扑与图 4-44 基本相同，只是其逆变桥不是经典的全桥拓扑结构，而是在两个桥臂之间串入两只隔离二极管，如图 4-45 所示。这种拓扑的好处是：①当光伏电池阵列没有输出时，电网的交流电压不能通过逆变全桥上的反并联二极管整流到高压直接母线上，消除了夜间并网逆变器的待机损耗；②逆变全桥的两个桥臂工作在不同的开关频率，其中左桥臂开关频率为 20～80 kHz，起正弦波调制作用，右桥臂为两倍于公共电网频率的开关频率，起换相作用，这样可以把开关损耗降低一半。

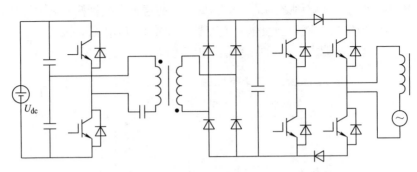

图 4-45 一种改进型两级式并网逆变器拓扑结构

5. 多级式并网逆变器

一般认为，多级并网拓扑会增加并网逆变器的复杂程度和成本，但它可以同时实现多种功能，如逆变桥低开关频率（2 倍工频）、DC—DC 变换器正弦半波直流输出、光伏电池与电网之间的能量解耦等。因而多级式并网逆变器可以在降低损耗的同时很好地实现最大功率点跟踪。

一种 Sunmaster 130S 多级式并网逆变器的拓扑结构如图 4-46 所示。

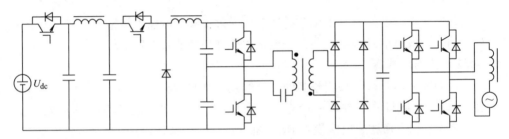

图 4-46 Sunmaster 130S 多级式并网逆变器的拓扑结构

图 4-47 是另一种多级式并网逆变器。前级采用 Boost 拓扑结构将光伏电池阵列的输出电压升高到 200V，同时实现最大功率点跟踪。Boost 电路中的电感上还有一个绕组为辅助电源电路（APSU）供电。中间级为推挽式逆变器，使输出电流波形为整流正弦波，同时也实现了电网与光伏电池的电气隔离。最后一级为 2 倍工频逆变器，起换相作用。

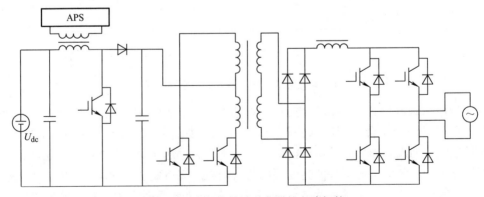

图 4-47 多级式并网逆变器的电路拓扑

以上几种并网逆变器都实现了相同的功能,既提高光伏电池的输出电压,又逆变到公共电网。逆变器的电路拓扑一般为半桥或全桥结构,不同的并网逆变器拓扑结构也决定了系统中 MPPT 控制策略实现方法的不同。例如,在单级式并网逆变器中,MPPT 控制、逆变控制、相位同步等必须在同一个变换器中得到实现,系统组成简单,但各参变量之间耦合程度高,控制算法比较复杂;而对于两级式或多级式并网逆变器,MPPT 控制一般在第一级变换中实现,而逆变控制、相位同步、并网控制等在后级变换中实现,使整个系统控制的复杂程度降低,使各级的控制精度都得到提高,但增加了更多的硬件成本。

4.5.2 并网光伏逆变器的频率跟踪与锁相控制技术

光伏阵列并网逆变系统的控制主要有两个控制闭环,即:对输出波形的控制及对功率点的控制。对输出波形的控制要求快速,一般要求在一个开关周期内实现对输出电压或电流的跟踪,而对光伏阵列功率点控制的速度要求不是很快。

为使光伏阵列所产生的直流电源逆变成交流电后向公共电网并网供电,就必须对逆变器的输出波形实时跟踪控制,使逆变器的输出电压波形、幅值及相位等与公共电网的一致,即保持同步,实现无扰动平滑并网供电。目前逆变器多采用 PWM 控制方式,对逆变器的功率半导体开关器件进行适当的驱动控制,保证逆变器的输出电流时刻跟踪参考电流。在光伏并网发电系统中,首要的就是实现频率的自动跟踪,而频率跟踪其实质就是相位的跟踪,实现方法通常采用锁相环技术。

同步锁相是光伏并网系统的一项关键技术,也是应用开发上的一个主要难点,其控制精确度直接影响到系统的并网运行性能。倘若锁相环电路不可靠,在逆变器与电网并网工作切换中会产生逆变器与电网之间的环流,对设备造成冲击,缩短设备使用寿命,严重时还将损坏设备。因此,在光伏并网发电系统中必须加入锁相环(PLL,Phase-Locked Loop)技术,使其能够自动追踪输入信号频率与相位。另外,光伏并网发电系统除了和其他的电源系统一样要具有常规的保护功能外,还必须具有孤岛保护的功能,而孤岛保护方法里的主动频率扰动法效果的好坏很大程度上取决于锁相环的质量。

锁相控制是一个闭环自动控制系统,基本原理如图 4-48 所示。主要由相位比较器或称鉴相器(PD,Phase Detector)、环路(低通)滤波器(LF,Loop Filter)以及压控振荡器(VCO,Voltage Controlled Oscillator)等三个基本部件构成。鉴相器将输入的信号与反馈的信号做比较获取

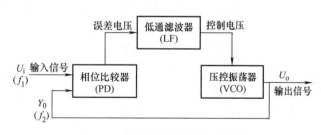

图 4-48 锁相控制环的基本原理

相位差信息;环路滤波器滤除鉴相器输出中的高频成分同时调整环路参数,对整个 PLL 环路的性能起着至关重要的作用;LF 的输出信号用于控制 VCO 的输出频率与相位;压控振荡器根据反馈回来的相位差信息调节输出信号的频率与相位,逐步实现与输入信号同频同相,这样实现了基本锁相环路的工作原理。

锁相控制环电路与其他具有相同功能的电子线路相比有如下特点:①可以实现理想

的频率控制。当锁相环路处于锁定状态时，输出信号与输入信号频率相等，即稳态频率差为零。②良好的窄带跟踪特性。压控振荡器的输出信号能够跟踪输入信号载频的变化。当 VCO 的频率锁定在输入信号频率上时，位于输入信号频率附近的绝大部分干扰会受到环路滤波器低通特性的抑制，从而减小了对 VCO 的干扰作用。锁相环路对干扰的抑制作用，就相当于一个窄带的高频带通滤波器。③良好的频率跟踪特性。锁相环路中的压控振荡器，其输出频率可以跟踪输入信号瞬时频率的变化，表现了良好的调制跟踪性能。

锁相环的实现方式有模拟和数字两种。模拟方式可以采用通用的集成锁相环 CD4046B 来实现，图 4-49 所示为采用集成锁相环电路实现电网频率跟踪的控制框图。相位比较器将压控振荡器的输出频率 f_0 与检测到的公共电网上的电压频率

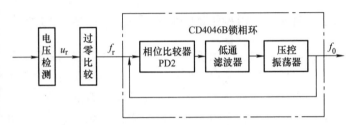

图 4-49 采用集成锁相环电路实现电网频率跟踪的控制框图

f_r 比较，相位误差电压经环路滤波后送至 VCO 的控制输入端，以此逐步减小 f_0 和 f_r 之间的相位差，达到锁定相位跟踪频率的目的。

图 4-50 是 CD4046 逻辑结构图。CD4046 具有两个独立的相位比较器 PC1 与 PC2。PC1 是异或门相位比较器；PC2 是边沿触发型相位比较器，它由受逻辑门控制的四个边沿触发器和三态输出电路组成，它的输出为三态结构。系统一旦入锁，输出将处于高阻态，无源低通滤波器的电容 C_2 无放电回路，相位比较器相当于具有极高的增益，输入信号与输出信号可严格同步，其最大锁定范围与输入信号波形的占空比无关，而且使用它对环路捕捉范围与低通滤波器的时间常数无关，一般可以达到锁定范围等于捕捉范围。应用 CD4046 的鉴相器 PC2，可保证锁相环输出与输入信号相位差为零。

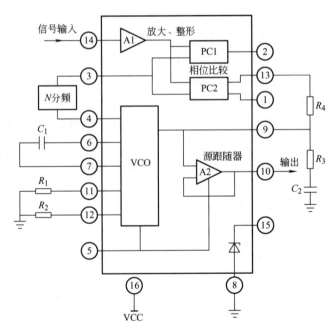

图 4-50 CD4046 逻辑结构图

线性压控振荡器 VCO 产生一个输出信号（4 脚），其频率经过 N 分频之后与 VCO 输入的电压以及连接到引出端的电容 C_1 值及 R_1 和 R_2 的阻值有关，并且输出频率范围 $f_{\min} \sim f_{\max}$ 满足以下公式：

$$f_{\min} = \frac{1}{R_2(C_1 + 32\text{pF})} \tag{4-26}$$

$$f_{\max} = \frac{1}{R_1(C_1 + 32\text{pF})} + f_{\min} \tag{4-27}$$

式中，$10\text{k}\Omega \leqslant R_1 \leqslant 1\text{M}\Omega$；$10\text{k}\Omega \leqslant R_2 \leqslant 1\text{M}\Omega$；$100\text{pF} \leqslant C_1 \leqslant 0.01\mu\text{F}$。

相位脉冲输出端（1 脚），用于表示锁定两个信号之间的相位差。如果相位脉冲端输出高电平，表示处于锁定状态。在信号输入端无信号输入时，压控振荡器被调整在最低频率上。

锁相环是通过改变压控振荡器的频率来减小输入电压和负载电流信号之间的相位差，最终实现逆变器的工作频率跟踪公共电网的电压频率。相位校正电路主要是完成对所有频率信号检测电路、信号传输电路造成的时间延迟的补偿。

随着数字电路、大规模集成电路以及智能核心电路的大量应用，在光伏并网发电系统中，基本上趋向于采用数字化的控制方式。由于数字控制的优点突出，数字锁相环以其参数调节方便、成本低廉等众多优势受到越来越多的关注，传统的模拟锁相环逐渐被数字锁相环所取代。数字锁相环的原理类似于传统的模拟锁相环，只是环内相应的模块全部由数字运算实现。其基本原理如图 4-51 所示，信号调理电路先对输入的电网电压信号和并网电流信号进行低通滤波，之后再由过零比较电路获得方波信号送入数字控制环节，经数字控制方法对信号进行处理，获取频率与相位信息后再根据相应的信息对输出进行控制。

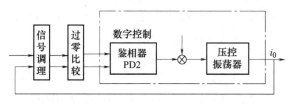

图 4-51　数字锁相环的工作原理

对于数字化控制的光伏并网发电逆变器，可通过控制系统产生 SPWM 波的载波比调整载波频率进行输出频率的微调，从而实现频率的锁定与相位的跟踪。

4.5.3　光伏发电系统的并网安全运行与防护措施

并网光伏发电系统按照规模大小，有大、中、小型之分，而更重要的一点，由于受光照强度的影响，白天与夜晚、晴天与阴天，光伏发电存在着很大的波动，特别是对于小型的并网光伏组成的微电网，这种影响更为严重。光伏发电系统的安全运行不仅涉及自身的安全，而且还直接影响到电力系统的稳定可靠。因而在不同运行模式下，需要并网逆变系统采用不同的控制策略，分别采用孤岛控制策略和并网运行控制策略以解决光伏发电中的安全运行问题。在孤岛运行模式下，逆变系统一般可以采用具有下垂特性的电压与频率控制；而在并网运行模式下，逆变系统一般采用有功与无功控制策略。

1. 光伏阵列发电并网系统的保护

光伏阵列并网系统作为电力系统的一部分，需要设计相应的保护和检测装置，一方面保护光伏发电系统防止孤岛效应；另一方面需要防止线路事故或功率失稳。常用的光伏并网保护功能有欠电压保护、过电压保护、过电流保护、低频率保护、超频率保护和孤岛保护等。

光伏并网保护功能一般由功率调节器实现，它保证在光伏逆变系统发生异常时，光伏发电系统不对电网产生较大的不良影响；同时也保证当电网发生故障时，不至于对光伏发电系统造成破坏。功率调节器由控制单元、显示单元、充放电单元、逆变单元及并网保护装置等组成。一般功率调节器采用模块化设计逆变单元和功能单元，灵活组合，各单元之间按照主-从控制运行方式，并有独立运行功能，可根据需要设置为低压并网、高压并网、独立运行和防灾运行等方式。

为保证光伏发电系统的安全运行，除以上孤岛效应保护之外，还需要考虑以下保护类型：①电网电压过电压及欠电压保护；②电网电压超频及欠频保护；③逆变器的交流输出短路保护；④逆变器过热保护；⑤逆变器过载保护；⑥直流极性反接保护；⑦直流过电压及欠电压保护；⑧逆变器对地漏电保护以及防雷与接地保护；⑨逆变器内部自检保护（防雷器损坏，接触器故障，变压器过热，A/D通道损坏，IGBT损坏等）。

同时，并网发电系统还需要考虑以下的额外保护类型：①低电压穿越（LVRT）；②输出直流分量超标保护；③输出电流谐波超标保护；④三相电网不平衡保护；⑤并网系统存在的电磁干扰问题。

2. 孤岛问题

当分散的电源如光伏发电系统从原有的电网中断开后，虽然输电线路已经断开，但逆变器仍在运行，逆变器失去了并网赖以参考的公共电网电压，这种情况称为孤岛效应。

产生孤岛效应可能会使电网的重新连接变得复杂，且会对电网中的元件产生危害。为了解决这个问题，目前已经有多种方案提出，在孤岛效应比较明显的场合已经基本上得到解决。但当孤岛效应不是很明显时，现有的方法有可能无法判断出发电站与负载之间功率的失配，因而孤岛问题仍是一个未彻底解决的问题。

孤岛效应的检测有两种方法，即被动检测和主动检测。被动检测是指当电网失电时，电网电压的幅值、频率、相位和谐波等参数上将产生跳变信号，通过检测跳变信号来判断电网是否失电。主动检测是指在并网点处向电网注入很小的干扰信号，通过检测反馈信号来判断电网是否失电。其中一种方法就是通过在并网电流中注入很小的失真电流，测量逆变器输出的电流的相位和频率，采用正反馈的方案，加大注入量，从而在电网失电时，能够很快地检测出异常值。

利用功率调节器可以实现对孤岛的检测和对电压的自动调整功能，当出现剩余功率逆潮流时，由于系统阻抗高，并网点的电压会升高，甚至可能超过电网的规定值。为避免这种情况，功率调节器设有两种电压自动调整功能：① 超前相位无功功率控制，电网提供超前电流给功率调节器，抑制电压升高。这种控制方式会使功率调节器的视在功率在调节时增加，变换效率略微降低。② 输出功率控制，当超前相位无功功率控制对电压升高的抑制达到临界值时，系统电压转由输出功率控制，限制功率调节器的输出功率，使电压升高。这种方式使光伏阵列的发电功率利用率有所降低。

为了解决逆变器的某些控制策略只能输送有功功率而无法注入无功功率的问题，通常采用有功和无功综合控制方法。在PWM电路中植入一个扰动发生电路，使它产生与逆变器输出值有一定大小的偏移，通过检测由于频率变化产生的符号变化和代数运算，就可以更好地检测出孤岛效应。这种方法的特点是：①逆变器可以同时提供有功和无功功率，避免交流侧功率因数的恶化；②当孤岛效应不明显时，发电站与负载的功率不匹配也可以更有效地检测出来；③计算过程以及电路设计容易实现，计算和运行费用较少。

为了能够主动检测孤岛效应，可以在逆变控制器中加入能够产生微小不平衡正弦波形的电路。如果控制器的参考正弦波中存在一个微小的不对称，则会在逆变器的电流输出中产生同样大小的畸变。在正常运行情况下，这种畸变是可以忽略的；然而一旦孤岛效应发生，这种畸变可以通过检测很容易地辨识出来，亦即采用合适的畸变作为有效辨识孤岛效应的指示器。

图4-52给出辨识孤岛效应的计算流程。该计算流程在对每个支路的输入电压和电流进行采样之后，计算得到频率的改变值，并与整定频率进行比较，只有当频率变化小于整定值时才进行进一步的判断。将频率变化量符号的变化次数及频率变化次数与整定值进行比较，当符号的变化次数大于整定值时，则得出发生孤岛效应的结论，并使控制器发出指令使光伏阵列逆变系统与公共电网分离。

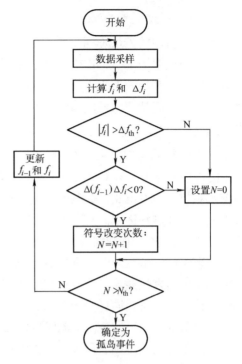

图4-52　辨识孤岛效应的计算流程

4.6　光伏发电的发展前景与经济技术评价

光伏阵列发电系统的前提是光伏电池阵列，其系统造价的核心部分为光伏电池阵列以及具有高度智能化的逆变器。表4-2为地面用光伏电池组件的成本、价格及效率。

表4-2　地面用光伏电池组件的成本、价格及效率

光伏电池	2000年			2005年			2010年			2015年		
	成本/美元	价格/美元	效率(%)	成本/美元	价格/美元	效率(%)	成本/美元	价格/美元	效率(%)	成本/美元	价格/美元	效率(%)
单晶硅	2.40	4.00	18	1.50	2.50		1.20	2.00	20	0.90	1.75	22
多晶硅	2.25	3.75	16	1.50	2.50		1.20	2.00	18	0.90	1.75	20
聚光电池	2.00	3.33	25	1.20	2.00		0.75	1.25	17	0.55	1.00	30
非晶硅	2.00	3.30	10	1.20	2.00		1.00	1.67	13	0.75	1.25	15
薄膜硅	2.00	3.33	12	1.20	2.00		0.75	1.25	14	0.55	1.00	16
CIS	2.00	3.33	12	1.20	2.00		0.75	1.25	14	0.55	1.00	16
CdTe	1.50	2.50	12	1.20	2.00		0.75	1.25	15	0.55	1.00	17

从表4-2可以得出结论：作为光伏发电核心器件的光伏电池的价格正在逐年下降，而光伏电池的转换效率正在逐年提高。

光伏阵列发电主要存在以下问题：

1. 光伏阵列发电效率低

目前正在使用的光伏阵列主要有单晶硅、多晶硅、非晶硅及薄膜电池等。晶体硅光伏电池的光电转换效率为 15%～20% 左右，非晶硅光伏电池的光电转换效率为 8%～14% 左右，薄膜电池的光电转换效率为 10%～15% 左右。由于光电转换效率太低，使光伏发电功率密度低，难以形成高功率的发电系统，使太阳能的利用范围受限。

2. 光伏阵列发电系统的造价成本高

由于光伏电池的光电转换效率低，大功率发电系统需要许多光伏电池阵列，而目前光伏电池阵列的价格约为人民币 36～40 元/W，光伏阵列发电系统的价格约为人民币 60～80 元/W。与目前水利或火力发电相比，其发电成本约为后者的 6～20 倍。成本高是当前光伏发电市场快速发展的主要制约因素。随着光伏技术及产业的不断发展，目前，光伏组件的价格已经由 2008 年的 35 元/W 左右降到了 15～18 元/W，逆变和输配电部分的价格则由 2008 年的 12 元/W 左右降到了 4～6 元/W，而电站建设安装（含土建、支架和布线）的施工成本则视地理条件而定，但通常按照 3～5 元/W 的价格来说，对 1MW 以上的电站是合适的。而对于屋顶电站，光伏组件的价格同样为 15～18 元/W，由于屋顶可以直接固定组件，因此基建和支架费用可以降低到 2～3 元/W，土地成本也可以省去。但是，由于屋顶电站通常规模较小，因此逆变并网部分的成本则有所增加，大约在 4～8 元/W 左右，因此屋顶光伏的成本在 21～29 元/W 之间。

3. 光伏阵列发电系统的运行受气候环境因素影响大

光伏发电需要太阳光的直接照射，而地球表面上的太阳辐射受气候的影响很大，而且由于环境污染的影响，特别是空气中的颗粒物灰尘降落在光伏电池板上，阻挡了阳光的照射，减少了光线的入射量，进而减小了光电转换效率。

4. 光伏电池组件的制造需要消耗大量能源

单晶硅和多晶硅是由 SiO_2 经过多道化学和物理工序获得，这个过程要消耗相当多的能量，因而使得单晶硅和多晶硅的生产成本很高。而制造非晶硅所需的能耗要少得多。

以上因素制约了太阳能光伏发电大规模应用的发展速度。但是从整个社会效益来综合衡量，从长远发展看太阳能与化石能源的成本差距，太阳能光伏发电是一种可持续发展的新兴清洁能源，具有十分广阔的前景。随着新技术的不断出现，光伏电池的成本正在不断下降，更重要的是各国都已经意识到化石能源接近枯竭，大力发展可再生能源，因而未来光伏发电占全部电力的比例将不断增大。光伏阵列并网发电技术是当今世界光伏发电的趋势，光伏技术正在步入大规模发电阶段。

从环保效益看，我国电力 70% 以上是依靠火力发电和水力发电，火力发电站每年不仅使用大量标准煤，其粉尘排放是环境污染的一个重要来源，二氧化碳、二氧化硫及其他温室气体大量排放，对空气污染危害十分明显。而光伏发电是真正意义上的环保发电，没有各类有害物质的产生。

从社会效益看，如果将光伏电池阵列与建筑物集成作为一个整体，并且将光伏发电并网，不需占用昂贵的土地，施工周期短、成本低，也不需能量储存设备，在电能终端消费用户就近发电可避免和减少输配电损失，运行、维护简单，好的集成设计能使建筑物更加洁净、美观，容易被建筑师、用户和公众接受。光伏电池阵列与建筑物集成为一体，已经成为被广泛接受的环保方案。

20 世纪 90 年代以来，发达国家相继推出光伏屋顶并网发电项目和计划，美国和欧盟计划到 2030 年在上千万屋顶安装太阳电池板并网发电，日本也宣布到 2030 年光伏发电装机容量要达到 64GW，主要用于屋顶并网光伏系统。我国的并网光伏发电起步较晚，近年发展很快，已建成 22 个并网光伏发电项目，总体上达到国际先进水平。目前太阳能光伏发电成本约为 0.8 元/kW·h，随着技术进步和规模扩大，估计到 2020 年成本可降到 0.3 元/kW·h。

光伏发电可调度式并网系统的逆变器一般设计成同时具有独立工作和并网工作两种模式，具有很大的灵活性，容易被电力部门作为电力调峰所接受。目前大多数的风—光、风—光—柴油以及风—光—柴—蓄等脱离大电网的混合局部并网发电系统都具有独立和并网两种工作模式，因而以太阳能光伏发电与风力发电进行互补，综合天燃气燃机发电或柴油发电，而形成大型新能源综合发电是未来重要的发展方向。

回顾历史的发展过程，着眼目前的发展条件，展望未来的发展趋势，太阳能光伏发电必将以快速的步伐向前迈进。由于起步阶段的投入较大，太阳能光伏发电需要政府鼓励与大力扶持。

本 章 小 结

本章就可再生能源中的太阳能光伏发电的相关知识做了一定的阐述，从太阳的结构以及太阳与地球的关系出发，可以知道在地球上进行太阳能的采集、转化和利用受到多种因素的制约，而影响了太阳能的直接应用；在分析了光伏电池的基本原理和其特性的基础上，分析了最大功率点的存在及如何使光伏电池在不同的环境条件下其输出功率达到最大值，说明了其控制的原理及一些方法；为使光伏发电能够提供实际工程应用，必须对光伏发电进行适当的变换，包括 DC—DC 变换或 DC—AC 变换，介绍了一些常用的变换拓扑，对光伏阵列并网发电的相关控制问题也做了一定介绍；就光伏发电的制约与其发展方向做了一些简要说明。

太阳能的开发与应用是世界各国大力提倡的一项重要能源工程，虽然太阳能的利用有多种形式，但光伏发电作为其中一个十分重要的分支，正在倍受重视。光伏发电的成本还是居高不下，各种更高转换效率的光伏电池也在不断研究之中，随着半导体技术的发展，光伏电池技术也会在未来得到质的飞跃。光伏发电中的一些关键问题，如最大功率点问题、光伏电站孤岛效应问题以及光伏发电的并网技术等，也是十分重要的研究课题。总之，太阳能光伏及其发电技术正在成为一个日益增长的朝阳产业，也正在成为新能源技术领域中一个十分重要的组成部分。

第 5 章　生物质能发电与控制技术

随着石油及天然气供应的日趋紧张，世界各国都十分重视新兴能源的开发和利用，特别是可再生能源。生物质能一直是人类赖以生存的重要能源，它是仅次于煤炭、石油和天然气而居于世界能源消费总量第四位的能源，在整个能源系统中占有重要地位。与太阳能、风能、水能、海洋能等一样，生物质也是十分重要的可再生能源之一，正在受到世界各国前所未有的重视。据有关专家预测，生物质能极有可能成为未来可持续能源系统的组成部分。到21 世纪中叶，采用新技术生产的各种生物质替代燃料将占全球总能耗的 40% 以上。

本章主要介绍生物质能的存在形式及其在能源系统中的地位；介绍生物质能的转化技术及应用前景；介绍生物质能的制取与发电技术，包括生物质焚烧发电利用技术：沼气的性质及焚烧发电，生物质燃料电池发电，沼气发电电能转换的过程及控制策略，垃圾焚烧发电的工艺流程、具备的条件以及垃圾焚烧发电的控制策略，生物质燃料电池的发电技术，生物质直接制取燃料油技术及发电过程分析；生物质能发电并网技术及其对电网的影响；简要分析生物质能发电的经济技术性评价等内容。

5.1　生物质能的形式及其利用

5.1.1　生物质能的概念

生物质能是蕴藏在生物质中的能量，是绿色植物通过叶绿素将太阳能转化为化学能而储存在生物质内部的能量。目前广泛使用的化石能源如煤、石油和天然气等，也是由生物质能转变而来的。

生物质能是可再生能源，其原料通常包括六个方面：①木材及森林工业废弃物；②农作物及其废弃物；③水生植物；④油料植物；⑤城市和工业有机废弃物；⑥动物粪便。

在世界能源消耗中，生物质能约占 10%，而在不发达地区却占 60% 以上，全世界约25 亿人所需的生活能源的 90% 以上是生物质能。

生物质能属于清洁能源，其优点是燃烧容易、污染少、灰分较低，燃烧后二氧化碳排放属于自然界的碳循环，不形成污染，并且生物质能含硫量极低，仅为 3%，不到煤炭含硫量的 1/4，可显著减少二氧化碳和二氧化硫的排放。缺点是热值及热效率低，直接燃烧生物质的热效率仅为 10% ~ 30%，体积大而且不易运输。

生物质在生长过程中通过光合作用吸收 CO_2，在其作为能源利用过程中，排放的 CO_2 又有效地通过光合作用而被生物质吸收，因而，其产生和利用过程构成了一个 CO_2 的闭路循环。即

$$CO_2 + H_2O + 太阳能 \xrightarrow{叶绿素} (CH_2O) + H_2O \tag{5-1}$$

$$(CH_2O) \xrightarrow{燃烧} CO_2 + 热量 \tag{5-2}$$

（CH₂O）是生物质生长过程中吸收的碳水化合物的总称。当上述两个反应的 CO_2 达到平衡时，将对缓解日趋严重的温室气体效应产生重要的作用。

生物质转化技术可分为直接燃烧方式、物化转换方式、生化转化方式和植物油利用方式四大类，各类技术又包含了不同的子技术，各种生物质转化技术的分类和子技术如图 5-1 所示。

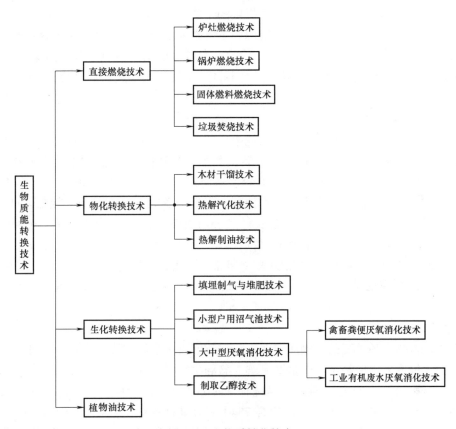

图 5-1　生物质转化技术

（1）直接燃烧方式　直接燃烧方式可分为炉灶燃烧、锅炉燃烧、垃圾燃烧和固体燃料燃烧四种方式。其中，固体燃料燃烧是新推广的技术，它把生物质固化成型后，再使用传统的燃煤设备燃用。其优点是充分利用生物质能源替代煤炭，可以削减大气 CO_2 和 SO_2 排放量。

（2）物化转换方式　物化转换方式主要有三方面：一是干馏技术；二是气化制取生物质可燃气体；三是热解制生物质油。干馏技术主要目的是同时生产生物质炭和燃气，它可以把能量密度低的小物质转化为热值较高的固定炭或气，炭和燃气可分别用于不同用途。生物质热解气化是把生物质转化为可燃气的技术，根据技术路线的不同，可以是低热值气，也可以是中热值气。热解制油是通过热化学方法把生物质转化为液体燃料的技术。

（3）生化转化方式　生化转化方式主要有四种：①填埋制气与堆肥技术；②通过酶技术制取乙醇或甲醇液体燃料；③小型户用沼气池技术；④大中型厌氧消化技术。其中大中型厌氧消化技术又分为禽畜粪便厌氧消化技术和工业有机废水厌氧消化技术。

（4）植物油利用方式　能源植物油是从油脂植物和芳香油植物中提取的燃料油，经加工后，可以替代石油使用。

5.1.2　生物质能存在的形式

1. 森林能源及其废弃物

森林能源是森林生长和林业生产过程提供的生物质能源，主要是薪材，也包括森林工业的一些残留物等。森林能源在中国农村能源中占有重要地位，农村消费森林能源占农村能源总消费量的30%以上，而在丘陵、山区、林区，农村生活用能的50%以上靠森林能源。薪材主要来源于树木生长过程中修剪的枝杈，木材加工的边角余料，以及专门提供薪材的薪炭林。

2. 农作物及其副产物

农作物秸秆，如麦秆、稻秆等，是农业生产的副产品，也是我国农村的传统燃料。秸秆资源与农业主要是种植业生产关系十分密切，我国农作物秸秆造肥还田及其收集损失约占15%。农作物秸秆除了作为饲料、工业原料、造肥还田之外，其余大部分还可作为农户炊事、取暖燃料，目前全国农村作为能源的秸秆大多处于低效利用方式即直接投入柴灶燃烧，其转换效率仅为10%～20%左右。随着农村经济的发展，农民收入的增加，地区差异正在逐步扩大，农村生活用能中商品能源的比例正以较快的速度增加。在较为接近商品能源产区的农村地区或富裕的农村地区，商品能源（如煤、液化石油气等）已成为其主要的炊事用能，以传统方式利用的秸秆被大量弃于地头田间，许多地区废弃秸秆量已占总秸秆量的60%以上，既危害环境，又浪费资源。

3. 禽畜粪便

禽畜粪便也是一种重要的生物质能源。除在牧区有少量的直接燃烧外，禽畜粪便主要是作为沼气的发酵原料。中国主要的禽畜是鸡、猪和牛，根据这些禽畜品种、体重、粪便排泄量等因素，可以估算出粪便资源量。据统计，2005年我国大中型牛、猪、鸡场约6000多家，禽畜粪便资源总量约8.5亿吨，折合7840多万吨标准煤，其中牛粪5.78亿吨，折合4890万吨标准煤，猪粪2.59亿吨，折合2230万吨标准煤，鸡粪0.14亿吨，折合717万吨标准煤，同时每天排出粪尿及冲洗污水80多万吨，全年粪便污水资源量1.6亿吨，折合1157.5万吨标准煤。在粪便资源中，我国大中型养殖场的禽畜粪便更有利于集中开发和规模化利用。

4. 生活垃圾

城镇生活垃圾主要是由居民生活垃圾，商业、服务业垃圾和少量建筑垃圾等废弃物所构成的混合物，成分比较复杂，其构成主要受居民生活水平、能源结构、城市建设、绿化面积以及季节变化的影响。中国大城市的垃圾构成已呈现向现代化城市过渡的趋势，有以下特点：一是垃圾中有机物含量接近1/3甚至更高；二是食品类废弃物是有机物的主要组成部分；三是易降解，有机物含量高。中商情报网《2011年中国固废处理行业研究报告》称：随着中国工业化及家庭消费水平的提高，工业固体废物和家庭生活垃圾的产生量也随之上升，2003年中国城市生活垃圾清运量和工业固体废物产生量分别为1.48亿吨和10.04亿吨，而到2010年此两项数据分别为1.6亿吨及24.09亿吨。尤其在工业固体废物方面，2003～2010年间，其年均增长为13.3%。近年来中国各地的固废处理设施建设发展很快，以城市生活垃圾处理为例，2003 年全国城市生活垃圾无害化处理量为 7545 万吨，到 2010 年全国处理量已经增长大约两倍，达到 1.22 亿吨，无害化处理率也由 2003 年的 50.8% 上升至 2010 年的 76.5%。

2016 ~ 2021 年中国生活垃圾处理行业市场需求与投资咨询报告显示，目前我国的垃圾处理厂多为垃圾填埋场。"十二五"末，全国城镇生活垃圾无害化处理率达到 90.21%，其中地级城市 94.10%，县城 79.0%。从地方省市情况来看，共有 18 个省市生活垃圾清运量与无害化处理量之间的缺口超过 20 万吨，其中广东、黑龙江、吉林、甘肃等地缺口甚至分别达到 321.79 万吨、265.24 万吨、190.03 万吨以及 157.45 万吨，意味着这四省的垃圾清运量中分别有 15.38%、45.59%、39.15% 和 57.71% 比例的垃圾只是堆放，并没有得到无害化处理。表 5-1 为 2011 ~ 2015 年中国垃圾无害化处理厂数量统计。

表 5-1　2011 ~ 2015 年中国垃圾无害化处理厂数量统计

年　　度	无害化处理厂数量（座）
2011	677
2012	701
2013	765
2014	818
2015	874

注：无害化处理厂包括生活垃圾卫生填埋厂和生活垃圾焚烧处理厂。

5.1.3　生物质能的开发利用与发展状况

生物质能利用技术的研究与开发是 21 世纪初世界范围的重大热门课题之一，受到世界各国政府与科学家的关注。目前，国内外对生物质能的利用集中体现在成型燃料、生物燃气的生产和生物质气化发电上。我国在生物质能源的开发利用研究方面投入了不少人力和物力，在农村已经有许多成功的案例，在部分城市也进行了一些推广，已初步形成具有中国特色的生物质能研究开发体系，对生物质能转化利用技术从理论上和实践上进行了广泛的研究，完成一批具有较高水平的研究成果，部分技术已形成产业化。

1. 生物质能利用现状

（1）成型燃料生产及应用　欧洲以及其他大部分地区生产成型燃料主要以木质生物质为原料。目前大部分用于各种小型热水锅炉、热风炉、家庭取暖炉或壁炉，部分用于小型社区热电联供电站，满足居民供暖需求。我国在新型城镇化规划中明确提出农村可再生能源在 10 年后要求达到 13%，其中利用生物质成型燃料为农村、小城镇住户提供炊事和采暖能源，将是一个重要的途径。

生物质固体颗粒燃料除通过专门运输工具定点供应给发电厂和供热企业以外，还以袋装的方式在市场上销售，已经成为许多家庭首选的生活燃料。2014 年，全球木质颗粒产量达 2410 万吨，欧盟约占 62%，北美地区约占 34%。最大的生产国依次为美国（总产量的 26%）、德国（10%）、加拿大（8%）、瑞典（6%）和拉脱维亚（5%）。欧盟国家消费了世界上最多的木质颗粒，2013 年消耗量为 1500 万吨。

近年我国开始重视生物质成型燃料产业的发展，国家发改委在《可再生能源长期发展规划》中提出，力争在 2020 年达到颗粒燃料年利用量 5000 万吨的目标。目前国内生物质成型燃料主要应用于工业高温蒸汽供应，包括钢铁、纺织、印染、造纸、食品、化工等行业，由于国内生物质成型燃料行业还处于起步阶段，企业分散，没有统一的行业标准和产品标准，很难统计具体的产业规模，估算为500万吨/年左右。国家能源局在《2014年能源工作指导意见》中强调，年内新增生物质工业和民用供热折算分别为200万吨和80万吨（蒸汽），而根据发改委、国家能源局和环保部《关于印发能源行业加强大气污染防治工作方案的通知》，2017年生物质成型燃料利用量已超过1500万吨。

（2）生物燃气生产及应用　生物燃气是指从生物质转化而来的燃气，包括沼气、合成气和氢气。目前沼气具有较大的成本优势，所以生物燃气经常特指沼气。据国际能源署统计，2012年，欧洲地区在运行的沼气发电厂超过13800家，装机容量7.5GW。大部分是热电联产，小部分被送入天然气管网，发电量和供热量分别达44.5GW·h和1.1×10^5GJ。2013年底，德国的沼气生产厂已达8000家左右，装机容量约3.8GW，98%用于发电，并实行热电联供，当年供电2.7×10^4GW·h，供热1.2×10^4GJ，分别占全国供电和供热总量的4.2%和0.8%。据估计到2020年，生物燃气发电总装机容量将达到9500GW。另有169家沼气厂向天然气管网输气，输气量达9亿m^3。

我国生物质能资源丰富，可用于制取生物燃气的资源品种繁多，包括作物秸秆、畜禽粪便、林业废弃物等。据统计，我国每年可用于生产生物燃气的资源总量约折合7亿吨标准煤。若考虑技术可行性和市场竞争能力，目前可利用的资源量约为2.5亿吨标准煤，可生产沼气量为1990亿m^3，约折合天然气1200亿m^3，相当于我国2014年天然气消费量1800亿m^3的2/3。

近年来，我国生物燃气产业取得较大进展，生物燃气产量已达150亿m^3/年，实现CO_2减排765万吨，大中型生物燃气工程约4000多个。但总的来看，我国处理农业有机废弃物的沼气工程由于相对规模小，又远离城镇，产生的沼气仅有少量用于发电和集中供气（沼气发电用气量约占总产气量的2.53%，集中供气约占总产气量的1%），大量的沼气用于养殖场自身的生产、生活燃料。农业沼气工程平均池容只有283m^3，池容在1000m^3以上的大型沼气工程仅占9%左右。沼气技术和产业的发展急需转型升级。

（3）生物质气化发电及燃气应用　生物质气化发电及燃气应用是具有我国特色的生物质能分布式利用方式。基于生物质热解气化技术，我国开发出生物质热解气化集中供气系统，以满足农村居民炊事和采暖用气，相关技术已得到初步应用。其中，利用生物质热解炭化技术，建设生物质炭、气、油多联产系统，为农村居民提供生活燃气，同时生产生物质炭和生物焦油，取得了较好的经济、社会效益，在湖北、安徽和河南等地得到初步推广，具有较好的发展前景。在生物质气化发电方面，目前已开发出多种以木屑、稻壳、秸秆等生物质为原料的固定床和流化床气化炉，成功研制了从10kW到400kW的不同规格的气化发电装置，出口到泰国、缅甸、老挝和我国的台湾地区，是国际上中小型生物质气化发电应用最多的国家之一。

生物质能的高效转换技术不仅能够大大加快村镇居民实现能源现代化进程，满足农民富裕后对优质能源的迫切需求，同时也可在乡镇企业等生产领域中得到应用。由于我国地广人多，常规能源不可能完全满足广大农村日益增长的需求，而且由于国际上各种有关环境问题的公约，限制CO_2等温室气体排放，这就要求改变以煤炭为主要能源的传统格局。因此，立足于农村现有的生物质资源，研究新型转换技术、开发新型装备既是农村发展的迫切需要，又是减少排放、保护环境、实施可持续发展战略的需要。

生物质能的开发和利用，也就是生物质能的转化技术，将生物质能转化为人们所需要的热能或进一步转化为清洁二次能源，如电能。

2. 生物质可以转化的能源形式

（1）直接燃烧获取热能　这是生物质能最古老最直接的利用形式，燃烧就是有机物氧化的过程，其发热量与生物质的种类以及氧气的供应量有关，一般直接燃烧的转换效率很低。

（2）沼气　沼气是有机物质在厌氧条件下，经过微生物发酵生成以甲烷为主的可燃气体。沼气的主要成分是甲烷（55% ~ 70%）、CO_2（30% ~ 45%）和极少量的硫化氢、氨气、氢气、水蒸气等。沼气经过脱硫以及其他的清洁处理后可以作为可燃气体直接燃烧而获得热能，燃烧效率比较高。

（3）乙醇　植物纤维素经过一定工艺的加工并发酵可以制取乙醇。乙醇的热值很高，可以直接燃烧，是十分清洁的能源燃料。

（4）甲醇　和乙醇类似，是通过把植物纤维素经过一定工艺的加工制取得到。甲醇的燃烧效率较高，也是清洁的燃料。

（5）生物质气化产生的可燃气体及裂解产品　可燃性生物质如木材、秸秆、谷壳、果壳等，在高温条件下经过干燥、干馏热解、氧化还原等过程后产生的可燃混合气体。主要成分有：可燃气体如甲烷、氢气、CO 等以及不可燃气体 CO_2、O_2、N_2 和水蒸气，另外还有大量焦油。

3. 生物质能的实用转化技术

利用物理、化学以及生物技术，把生物质转化为液体、气体或固体形式的各种燃料，属于生物质能的转化技术。目前研究开发的转换技术主要有物理干馏、热裂解法、生物发酵，包括利用干馏技术制取木炭、秸秆气化制取燃气，生物发酵制取乙醇，生物质直接液化制取燃料油，干湿法厌氧消化制取沼气等。

（1）生物质压缩成型和固体燃料制取技术　采用生物质干馏法制取木炭。生物质经过粉碎，在一定的压力、温度和湿度条件下，挤压成型，成为固体燃料，具有挥发性高、热值高、易着火燃烧、灰分和硫分低、燃烧污染物少以及便于储存和运输等优点，可以取代煤炭。

具有一定粒度的生物质原料，在一定压力作用下（加热或不加热），可以制成棒状、粒状、块状等各种成型燃料。原料经挤压成型后，密度可达 $1.1 ~ 1.4 t/m^3$，能量密度与中质煤相当，燃烧特性明显改善，火力持久，黑烟小，炉膛温度高，而且便于运输和储存。

利用生物质炭化炉可以将成型生物质固形物块进一步炭化，生产生物炭。由于在隔绝空气条件下，生物质被高温分解，生成燃气、焦油和炭，其中的燃气和焦油又从炭化炉释放出去，所以最后得到的生物炭燃烧效果显著改善，烟气中的污染物含量明显降低，是一种高品位的民用燃料。优质的生物炭还可以用于冶金工业。

（2）生物质气化技术　生物质经过热裂解装置或气化炉的一系列反应后，生成可燃气体。生物质气化即通过化学方法将固体的生物质能转化为气体燃料。气体燃料具有高效、清洁、方便等特点，因此生物质气化技术的研究和开发得到了国内外广泛重视，并取得了可喜的进展。

我国已经将农林固体废弃物转化为可燃气的技术应用于集中供气、供热、发电等方面。

开发出如集中供热、供气的上吸式气化炉，最大生产能力达 $6.3 \times 10^6 kJ/h$，建成了用枝桠材削片处理并气化制取民用煤气供居民使用的气化系统。还研究开发了以稻草、麦草为原料，应用内循环流化床气化技术，产生接近中热值的煤气，供乡镇居民集中供气系统使用的系统，该系统的气体热值约 $3000kJ/m^3$，气化热效率达 70% 以上。而下吸式气化炉主要用于秸秆等农业废弃物的气化，在农村居民集中居住地区得到较好的推广应用，并形成产业化规模。另外以木屑和木粉为原料，应用外循环流化床气化技术，制取木煤气作为干燥热源并发电，其发电能力可达 180kW。

（3）生物质热裂解液化制取生物油技术　生物柴油于 1988 年诞生，由德国聂尔公司发明，它是以菜籽油等为原料提炼而成的洁净燃油。生物柴油具有突出的环保性和可再生性，受到世界发达国家尤其是资源贫乏国家的高度重视。生物柴油是清洁的可再生能源，它以大豆和油菜籽等油料作物、油棕和黄连木等油料林木果实、工程微藻等油料水生植物以及动物油脂、废餐饮油等为原料制成的液体燃料，是优质的石油、柴油替代用品。

（4）干湿法厌氧消化制取沼气技术　采用干湿法厌氧消化的方式制取沼气，并以沼气利用技术为核心的综合利用技术是具有中国特色的生物质能利用模式，典型的模式有"四位一体"模式，"能源环境工程"技术等。所谓"四位一体"，就是一种综合利用太阳能和生物质能发展农村经济的模式，在温室的一端建地下沼气池，沼气池上方建猪舍、厕所，在一个系统内既提供能源，又生产优质农产品，沼气池、猪舍、农产品、能源等四位合于温室沼气池。"能源环境工程"技术是在大中型沼气工程基础上发展起来的多功能、多效益的综合工程技术，既能有效解决规模化养殖场的粪便或城市污水污染问题，又有良好的能源、经济和社会效益。其特点是粪便或含有机物的城市污水经固液分离后液体部分进行厌氧发酵产生沼气，厌氧消化液和渣经处理后成为商品化的肥料或饲料。

4. 生物质能转化技术的应用前景

结合国外生物质能利用技术的研究开发现状，以及我国的生物质能转化技术水平和实际情况，我国生物质能应用技术应主要在以下几方面发展：

（1）高效直接燃烧技术和设备　我国有 13 亿多人口，绝大多数居住在广大的乡村和小城镇，其生活用能的主要方式仍然是直接燃烧。剩余物秸秆、稻草物料，是农村居民的主要能源，开发研究高效的燃烧炉，提高使用热效率，是生物质能转化技术在农村应用的重要问题。乡镇企业的快速兴起，不仅带动农村经济的发展，而且加速化石能源，尤其是煤的消费，因此开发改造乡镇企业用煤设备（如锅炉等），用生物质替代燃煤，可以缓解我国日益严重的能源供应问题。把松散的农林剩余物进行粉碎分级处理后，加工成型为定型的燃料，结合专用技术和设备的开发，家庭取暖用的颗粒成型燃料的推广应用，推动生物质成型燃料的研究与开发。

（2）薪材集约化综合开发利用　生物质能尤其是薪材不仅是很好的能源，而且可以用来制造出木炭、活性炭、木醋液等化工原料。大量速生薪炭林基地的建设，为工业化综合开发利用木质能源提供了丰富的原料。由于我国经济不断发展，促进了农村分散居民逐步向城镇集中，为集中供气、提高用能效率提供了现实的可能性。根据集中居住人口的多少，建立能源工厂，把生物质能进行化学转换，产生的气体收集净化后，输送到居民家中作燃料，可提高使用热效率和居民生活水平。这种生物质能的集约化综合开发利用，既可以解决居民用能问题，又可通过工厂的化工产品创造良好的经济效益，也为农村剩余劳动力提供就业机会。农村有着丰富的秸秆资源，大量秸秆被废弃和田间直接燃烧，既造成生物质能大量的浪费，也给大气带来了严重的污染。研究开发和利用可再生的生物质能高效转化技术，可以大力解决由此而引发的环境问题。

（3）生物质能的液化、气化等新技术开发利用 生物质能新技术的研究开发，如生物技术高效、低成本转化应用研究，常压快速液化制取液化油，催化化学转化技术的研究，以及生物质能转化设备，如流化技术等是研究重点。生物质能的液化技术是指利用生物发酵技术及水解技术，在一定条件下，将生物质加工成为乙醇或甲醇等可燃液体；或将生物质经粉碎预处理后在反应设备中，添加催化剂，经化学反应转化成液化油。生物质气化是生物质原料在缺氧状态下燃烧和还原反应的能量转换过程，它可以将固体生物质原料转换成为使用方便而且清洁的可燃气体。生物质由碳、氢、氧等元素和灰分组成，当它们在只有少量空气的条件下被点燃时，通过控制其反应过程，可使碳、氢元素变成由一氧化碳、氢气、甲烷等组成的可燃气体，秸秆中大部分能量都转移到气体中，这就是气化过程。去除可燃气体中的灰分、焦油等杂质，就可以送入供气系统。

（4）城市生活垃圾的开发利用 生活垃圾数量以每年8%～10%的速度快速递增，工业化开发利用垃圾发电，焚烧集中供热或气化生产煤气供居民使用，不仅可以提供数字不小的能源，而且在一定程度上创建了城市良好的可再生环境，解决城市环境保护问题。

（5）能源植物的开发 能源植物也称"绿色石油"，如油棕榈、黄连木、木戟科植物等，是生物质能利用丰富且优质资源。能源植物经过热裂解或一定的其他化学反应，可以制取生物油。

5. 我国发展和利用生物质能源的意义

发展生物质能源是当今世界的一个十分重要的主题，我国是以农村为主的发展中国家，生物质能源的转化技术具有广阔的应用前景和深远的现实意义。

（1）拓宽农业服务领域、增加农民收入 为了增大农民收入中来自纯农业的收入，要求农业必须扩大服务领域，加大深度和广度，不仅提供食品和纤维，还应提供能源和其他化工、医药等产品。发展能源农业，开发和利用生物质能转化技术为农业拓宽服务领域，同时也为农民增收开辟新途径。

（2）缓解我国能源短缺、保证能源安全 我国1993年进口原油3000万吨，成为原油净进口国；2003年进口石油1亿吨；2005年石油消费量为3.17亿吨，其中净进口石油1.36亿吨；到2011年，我国原油净进口量为2.5126亿吨。中国石油对外依存度从1995年的7.6%增加到2005年的42.9%，2010年我国石油消费对外依存度已超过55%。2016年，我国的GDP达74.4万亿元，预计到2020年，GDP可能达到17万亿美元，能源需求60亿吨到80亿吨标准煤，其中石油缺口3～3.6亿吨。开发生物质能源可以大大缓解我国的能源供应压力，实施能源农业、生态农业的发展战略，作为生物质能源开发的一大产业。《"十三五"及2030年能源经济展望》报告对新形势下的中国能源经济发展特征和趋势，提出了能源"新常态"的概念，在能源"新常态"的背景下，"十三五"期间中国煤炭消费量有可能达到峰值，石油需求占比下降，对外依存度基本稳定。天然气需求高速增长，油气比得以优化，并且非常规天然气生产将发挥越来越重要的作用。中国可再生能源需求将持续显著增长，非化石能源需求占比将超越石油。2030年中长期预测显示，在基准情景和节能减排政策措施严于预期的低碳发展情景下，碳排放峰值有望在2030年前出现，非化石能源消费占比20%的目标也能提前出现。

根据国家能源局的统计，中国煤炭的能源需求占比在 2014 年已降到 66%，2017 年下降到 62% 左右，2020 年有望继续下降到 58% ~ 60%。在考虑煤炭消费的空间相关性的基础上预计，在基准情景（新常态的经济增速）下，中国煤炭消费量将会在 2019 年左右达到峰值，之后逐年下降。

2015 年石油需求增长 1.8%，达到 5.2 亿吨，预计在"十三五"时期，中国石油需求量温和增长，年均增长率约为 1.7% 左右，到 2020 年石油需求将达到 5.65 亿吨。2015 年，中国石油的能源需求占比为 18.8%，2020 年将下降至 17.6%。考虑到石油进口的稳定增长，石油对外依存度有望稳定在 58% ~ 62% 之间，并可能一直保持该比重至 2030 年。2015 年中国天然气需求达到 2300 亿 m³ 左右。预期到 2020 年前中国天然气需求增长较快，天然气需求占比从 2014 年的 6% 左右攀升至 10% 以上，到 2030 年有望进一步提升至 11% ~ 13%。由于中俄天然气采购协议等外购天然气合同保障了相对稳定的天然气进口量，天然气对外依存度有望稳定在 35% ~ 38% 之间。2015 年、2020 年中国天然气需求占能源需求总量分别为 6.5% 和 10.1%。2020 年油气比为 1 : 0.6 左右。

2014 年，我国可再生能源需求增速为 16% 左右，达到 3.8 亿吨标准煤。2015 年可再生能源增速有所放缓，但仍达到 4 亿吨标准煤左右。到 2020 年，我国可再生能源需求将继续提升至 5.5 ~ 5.8 亿吨标准煤，占我国能源需求总量的 11% ~ 13%。

根据初步计算，2015 年，我国非化石能源（包括地热取暖和生物燃料）需求在一次能源消费中的占比达到 12%，预计到 2020 年这一比重将进一步提升至 14% ~ 16% 左右，与石油需求占比差距缩小。预计 2030 年我国煤炭的需求占比有望下降到 50% 左右。2020 ~ 2030 年间我国石油供需基本以 1% ~ 2% 的速度增长，石油需求占比稳中有降。2020 ~ 2030 年我国天然气供需增长率降到 5% 左右。2030 年我国天然气需求占能源需求总量比重将达到 12%。2030 年油气比为 1 : 0.7 左右。总的来说，石油占比下降，天然气占比上升，油气比趋于合理，未来油气能源结构变化的大趋势如图 5-2 所示。

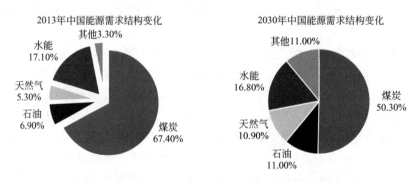

图 5-2 2013 年和 2030 年中国能源需求结构变化

在可再生能源中，非水现代可再生能源需求将大幅增长。2025 年和 2030 年，中国可再生能源需求继续分别提高到 6 亿吨标准煤和 8 亿吨标准煤左右，水能在可再生能源需求中的占比将由 2013 年的 68% 左右降至 2030 年的 50% 以下。预计到 2030 年，非化石能源占比由 2015 年的 12% 上升到 21%。其中，核能 5.0%，水能 10.0%，生物质能 1.1%，其他可再生能源 4.9%。以速生碳汇草捕碳固碳技术、热电联产、太阳能纳米储能、光热发电等为代表的一系列节能减排技术的推广，有望使得我国能源高效清洁程度大幅提升。

（3）治理有机废弃物污染、保护生态环境 我国环境污染形势非常严峻，对环境污染最严重的企业仍是养殖企业和农产品加工企业。2003 年通报点名批评的十家排污大户，8 家是农产品加工企业。据国家环保总局 2012 年第 17 周（2012 年 4 月 16 ~ 22 日）对全国主要水系 115 个重点断面水质自动监测站八项指标（水温、pH、浊度、溶解氧、电导率、高锰酸盐指数、氨氮和总有机碳）的监测结果表明：Ⅰ ~ Ⅲ类水质的断面为 85 个，占 74%；Ⅳ类水质的断面为 11 个，占 10%；Ⅴ类水质的断面为 8 个，占 7%；劣Ⅴ类水质的断面为 10个，占 9%；此外，我国Ⅳ类以上劣质污水河流占 25.2%。水体污染中，农产品加工企业排出的污染物约占 1/2。特别是劣Ⅴ类水的河段，农产品加工企业污染贡献率更高。据调查我国畜禽养殖场的粪便产生量达 17.3 亿吨，80% 的规模化畜禽养殖场缺乏必要的污染治理设施，畜禽粪便未经处理直接排入环境，严重污染空气和水体。我国温室气体排放已严重影响我国气候变化。预计在 2020 ~ 2030 年期间，全国平均气温将上升 1.7℃；到 2050 年，全国平均气温将上升 2.2℃，西北地区气温可能上升 1.9 ~ 2.3℃。不少地区降水出现增加趋势，东南沿海增加值最大；而长江中下游地区将会出现变干的趋势，华北和东北南部等一些地区将出现持续变干的趋势。

研究开发和利用生物质能技术，应用于农产品及其副产品的环保处理，不仅可以提供大量可使用的清洁能源，同时解决了农产品及其副产品生产加工过程中的有机物环境污染问题，是一举两得的好事。利用生物质能转化技术制取的生物油，在一定程度上替代化石燃料，也可以降低温室气体排放，从而改善环境质量。

（4）广泛应用生物技术、发展基因工程 用转基因方法可以获得可用于制取柴油的油菜新品种，用转基因技术可以分解秸秆纤维获得生产酒精的工程菌。转基因技术应用于能源作物和能源微生物上，不受基因标识的限制，而应用在食品方面就要求标识，因而转基因食品的推广应用受到很大限制。加大微生物技术在能源作物和能源微生物方向的研究与应用，研究和开发转基因能源新品种，促进生物质能源的可持续发展，不仅可以为生物质能转化提供更多更优质的原料，增加生物质提供能源的数量和比例，同时也促进生物技术及基因工程技术的进一步发展。

5.2 生物质能的制取与发电技术

由于电能具有清洁、易传输、易使用等优良特性，只要提供电能，几乎所有的设备都可以满足各自的需要。因而生物质能除了直接转化成热能供消费外，最终消费形式还是以转化成电能为主。

5.2.1 生物质能的制取与发电分类

生物质能发电是利用生物质所具有的生物质能进行的发电，是可再生能源发电的一种，包括农林废弃物直接燃烧发电、农林废弃物气化发电、垃圾焚烧发电、垃圾填埋气发电、沼气发电、生物质直接液化制燃料油发电等，因而存在相应的生物质能发电技术。

生物质能发电主要是利用农业、林业和工业废料或垃圾为原料，采取直接燃烧或气化的方式发电。

1. 生物质直接燃烧发电技术

生物质直接燃烧发电是指把生物质原料送入适合生物质燃烧的特定锅炉中直接燃烧，产生蒸汽带动蒸汽轮机及发电机发电。已开发应用的生物质锅炉种类较多，如木材锅炉、甘蔗渣锅炉、稻壳锅炉、秸秆锅炉等。生物质直接燃烧发电的关键技术包括原料预处理，生物质锅炉防腐，提高生物质锅炉的多种原料适用性及燃烧效率、蒸汽轮机效率等技术。生物质直接燃烧发电利用技术又可分为单燃生物直燃技术和生物质与煤混合直燃技术。

(1) 单燃生物直燃技术　在欧美发达国家主要燃烧的生物质是木本植物，我国由于特殊的国情，使得用于燃烧的物质基本局限于秸秆等草本类植物。秸秆等生物质与常规燃料的区别主要有以下几点：①秸秆的含水量较大，约为20%，是常规燃料的 8~10 倍，因此在锅炉相同出力的情况下，其烟气量约是常规燃料的 1.5~2 倍；②秸秆的堆积密度较小。在这类锅炉设计时，要考虑到燃烧室的体积大一些，使得燃料在炉内有足够的停留时间以完全燃尽；③其燃烧机理与煤不同，逸出挥发后的秸秆变黑成为暗红色焦炭粒子，未见明显的火焰，而且在炉膛高温火焰的辐射下，缓慢地燃烧，燃尽时间也较长。

(2) 生物质与煤混合直燃技术　生物质与煤有两种混合燃烧方式：①生物质直接与煤混合燃烧，产生蒸汽以带动蒸汽轮机发电。这时生物质要进行预处理，即生物质预先与煤混合后再经磨煤机粉碎，或生物质与煤分别计量、粉碎。生物质直接与煤混合燃烧要求较高，并非适用于所有燃煤发电厂，而且生物质与煤直接混合燃烧可能会降低原发电厂的效率。②将生物质在气化炉中气化产生的燃气与煤混合燃烧，产生蒸汽，带动蒸汽轮机发电。即在小型燃煤电厂的基础上增加一套生物质气化设备，将生物质燃气直接通到锅炉中燃烧。生物质燃气的温度为 800℃ 左右，无需净化和冷却，在锅炉内完全燃烧所需时间短。这种混合燃烧方式通用性较好，对原燃煤系统影响较小。

混合燃烧的技术优势：①煤与生物质共燃，可以利用现役电厂提供一种快速而低成本的生物质能发电技术，廉价并低风险；②煤粉燃烧发电效率高，可达 35% 以上。③生物质燃烧低硫低氮，在与煤粉共燃时可以降低电厂的 SO_2 和 NO_x 及 CO_2 的排放。

生物质直接燃烧发电技术中的生物质燃烧方式包括固定床燃烧和流化床燃烧等方式。

1) 固定床燃烧对生物质原料的预处理要求较低，生物质经过简单处理甚至无需处理就可投入炉排炉内燃烧。固定床燃烧的燃料在固定或者移动的炉排上实现燃烧，空气从下方透过炉排供应上部的燃料，燃料处于相对静止的状态，燃料入炉后的燃烧时间可由炉排的移动或者振动来控制，以灰渣落入炉排下或者炉排后端的灰坑为结束。

2) 流化床燃烧要求将大块的生物质原料预先粉碎至易于流化的粒度，其燃烧效率和强度都比固定床高。

2. 生物质气化发电技术

(1) 生物质气化发电技术　生物质气化发电技术的基本原理是把生物质转化燃气，再利用可燃气推动燃气发电设备进行发电。生物质在气化炉中气化生成可燃气体，经过净化后驱动内燃机或小型燃气轮机发电。

根据燃气发电设备的不同，生物质气化发电可分为内燃机发电系统、燃气轮机发电系统及煤气—蒸汽联合循环发电系统，如图5-3所示。

内燃机发电系统以简单的燃气内燃机组为主，内燃机一般由柴油机或天然气机改造而成，可单独燃用低热值燃气，也可以燃气、油两用，它的特点是设备紧凑，系统简单，技术较成熟、可靠。燃气轮机发电系统采用低热值燃气轮机，燃气需增压，否则发电效率较低。由于燃气轮机对燃气质量要求高，并且需有较高的自动化控制水平和燃气轮机改造技术，所以一般单独采用燃气轮机的生物质气化发电系统较少。燃气—蒸汽联合循环发电系统是在内燃机、燃气轮机发电的基础上增

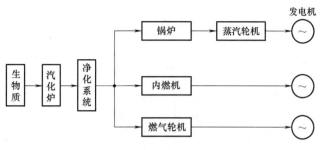

图 5-3　生物质气化发电方式

加余热蒸汽的联合循环，这种系统可以有效地提高发电效率。

从发电规模上分，生物质气化发电目前主要有小型气化发电、中型气化发电和大型气化发电 3 种模式。小型气化发电采用简单的气化—内燃机发电工艺，规模一般小于 200kW，发电效率一般在 14% ~20%。中型气化发电除了采用气化—内燃机（或燃气轮机）发电工艺外，同时增加余热回收和发电系统，气化发电系统的总效率可达到 25% ~35%。大规模的气化—燃气轮机联合循环发电系统作为先进的生物质气化发电技术，能耗比常规系统低，总体效率高于 40%。但关键技术仍未成熟，尚处在示范和研究阶段。表 5-2 列出了三种生物质气化发电系统的应用和特点。

表 5-2　三种生物质气化发电系统的应用和特点

规　　模	气　化　过　程	发　电　过　程	主　要　用　途
小型系统 功率 <200kW	固定床气化 流化床气化	内燃机组 微型燃气轮机	农村用电 中小企业用电
中型系统 功率 500 ~3000kW	常压流化床气化	内燃机	大中企业自备电站 小型上网电站
大型系统 功率 >5000kW	常压流化床气化 高压流化床气化 双流化床气化	内燃机 + 蒸汽轮机 燃气轮机 + 蒸汽轮机	上网电站、独立能源系统

生物质气化发电工艺包括三个过程：①生物质气化。把固体生物质转化为气体燃料。②气体净化。气化出来的燃气都带有一定的杂质，包括灰分、焦炭和焦油等，要经过净化系统把杂质除去，以保证燃气发电设备的正常运行。③燃气发电。生物质气化发电系统如图 5-4 所示。

生物质气化发电装置主要由进料机构、燃气发生装置、燃气净化装置、燃气发电机组、控制装置及废水处理设备等六部分组成。

1）进料机构。进料机构采用螺旋加料器，动力设备是电磁调速电机。螺旋加料器不但可以连续均匀进料，还能有效地将气化炉同外部隔绝密封起来，使气化所需的空气只由进风机控制进入气化炉，调节电磁调速电机的转速则可任意调节生物质进料量。

2）燃气发生装置。燃气发生装置可采用循环流化床气化炉或其他可连续运行的气化炉，主要由进风机、气化炉和排渣螺旋机构构成。生物质在气化炉中经高温热解气化生成可燃气体，气化后剩余的灰分则由排渣螺旋及时排出炉外。

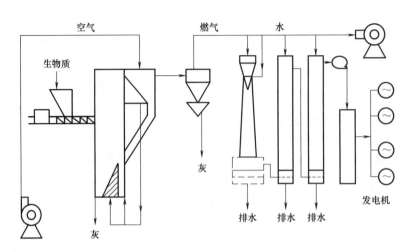

图5-4 生物质气化发电系统

3）燃气净化装置。燃气净化包括除尘、除灰和除焦油等过程。为了保证净化效果，可采用多级除尘技术，例如惯性除尘器、旋风分离器、文氏管除尘器、电除尘等，经过多级防尘，燃气中的固体颗粒和微细粉尘基本被清洗干净，除尘较为彻底；燃气中的焦油采用吸附和水洗的办法进行清除，主要设备是两个串联起来的喷淋洗气塔。

4）燃气发电装置。可采用燃气发电机组或燃气轮机。

5）控制装置。由电控柜、热电偶及温度显示表、压力表及风量控制阀或电脑监控系统所构成。

6）废水处理设备。采用过滤吸附、生物处理或化学、电凝聚等办法处理废水，处理的废水可以循环使用。

（2）生物质气化技术　生物质气化是在一定的热力学条件下，将组成生物质的碳氢化合物转化为含一氧化碳和氢气等可燃气体的过程。为了提供反应的热力学条件，气化过程需要供给空气或氧气，使原料发生部分燃烧。气化过程和常见的燃烧过程的区别是燃烧过程中供给充足的氧气，使原料充分燃烧，目的是直接获取热量，燃烧后的产物是二氧化碳和水蒸气等不可再燃烧的烟气；气化过程只供给热化学反应所需的那部分氧气，而尽可能将能量保留在反应后得到的可燃气体中。气化后的产物是含氢、一氧化碳和低分子烃类的可燃气体。

生物质气化是在气化炉中进行的，气化炉的类型分为固定床气化炉和流化床气化炉。

1）固定床气化炉。固定床气化炉可分为下吸式、上吸式、横吸式和开心式，其中下吸式气化炉应用最广。

上吸式气化炉如图5-5所示。原料从上部加入，然后依靠重力向下移动；空气从下部进入，向上经过各反应层，燃气从上部排出。原料移动方向与气流方向相反，又称逆流式气化器。刚进入气化器时，原料遇到下方上升的热气流，首先脱除水分，当温度提高到250℃以上时，发生热解反应，析出挥发分，余下的木炭再与空气发生氧化和还原反应。空气进入气化器后首先与木炭发生氧化反应，温度迅速升高到1000℃以上，然后通过还原层转变成含一氧化碳和氢等可燃气体后，进入热解层，与热解层析出的挥发分合成为粗燃气，也是气化炉的产品。

下吸式气化炉如图5-6所示。在下吸式气化炉中，生物质原料由上部加入，依靠重力逐渐由顶部移动到底部，灰渣在底部排除；空气在气化炉中部的氧化区加入，燃气出反应层由下部吸出。下吸式气化器中原料移动与气流的方向相同，所以也叫顺流式气化炉。在气化炉的最上层，原料首先被干燥。当温度达到250℃以后开始热解反应，大量挥发物质析出。600℃时大致完成热解反应，此时空气的加入引起了剧烈的燃烧，燃烧反应以炭层为基体，挥发分在参与燃烧的过程中进一步降解。燃烧产物与下方的炭层进行还原，转变为可燃气体。

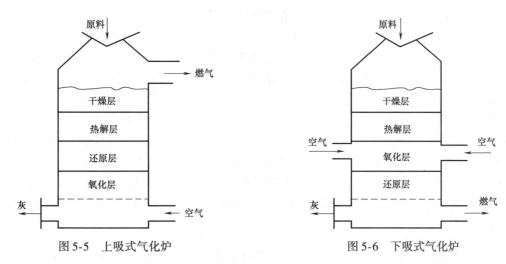

图5-5　上吸式气化炉　　　　　　　　　图5-6　下吸式气化炉

2）流化床气化炉。生物质流化床气化炉一般有一个热砂床，即在流化床气化炉中放入砂子作为流化介质，将砂床加热之后，进入流化床气化炉的物料能在热砂床上进行气化反应，并通过反应热保持流化床的温度。在流化休气化炉中物料颗粒、砂子、气化剂（空气）充分接触，受热均匀，在炉内呈"沸腾"状态，气化反应速度快，产气率高，它的气化反应是在恒温床上进行的。图5-7和图5-8分别是单流化床气化炉结构图和循环流化床气化炉原理图。

流化床气化炉一般气化过程采用空气作气化剂，所以流化床气化炉下部一般是燃烧的热空气，中上部为燃气混合气，两部分的气体体积变化较大。为了保证流化床运行在合理的流化速率范围，一般设计采用下部小（d_1）、上部大（d_2）的变截面结构，如图5-9所示。

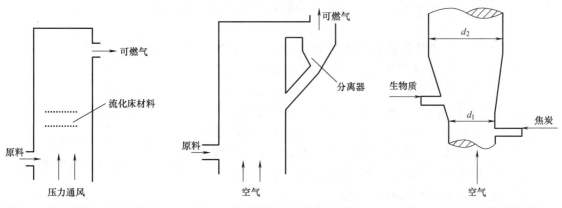

图5-7　单流化床气化炉结构图　　图5-8　循环流化床气化炉原理图　　图5-9　流化床气化炉结构图

5.2.2 沼气发电技术与控制策略

1. 沼气的产生原理

沼气是由多种厌氧微生物混合作用后发酵而产生的。在这些厌氧微生物中，按微生物的作用不同，可分为纤维素分解菌、脂肪分解菌和果胶分解菌等；按它们的代谢产物不同，可分为产酸细菌、产氢细菌和产烷细菌等。在发酵过程中，这些微生物相互协调，分工合作，完成沼气发酵过程。沼气发酵过程可分为两个阶段，即不产甲烷（CH_4）阶段和产甲烷阶段。其中不产甲烷过程又可分为两个过程，即水解液化过程（消化过程）和产酸过程。水解液化过程中多个菌种将复杂的有机物分解成为较小分子的化合物，例如纤维分解菌分泌纤维素酶，使纤维素转化为可溶于水的双糖和单糖。产酸过程中由细菌、真菌和原生物把可溶于水的物质进一步转化为小分子化合物，并产生 CO_2 和 H_2。生产甲烷的阶段是由产甲烷菌把 H_2、CO_2、乙酸、甲酸盐、乙醇等分解并生成甲烷和 CO_2。沼气发酵产生的物质主要有三种：一是沼气，以甲烷和 CO_2 为主，其中甲烷含量在 55% ~ 70%，是一种清洁能源；二是消化液（沼液），含可溶性 N、P、K，是优质肥料；三是消化污泥（沼渣），主要成分是菌体、难分解的有机残渣和无机物，是一种优良有机肥，具有土壤改良功效。沼气的生成物有很高的应用价值。沼气发酵过程如图 5-10 所示，传统的消化池示意图如图 5-11 所示。

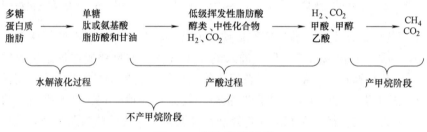

图 5-10 沼气发酵过程

沼气发酵有以下四个特点：

(1) 沼气微生物自身耗能少 沼气发酵过程中，沼气微生物自身繁殖需要的能量是好氧微生物的 1/30 ~ 1/20。对于基质来说，大约 90% 的 COD（化学需氧量）被转化为沼气。

(2) 沼气发酵能够处理高浓度的有机废物 在好氧条件下，一般只能处理 COD 含量在 1000mg/L 以下的废水，而沼气发酵处理废水 COD 含量可以高达 10000mg/L 以上。酒精醪液、白酒废水、黄酒废水、制革废水、柠檬酸废水、淀粉废水、豆制品废水、造纸黑液、制药废液、乳品加工废水、高浓度啤酒废水、味精废水、糖蜜酒精废水、猪粪水、鸡粪水、奶牛粪水等各种农产品加工废水，都可作为沼气发酵的原料。

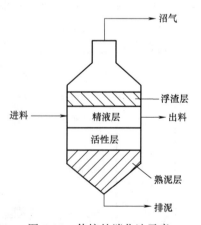

图 5-11 传统的消化池示意

(3) 沼气发酵能处理的废物种类多 沼气发酵可以处理人、畜粪便，作物秸秆，农产品加工企业的废水、废渣等。沼气发酵除去了90%的有机质，余下的部分再经过好氧处理，便可达到国家排放标准。

（4）沼气发酵受温度影响较大　沼气发酵可分为高温（50～60℃）、中温（30～35℃）和常温（自然温度）。高温发酵处理能力最强，中温次之，但需要一定的热能来维持所需要的恒定温度。

沼气是由沼气发酵池产生的，能否快速、高效、高质地产生沼气与沼气池的设计密切相关。根据应用环境的不同，沼气池可分为城镇工业化发酵装置和农村家用沼气装置。工业化发酵装置包括单级发酵池、二级高效发酵池和三级化粪池高效发酵池。农村家用沼气池包括水压式沼气池、浮动罩式沼气池和薄膜气袋式沼气池。

农村户用小型沼气技术已比较成熟，目前主推的是埋地圆柱形水压式沼气池，这种沼气池解决了进料和出料的矛盾，可以连续生产。图5-12为我国农村推广使用的水压式沼气池的结构。正常情况下，这种家用沼气池在中国南方可年产沼气250～300m³，提供一个农户8～10个月的生活燃料。北方在沼气池上加盖塑料大棚，使沼气与养猪种菜相结合，组装成"四位一体"模式，解决了冬季低温沼气发酵问题。

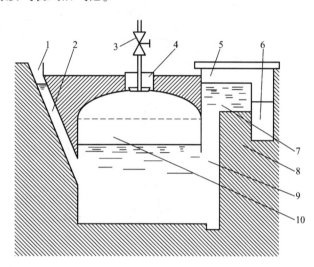

图5-12　水压式沼气池的结构
1—进料口　2—零压水位　3—输出阀门　4—盖板
5—溢流口　6—储留室　7—水压箱
8—渗井　9—发酵室　10—储气室

大中型沼气主要用来处理城市污水、高浓度工业有机废水、人畜粪便及生活垃圾。近20年，世界各国积极发展大中型沼气，创造出许多新的工艺。随着高效、常温厌氧消化工艺的开发，大中型沼气技术日臻成熟。我国不少企业兴办沼气，开展综合利用取得了显著的经济效益和生态效益。如河南省南阳酒精总厂（天冠集团）先后建造了三座大型沼气池，成功集中处理了酒精糟液，形成日供沼气4万m³的能力，满足了南阳市4万户的生活用气，污染排放接近于零，实现了社会效益、经济效益和生态效益"三赢"，形成了循环经济模式。北京市蟹岛度假村建了一座沼气池和一座150亩水面的污水处理系统，度假村内部生活垃圾和人畜粪便全部进行厌氧消化，产生的清洁能源供炊事用气，消化液和沼渣作优质肥料用于生产无公害农产品。生活污水处理后达到一级排放标准回灌农田，整个度假村实现了污染零排放。当前我国环境污染日益严重，大中型沼气是消化有机污染物的最有效方式。国家需要把发展大中型沼气列入发展计划，制定促进大中型沼气发展的优惠政策，调动企业建设沼气的积极性，使我国大中型沼气的发展出现一个良好发展的新局面，既生产可再生能源，又促进污染环境的治理。

2. 沼气燃烧发电

沼气以燃烧方式进行发电，是利用沼气燃烧产生的热能直接或间接地转化为机械能并带动发电机而发电。沼气可以被多种动力设备使用，如内燃机、燃气轮机、锅炉等。图 5-13 是采用沼气发动机（内燃机）、燃气轮机和锅炉（蒸汽轮机）发电的结构示意图。燃料燃烧释放的热量通过动力发电机组和热交换器转换再利用，相对于不进行余热利用的机组，其综合热效率要高。从图中可见，采用发动机方式的结构最简单，而且还具有成本低、操作简便等优点。

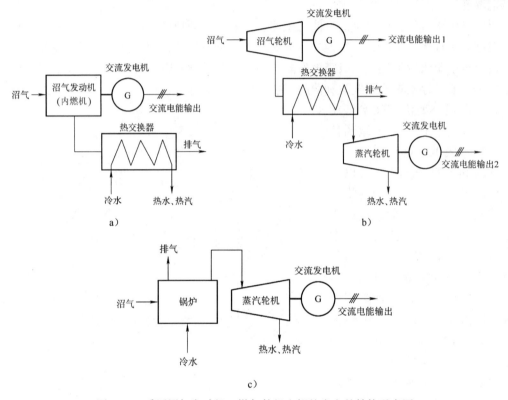

图 5-13 采用沼气发动机、燃气轮机和锅炉发电的结构示意图

图 5-14 是采用不同种类动力发电装置的效率比较。从中可见，在 4000kW 以下的功率范围内，采用内燃机具有较高的利用效率。相对燃煤、燃油发电来说，沼气发电的特点是功率小，对于这种类型的发电动力设备，国际上普遍采用内燃机发电机组进行发电，否则在经济性上不可行。因此采用沼气发动机发电机组，是目前利用沼气发电最经济而高效的途径。

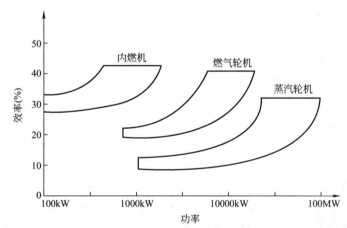

图 5-14 不同动力设备的能量利用率

几种典型燃气及燃-空混合气低位热值的比较情况见表 5-3。沼气的主要成分是甲烷，

从表5-3可以知道，它的低位热值仅次于天然气。而在燃烧时，其燃-空混合气的低位热值也是比较高的，因而沼气是一种优质的燃气。

表5-3　几种典型燃气及燃-空混合气的低位热值比较情况

燃气种类	燃气低位热值/ （kJ/m³）	理论空气量/ （m³/m³）	理论燃烧温度/ （℃）	燃-空混合气低位热值/ （kJ/m³）
天然气	36586	9.64	1970	3438
焦炉煤气	17615	4.21	1998	3381
混合煤气	13858	3.18	1986	3315
发生炉煤气	5735	1.19	1600	2618
沼气	21223	5.56		3191
秸秆煤气	5316	0.9	1810	2798

沼气的燃烧发电技术就是利用沼气燃烧带动发电机而产生电能，是随着沼气综合利用的不断发展而出现的一项沼气利用技术。它将沼气用于发动机上，并装有综合发电装置，以产生电能和热能，是有效利用沼气的一种重要方式。目前用于沼气发电的设备主要有内燃机和汽轮机。

国外用于沼气发电的内燃机主要使用Otto发动机和Diesel发动机，其单位重量的功率约为27kW/t。汽轮机中燃气发动机和蒸汽发动机均有成功使用的范例，燃气发动机的优点是单位重量的功率大，一般为70～140kW/t；蒸汽发动机一般为10kW/t。国外沼气发电机组主要用于垃圾填埋场的沼气处理工艺中。美国在沼气发电领域有许多成熟的技术和工程，处于世界领先水平，2004年有61个填埋场使用内燃机发电，加上使用汽轮机发电的装机机组，总容量已达340MW；欧洲用于沼气发电的内燃机，较大的单机容量在0.4～2MW，填埋沼气的发电效率约为1.68～2kW·h/m³。

我国开展沼气发电领域的研究始于20世纪80年代初，1998年全国沼气发电量为1055160kW·h。在此期间，先后有一些科研机构进行过沼气发动机的改装和提高热效率方面的研究工作。我国在沼气发电方面的研究工作主要集中在内燃机系列上。其沼气发动机主要为两类，即双燃料式和全烧式。目前，对"沼气-柴油"双燃料发动机的研究开发工作较多，如：中国农机研究院与四川绵阳新华内燃机厂共同研制开发的S195-1型双燃料发动机；上海新中动力机厂研制的20/27G双燃料机等；潍坊柴油机厂研制出功率为120kW的6160A-3型全烧式沼气发动机；贵州柴油机厂和四川农业机械研究所共同开发出60kW的6135AD（Q）型全烧沼气发动机发电机组；成都科技大学等单位还对双燃料机的调速、供气系统以及提高热效率等方面进行过研究；此外，还有重庆、上海、南通等一些机构进行过这方面的研究、研制工作。

典型的沼气内燃机发电系统的工艺流程如图5-15所示。沼气发电系统主要由消化池、储气罐、供气泵、沼气发动机、交流发电机、沼气锅炉、废热回收装置（冷却器、预热器、热交换器、汽水分离器、废热锅炉等）、脱硫化氢及二氧化碳塔、稳压箱、配电系统、并网输电控制系统等部分组成。

沼气内燃机发电系统主要由以下几部分组成：

1）沼气内燃机（发动机）。与通用的内燃机一样，沼气内燃机也具有进气、压缩、燃烧膨胀做功及排气四个基本过程。由于沼气的燃烧热值及特点与汽油、柴油不同，沼气内燃机必须适合于甲烷的燃烧特性而设计，一般具有较高的压缩比，点火期比汽、柴油机提前，必须采用耐腐蚀缸体和管道等。

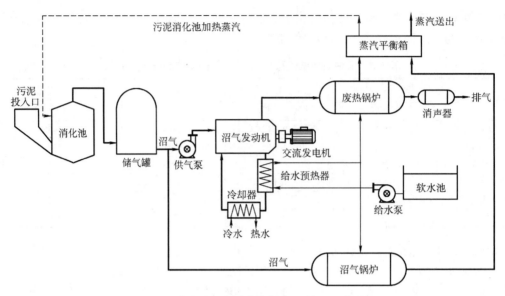

图 5-15 典型的沼气内燃机发电系统的工艺流程

2）交流发电机。与通用交流发电机是一样的，没有特殊之处，只需与沼气内燃机功率和其他要求匹配即可。

3）废热回收装置。采用水—废气热交换器、冷却水—空气热交换器及余热锅炉等废热回收装置回收由发动机排出的废热尾气，提高机组总能量利用率。回收的废热可用于消化池料液升温或采暖。

4）气源处理。由于沼气在发生过程中也会产生一些有害气体，如硫化氢等，因而在进入内燃机之前必须经过一定的处理，即净化处理。通过疏水、脱硫化氢处理后，将硫化氢含量降到 $500mg/m^3$ 以下。图 5-16 是垃圾处理场沼气发电的工艺流程。

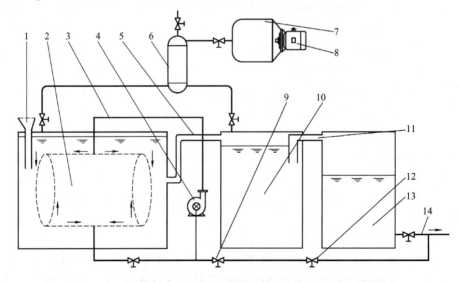

图 5-16 垃圾处理场沼气发电的工艺流程

1—污泥进料口 2—发酵池 3—循环管道 4—循环泵 5—溢流管 6—沼气储气罐 7—沼气发动机
8—三相交流发电机 9—消化污泥阀 10—沉淀池 11—溢流管 12—排渣阀 13—储留池 14—排污管

图 5-17 是沼气与天然气双气源锅炉，在沼气可以满足锅炉燃烧要求时，采用由沼气供气的方式；当沼气不能满足锅炉燃烧要求时，切换至天然气供气方式。这种方式是共用了一个燃烧器，即采用一拖二的方式使两种气源合用一个燃烧控制器。锅炉燃烧产生高温高压饱和蒸汽，进入蒸汽轮机，并带动发电机高速旋转实现发电。沼气和天然气双气源锅炉发电系统控制框图如图 5-18 所示，该系统一般适用于中小型用户群，是典型的分布能源供给系统，对于我国农

图 5-17 沼气与天然气双气源锅炉

村比较合适。由于沼气和天然气的燃-空混合比例不同，在进行燃烧气源切换时，需要考虑燃-空混合比例的相应调整。

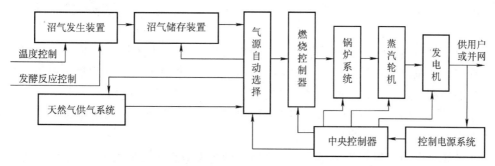

图 5-18 沼气和天然气双气源锅炉发电系统的控制框图

目前采用沼气燃烧发电的三种形式的沼气综合利用率对比如下：

1）沼气锅炉。利用沼气燃烧产生热源加热消化污泥。这种利用途径只能利用沼气热值的 50%。

2）沼气内燃机-余热回收-鼓风机组。利用沼气内燃机驱动鼓风机，并利用余热回收装置回收沼气内燃机的余热加热消化污泥。这种利用途径能充分利用沼气热值，一般可达沼气热值的 85% ~ 90%。

3）沼气内燃机-余热回收-发电机组。利用沼气内燃机驱动发电机发电并与厂内公共电网并网，利用余热回收装置回收沼气内燃机的余热加热消化污泥。这种利用途径能充分利用沼气热值，其利用率也可达 85% ~ 90%。

3. 沼气燃料电池发电

燃料电池是一种将储存在燃料中的化学能直接转化为电能的装置，当源源不断地从外部向燃料电池供给燃料和氧化剂时，它就可以连续发电。依据电解质的不同，燃料电池分为碱性燃料电池、磷酸型燃料电池、熔融碳酸盐燃料电池、固体氧化物燃料电池及质子交换膜燃料电池等。沼气燃料电池是将沼气化学能转换为电能的一种装置，它所用的"燃料"并不燃烧，而是直接产生电能。

燃料电池具有以下优点：不受卡诺循环限制，直接把燃料的化学能转变成电能，能量转化效率高，燃料电池的能量转换效率理论上可达100%，实际效率已高达60%～80%，综合利用效率可达40%，为内燃机的2～3倍；污染性极低，燃料电池的燃料是氢和氧，燃料电池的反应生成物是清洁的水，几乎不排出 CO_2 和 SO_2；寿命长，燃料电池本身工作没有噪声，没有运动件，没有振动；模块结构，易于组合，比值功率高，既可以集中供电，也适合于分散供电。

燃料电池的高效率、无污染、建设周期短、易维护以及低成本的潜能将引发21世纪新能源与环保的绿色革命。在北美、日本和欧洲，燃料电池发电正以急起直追的势头快步进入工业化规模应用的阶段，将成为21世纪继火电、水电、核电后的第四代发电方式。正是由于燃料电池具有燃料利用效率高、不排放有害气体、容量可根据需要而定等优点，而受到各方面的极大关注。各国政府都在这方面增加研发资金，推动其商业化的进程。在国外容量为3kW、5kW、7kW等热电联用的燃料电池正在源源不断地进入家庭，数百千瓦的燃料电池正在源源不断地进入旅馆、饭店商厦等场所。为了获得氢燃料，目前在非纯氢燃料电池前均加了燃料改质器（也称重整器），如日本大阪燃气与三洋电机合作开发出以天然气为燃料的家用千瓦级固体高分子燃料电池，以天然气为燃料的24h不间断型家用燃料电池。随着其商业化的发展，实现家庭发电将像用煤气灶与煤气罐配合使用一样方便，打开气阀就可以发电和供热水。

固体氧化物燃料电池采用固体氧化物作为电解质，除了具有高效、环境友好的特点外，它无材料腐蚀和电解液腐蚀等问题；在高的工作温度下电池排出的高质量余热可以充分利用，使其综合利用效率可由50%提高到70%以上；它的燃料适用范围广，不仅能用 H_2，还可直接用 CO、天然气（甲烷）、煤汽化气、碳氢化合物等作燃料，这类电池最适合于分散和集中发电。

现在的燃料电池以氢气为主要原料，燃料电池的发电容量可根据需要来组合，基本上是模块式的，小的燃料电池在1～5kW，适合一个家庭的应用，如质子交换膜燃料电池、固体氧化物燃料电池；也可以根据需要组合成数百万千瓦级甚至兆瓦级的燃料电池发电站，如磷酸型燃料电池、熔融碳酸盐燃料电池等。我国直接采用氢气作燃料的燃料电池的技术已成熟，如大连化学物理研究所、北京富源公司等均有千瓦级燃料电池产品。

沼气燃料电池是一种清洁、高效、噪声低的发电装置，近年来在日本和欧美国家研究较多，国内研究也在不断增多。广州市番禺水门种猪场建设的由日本政府提供的200kW的沼气燃料电池装置，该200kW燃料电池设备由东芝公司下属的 ONSI 公司提供，型号为PC25TMC，主要性能及技术指标见表5-4。

表5-4 PC25TMC型燃料电池主要性能及技术指标

项 目 名 称	指　　标
发力输出功率	200kW
输出电压（频率）	400V（50Hz），480V（60Hz）
发电效率	40%
余热利用效率/温度	41%/60℃热水
燃料/消耗量	天然气/43m³/h

（续）

项 目 名 称	指 标
有害排放物	NO_X：低于 5×10^{-6} SO_X：可忽略不计
噪声	约 60dB（距设备 10m 处）
排水	净水（接近于零污染）
应用时供应水	自来水或纯净水（接近于零）
应用时供应氮气	4 个圆柱形容器存有 $7m^3$ 的氮气用于一次起动与停机循环（保护）
操作	自动，可远程控制

沼气燃料电池系统一般由三个单元组成：燃料处理单元、发电单元和电流转换单元。

1）燃料处理单元。该单元主要部件是改质器，它以镍为催化剂，将甲烷转化为氢气，反应过程为（参与反应的水蒸气来自发电单元）

$$2CH_4 + 3H_2O(g) \xrightarrow{Ni} 7H_2 + CO + CO_2 \tag{5-3}$$

为了降低 CO 的浓度，在铜和锌的催化作用下，混合气体在改质器后的变成器中得到进一步的改良，反应式为

$$7H_2 + CO + CO_2 + H_2O(g) \xrightarrow{Cu,Zn} 8H_2 + 2CO_2 \tag{5-4}$$

2）发电单元。发电单元基本部件由两个电极和电解质组成，氢气和氧化剂（O_2）在两个电极上进行电化学反应，电解质则构成电池的内回路，其工作原理简图如图 5-19 所示。

电解质可采用磷酸，其发电效率虽然较低，但温度低（约 200℃）。在磷酸电解质中，电池反应为

$$阳极 \quad H_2(g) \longrightarrow 2H^+ + 2e^- \tag{5-5}$$

$$阴极 \quad \frac{1}{2}O_2(g) + 2H^+ + 2e^- \longrightarrow 2H_2O \tag{5-6}$$

电子通过导线构成回路时，形成直流电。燃料电池由数百对这样的发电单元组成。

3）电流转换系统。主要任务是把直流电转换为交流电，供交流负载使用还可以实现并网供电。

燃料电池产生的水蒸气，热量可供消化池加热或采暖用。排出废气的热量

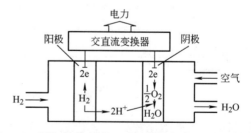

图 5-19 沼气燃料电池（磷酸型燃料电池）工作原理

也可用于加热消化池。沼气中的有用成分是 CH_4，燃料电池要求 CH_4 的浓度（体积分数）在 90% 以上，其他成分如 CO_2、H_2S 等对燃料电池有不利影响，必须对沼气进行提纯后才能作为燃料电池的燃料。表 5-5 是沼气用作燃料电池各种气体含量的最高限值及超过此限值时对燃料电池的影响。

表 5-5　燃料电池对气体的限制值及超过时对燃料电池的影响

有害物质	限制值	超过限制值对燃料电池的影响
H_2S	7.12mg/m³ 以下	缩短内部催化剂的寿命
HCl		使内部催化剂能力低下
SOx	浓度尽可能低	对内部催化剂有不利影响
NOx		对内部催化剂有不利影响
F 化合物		使内部催化剂能力低下
O_2	1.0% 以下	对脱硫催化剂有不利影响
粉尘	3mg/m³ 以下	使催化剂压力损失增大
CO_2	浓度尽可能低	减少电池发出的电力
CH_4	浓度尽可能高	90% 以上

沼气燃料电池所用的沼气，其纯度要求较高，因而需要对沼气进行提纯。沼气提纯常用的方法有：①用 NaOH 水溶液溶解吸收法；②沸石吸附法（PSA 法）；③膜法，利用 CH_4 和 CO_2 透过膜的速度差来提纯 CH_4。

双塔式吸收法是沼气提纯的一种简单而有效的方法，如图 5-20 所示。这种装置具有组成简单、成本低、操作简便的特点。第一吸收塔用处理水吸收大部分 CO_2 和 H_2S；第二吸收塔用 NaOH 水溶液溶解吸收，这样可省 NaOH 的用量。用此装置提纯沼气，CH_4 的回收率高，系统运行稳定可靠。

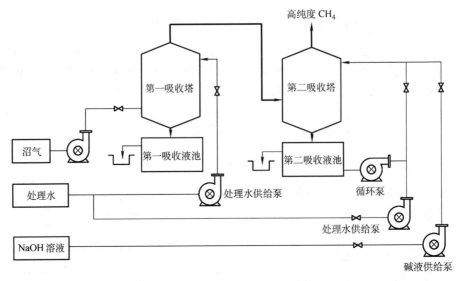

图 5-20　双塔式吸收法提纯沼气

燃料电池的效率比较高。与沼气内燃机效率不同，燃料电池能量转换的效率不受内燃机因素的限制，其值等于电池反应的吉布斯焓变 ΔG 与燃烧反应热 ΔH 之比，能量转换的效率可达 90% 左右。若考虑电动机、传动系统的效率损失，系统的发电效率可达 40%～60%，有废热回收的系统总的能量利用率为 70%～90%。

沼气燃料电池与一般燃料电池一样，具有如下的优缺点。

沼气燃料电池的主要优点：①电池的工作效率高，能量转换的效率可达 90% 左右，而一般内燃机受卡诺循环的限制，效率仅达 40%；②电池在工作时没有或极少有污染物排放；

③电池在工作时不产生噪声和机械振动；④维护管理容易。

沼气燃料电池的主要缺点：①缺乏长期运行经验；②排气中除 H_2S 外，还可能含有微量磷废气，它们对环境的影响尚不清楚。

4. 沼气发电的控制策略

围绕着提高沼气燃烧发电或沼气燃料电池的转化效率，沼气发电的控制主要从以下两个方面进行考虑：

（1）净化及提纯沼气 净化及提纯沼气，提高沼气内燃机的转化效率和热电联合利用效率，提高沼气燃料电池的燃料利用率。沼气发动机要解决的核心问题是沼气的净化处理和混合。

1）沼气的净化处理。沼气的产生主要是通过厌氧消化，而厌氧消化是利用无氧环境下生长于污水、污泥中的厌氧菌菌群的作用，使有机物经液化、气化而分解成沼气。生成的沼气中含有微量的水分和 H_2S 等腐蚀性介质，这些有害成分会对输气管道和发动机部件产生腐蚀，影响发动机的正常运行和使用寿命。

为了除去沼气中的水分和 H_2S，可在进气管道上安装干式脱硫塔，脱硫剂为铁屑；或者湿式脱硫塔，脱硫剂为浓度为 30% 的 NaOH 碱液。另外，还要在进气管道上安装过滤除尘、除湿、除油装置。

2）沼气发电机组的防腐处理。沼气中含有的 H_2S 和水分形成弱酸液，对管道及发动机的金属部件产生腐蚀，特别是对铜质及铝质部件腐蚀更为严重。因此，应对输气管道、中冷器、增压器、活塞等部件进行涂漆、渗瓷、渗氮等防护处理。另外，由于 H_2S 燃烧后的产物 SO_2 具有更强的腐蚀性，燃烧室周围相关部件及排气管均应考虑采取防腐措施。

3）电控混合器技术。普通燃气发动机使用等真空度混合器，不能根据气源 CH_4 浓度的变化自动调节空燃比，使用时容易导致发动机转速和输出功率波动较大，甚至因点火不连续而停机，难以推广使用。沼气发电机组采用电控混合器，计算机监控系统实时监控燃烧室内的燃烧状况，并将燃烧信号反馈到 ECU（电气控制单元），ECU 发出指令，使电控混合器的执行器带动操纵机构，改变沼气与空气的进气流道面积，根据沼气中 CH_4 浓度的变化合理匹配空气和沼气流量，达到实时调节空燃比的目的，实现稳定的稀薄燃烧，有效地控制了发动机的热负荷。

根据沼气发动机的工作特点，在组建沼气发动机发电机组系统时，需考虑以下 4 个方面：

1）沼气脱硫及稳压、防爆装置。沼气中含有少量的 H_2S，该气体对发动机有强烈的腐蚀作用，因此供发动机使用的沼气要先经过脱硫装置。沼气作为燃气，其流量调节是基于压力差，为了使调节准确，应确保进入发动机时的压力稳定，故需要在沼气进气管路上安装稳压装置。另外，为了防止进气管回火引起沼气管路发生爆炸，应在沼气供应管路上安置防回火与防爆装置。

2）进气系统。在进气总管上，需加装一套沼气-空气混合器，以调节空燃比和混合气进气量，混合器应调节精确、灵敏。

3）发动机。沼气的燃烧速度很慢，若发动机内的燃烧过程组织不利，会影响发动机运行寿命，所以对沼气发动机有较高的要求。

4）调速系统。沼气发动机的运行是联轴驱动发电机稳定运转，以用电设备为负荷进行发电。由于用电设备的装载、卸载都会使沼气发动机的负荷产生波动，为了确保发电机正常发电，沼气发动机上的调速与稳速控制系统必不可少。

可以利用沼气热、电、冷三联供，提高沼气发电系统的总体利用率，系统如图5-21所示。

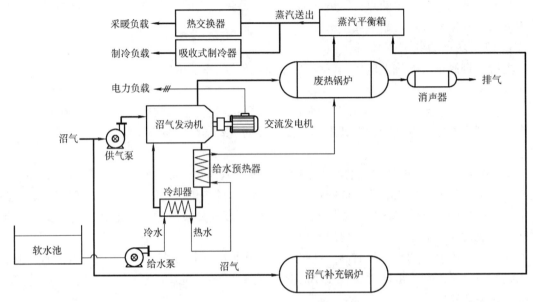

图5-21 沼气热、电、冷三联供系统

（2）沼气燃料电池的发电控制 沼气燃料电池发电系统的工作方式与内燃机相似，必须不断地向电池内部输入燃料气体与氧化剂才能确保其连续稳定地输出电能。同时还必须连续不断地排除相应的反应产物，如所生成的水及热量等。沼气在进入燃料电池之前必须经过重整改质，转化成富氢气体并去除对阳极氧化过程有毒的杂质。

目前一般燃料电池的电能转化效率约为40% ~ 60%，而剩余的部分大多数以热能形式存在，因而为保持电池的工作温度不致过高，必须将这些热量排出电池本体或者加以循环利用。

一套完整的沼气燃料电池发电系统除了具备沼气燃料电池组、沼气供气系统、沼气净化及提纯系统、DC—DC变换器、DC—AC逆变器以及热能管理与余热回收系统之外，最重要的是燃料电池控制器，这样才能对系统中的气、水、电、热等进行综合管理，形成能够自动运行的发电系统。沼气燃料电池的交流发电系统如图5-22所示。

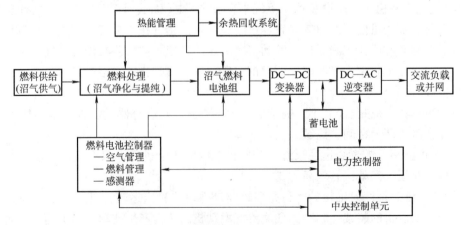

图5-22 沼气燃料电池的交流发电系统框图

5.2.3 垃圾焚烧发电技术与控制策略

近年来，我国城市人口数量不断增加，随着人民生活水平的日益提高，作为城市公害的生活垃圾发生量及其组成发生了很大变化，城市生活垃圾的产量和热值也不断增长。据国家统计局调查，我国城市垃圾正以每年 8% ~10% 的速度递增，生活垃圾已给城市环境及人民生活带来了极大的危害。处理城市生活垃圾，实现无害化、减量化和再生资源化，消除城市生活垃圾的污染已成为我国必须解决的重大课题。随着政府对城市垃圾处理的重视和科学技术的发展，坑填、焚烧和堆肥等技术已经得到普遍采用。20 世纪 80 年代以来，垃圾产生能源技术和垃圾回收再生技术也得到发展。但是，目前我国对垃圾的处理手段主要集中在填埋和焚烧两种方式。

填埋是大量消纳城市生活垃圾的有效方法，也是所有垃圾处理工艺剩余物的最终处理方法，我国普遍采用直接填埋法。所谓直接填埋法是将垃圾填入已预备好的坑中盖上压实，使其发生生物、物理、化学变化，分解有机物，达到减量化和无害化的目的。填埋处理方法是一种最简单、通用的垃圾处理方法，它的最大特点是处理费用低、方法简单；但容易造成地下水资源的二次污染，还侵占了大量宝贵的土地资源。随着城市垃圾量的增加，靠近城市的适用填埋场地已越来越少，开辟远距离填埋场地又大大提高了垃圾排放费用，这种高昂的代价已成为我国大中型城市面临的共同难题，甚至到了无法承受的地步。结合我国国情和技术成熟度，焚烧发电作为当前最符合实际需求的垃圾处理方式将在未来进一步得到快速推广。当前垃圾焚烧占无害化处理比重为 35%，根据国家规划到"十三五"末期焚烧占比将超过 50%。经过"十二五"期间产能的快速增长，垃圾焚烧产能于 2015 年达到 23.2 万吨/日。近年来，垃圾焚烧发电行业集中度不断提升，截至 2015 年底，前十大垃圾焚烧企业的市场占有率已经接近 80%。大部分产能集中在专业运营商手里，其余部分分布在地方环保公司和当地政府手里。随着市场进一步呈现集约化趋势，专业运营商的竞争优势越发凸显，地方产能将大概率被行业龙头企业整合，行业集中度继续提高。

焚烧法是将垃圾置于高温炉中，使其中可燃成分充分氧化的一种方法，产生的热量用于发电和供暖。美国西屋公司和奥康诺公司联合研制出了垃圾转化能源系统，该系统的焚烧炉在燃烧垃圾时可将湿度达 7% 的垃圾变成干燥的固体进行焚烧，焚烧效率高达 95% 以上。同时，焚烧炉表面的高温热能可使水转化为蒸汽，用于暖气、空调设备及蒸汽涡轮发电等方面循环利用。我国安徽山鹰纸业股份公司的垃圾焚烧发电综合利用项目获得国家环保贴息扶持，总投资为 3.5 亿元，两台装机容量 1.2 万 kW 的焚烧发电机组，年可处理各类垃圾 2 万余吨，年发电量 2.2 亿 kW·h，年产蒸汽 34 万吨。两台发电机组已于 2005 年 8 月底先后开始试运行发电，并于当年 10 月一次并网发电成功。据统计，山鹰纸业的垃圾发电厂自 2005 年 10 月正式并网供电，在 9 个月时间里，累计发电量达 1.53 亿 kW·h，产蒸汽 56.7 万吨，焚烧各类生活垃圾 3.24 万吨，为企业降低成本 2700 余万元，经济效益非常明显。随着我国"十三五"规划对发展新能源、提倡环保型循环经济的进一步重视，国家对垃圾发电产业的政策扶持还会继续加强。

美国从 20 世纪 80 年代起先后投资 20 亿美元兴建了 90 座、总处理能力达 3000 万吨/天的垃圾电厂。到 1990 年已发展到 400 座焚烧厂，焚烧率达 18%，到 2000 年已提高到 40%。美国垃圾发电厂处理能力都较大，1985 年在纽约建造了当时最大的垃圾电站，日处理能力 2250 吨，1991 年投产的垃圾电厂日平均处理量为 1400 吨。

日本通产省早在 2000 年就规划实现垃圾发电装机容量达 2000MW，截至 2001 年，日本垃圾电厂最大出力为东京都江东清扫工厂，已达 15MW；最小的垃圾发电厂为广岛市的宇佐南清扫工厂，仅有 0.5MW；2002 年投入运行的福田县大年田市垃圾电厂发电功率达到 13.4MW。日本城市生活垃圾中废塑料较多，焚烧后产生的 HCL 浓度过高，对锅炉产生严重腐蚀。由于日本垃圾成分中聚氯乙烯废塑料含量（即氯含量）过高，故日本垃圾电厂的蒸汽温度一般不大于 300℃，汽压也低，为 1.3MPa，所以发电效率仅有 10% ~ 15%。如果改进锅炉材质及采取表面镀层技术，以提高耐腐蚀能力，同时将蒸汽温度提高到 400℃ 以上，汽压提高到 4.0MPa 以上，发电效率也可提高到 25% 以上。

英国于 70 年代初，在伦敦市 Edmonton 建立垃圾电厂，是当时世界上最大的垃圾电厂，共有 5 台滚动炉排式锅炉，年处理垃圾 4×10^5 吨，接着在 Nottingham·Jersey 及 Coventry 各郡都先后建起了比较大的垃圾电厂。法国到 2000 年底已有垃圾焚烧炉 300 多台，可处理 40% 以上的城市垃圾，如设在巴黎附近的 ISSY 工厂，有每天 4×450 吨垃圾处理能力的马丁式焚烧炉。

德国在 1985 年有垃圾焚烧炉 46 台，1995 年 65 台，1998 年 75 台，发展相当快。

新加坡于 1986 年建成了一座 2700 吨/天的大型垃圾电厂，此后发展很快，目前垃圾焚烧率已达 100%。

在国内，1988 年我国在深圳建立第一座垃圾发电厂，之后垃圾燃烧发电迅速发展。深圳市市政环卫综合处理厂于 1988 年投入运行，其主要设备有三菱重工 3×150 吨/天马丁式焚烧炉，3×13 吨/天双锅筒自然循环锅炉，4MW 汽轮发电机组。珠海垃圾焚烧发电厂于 1998 年底建成，1999 年投入运营，工程规模为 3×200 吨/天，焚烧炉引进美国 Temporlla 炉主体设计技术，采用美国 Detroit Stoker 公司炉排，发电设备及辅机全部由国内生产。澳门已建一座 2×300 吨/天的垃圾电厂，1992 年投入运行，实现了澳门垃圾的全部焚烧处理。北京高安屯生活垃圾焚烧厂是目前亚洲单线规模最大的项目。2013 年底，我国就已经有城市生活垃圾焚烧厂 166 座，上海、北京、广州、杭州、深圳、东莞、成都、重庆、南京等大中城市已有多座大中型垃圾发电厂投入使用，总处理能力为 4633.7 万吨，日处理能力 158488 吨，总装机约为 2600MW。由此可见，我国垃圾焚烧发电技术发展迅速，总数多，装机容量较大，还引进国外先进技术，发展日趋完善和成熟。专家预测，到 2020 年，我国将新增垃圾发电装机容量约 3300MW，将有越来越多的城市选择建设生活垃圾焚烧发电厂。2016 年我国垃圾焚烧发电企业主要有杭州锦江、光大国际、重庆三峰、中国环境保护、绿色动力、上海环境、启迪桑德、浙江旺能、伟明环保、深圳能源等。

5.2.3.1 垃圾焚烧发电的工艺流程

垃圾焚烧发电的工艺流程分为垃圾焚烧前无分检处理和有分检处理两种。

1. 垃圾焚烧前无分检处理

图 5-23 为垃圾焚烧前无分检处理的工艺流程，美国洛杉矶市 Long Beach 垃圾发电就是采用这个工艺流程。

2. 垃圾焚烧前有分检处理

图 5-24 为垃圾焚烧前有分检场垃圾发电工艺流程，美国夏威夷市垃圾发电就是采用这种流程。

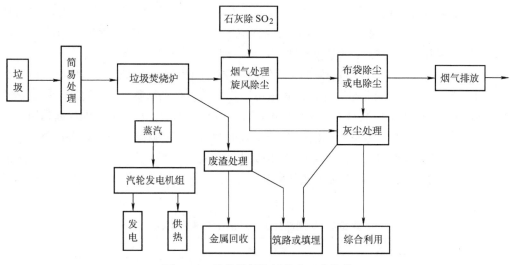

图 5-23 无分检场垃圾发电工艺流程

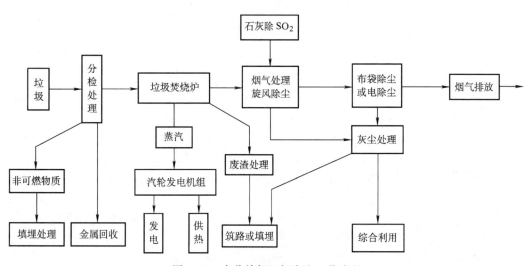

图 5-24 有分检场垃圾发电工艺流程

垃圾焚烧前，经一系列输送、筛选和粉碎装置，把那些不易处理和不能燃烧的垃圾清理掉。然后，输入垃圾焚烧炉在1000℃的高温下焚烧，形成的残渣、液态造粒（惰性灰渣）送出填埋；烟气在排放前经注入石灰、脱硫中和酸性气体，再传热到循环给水系统将水变成过热蒸汽，输入蒸汽轮机发电机发电，烟气经锅炉尾部受热面后，经布袋和静电除尘，除尘达标后通过烟囱排放，将静电除尘的细灰运出做建材综合利用。

5.2.3.2 建设垃圾发电的必备条件

1. 城市生活垃圾热值应较高

垃圾焚烧一般需达到4187kJ/kg及以上的低位热值，才能不加辅助燃料进行焚烧发电。目前我国城市垃圾热值低，夏天水份含量高，地区差别大，东部地区城市平均为3140kJ/kg，中部地区为2219kJ/kg，西部地区为1507kJ/kg；只有少部分地区城市的燃气率高达90%以上，生活垃圾低位热值较高，达到4187kJ/kg以上，如北京朝阳区，上海浦东、浦西区已具备不加辅助燃料焚烧发电的条件。因此，就全国而言，完全依靠焚烧垃圾而发电的条件不够，但从居民生活燃气率逐年提高的趋势，特别是"西气东输"工程带来的影响，天然气勘探工作日益展开，城市燃气率很快增加，垃圾的热值也会相应提高。

采用垃圾预处理程序，可以将较高热值的垃圾集中收集供直接燃烧发电。但在我国实施起来有一定困难，要求居民自觉地将生活垃圾按可回收物质、有机物质和无机物质分别装袋投入专门的垃圾分类回收箱，垃圾处理公司再按垃圾分类收集和运送，进行分类处理和利用。

如前述，美国西屋公司和奥康诺公司联合研制的垃圾转化能源系统可将湿度达7%的垃圾变成干燥的固体进行焚烧，焚烧效率达95%以上；同时，焚烧炉表面的高温能将热能转化为蒸汽，可用于暖气、空调设备及蒸汽涡轮发电等方面。美国部分焚烧厂的主要技术指标列于表5-6。

表5-6 美国部分焚烧厂的主要技术指标

城市 主要技 术指标	新泽西州 Gloucester county	佛罗里达 Broward county	马里兰州 Baltimore county	马萨诸塞州 North Andover	新罕布什尔州 Claremant	佛罗里达州 St. Petersburg	纽约 Peekskill
适用于人口 /万人	20	65	85	75	7	100	85
处理线个数	2	3	3	2	2	3	3
单线处理能力 /(t/d)	287.5	750	750	750	100	1000	750
每天日处理能力 /(t/d)	575	2250	2250	1500	200	3000	2250
平均日处理能力 /(t/d)	460	1800	1800	1200	160	2550	1800
燃烧温度/℉	2500	2500	2500	2500	2500	2500	2500
能量回收形式	电能和蒸汽	电能和蒸汽	电能	电能	电能	电能	电能
发电机容量/kW	140	600	600	400	45	75	600
蒸汽量/(p/h)	12	51	51	39.6	46	70.2	
残留物缩减量	95%	95%	95%	95%	95%	95%	95%
回收材料	铁	铁	铁和聚合物	铁和聚合物	聚合物	铝、 铁聚合物	铁和 聚合物

注：℉—华氏温度，$1℉ = 0.555556K$。

美国城市垃圾的成分与我国部分城市垃圾的成分对照见表5-7。由表5-7可知，我国的城市生活垃圾成分与美国的城市生活垃圾成分有明显的差别。美国垃圾的有机物质多，可回收或燃烧的成分高，我国城市的垃圾中无机物质占有很大比例，即使像上海、北京这类大城市，煤气的普及程度高，有机物质有一定的量，而无机物质所占的比例仍然很大。因此，我国垃圾处理方法与美国的垃圾处理方法应该有较大的差别，要根据我国垃圾的成分而采用适合于该特定成分的垃圾处理方法。例如进行分检，把有机物质集中在一起，然后进入焚烧工序。

表 5-7　美国城市垃圾的成分与我国部分城市垃圾的成分对照　　　（单位：%）

国家（城市）成分	美 国		中 国			
	全国统计	Baltimore	上海市	北京市	哈尔滨	南宁市
金属	8.50	8.90	0.53	0.80	0.88	0.47
玻璃陶瓷	12.00	8.40	2.05	10.75	2.56	4.52
厨房垃圾	13.00	29.00	42.70	49.77	16.62	14.58
纸张	51.00	36.40	1.61	4.17	3.60	1.83
纺织品	3.00	—	0.47	1.46	0.50	0.60
塑料	4.00	7.30	0.40	0.61	1.46	0.56
可燃其他物质	3.00	—	—	—	—	—
惰性物质	5.50	—	52.24	32.44	74.38	77.44
其他	—	10.00	—	—	—	—

2. 城市经济实力应较强

垃圾发电投资大，运行费用高，美国洛杉矶市 Long Beach 垃圾电厂容量为 3×460 吨/天，100MW 机组，总投资 1.1 亿美元，年运行维护费 1200 万美元。据测算，筹建国内大型垃圾电厂，采用外国政府贷款，主要设备（焚烧炉、尾气处理设备等）进口建设投资高，为卫生填埋的 6 倍以上。如上海浦东、浦西垃圾电厂总投资近 7 亿元，处理生活垃圾能力 1000 吨/天、发电 35 万 kW·h；北京高安屯垃圾电厂总投资 8.2 亿元，处理生活垃圾 1600 吨/天，产生的余热每年发电 2.2 亿 kW·h，相当于每年节约 7 万吨标准煤。垃圾发电运营费用也较高，如深圳宝安垃圾电厂（600 吨/天）的电价成本高，当地政府每年需补贴 2300 万元。因此，经济实力较强的城市，每吨垃圾政府需要补贴 100~200 元，才能有经济效益。焚烧处理的优点是减量效果好（焚烧后的残渣体积减少 90% 以上，重量减少 80% 以上），处理彻底。但是，焚烧厂的建设和生产费用极为昂贵，在多数情况下，这些装备所产生的电能价值远远低于预期的销售额，这会给当地政府留下巨额经济亏损。由于垃圾含有某些金属，焚烧具有很高的毒性，产生二次环境危害。而且焚烧处理要求垃圾的热值大于 3.35MJ/kg，否则，必须添加助燃剂，这将使运行费用增高到一般城市难以承受的地步。

尽管垃圾发电的初期投入大，短期经济效益不如常规火力、水利发电的效益好，但它在能源转换过程中不仅提供人类清洁的电力和热力，而且处理掉大量的日常生活垃圾，节约了用于填埋的宝贵土地资源；此外，垃圾发电采用高科技循环利用技术可以显著改善环境。因此，由于垃圾发电具有非常显著的社会效益，它日益受到各国政府的重视，但推广垃圾发电最需要的是国家制定相关法规给予政策上的支持。

3. 较完善的垃圾分类收集和转运系统

我国城市垃圾分类收集极少，转运系统（从中转站到处理场）的建设滞后。收运系统的建设需投入大量资金，改变分类收集和投放的习惯需要更多时间，这些都是制约垃圾发电效益的重要因素。

城市生活垃圾的填埋、焚烧或堆肥处理，都必须要有预处理。预处理程序首先要求居民将生活垃圾按可回收物质、有机物质和无机物质分别装袋，垃圾处理公司再按垃圾分类收集和运送，分类处理和利用。

4. 较完善的环保处理系统

垃圾焚烧站工艺流程中烟气净化处理（如洗涤塔）用于去除焚烧产生的 SO_2、HCl、HF 等酸性气体，应在焚烧中或烟气中掺入石灰（粉或浆）加以中和，使之无害化。此过程若把关不严，这些气体就会直接排入大气中，造成二次污染。例如我国南方某垃圾电厂在投产发电初期，由于酸性气体去除设备尚未投入运行就开始垃圾发电，结果造成酸气直接排放，一度污染了周围环境。

另外，在垃圾储仓中会产生发酵臭气，发酵气体要用气幕封住，把送风机吸风口接于储仓中，造成负压，避免漏入大气中，或输入焚烧炉焚烧。垃圾输送、储运和储藏过程中，易发生泄漏、发酵，产生发酵废水、滤液等 BOD（生化需氧量）很高的有害杂物，如不引入污水处理，会造成水资源污染。尾气处理的废水、废渣、粉尘也应慎重处理，避免水源二次污染。所以对垃圾焚烧厂的工艺处理废水，必须经过废水处理，处理后的水应优先考虑循环使用，节约水资源，尽量做到零排放。必须排放时，废水中污染物的含量应符合国家环保局规定的排放限值，才可排放。

垃圾焚烧站的残渣应综合利用，不能利用的，要填埋处理；烟气处理的固体废物、粉尘，需要加强检验，需按危险废物处理的就严格按规定处理，否则按一级固体废弃物处理，一般可采用填埋处理。垃圾焚烧后的残渣，尾气处理的固体废弃物，如不严格分级处理，就会造成对土地资源的二次污染，破坏生态环境。

5.2.3.3 垃圾焚烧发电及其控制策略

垃圾焚烧发电是"资源化、无害化、减量化"的最好措施之一，国外已普遍采用这种垃圾处理的方式。我国在东南沿海、经济实力较强的城市，已先后建设了几座垃圾焚烧发电厂，随着城市燃气率的提高，特别是"西气东输"工程的建设，垃圾热值的增加，城市经济实力的加强，垃圾焚烧发电的条件会日趋成熟。从长远看，垃圾发电在我国具有广阔的应用前景。

垃圾焚烧发电的控制包括电厂的自动控制，以及发电后的电能变换控制。根据垃圾焚烧电厂控制系统的规模以及要求达到的控制水平，目前技术水平先进的垃圾焚烧发电站（厂）普遍采用基于以太网、具有远程通信和监控能力的现场总线构筑分布式控制系统，底层采用 DCS（分布式控制系统）、SCP 或 PLC（可编程序控制器）、多种化学成分检测传感器（气体、液体、固体等）及电力电子变换器（变频器）、并网配电箱，同时对垃圾焚烧锅炉的燃烧进行有效的控制，对尾气进行检测、处理、控制，对锅炉烟气在线监控以及对发电机组的发电状态、电能变换与无扰并网等进行实时控制。下面以杭州绿能环保发电有限公司城市垃圾焚烧电厂为例，简要说明垃圾焚烧电厂的自动控制策略。

1. 垃圾焚烧的锅炉控制

垃圾焚烧锅炉控制系统的锅炉采用日本三菱马丁炉排垃圾焚烧处理技术，属炉排炉中的反送式炉排垃圾焚烧炉。该炉排炉的特点是垃圾进厂后，除粗大垃圾需先经破碎处理外，其余垃圾不需要经过机械式的分类程序及粉碎等预处理，即可倒入垃圾储坑中，用吊车抓取投入进料斗，经滑槽由给料器推入焚烧炉内燃烧。垃圾通过炉排不同方式的运动，不停地被搅动，并在向出渣口移动的过程中完成干燥、燃烧及燃尽，最终残渣通过出渣口排出焚烧炉。炉排炉的炉膛燃烧温度在 850～950℃之间，最高可达 1100℃，因而垃圾在炉膛中的燃烧速度较快，各种不同特性的垃圾在高温下能得到较彻底处理，单台炉处理垃圾的能力较大。通过炉排的运动，使垃圾在焚烧炉炉膛内充分翻滚，以达到充分燃烧的目的。

垃圾焚烧锅炉的控制包括炉温的控制、给料及炉排等的动作控制、风门压力控制、风室温度控制、风量控制及汽包水位控制等。

（1）蒸发量（或炉温）的控制　蒸发量（或炉温）的连续控制由一个非常可靠的炉排燃烧参数控制回路组成。该控制方式根据额定蒸发量（或炉温）的偏差设定上限值和下限值，给料器和炉排的动作由这两个限定值控制。

当蒸发量（或炉温）保持在上限值以上并在上升时，给料器和炉排的动作为"关"状态，促使蒸发量（或炉温）开始下降；当蒸发量（或炉温）在下降方向穿过上限值时，给料器及炉排的动作变为"开"状态，蒸发量（或炉温）便开始回升；蒸发量（或炉温）在上升方向穿过上限值时，动作信号又为"关"状态；反之，在下降方向穿过下限值时，动作信号也将变为"开"状态。在其他功能中，采用预先控制系统，即给料器和炉排可根据蒸发量（或炉温）的变化率在达到设定值前进行控制。

当蒸发量（或炉温）急剧变化时采用此控制系统，而在其他情况下均处于关闭状态。

蒸汽流量（或炉温）的定值控制由简单控制回路组成，当实际的值越过了上下限值时，再参考其越过的方向，来控制给料器和炉排的起停。当要处理垃圾数量增加或减少时，可以调整蒸汽流量的设定值，同时考虑以下几点：目标垃圾流量，目前垃圾流量，平均垃圾流量以及目前蒸汽流量。

（2）各部分的动作方式

1）给料器。每台垃圾焚烧锅炉有两个给料器，每个给料器由一个液压缸驱动。垃圾进炉膛的数量取决于给料器的行程和速度。给料器动作行程为 0～1300mm，正常情况下为 250mm，随着垃圾情况的变化，可以做相应的调整：湿垃圾为 200mm，正常情况为 250mm，干垃圾为 300mm。这些设定都是在试运行阶段做调整和决定的，在正常情况下不需要调整。给料器的速度通过进入液压缸的油的流速来控制，具体的执行元件是流量控制四通阀（比例特性的阀门）。此阀门根据 SCP 或者 DCS 来的控制信号自动控制油的流速及流量，控制范围为 0～100%。两个给料器的速度是一样的，并且由前后限位开关决定其运动的位置。当炉排的速度增加或减少时，给料器的速度必须同时增加或减少，始终与炉排的速度保持同步。适当的给料速度应该是：动作时间及停止时间约为 2～3min（相对于蒸汽流量定值控制）。操作者应该逐渐地设定速度，同时要时时观察燃烧的情况。

2）炉排。炉排分两部分，称为双炉排，由液压缸通过驱动杆驱动。两个炉排成相反方向运动，此运动的作用一个是使垃圾充分混合，另一个是使垃圾各层均匀，这样就使垃圾燃烧更有效。若炉排停止运动则会引起熄火，而如果炉排的运动加速，垃圾层又将变薄而引起熄火。炉排速度的调节与给料器相似，也是由一只流量控制四通阀（比例特性）进行控制。如果要保持稳定燃烧的话，应该将炉排的速度控制在使燃烧段超过整个炉排长度的 2/3，炉排上灰层的厚度一般为 800～1000mm。

3）熔渣滚筒。每台垃圾焚烧锅炉有一个熔渣滚筒，由一个连杆把两个滚筒连在一起控制，由液压缸驱动。它的作用一是在炉排后部卸下灰，另外使灰尘均匀。熔渣滚筒转动的速度也是由一只流量控制四通阀（比例特性）通过控制进入熔渣滚筒驱动液压缸的油的流速来控制的。驱动液压缸的油的流速在试运行期间由手动调节液压系统来标定，在正常运行期间保持恒定。所以熔渣滚筒的速度是恒定的，通过定时器控制其停止的时间来控制排灰的速度。

4）推灰器。每台垃圾焚烧锅炉共有两个推灰器，由液压缸驱动，其调节方式同熔渣滚筒。这种调节方式的特点是：只要设定了液压缸的停止时间，每小时的往复次数就确定了。其速度控制也是在试运行期间由手动调节液压系统来标定，在正常运行期间保持恒定。推灰器的停止时间只能通过定时器来调节，一般是 1～3min。

5）炉排筛。炉排筛安装在炉排下面，其后连接卸灰的斜道，可以引导空气到炉膛，同时引导筛下物到灰槽的推灰器。筛下分成 5 个仓室，各有一节流板来控制进仓室的燃烧空气。筛下物由一次风门输送。当筛下物落下时，五个仓室的挡板依次打开，将筛下物送至推灰器。以上动作为间歇性动作，时间的间歇由计时器设定，可以为 0～999min，一般调为 30～60min，在试运行期间调好，在正常运行期间不需调整。

6）风室压力控制。通过控制一次风门挡板的开度来实现。风室静压一般要求保持在 39mbar（1bar = 10^5Pa），这个值实际上也是整个炉排区域风压的要求。一次风门挡板的开度一般定为 35%～60%。

7）一次风门温度控制。设定值在 200℃，通过调节蒸汽空气预热器的加热蒸汽流量来实现。

8）锅筒水位控制。该回路由单冲量给水调节（水位）和三冲量给水调节（水位、蒸汽流量、给水流量）单元组合而成。单冲量调节回路具有高水位、低水位、危水位报警和危低水位停炉保护等功能，并能显示相应的工况，同时控制和调节给水量。三冲量调节回路具有较强的动态功能，调节品质极高，能较好地克服假水位现象。该回路配有压力补偿方式，具有清晰的参数图和给水流量、蒸汽流量等积算功能。

9）过热蒸汽温度控制。采用炉膛出口温度和减温器出口温度作为前馈控制，以克服减温器的滞后对温度的影响。

10）鼓引风机风量挡板控制。炉膛负压控制采用总风量（送风量）前馈的单回路控制，同时对过剩空气进行补偿。

2. 垃圾焚烧系统的蒸汽轮机控制

（1）电液调节系统　蒸汽轮机配有 Woodward505 型电液调节系统，可靠性高、操作简单。在实例工程中，该电液调节系统主要完成下列任务：转速调节、入口蒸汽压力调节、辅助发电机同步控制及负荷调整。

（2）调节回路　除电液调节系统之外，过程控制系统还配有下列蒸汽轮机调节回路：①热井水位调节，热井水位过低会影响蒸汽轮机真空，过高则会对设备造成威胁。稳定的热井液位对机组的安全、经济运行十分重要。②冷凝泵最小流量控制，用于避免产生汽蚀对设备的损害。③轴封蒸汽压力调节，使真空得以维持。④除氧器压力调节，保证给水的质量。⑤除氧器水箱水位调节。

（3）开环控制系统　开环控制系统的主要作用是蒸汽轮机安全连锁保护控制，包括：蒸汽轮机转速保护、蒸汽轮机轴位移保护、蒸汽轮机真空保护、润滑油油压联锁保护、除氧抽汽联锁保护、蒸汽轮机发电机联锁保护、射水泵蒸汽轮机联锁保护等。

此外，电气部分除继电保护和网控外，所有的电机控制、电气的电量等信号都通过 I/O 通道输入 DCS。

3. 垃圾焚烧系统的安全保护控制

垃圾焚烧系统的安全保护有以下方面：锅炉燃烧安全保护、主蒸汽压力安全保护、锅炉水位安全保护、鼓引风机安全联锁保护、给水压力联锁保护。

4. 垃圾焚烧的电能变换控制策略

垃圾焚烧发电一般是由焚烧炉加热锅炉，产生蒸汽并驱动蒸汽轮机，并由与之相连的发电机直接发电，发出的电能除了可以直接并网供电之外，也可以利用电力电子技术对电能进行变换，然后再并入中高压电网。

图5-25是垃圾焚烧发电控制的系统框图。控制系统中的总协调控制器需要对垃圾焚烧全过程进行控制，包括控制方式的确定，并将逆变控制的方式下达逆变控制器，将燃烧状态和要求下达燃烧控制器，起到整体的协调作用。逆变控制器采集公用电网的电压和相位等信号，并控制三相 SPWM 逆变器，实现同步并网，将发电机所发出的交变电能变换成与电网同频率、同相位的交流电后，通过逆变匹配变压器输送到公共供电网络。而燃烧控制器采集相关的焚烧炉的温度、锅炉温度与压力、蒸汽轮机的转速及工作状态，并控制焚烧炉排的进给速度，保持焚烧系统的稳定。

蒸汽轮机带动发电机就可以实现电能的产生，并且在适当条件下可以直接并入公用电网。但这种直接并网要求发电机输出的电压、频率、相位及三相平衡度等参数必须与公用电网一致，这就要求焚烧系统必须具备良好的功率调节性能。若采用三相逆变器变换后再进行

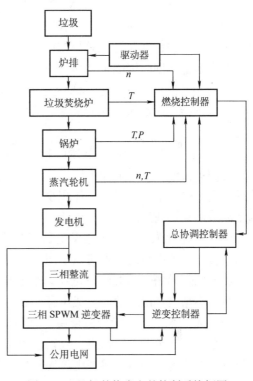

图 5-25 垃圾焚烧发电的控制系统框图

并网，并网的控制全部由逆变控制器完成，对发电机以及焚烧炉的要求要低得多。这种方式虽然提高了系统的造价，但对垃圾燃烧的控制要求可以大为降低，因而这种方式适用于垃圾热值不稳定的场合。

5.2.4 生物质燃料电池的发电技术

燃料电池是一种能将储存在燃料和氧化剂中的化学能通过阳极和阴极的氧化还原反应直接转化为电能的装置。燃料电池由阳极、阴极、电解液以及传导电能的外电路组成。工作时向阳极供给燃料，向阴极供给氧化剂。燃料在阳极产生质子 H^+ 和电子 e^-。质子进入电解液中，而电子则沿外部电路移向阴极。用电的负载接在外部电路中。在阴极上，空气中的氧与电解液中的质子吸收抵达阴极上的电子形成水。

5.2.4.1 燃料电池特性

由于燃料电池是化学反应而不是燃烧反应，因而燃料电池系统的污染物排放要明显少于

清洁能源燃烧的排放。燃料电池将燃料的化学能直接转化为电能和热，具有效率高、功率密度大、模块化、污染小等特点，因而被认为是分布式发电的优先选择。

（1）能量转换效率高　燃料电池是直接将燃料的化学能转化为电能，中间不经过燃烧过程，因而不受卡诺循环的限制。目前燃料电池系统的燃料—电能转换效率在45%～60%，而火力发电和核电的效率大约在30%～40%。工作温度高的熔化碳酸盐型和固体电解质型燃料电池，排放的余热还可用于二次发电。利用余热进行电热联供或进行联合发电，燃料电池的综合利用效率可达70%～80%。

（2）环境污染小　有害气体SO_X、NO_X及噪声排放都很低，燃料电池反应产物多为水和一些固体盐类，极少向外界排放有害气体，因此被称为绿色能源。另外，燃料电池是静止发电，本身无机械传动装置，只是在控制系统等辅助装置中有运动部件，因而它工作时振动很小，噪声很低。同时因能量转换效率高而使CO_2的排放也大幅度降低。

（3）可长时间连续供电　燃料电池的燃料和氧化剂并非封装在电池内，而是可以通过外部设备供给，因而从原理上来说，只要保证原料持续供应，燃料电池就能够源源不断地提供能量。

（4）适用范围广　燃料电池可塑性很强，可以根据实际需要组装成各种规格使用，具有较强的灵活性。燃料电池可以广泛地应用在军事上、移动装置、居民家庭以及空间领域。另外，由于燃料电池重量轻、体积小、比功率高，移动起来比较容易，所以它特别适合在海岛上或边远地区建造发电站，或建造分散型电站。

（5）积木化强　燃料电池发电装置是由许多基本单元组成的。将上百个基本单元组装起来就构成一个电池组，再将电池组集合起来就形成了发电站。可以根据不同的需要灵活地组装出不同规模的燃料电池发电站。燃料电池的基本单元可按设计标准预先进行大规模生产，所以燃料电池电站的建设成本低，建造周期短。

（6）负荷响应快，运行质量高　燃料电池在数秒钟内就可以从最低功率变换到额定功率，而且电厂离负荷可以很近，从而改善了地区频率偏移和电压波动，降低了现有变电设备和电流载波容量，减少了输变电线路投资和线路损失。

5.2.4.2　生物质燃料电池分类

生物质能的另一种有效利用方法是将生物质发酵产物作为燃料电池的燃料，与传统热机相比，生物质燃料电池装置具备燃料电池上述的所有优点。

1. 沼气燃料电池

沼气燃料电池由三个单元组成：燃料处理单元、发电单元和电流转换单元。燃料处理单元主要部件是沼气裂解转化器（改质器），以镍为催化剂，将甲烷转化为氢气；发电单元把沼气燃料中的化学能直接转化为电能；电流转换系统主要任务是把直流电转换为交流电。燃料电池产生的水蒸气、热量可供消化池加热或采暖用，排出废气的热量可用于加热消化池。

沼气燃料电池总反应为（详细可见本章5.2.2）

$$CH_4 + O_2 \longrightarrow 2H_2 + CO_2 \tag{5-7}$$

2. 乙醇燃料电池

电池由醇类阳极、氧阴极和质子交换膜三部分组成。电极本身由扩散层和催化层组成。扩散层起支撑催化层、收集电流及传导反应物的作用，它一般是由导电的多孔材料制成，现在使用的多为表面涂有碳粉的碳纸或碳布。催化层则是电化学反应发生的场所，是电极的核心部分。常用的阳极和阴极催化剂分别为 PtRu/C 和 Pt/C 贵金属催化剂。

阳极电极反应为

$$C_2H_5OH + 3H_2O \longrightarrow 2CO_2 + 12H^+ + 12e^- \tag{5-8}$$

阴极电极反应为

$$1/2O_2 + 2H^+ + 2e^- \longrightarrow H_2O \tag{5-9}$$

乙醇燃料电池的总反应为

$$C_2H_5OH + 3O_2 \longrightarrow 2CO_2 + 3H_2O \tag{5-10}$$

3. 微生物燃料电池

微生物燃料电池的电极分为阳极和阴极，其作为微生物和催化剂的载体，以及电子转移的导体，需具有良好的导电性、稳定性，一定的机械强度，廉价的成本以及电极表面与微生物具有良好的相容性。

（1）阴极材料　21世纪初，微生物燃料电池的研究重点是提高功率输出，经过十年左右的研究工作，其功率密度输出提高了100多倍。近年来，研究重心更偏向于微生物燃料电池的应用化研究。

目前在微生物燃料电池中应用最多的还是铂催化剂，但金属铂价格昂贵。近几年来，非贵金属氧化物催化剂由于其来源广泛、价格低廉，被广泛应用于多种电池体系，如 PbO_2、MnO_x、TiO_2、铁氧化物等，其中 MnO_2 和 TiO_2 是目前研究较多的微生物燃料电池阴极催化剂。除此之外，具有良好的电催化活性的还有过渡金属大环化合物、某些导电聚合物（如聚吡咯与碳黑复合物、聚苯胺-碳黑-酞菁铁等）和碳氮金属催化剂等，它们也都可作为微生物燃料电池的阴极催化剂。

（2）阳极材料　微生物燃料电池系统的无介体产电菌群主要是异化金属还原菌，由于这些菌与过渡态金属之间的亲和作用，研究人员开始使用过渡态金属氧化物作为电极修饰剂，以促进微生物燃料电池系统产电能力的提升。研究比较成熟的金属化合物主要有 Fe_3O_4、MnO_2、WC 等。

经修饰后的阳极能够通过静电吸附、与外膜表面的细胞色素酶作用等方式促进产电菌群在阳极表面的黏附，同时通过过渡金属本身晶格上电子的不稳定性促进了电子的传递。

金属化合物修饰得到的电极比表面积一般较小，不利于微生物的大量附着，同时金属化合物的催化效能适用面较窄。随着多孔性阳极材料、新产电复合菌群的应用，电极修饰的方法已逐渐以非金属修饰法为主，如氨气下高温焙烧，电化学氧化及纳米、高分子材料修饰等。氨气保护下高温处理及电化学氧化处理两种方法是对阳极材料本体进行处理，活化电极表面基团，增大活性面积等。

电化学氧化修饰法主要是通过在酸性溶液中的电解，增加电极表面的羧基基团。虽然微生物表面净电荷为负电，电极表面羧基的增加会增大静电排斥力，但是由于微生物表面存在着大量细胞色素，其上含有许多活性基团，羧基可以与细胞色素上的活性基团形成强烈的氢键等化学键作用，增强了微生物与电极之间的化学相互作用。因而电极表面羧基化在微生物燃料电池产电性能的优化中具有一定的应用前景。

碳纳米管也被应用于微生物燃料电池的阳极修饰之中并取得了一定的研究进展，而更多的研究报告集中在碳纳米管及聚合物复合修饰电极的应用。随着研究的深入，会有更多的导电聚合物被用于微生物燃料电池的研究中，用于提高微生物燃料电池的性能与功率输出，对其工业化应用产生积极的影响。

另外，微生物燃料电池也可使用诸如氢化酶等的酶，氧化氢原子，从而产生电流。在这样的生物燃料电池中，催化剂是微生物或者酶，从而无需如铂之类的金属介质。酶可以固定在产生的固体表面上（例如碳）。微生物燃料电池可以利用有机物发酵生产氢和微生物生产氢。

（1）利用有机物质能发酵产氢　这一过程可分两种情况：①在无光照的条件下，将有机废弃物利用酶进行发酵，那么则除了产生氢气和二氧化碳以外，还会伴随着甲烷的生成。可以将氢气和甲烷分离，氢气用于发电，即供给燃料电池；而甲烷用以燃烧后供热。②在光照条件下，利用微生物来处理，使得这些有机废弃物全部处在发酵条件下，产生氢气和二氧化碳，再将氢气用作燃料电池的能源来源。以上过程中，需要用到催化剂——氢化酶，其作用在于将氢离子结合在一起，形成氢气释放出来。有机物质能发酵生产氢的过程如图5-26所示。

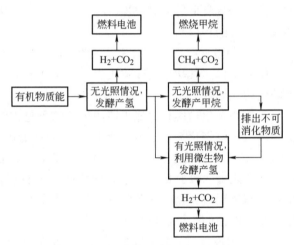

图5-26　有机物质能发酵产氢的过程

（2）微藻类制氢　一些蓝绿藻和细菌利用固氮菌制氢。而绿藻制氢，需要用到氢化酶。制氢的方法和途径多种多样。同步地一次光解水释放出氢气和氧气，这种方法需要严格控制氧气的压力。在绿藻有氧的光合作用中，如果及时释放出氧气以控制压力的话，则绿藻的产氢活动将是短暂的，因为光解出来的氧气将使得可逆转的氢化酶很快失去活性。其中，解决绿藻产氢过程中对氧气的敏感性的方法之一是，通过培植遗传，在后代中找到可以在空气环境下（有着一定氧气的环境）持续释放氢气的变异体。

5.2.4.3　生物质气化高温燃料电池发电技术

生物质能是一种洁净的可再生能源，由于其资源分散，能量密度较低，收集和运输困难，因而适合建立分布式电站对其加以利用。燃料电池是一种直接将储存在燃料和氧化剂中的化学能高效地转化为电能的发电装置，燃料电池技术为利用生物质发电提供了一条途径。近年来，我国中等规模生物质气化发电技术研究取得了较大进展，如果将生物质气化技术与高效的燃料电池结合，不仅有利于岛屿、边远山区和农村地区的经济发展，而且可以带来可观的环境效益，在我国具有良好的发展前景。

生物质气化燃料电池一体化发电装置主要包括生物质预处理系统、生物质气化系统、燃气净化和重整系统、燃料电池本体等。将生物质气化和燃料电池构成一体化发电系统，具有高效、超低污染排放和 CO_2 接近零排放的优点，是生物质发电的首选发电模式。生物质气化燃料电池系统示意图如图5-27所示。

图5-27　生物质气化燃料电池系统示意图

1. 高温燃料电池的技术特点

高温燃料电池包括熔融碳酸盐燃料电池和固体氧化物燃料电池，二者都在高温下工作，对污染物的忍耐度高，不需要贵重金属作为催化剂，具有内重整功能，价格相对比较低，发电效率高，是和生物质气化构成一体化系统的理想选择。目前，美国、日本及欧洲国家都在对高温燃料电池进行开发研究，我国也在加快燃料电池的研究进程。

（1）熔融碳酸盐燃料电池　熔融碳酸盐燃料电池以 $Li_2CO_3 - K_2CO_3$ 为电解质，以空气为氧化剂，工作温度为 $650 \sim 700℃$。熔融碳酸盐燃料电池的发电效率可达 $50\% \sim 60\%$，由于排放温度高，因而可组成燃气-蒸汽联合循环，发电效率可达 $60\% \sim 70\%$，综合效率可达 80% 以上。由于熔融碳酸盐燃料电池的工作温度接近生物质气化和热气净化及重整温度，因此熔融碳酸盐燃料电池成为可与生物质气化形成一体化发电系统的首选类型。

自 20 世纪 90 年代以来，在国家有关部门支持下，大连化学物理研究所、长春应用化学研究所、上海交通大学等开展了熔融碳酸盐燃料电池的应用基础及工程开发研究，在关键技术上已经有所突破。其中，上海交通大学在完成 $1kW$ 熔融碳酸盐燃料电池的发电试验后，进行了 $50kW$ 熔融碳酸盐燃料电池的研究和开发，并取得了很大的进展。目前我国已经具备了研制开发数十至数百千瓦级熔融碳酸盐燃料电池发电系统的能力。

（2）固体氧化物燃料电池　固体氧化物燃料电池以固体氧化钇-氧化锆为电解质，空气为氧化剂，工作温度为 $900 \sim 1000℃$，发电效率约为 60%，联合循环发电效率可达 $70\% \sim 80\%$，热电联产时总效率可达 85%。与熔融碳酸盐燃料电池相比，固体氧化物燃料电池组成联合循环发电系统的效率更高，寿命更长，但固体氧化物燃料电池面临的技术难度较大，价格也比熔融碳酸盐燃料电池高。

我国是在"八五""九五"期间就开展固体氧化物燃料电池研究的，现在国内有不少单位（上海硅酸盐所、北京化工冶金所、中国科技大学、清华大学）在进行固体氧化物燃料电池相关技术的研究，大部分研究工作集中在电解质材料合成及薄膜化、电极材料合成与制备、密封材料及相关测试表征技术方面。2016 年中科院上海硅酸盐所研制成功 $5kW$ 固体氧化物燃料电池组，并实现了演示运行，该 $5kW$ 级 SOFC 独立发电系统使用了 190 片 $20 \times 20cm^2$ 单体电池，以液化天然气为燃料，输出功率为 $4.77kW$，发电效率为 36.5%，热电联供综合能量利用率达 74.6%。

2. 生物质气化燃料电池一体化发电系统

瑞典皇家研究所模拟了 $60MW$ 生物质气化—熔融碳酸盐燃料电池—燃气轮机联合循环发电系统。该系统的发电装置采用熔融碳酸盐燃料电池和燃气轮机联合循环发电，生物质气化部分采用流化床气化器，以空气为气化介质进行加压气化。气化气经过低温净化除去焦油、氨、硫、氯等杂质；净化后的燃气经换热器加热后通入熔融碳酸盐燃料电池的阳极；反应后的气体又进入燃气轮机进行联合发电。发电系统如图 5-28 所示。

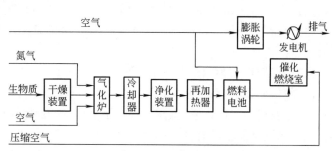

图 5-28　$60MW$ 生物质气化燃料电池一体化发电系统

3. 生物质气化燃料电池发电关键技术

生物质气化燃料电池一体化发电技术是未来生物质发电的发展趋势，在我国有着广阔的应用前景。它可以在较小的规模下实现较高的效率，超低污染排放和 CO_2 零排放，是有效利用生物质资源的一项重要技术，能满足国民经济可持续发展的要求。

我国发展生物质气化高温燃料电池一体化发电技术，主要体现在以下几个方面：

1）加强高温燃料电池的研究力度，在关键部件和材料制备方面取得突破和创新，进一步提高燃料电池的寿命，掌握熔融碳酸盐燃料电池和固体氧化物燃料电池的设计制造及发电系统集成技术，形成我国有自主知识产权的燃料电池产业。

2）开展以模拟生物质气化为电池燃料的试验研究，进而改进燃料电池的性能。

3）尽管目前低温水洗净化技术能除去硫和氨，但也降低了整个系统的总效率。因此应进一步完善净化技术，特别是研究和完善除硫、氨等技术至关重要。

5.2.5 生物质直接液化制燃料油的发电技术

生物质直接液化生产的燃料油主要包括燃料乙醇和生物柴油，下面以生物柴油为主加以分析。

生物柴油是一种清洁的可再生能源，是以大豆、油菜籽等油料作物以及油棕、黄连木等油料林木果实为原料制成的液体燃料，具有原料来源广泛、可再生性强、污染性低等特点，是优质的石油、柴油代用品。

我国能源消费构成中，煤炭在下降，石油消费在上升。车辆燃料消费构成中，柴油与汽油分别占66%和34%，柴油消耗量呈上升趋势。生物柴油是一种洁净的新型燃油，它是从动植物油脂中提取的，是一种可再生的清洁燃料。生物柴油主要具有燃烧性能优越、无腐蚀性、低硫含量、减少机件磨损、清洁无污染等方面的特点。使用生物柴油，一方面能降低废气排放中的有害物质含量，保护大气环境，另一方面能使柴油机工作柔和，延长柴油机的使用寿命。另外使用生物柴油，无需改变柴油机结构。生物柴油可作为柴油机燃油单独使用，也可以与普通柴油以任一比例混合使用，它的推广使用可减少人类对石油能源的依赖，并从根本上解决柴油废气排放，改善大气污染，保护生态环境。利用菜籽油、大豆油下脚料、动物油、餐饮废油和工装设备，对原材料通过预处理提取脂肪物，在一定温度、压力和催化剂作用下与甲醇反应生成脂肪酸甲酯，利用高真空蒸馏和精馏及降膜蒸发技术，提取出高纯度生物柴油。

1. 生物柴油特性

生物柴油与普通柴油相比，生物柴油不仅在产品性能方面更为突出，而且生物柴油在诸多方面都有利于环保，对社会可持续发展有着重要意义。与普通柴油相比较，生物柴油具有两大优点：

（1）比普通柴油更优异的产品性能

1）较好的低温流动性和燃烧性能。产品不含石蜡，分子中含碳数为 $16 \sim 22$，凝固点为 $-6℃$，冷滤点为 $-1℃$，低温流动性介于0#~-10#普通柴油之间。生物柴油的十六烷值为50，说明自燃点低，具有良好的燃烧性。

2）具有无腐蚀性的特点。硫含量低，比国家2000年颁布的优等品轻柴油要求的硫含量还低。低硫的生物柴油腐蚀性小，可延长柴油机的使用寿命。另外，不含水分和机械杂质。

3）较好的润滑性。平均分子量比石化柴油略高，具有较好的黏-温特性，因此它在不影响柴油雾化和蒸发性能的前提下，具有更高的运动黏度。石化柴油的运动黏度一般为 $4.5 mm^2/s$，而生物柴油达到了 $6.9 mm^2/s$。由于运动黏度较高，不仅柴油机工作柔和且起动容易，而且具有较好的润滑性，在很大程度上降低了柴油机机件的磨损，能延长柴油机的使用寿命。

（2）比普通柴油更多元的环保特质

1）排放烟度低、保护大气环境。生物柴油的主要原料为植物油脂的下脚料，经过一系列的精炼、提纯加工而制取。它燃烧充分，排放烟度低，燃烧后生成的废气中二氧化硫含量极低，因此大大降低了对大气的污染，保护大气环境。经机动车检测中心检测，生物柴油在柴油机中排放烟度低，排放烟度仅为 0.7Rb，符合国家 0.5~1.2Rb 标准，说明燃烧充分，清洁不含杂质，可以作为环保燃油。

2）不含对人体有害的重金属。由于生物柴油来源于植物油脂，不是普通的矿物油，且提纯手段为高真空蒸馏方式，产品不加任何添加剂，因此生物柴油基本上不含对人类健康有害的重金属。

3）可再生的原料。植物油脂是一种取之不尽用之不竭、能够再生的物质，利用它作为能源，减少了对石油的依赖和消耗，保护了大气环境。同时，生物柴油的生产可以利用食用油炼制过程中剩余的大量油脚料为原料，变废为宝，消除了油脚料对环境的污染，是一种绿色环保的产业。

（3）技术指标 我国科研机构对发动机台架性能做的对比实验结果证明：燃用生物柴油排放烟度平均值较 0#轻柴油下降 16%；对使用生物柴油的汽车尾气排放进行现场测定，烟度平均值仅为 1.2FSN，而国家标准的烟度平均值为 4FSN。显而易见，在汽车使用中，排放烟度值较 0#轻柴油明显下降；产品的硫含量为 0.008%，而 0#轻柴油的国家标准为 0.2%；使用生物柴油，发动机功率平均增加 1.47%，燃油消耗平均增高 2.92%，排放烟度值下降；在路况与载重相同的状况下，使用生物柴油的发动机的动力性能与矿物柴油发动机无明显差异，油耗平均增加 2.32%。

生物柴油可以独立使用，或与 0#轻柴油以任意比例混合使用，无需改动柴油机的任何结构。

2. 生物柴油的制取

100 多年前，有人曾尝试将纯植物油用于内燃机，但发现存在黏度高等一系列问题。为此，经多年研究和实验，目前已开发出四种利用油脂制备生物柴油的方法，即直接混合法、微乳液法、高温裂解法和酯交换反应法。其中前两者属于物理方法，后两者属于化学方法。使用物理法虽能降低油的黏度，但燃烧中积炭及润滑油污染等问题仍难解决。而高温裂解主要产品是生物汽油，相比之下，酯交换法是一种较好方法。酯交换是指在催化剂存在或超临界条件下，油料主要成分甘油三酯和各种短链醇发生醇解反应过程。

我国主要采用化学方法生产生物柴油，用植物油与甲醇或乙醇在酸或碱性催化剂的作用下，在高温常压下进行酯化反应，生成相应的脂肪酸甲酯或乙酯生物柴油，用此工艺生产的生物柴油的转换率低、成本高。国内的一些科研院所曾对生物酶法转化可再生油脂原料制备生物柴油新工艺进行研究，利用生物酶法合成生物柴油虽具有反应条件温和、醇用量小、无污染物排放等优点，但利用生物酶法制备生物柴油也存在着一些亟待解决的问题，反应物甲醇容易导致酶失活、副产物甘油影响酶反应活性及稳定性、酶的使用寿命过短等，这些问题是生物酶法工业化生产生物柴油的主要瓶颈。

3. 国际及国内生物柴油技术状况

生物燃料产业在发达国家发展迅速，美国、德国、日本、巴西，包括印度都在推动这项产业的发展，生物燃料已实现规模化生产和应用。到 2010 年，全世界生物燃料累计总产量已超过 7000 万吨，其中巴西和美国的产量分别约为 2200 万吨和 3900 万吨；生物柴油总产量约 1650 万吨，其中德国约为 250 万吨。2016 年全球生物燃料产量约为 3040 万吨。

巴西幅员辽阔，土地资源丰富，地处热带，降雨充沛，适宜甘蔗生长。为了减少对石油进口的依赖，巴西从 1975 年开始实施"燃料乙醇计划"，以甘蔗为原料生产燃料乙醇替代车用汽油，主要做法包括：一是规定车用汽油必须添加一定比例的燃料乙醇；二是安排资金支持改良甘蔗品种、改进乙醇生产工艺、开发燃料乙醇汽车；三是对燃料乙醇和乙醇汽车的生产和销售减免有关税费。经过多年的努力，巴西"燃料乙醇计划"达到了预期目的。1985 年以来，虽然燃料乙醇产量因油价、糖价和政策影响有所波动，但平均年产量达 1000 万吨左右，累计替代石油约 2 亿吨。目前，巴西所有车用汽油均添加 20% ~ 25% 的燃料乙醇，并且已有大量使用纯燃料乙醇的汽车，2005 年销售的汽车有 70% 可以完全燃用纯燃料乙醇。2005 年，巴西燃料乙醇消费量为 1200 万吨，替代了当年汽油消费量的 45%，约占车用燃料消费总量的 1/3，为 70 多万人提供了就业机会。到 2010 年，巴西燃料乙醇产量增加到 2200 万吨。燃料乙醇已成为巴西保障能源安全、促进经济发展、增加就业的支柱产业。根据 Ethanolrfa 发布的统计数据：2015 年全球燃料乙醇总产量为 255.76 亿加仑，其中美国产量为 147 亿加仑，占同期全球总产量的 67.5%；巴西产量为 70.93 亿加仑，占同期全球总产量的 27.7%；欧洲产量为 13.87 亿加仑，占同期全球总产量的 5.4%。

欧美国家利用过剩的菜籽油和大豆油为原料生产生物柴油已获得推广应用多年，其工艺技术比较成熟。应用植物油下脚料和餐饮废油生产生物柴油技术也获得突破并已进入批量生产。

2005 年，美国有 4 家生物柴油生产厂，总生产能力为 3×10^5 吨/年，在普通柴油中掺入量为 10% ~ 20%，生物柴油的税率为零。德国有 8 家生物柴油生产厂，拥有 300 多个生物柴油加油站，生产量为 2.5×10^5 吨/年，并制定了生物柴油标准 DINV51606，对生物柴油不征税。法国有 7 家生物柴油生产厂，总生产能力为 4×10^5 吨/年，在普通柴油中的掺入量为 5%，税率为零。意大利有 9 个生产厂，总生产能力为 3.3×10^5 吨/年，生物柴油的税率为零。奥地利有 3 个生物柴油生产厂，总生产能力为 5.5×10^5 吨/年，税率为石油柴油的 4.6%。比利时有两个生产厂，生产能力为 2.4×10^5 吨/年。日本的生物柴油生产能力也达到了 4×10^5 吨/年。截至 2011 年，美国生物柴油总生产能力为 9.46×10^5 吨/年，法国总生产能力为 4.92×10^5 吨/年，意大利总生产能力为 6×10^5 吨/年。2011 年耐斯特石油公司在荷兰鹿特丹建设的欧洲最大的可再生柴油装置投入生产，鹿特丹装置拥有 8×10^5 吨/年能力，并使耐斯特石油公司的可再生柴油总能力提高到 20×10^5 吨/年。

欧盟最近发布了两项新的指令，要求欧盟各国降低生物柴油税率，并对生物柴油在欧洲汽车燃料中的销售比例做出规定，这将进一步推动欧洲生物柴油工业的发展。

我国"十五"计划发展纲要提出发展各种石油替代品，将发展生物液体燃料确定为国家产业发展方向。生物柴油产业得到了国务院领导、国家科技部和国家发展与改革委员会的大力支持，并已列入有关部门、国家计划中。2005 年 2 月国务院颁布《中华人民共和国可再生能源法》，鼓励利用可再生能源改善中国目前的能源结构，在中国推行可再生能源势在必行，这也给生物柴油产业发展和优化提供了良好的市场基础。

我国有成熟的酒精生产技术和大规模的酒精生产能力，具备发展生物燃料乙醇的技术基础。20 世纪末，利用粮食相对过剩的条件，我国开始发展生物燃料乙醇。"十一五"期间，在河南、安徽、吉林和黑龙江分别建设了以陈化粮为原料的燃料乙醇生产厂，总产能达到每年 1.02×10^6 吨，已在 9 个省开展车用乙醇汽油销售。另外我国已成功研制出利用菜籽油、大豆油、废煎炸油、地沟油、隔油池垃圾等为原料生产生物柴油的工艺，并已实现生物柴油规模化生产。2012 年安徽省最大的生物柴油生产项目在阜阳投产，年生产生物柴油 6 万吨。生物柴油主要原料是亚麻、棕榈油、地沟油等，日均消耗地沟油约 60t。

随着经济的快速发展，我国石油需求快速增长，石油进口不断增加，国际油价持续上涨，在这一形势下，发展生物燃料及石油替代品成为一项十分重要的议题。发展生物燃料已成为国家提高能源安全、减排温室气体、应对气候变化的重要措施。

4. 生物燃料油发电方式

生物质经过热裂解而产生的生物燃料油，可以直接应用或通过中间转换途径变成其他的二级产物。生物燃料油作发电的原料，可以直接作为燃料供锅炉燃烧转换成为热能后发电，也可以作为内燃机或涡轮机的燃料，经内燃机或涡轮机的燃烧后直接驱动发电机发电。

生物质燃料油作为液体燃料，易于运输处理和储存，而且大量的试验表明生物质燃料油易于燃烧。有关研究表明生物质燃料油作为单一燃料在燃烧时释放的 NO_x 量略高，因而在使用生物质燃料油作为燃料时还需要添加一定的其他催化剂。

生物质燃料油作为涡轮机的燃料，可以直接点燃涡轮机。在荷兰的 Harculo 发电站，采用生物质燃料油与天然气混合作为 350MW 发电站的燃料，使生物质燃料油通过气体涡轮机、蒸汽循环锅炉成功进行了二次燃烧，产生了 25000kW·h 的电量。其生物质燃料油的使用量达 1900kg/h，相当于 8000kW·h 能量。

生物质燃料油可作为柴油内燃机的燃料，驱动柴油机的燃烧运行。由于生物质燃料油的十六烷值低，所以其着火性能不好。为改善这一缺点，可以在生物质燃料油中添加十六烷值改善剂，以直接改善其点火性能，也可以将生物质燃料油与柴油按一定的比例混合，从而大大改善生物质油的内燃机燃烧性能。采用 95% 以上的生物质燃料油与 5% 以下的柴油混合，既可以提高生物质燃料油的着火性能，同时除氮氧化物的排放偏高外，其他排放物的含量都比正常使用柴油时的含量低。

图 5-29 为生物质燃料油发电的三种形式。除锅炉直接燃烧生物质油发电外，另外两种方式可以添加少量的柴油，以改善生物质燃料油的着火性能，添加量一般为 5% ~ 10%，而生物质燃料油则占 90% ~ 95%，甚至更高。

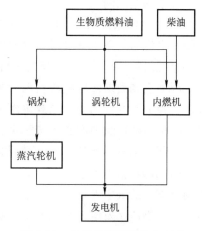

图 5-29 生物质燃料油发电方式

5.3 生物质能的并网发电及对电网的影响

生物质能发电系统一般容量较小，除满足自身需求外，多余电量还可以上网。小电源对电网的干扰问题一直作为电力部门考虑小电源并网的要素之一，需要解决一些重要的并网技术问题。小容量生物质能发电厂独立运行（只供应本厂用电）时普遍存在运行稳定性差、供电可靠性低的问题。与大电网并网运行后，由大电网调频调压，使有功功率、无功功率随时得到平衡，机组运行稳定，供电可靠性好，电能质量得到保证，并可随时保证用户正常用电，同时降低了网损。

1. 生物质能并网发电的技术要求

生物质能并网发电和其他发电系统一样，并网时必须满足电力系统一般发电机并网的三个要求：电压相等、频率相等、相序相同。只有认真按照供电系统的调度指令进行操作，满足这三方面的要求，发电机才能稳定安全地并网运行。目前，这些技术要求可以通过在发电厂装设自动准同期装置来解决。

2. 并网后对公共电网的影响

生物质能发电系统一般容量有限，可以全部接入电力系统的配电网络中。当生物质能发电机组与配电网并网运行时，会对配电网的运行产生一定的影响。由于配电网是直接对用户供电，因此对其可靠性和电能质量要求都较高。生物质能发电并网后对公共电网的影响主要有以下几点：

（1）对电能质量的影响 生物质能发电机组并网后对电能质量的影响主要体现在两个方面：①由于目前所建设的生物质能发电系统是由用户自己来控制，一般根据其自身的需要开机或停机，这可能会加大配电网的电压波动，影响电网上其他用户的电能质量。②发电机组的频繁起动会改变线路的潮流大小的分布，从而加大了电力部门调压的难度，若调节不及时或调节失误会使电压超标。规避这一问题的方法目前有两种：一种是生物质能发电机组励磁调节不动作，由公共电网来调压；另一种方法是生物质能发电机组多发有功功率，少发无功功率，系统缺额的无功功率由其他无功补偿设备来补偿，从而保证其对公网电压的影响在一个很小的范围内。

（2）继电保护问题 由于配电网中大量的继电保护装置已经安装和整定完毕，在生物质能发电机组与系统并网时，继电保护装置的参数整定与原来单一供电系统不同。当生物质能发电机组的功率注入电网时，可能减小继电器的保护区，从而影响继电保护装置正常工作。因为生物质能发电电源目前大多为后起动设备，这就需要对配电网的继电保护装置进行改造。相关研究指出，如果配电网的继电保护装置具有重合闸功能，在电网故障时，生物质能发电机组的切除时间必须早于重合闸时间，否则会引起电弧的重燃，使重合闸不成功。如原配电网继电器不具备方向敏感性能（原系统为放射型的，末端无电源，不会产生转移电流，则无需具备方向敏感性能），则当其他并联分支故障时，会引起有生物质能发电机组并入的分支上的继电器误动作，造成该无故障分支失去主电源。解决的方法是在系统发生故障时先把生物质能发电机组从系统切除，使系统回复到原来的结构，然后按照系统原有的保护策略来进行。

（3）短路电流问题 当配电系统发生故障时，短路瞬间会有生物质能发电的电流注入到配电网中，从而增加了配电网的短路电流，可能使配电网开关的短路电流超标。因此，大功率生物质能发电系统接入电网时，必须事先进行电网分析和计算，以确定生物质能发电系统对配电网短路电流水平的影响程度。

（4）铁磁谐振（Ferro - resonance）问题 当生物质能发电机组通过变压器、电缆线路、开关等与配电网相连时，一旦配电网发生故障（如单相对地短路）而系统侧开关断开时，生物质能发电系统侧开关也会断开，若此时生物质能发电系统的变压器未接负荷，变压器的电抗与电缆的大电容可能发生铁磁谐振而造成过电压，还可能引起大的电磁力，使变压器发出噪声，严重时可能造成变压器的损坏。

（5）可靠性问题 生物质能发电机组并网后对电网可靠性的影响分为有利和不利两个方面。不利的是目前存在的生物质能发电机组在起动时常常要利用公共电网的电源。在机组起动后切换到自身电源给辅机供电，而有些机组则在运行时一直使用公共电网电源供给辅机用电来保证机组运行的稳定。当大系统停电时，生物质能发电机组有时无法起动，或供给辅机的电源会失去，发电机组会同时停运，因此会影响供电系统和生物质能发电的可靠性。有利的是生物质能发电机组可部分消除输配电网的过负荷和堵塞，增加输配电网的输电裕度。在适当的生物质能发电机组布置和电压调节方式下，可缓解电压骤降，提高系统对电压的调节性能。特殊设计的生物质能发电系统可在大电力输配电系统发生故障时仍保持运行。这些都有利于提高系统的可靠性水平。

3. 并网应注意的问题

并网时应注意的问题主要有接入容量、接入电压等级、接入方式和接入距离等。

（1）接入容量 主要考虑电能的可靠性和经济性。虽然同一发电技术的单位投资成本一般随着发电规模的增大而减小，但当接入电网的发电机组容量较大时，一方面机组本体投资成本提高，而电网对大容量机组的运行有较高的要求，其发电小时数必然受到限制，从而使机组的利用效率下降。另一方面，机组容量较大时，接入系统的投资成本也相应提高，如需要接入的电压等级较高，输送电的线路更长且导线截面积更大。这些还可能引起短路电流容量超标的问题，保护设备要求更高，导致接入系统的费用进一步升高。

（2）接入电压等级 接入系统的电压等级一般根据其实际送入系统的容量来确定，容量越大要求接入的电压等级越高。大容量的生物质能发电机组一般接入较高的电压等级，如 35kV、110kV 甚至更高。而较小容量的机组一般与当地配电电网相连，如 3.5kV、10kV 和 380V、220V。200kW 以下的机组一般要求接入 400V 的电网，200 ~ 6000kW 的机组一般要求以 10kV 电压等级接入电网。

（3）接入方式 生物质能发电厂所发的电能首先要满足自身需要，多余的电量再上网。其中供给自身企业使用的电能可以直接利用，而上网部分电能则需要通过升压变压器接入变电站低压侧 10kV 或 35kV 侧的母线上。

（4）接入距离 因为距离每增加一公里则线路网损增大约 1%，所以生物质能发电厂与接入变电站的距离也需要考虑，一般结合电厂选址来综合考虑。

另外并网时一般还需要专门建立一条与当地电力公司的通信专线来接受当地调度部门的调度。

5.4　生物质能发电的经济技术性评价

1. 生物质直接燃烧发电与气化发电的经济技术性评价

（1）生物质直接燃烧发电与气化发电的技术指标　生物质直接燃烧发电中生物质直接用来燃烧，简化了环节和设备，减少了投资，但利用率还比较低。生物质气化技术能够在一定程度上缓解我国对气体燃料的需求，生物质被气化后利用的途径也得到相应的扩展，提高了利用效率。生物质气化与煤混烧发电的经济性较好。表5-8所示为6MW和25MW生物质直接燃烧发电的技术指标，其中25MW为进口设备。表5-9所示为1~3MW和6MW生物质气化发电的技术指标，表5-10所示为20MW和40MW生物质气化与煤混烧发电的技术指标。

表5-8　6MW和25MW生物质直接燃烧发电的技术指标

指　　标	6MW	25MW
蒸汽参数/(MPa/℃)	3.43/435	8.83/535
长期运行负荷（%）	95	95
年运行时间/(h/a)	7500	7500
锅炉燃烧效率（%）	85	90
蒸汽轮机效率（%）	22.9	28.5
系统发电效率（%）	19.5	25.6
厂自用电率（%）	10	10
燃料用量（干)/(kg/kW·h)	1.48	1.04

表5-9　1~3MW和6MW生物质气化发电的技术指标

指　　标	1~3MW	6MW
气化效率（%）	75	78
厂自用电率（%）	10	10
电站发电效率（%）	17~20	28
年运行时间/(h/a)	6000	6500
生物质用量（干)/(kg/kW·h)	1.3~1.8	1.1

表5-10　20MW和40MW生物质气化与煤混烧发电的技术指标

指　　标	20MW	40MW
燃煤电站原发电效率（%）	25	25
气化效率（%）	90	90
气化炉运行时间/(h/a)	6000	6000
生物质用量/(t/h)	5	10
总发电量/(万 kW·h/a)	2700	5400

（2）生物质能发电项目的技术投资分析　生物质能发电项目的技术投资分析可以用产生单位千瓦电能的投资成本来表示。生物质直接燃烧发电要求生物质资源集中，数量巨大，

在大规模利用下才有明显的经济效益。小型生物质直接燃烧发电系统已在我国南方地区的许多糖厂得到应用，大型系统应用的较少。据统计，国产 6~20MW 生物质直接燃烧发电设备的电站投资成本约为 6000~7000 元/kW，进口设备的投资成本几乎是国产设备的两倍。在新建小型兆瓦级生物质气化电站的投资中，主体设备投资约占总投资的 60% 左右。1~3MW 生物质气化电站的投资成本约为 4000~6000 元/kW，单位投资随着发电规模的增大而减小。6MW 中型生物质气化电站采用内燃机-蒸汽轮机联合循环发电工艺，系统复杂，由于增加了余热回收及汽轮机发电系统，并且电网接入项要求较高，因而单位投资较小型气化电站高，达到 6500 元/kW。生物质气化混烧发电项目只需在小型燃煤电站的基础上增加一套生物质气化设备，无需增加发电系统，并可直接利用燃煤电站原有建筑和基础设施。主要投资项目包括气化炉和燃料供应系统，这两项投资约占增加投资的 83%，单位投资在 300 元/kW 以下。

综合比较以上各种生物质能发电技术经济指标可以看出：①生物质气化混烧发电的单位投资成本是最经济的，而且系统简单，但它需要附属于已有的燃煤电厂，其发电经济性决定于原电厂的效率，而且会对原电厂有一定的影响。②同一发电技术的单位投资成本一般随着发电规模的增大而减小。③生物质气化发电技术的发电规模比较灵活，投资较少，适于我国生物质的特点，但是技术还不成熟，需要进一步发展和完善。④直接燃烧发电技术成熟，但在小规模应用情况下蒸汽参数难以提高，只有大规模利用才具有较好的经济性。

生物质小型发电装置由于设备折旧及人工费用较高，总的发电成本比柴油发电机还略高；中型气化发电系统由于采用循环流化床气化装置，气化效率高，劳动生产率高，发电成本较小型系统下降 2/3；大型气化发电装置的发电成本比柴油发电低得多，但由于初期投资较大，利用率和技术稳定性较差，其经济性比燃煤发电稍差，但在环保方面的优越性非常显著，基本上可作为煤的替代能源用以发电。生物质能发电成本随着功率的增大而降低。

2. 沼气发电机发电与沼气燃料电池发电的比较

沼气燃料电池发电与沼气发电机发电相比不仅发电效率和能量利用率高，而且振动和噪声小，排出的废气氮氧化物和硫化物浓度低，因此是很有发展前途的沼气利用工艺。表 5-11 是日本某座处理水量为 20 万 m^3/d 的污水处理厂沼气燃料电池与沼气发电的经济分析比较。

表 5-11 沼气燃料电池与沼气发电机发电的经济比较

沼气用量/(m^3/d)	6804	
发电方式	沼气燃料电池（200kW×4）	沼气发电（600kW）
年发电量/(kW/a)	$56.1×10^5$	$44.2×10^5$
发电设备耗电量/(kW·h/a)	$-3.3×10^5$	$-3.6×10^5$
年供电量/(kW·h/a)	$52.8×10^5$	$40.6×10^5$
年节省电费（A）/(万日元/年)	7392	5684
建设费/万日元	72000	71000
年运行费用（B）/(万日元/年)	6248	5056
年盈利（C = A - B）/(万日元/年)	1144	628

由表 5-11 可见，沼气燃料电池基建投资和运行费比沼气发电高，但发电量高，年盈利也高。

3. 垃圾发电的效益

（1）资源化 垃圾焚烧后热量用于发电，做到废物综合利用。据有关统计资料称，截至2005年，我国城市垃圾清运量已达 1×10^{13} 吨/年，若按平均低位热值2900kJ/kg，相当于 1.4×10^7 吨标准煤。如其中有1/4用于焚烧发电，年发电量可达 60 亿 kW·h，相当于安装了1200MW火电机组的发电量。

（2）无害化 垃圾焚烧发电可实现垃圾无害化，因为垃圾在高温（1000℃左右）下焚烧，可进行无菌处理和分解有害物质，且尾气经净化处理达标后排放，较彻底地无害化。

（3）减量化 垃圾焚烧后的残渣，只有原来容积的 10% ~30%，从而延长了填埋场的使用寿命，缓解了土地资源的紧张状态。因此，兴建垃圾电厂十分有利于城市的环境保护，尤其是对土地资源和水资源的保护，实现可持续发展。

美国夏威夷 H-Power 垃圾焚烧发电厂每年可提供全市6%的电力，在6年运行中，已处理了 4×10^6 t 垃圾，相当于全岛垃圾的90%以上，这些垃圾所发电力相当于燃用500桶原油发出的电力，而且焚烧过程不需任何掺和剂（辅助燃料）。

H-Power 是夏威夷市政立项的最大公共事业工程之一，并无任何诸如税收等方面的"优惠"。在市政府看来，H-Power 尽管有功于环境及旅游，但它和任何企业一样，没有什么特殊，因此建设费高达 1.8 亿美元，它必须承担所有的经营费用，而且还要支付贷款利息，债券和其他费用。

H-Power 项目在 2010 年以前，每年运营费和贷款利息为 2600 万美元。令人欣慰的是H-Power 的运营是成功的，1997 年电力销售收入达到了 2700 万美元。电厂的能量转换效率已超过了电厂设备的保证率（25%），更重要的是它是环境治理的典型代表，将可能被埋掉并污染环境的垃圾转换成可利用的电能，而且垃圾焚烧后产生的灰渣不会对环境构成任何威胁，从而满足州政府环保局的一切环保标准。H-Power 垃圾焚烧发电厂的生产指标如下：

处理垃圾能力 2160 吨/天；

垃圾焚烧炉出力 2×854 吨/天；

垃圾保证运输量 561600 吨/年；

垃圾保证处理量 561600 吨/年；

发电最大出力 570MW（可供 40000 户家庭用电需求）。

4. 生物质燃料油发电的技术经济性

生物质燃料油比重油廉价，与天然气相当。生物质燃料油一般采用快速裂解工艺生产，其生产成本比天然气低。

生物质燃料油在天然气发电站通过二级燃烧可获得 70% 能量，而在火力发电站中，生物质燃料油与木炭混合燃烧可获得 85% 能量，因而生物质燃料油可以十分方便地作为发电站的主要燃料之一，而且其二氧化碳的排放完全达到环保标准。

本 章 小 结

本章介绍了生物质能的形式及其转换、发电的技术，主要包括生物质直接燃烧发电利用技术；沼气的形成、沼气特性与沼气燃烧发电，沼气内燃机以及沼气燃料电池的相关知识；介绍了垃圾焚烧及其发电的方式与控制技术；介绍了生物质燃料油的性质与利用情况，并简要做了生物质能发电的技术经济性分析。

　　生物质能是可再生能源的重要组成部分。在我国，农村是生物质能最重要的产地和应用市场，综合利用生物质能源，大力发展与当地相适应的生物质能转换技术，对农村乃至对全国的良性发展都具有十分重大的意义。生物质直接燃烧发电利用技术和沼气及其发电技术是生物质能转换的一种重要形式，尤其是在广大农村地区以及一些生物质废料处理场。而近年来城市的垃圾无论是数量还是性质都发生了很大的变化，数量急剧增大，而垃圾的热值也有很大的提高，因而有利于实现垃圾焚烧发电技术的推广应用。这项技术不但可以解决对垃圾的无害化处理，同时可以向公共电网提供电能，具有较好的经济性。生物质通过气化裂解或其他方法，可以制取生物质燃料油，代替石油而应用于各行业；也可以直接燃烧用来加热锅炉制取蒸汽，或者直接作为内燃机及涡轮机的燃料，并最终实现发电。因此，生物质能是一种具有十分广泛应用前景的环保型新能源，生物质能发电与控制技术是生物质能综合利用的重要形式和手段。

第6章 分布式电源与微电网组网技术

本章介绍分布式能源的特征及应用，分布式供电与储能技术，微电网多单元混合组网技术，电能质量控制技术以及分布式电源的综合利用及经济技术评价。主要内容有分布式能源的特征及其主要应用形式，分布式供电与储能技术，重点阐述微电网中多单元混合组网技术与电能质量控制技术。

6.1 分布式能源的特征及其应用

分布式能源也叫分布式资源（DER，Distributed Energy Resources），是一种能源的分布式应用系统，实现用户端的能源综合利用。相对于传统的集中供电方式而言，它将冷-热-电系统以小规模、小容量（数千瓦至数十兆瓦）、模块化、分散式的方式布置在用户附近，可独立地输出冷（Cooling）、热（Heating）、电能（Power）的系统。国际分布式能源联盟（WADE，World Alliance for Decentralized Energy）如此定义分布式能源：由高效利用发电产生的废能而生产热和电以及现场端的可再生能源系统以及包括利用现场废气、废热及多余压差来发电的能源循环利用等发电系统组成，能够在消费地点或很近的地方发电的系统，称为分布式能源系统，而不考虑这些项目的规模、燃料或技术及该系统是否联网等条件。

分布式能源的先进技术包括太阳能利用、风能利用、燃料电池和燃气冷-热-电三联供等多种形式，主要技术包括电能有效利用（EUEE，Efficient Utilization of Electrical Energy）、智能通信技术（ICT，Information and Communications Technology）、智能模块（Smart Box）、主动网络管理（ANM，Active Network Management）并涉及微电网、智能电网（Smart‑Grid）以及柔性电网（FENIX，Flexible Electricity Networks to Integrate the eXpected energy evolution）。

分布式能源的主要应用有：燃气-蒸汽联合循环发电，整体煤气化联合循环（IGCC），煤炭气化多联产，热-电-冷三联产，风-光-燃气互补多联产发电等领域。

我国现有的能源系统主要是以化石燃料构成的，核心是煤、石油、少量的天然气以及核能。其中煤和石油的储藏量是很有限的，尤其是石油，我国的石油资源仅能维持 20 年，而煤炭生产会产生巨大的污染，大量开采会造成严重的水土资源流失，加剧生态的恶化。同样，大规模的燃气资源极其有限，但在我国西北、西南内陆地区和沿海区域分布的小规模、低品质天然气田繁多，还没有很好地利用起来。因而基于现有能源资源，需要全力提高资源利用效率，扩大资源的综合利用范围，分布式能源无疑是解决该问题的关键技术之一，是缓解我国严重缺电局面、保证可持续发展战略实施的有效途径之一，符合能源战略安全、电力安全以及我国天然气发展战略的需要，可缓解环境、电网调峰的压力，能够提高能源利用效率。

2003 年以来，美国、加拿大、英国、澳大利亚、丹麦、瑞典、意大利等国相继发生的大停电事故，深刻说明传统能源供应形式存在着严重的技术缺陷。随着时代的发展，特别是信息技术及物联网技术的飞速发展，传统能源的供应形式已经难以继续支撑人类文明的发展进程，加快建立以信息技术及物联网技术为核心的新型能源体系已成为大势所趋，而分布式能源正是这种新能源体系的核心内容。

6.1.1 分布式能源的特征

分布式能源由一次能源和二次能源组成，一次能源以气体燃料为主，可再生能源为辅，利用一切可以利用的资源；二次能源以分布在用户端的热、电、冷、（植）联产为主，其他中央能源供应系统为辅，实现以直接满足用户多种需求的能源梯级利用，并通过中央能源供应系统提供支持和补充。在环境保护上，分布式能源将部分污染分散化、资源化，实现适度排放的目标。在管理体系上，分布式能源采用智能信息化技术，通过社会化服务体系提供设计、安装、运行、维修一体化保障，各系统在低压电网和冷、热水管道上进行就近支援，互保能源供应的可靠。分布式能源实现多系统优化，将电力、热力、制冷与蓄能技术结合，实现多系统能源容错，将单系统的冗余限制到最低，以期最大限度地提高能源利用效率。

分布式能源建立在用户端，具有高效、节能、环保的特点，既可独立运行，也可并网运行，而无论规模大小、使用什么燃料或应用的技术。目前许多发达国家已可以将分布式能源综合利用效率提高到90%以上，大大超过传统能源的利用效率。

分布式能源不仅包括"分布式发电"（DG，Distributed Generation），也包括"电能有效利用"（EUE，Efficient Utilization of Electricity），同时还包括"管理和利用"（MU，Management and Utilization），是"分布式资源及电能有效利用"（DEREUE，Distributed Energy Resources and Efficient Utilization of Electricity），对于电力系统而言，是一个新的机遇和挑战。

分布式能源的核心环节之一是分布式发电，即将各类一次能源转换为电能。分布式发电本身并非一种全新的发电形式，过去几十年中，在一些重要的部门或场所，用户往往自行安装一些小型发电设备作为应急备用电源，如医院、矿山等。他们把小型柴油发电机组作为紧急事故停电时的备用电源，以增加供电的可靠性和安全性；还有如我国早期用作自备电厂的燃煤小热电，这些都可认为是分布式发电的范畴。由于其技术性能差或效率低下，或对环保有影响，已被逐渐淘汰或取代。

目前所谓的分布式发电通常并非指采用柴油发电机组的应急备用电源或燃煤的自备小火力发电厂，而是指以天然气、煤层气或沼气为燃料的燃气轮机、内燃机、微型气轮机发电，太阳能光伏发电；以天然气或氢气为燃料的燃料电池发电，生物质能发电，小型风力发电等。由于分布式发电在效率、能源多样化、环保、节能等方面的优越性，再加上电力市场化的快速发展进程，使这种发电技术获得广泛的关注和实际应用，如可用于医院、疗养院、大型商厦、办公楼、宾馆、体育馆等。当其接入配电网并网运行时，在某些情况下可能对配电网产生一定的技术上的影响，因此对需要高度可靠性和高电能质量的配电网来说，分布式能源的接入是相当慎重的。

分布式能源的主要特征如下：

1）分布式能源分布安置于需求侧的能源梯级利用，是一种以可再生能源为主体的资源综合利用系统。通过在需求现场根据用户对能源的不同需求，实现温度对口供应能源，将输送环节的损耗降至最低，实现能源利用效率的最大化。

2）分布式能源是以资源、环境效益最大化确定方式和容量的系统，根据终端能源利用效率最优化确定规模。

3) 分布式能源是一种采用需求应对式设计和模块化配置的新型能源系统, 将用户多种能源需求以及资源配置状况进行系统整合优化。

4) 分布式能源采用先进的能源转换技术, 减少污染物的排放, 并使排放分散化, 便于周边植被的吸收。同时, 分布式能源利用其排放量小、排放密度低的优势, 可以将主要排放物实现资源化再利用。

5) 分布式能源依赖于最先进的信息技术和物联网技术, 采用智能化监控、网络化群控和远程遥控技术, 实现智能 "微电网"。

6) 分布式能源依赖于以能源服务公司为主体的能源社会化服务体系, 实现运行管理的专业化以保障各能源系统的安全可靠运行。

7) 分布式能源技术具有能源利用效率高、环境负面影响小、提高能源供应可靠性和经济效益好的特点, 是未来世界能源技术的重要发展方向。

8) 分布式能源技术可以实现并网发电, 但由于其分散性及自身的内阻比较大, 容易引起 "孤岛" 保护现象, 必须采用可靠有效的 "反孤岛" 保护技术。

6.1.2 分布式能源的应用

20 世纪 90 年代以来, 可再生能源和新能源快速发展, 分布式能源技术的发展和应用成为一支主流, 其中分布式发电是一种新的重要方式, 包括高效利用能源的热-电联产以及冷-热-电三联供形式, 替代化石能源的各种小型可再生能源发电, 如风力发电、小水电、太阳能光伏发电及地热利用、余热利用、生物质能发电等。我国可再生能源资源丰富, 有 10 亿 kW 的风能资源、约 17000 亿吨标准煤的太阳能资源、近 6 亿吨标准煤的生物质能资源、以及约 1.2 亿 kW 的小水电资源, 还有潮汐能、地热能等资源。我国政府制订的可再生能源发展规划中明确提出, 到 2020 年使可再生能源生产量占到一次能源生产量的 10%。

6.1.2.1 分布式能源转换设备及装置

分布式能源的应用形式与能源转换设备密切相关, 主要的转换设备及装置包括:

1) 小型燃气轮机。在小型航空涡轮发动机技术的基础上, 实现地面发电和供热的联产技术。

2) 微型燃气轮机。基于汽车发动机涡轮增压技术, 采用永磁发电和变频控制技术高效利用余热。

3) 燃料电池。有质子交换膜、固体氧化物、熔融硅酸盐和氢氧重整等多种技术, 应用极为广泛, 污染极小, 而且可以同燃气轮机技术整合, 发电效率可达到 80%, 是未来最具有发展价值的技术。

4) 微型蒸汽轮机。利用噪声小、振动小、运行方便可靠的小型蒸汽轮机代替热交换器, 将其中一部分能量转换为电能, 或者利用蒸汽管网中较低品位的蒸汽为制冰机组提供低温冷能, 更好地利用蒸汽中的能量。

5) 微型水轮机和微型抽水蓄能电站。小型、微型水轮机组不仅可以在任何有水位落差的地方使用, 而且可以广泛利用在分布式能源项目上。利用自来水管网的水能压力, 或者建筑物可能产生的落差进行发电, 并在用电低谷进行抽水蓄能。新型的微型水轮发电机组采用电力电子变频控制技术, 调整电能品质。

6) 太阳能发电系统。利用太阳能光伏发电技术, 并与其他能源利用方式和载体进行整合，将太阳热发电与沼气利用整合，将光伏电池与建筑材料整合，利用光导纤维与照明技术整合等。

7）风力发电系统。风力发电是世界能源发展的一个重要方向，大型风场可形成大型风机发电以代替火力发电系统，分散的小型风力发电系统可作为分布式能源的重要形式加以利用。

8）余热制冷系统。利用动力机产生的余热供热制冷是分布式热-电-冷三联供系统的重要环节，尤其是制冷，可以采用吸收式，也可以采用吸附式，以及余热-动力转换-低温制冷等技术，大大提高能源的利用率。

9）热泵系统。利用地源、水源和其他温差资源的能源利用技术，实现对热能的高效利用。

10）能量回收系统。将建筑物内电梯下行、汽车制动、自来水减压等能量进行回收，实现能量的高效利用。

6.1.2.2　分布式能源中的系统优化技术

分布式能源的应用形式还与系统优化技术密切相关，主要有：

1）多种能源系统整合优化。将各种不同的能源系统进行联合优化，例如：将分布式能源与传统能源系统整合后进行联合优化，将分布式能源系统与冰蓄冷系统整合进行联合再优化，将微型燃气轮机与热泵系统整合优化，以及太阳能与分布式系统的优化整合等，达到取长补短的目的，充分发挥各个系统的综合优势。

2）将分布式能源与交通系统整合优化。利用低谷电力为电动汽车蓄电或燃料电池汽车储氢，将燃料电池和混合动力汽车作为电源，形成随着人流移动的电源和供电系统，实现节约投资经费、降低高技术产品使用成本等目的。

3）分布式能源系统电网接入研究。解决分布式能源与现有电网设施的兼容、整合和安全运行等问题。

4）储能技术。通过蓄能技术的开发应用，解决能源的延时性调节问题，提高能源系统的容错能力，其中包括储电、储热、储冷和储能4个技术方向。储电技术包括化学储电（电池）、物理储电（飞轮、水能及气能）。储热技术包括相变储热、热水、热油和蒸汽等多种形式。储冷技术包括冰储冷和水储冷。储能技术包括机械储能、水储能以及记忆金属储能等多种方式。

5）地源储能技术。利用地下水和土壤将冬季的冷和夏季的热能储存，进行季节性调节使用，结合热泵技术进行直接利用，减少城市热岛效应。

6）网络式能源系统。互联网式的分布式能源梯级利用系统是未来能源工业的重要形态，它是由燃气管网、低压电网、冷热水网络和信息共同组成的用户就近互联系统，复合网络的智能化运行、结算、冗余调整和系统容错优化。

6.1.2.3　分布式能源中的资源利用技术

分布式能源的应用形式还与资源深度利用技术密切相关，主要有：

1）天然气凝结水技术。利用天然气燃烧后的化学反应结果回收水，解决部分城市水资源紧缺问题。

2）分布式能源与大棚结合的技术。将分布式能源系统发电设备排出的余热、二氧化碳和水蒸气注入大棚，作为气体肥料和热源，解决城市绿化和蔬果供应，同时减少温室气体和其他污染物排放问题。

3）利用发电制冷的冷却水生产生活热水的技术。利用热泵技术，将低品位热源转换为较高品位的生活热水，减少能源消耗。

4）空调系统废热回收技术。发展全新风空调系统中有效利用回风中的余热和余冷，减少能耗。

5）污水水源热泵系统。利用生活污水中的热量，进行回收和再利用。

6）小型生物质沼气生产技术。利用民用设施污水、垃圾和大棚废弃生物质就地生产沼气的技术。

6.1.2.4 分布式能源的主要应用形式

综合分布式能源的各种技术，分布式能源的主要应用形式有：①热-电-冷联产技术；②燃气轮机发电系统；③微燃气机发电系统；④氢燃料电池发电系统；⑤风力发电系统；⑥小水电发电系统；⑦太阳能光伏发电系统；⑧地热能综合利用热-电联产系统；⑨生物质能源发电系统。

热-电联产技术成熟、效率较高、节能效果显著，是最主要的分布式能源形式。而可再生能源在我国农村能源供应中发挥着重要作用，正在向商业化和规模化方向快速发展，也是分布式能源的重要组成形式。我国《节约能源法》和《大气污染防治法》把热-电联产作为节能和环保的有效措施，《2010 年热电联产发展规划及 2020 年远景发展目标》提出，到 2020 年全国总发电装机容量将达到 9 亿 kW 左右，其中热-电联产总装机容量将达到 2 亿 kW，城市集中供热和工业生产用热的热-电联产装机容量约为 1 亿 kW，热-电联产将占全国发电总装机容量的 22%，在火电机组中的比例为 37% 左右。

6.2 分布式供电与储能技术

分布式发电能够充分利用可再生能源，是实现节能减排目标的重要举措，也是集中式发电的有效补充。作为第三次工业革命的重要特征之一，分布式发电飞速发展，并且新一轮电力体制改革再次力推分布式能源。我国最新发布的《关于进一步深化电力体制改革的若干意见》文件中明确规定"允许拥有分布式电源的用户或微网参与电力交易""全面开放用户侧分布式电源市场，积极开展分布式电源项目的各类试点和示范"，可以预见分布式发电将拥有更广阔的发展空间。然而可再生能源发电的特性对系统的电压稳定、可靠性和电能质量将产生影响。针对该问题，当前储能技术在可再生能源发电领域中的重要补充作用已基本得到业内认可，利用储能系统的双向功率能力和灵活调节特性可以提高系统对分布式电源的接纳能力。随着储能技术日益成熟，成本不断降低，以及未来智能配电网的发展，其在促进分布式电源消纳领域将拥有更广阔的应用前景。

常见的分布式发电技术包括风力发电、太阳能光伏发电、小水电、柴油发电机、燃料电池、微型燃气轮机、生物质能发电、地热发电、海洋能发电、燃料电池及各种储能技术。其中发展很快且已相当成熟的技术是风力发电技术和太阳能光伏发电技术。

本书之前的章节已对风力、太阳能光伏以及生物质能的发电技术做了详细的介绍，接下来主要针对微电网中其他常见的分布式能源及相应发电技术进行介绍，包括天然气、燃气发电，氢能、氢燃料电池发电等。

6.2.1 天然气、燃气发电与控制技术

天然气是指地层内自然存在的以碳氢化合物为主体的可燃性气体。在工业动力、民用燃料、工业燃料、冶金、化工各方面都有广泛应用。天然气水合物（NGH，Natural Gas Hydrate）又称笼形包合物（Clathrate），是在一定条件（合适的温度、压力、气体饱和度、水的盐度、pH 值等）下由水和天然气组成的类冰的、非化学计量的、笼形结晶化合物，其遇火即可燃烧。它可用 $M \cdot nH_2O$ 来表示，M 代表水合物中的气体分子，n 为水合指数（也就是水分子数）。组成天然气的成分如 CH_4、C_2H_6、C_3H_8、C_4H_{10} 等同系物以及 CO_2、N_2、H_2S 等可形成单种或多种天然气水合物。形成天然气水合物的主要气体为甲烷，一般把甲烷分子含量超过99%的天然气水合物称为甲烷水合物（Methane Hydrate）。天然气水合物广泛分布在大陆、岛屿的斜坡地带，活动和被动大陆边缘的隆起处，极地大陆架以及海洋和一些内陆湖的深水环境。

6.2.1.1 天然气的特征与利用

天然气，也称为天然气水合物，在自然界发现的天然气水合物多呈白色、淡黄色、琥珀色、暗褐色等轴状、层状、小针状结晶体或分散状。它们可存在于零下、又可存在于零上温度环境。气水合物可以以多种方式存在：①占据大的岩石粒间孔隙；②以球粒状散布于细粒岩石中；③以固体形式填充在裂缝中；④大固态水合物伴随少量沉积物。天然气作为一种优质能源，在全球范围内得到了普遍发展，其综合利用已经开始实施以气代煤、以气代油的计划，例如天然气发电、天然气合成燃料油等。

第二次世界大战后，国外关于世界天然气利用技术的研究开始起步。20 世纪 70 年代第一次石油危机后，由于国际油价猛涨，有关国家开始积极发展天然气项目和天然气利用技术，天然气的开发及研究进入第一个高潮。进入 20 世纪 90 年代，随着世界经济的加速发展，作为有巨大发展潜力、污染较小的能源——天然气，越来越受到许多国家的重视。各国政府、跨国石油公司、大型能源用户、学术研究机构又掀起了新一轮研究天然气的热潮。世界天然气研究，除了生产、利用相关技术的研究外，重点是天然气在 21 世纪的地位和作用问题。国外普遍认为，21 世纪天然气在世界能源结构中的比例将超过石油，成为世界第一大能源，21 世纪是天然气世纪。

为了推动天然气的发展，我国政府已先后启动了耗资巨大的西气东输工程和广东 LNG（Liquefied Natural Gas，液化天然气）、福建 LNG 工程等项目。我国的能源供应和能源消费是以煤炭为主，石油和天然气都是属于稀缺资源。虽然可以直接从国外进口石油和天然气，但我国能源需求量巨大，即使大力进口，在近 20 年里也难以改变石油、天然气在中国稀缺的状况。我国能源需求预测（见表 6-1），到 2020 年我国天然气需求量将占能源总需求的5% ~10.7%。我国的能源消费仍以煤炭为主，石油所占的比例比天然气要高 1 ~5 倍，由此可见天然气的稀缺程度。上述统计结果是按非化石燃料发电的热功当量折算出的，如果按火力发电厂的煤耗折算，天然气在能源需求中的比例还要低。天然气不仅是稀缺资源，同时又是优质、清洁能源。增加天然气这一优质、高效、洁净的能源在我国能源消费中的比例，是我国优化能源结构、保障能源安全、保护生态环境、提高能源效益的战略选择。据新华社2017.5.18 报道，我国地质调查局从南海神狐海域水深 1266m 海底以下 203 ~277m 的天然气

水合物矿藏开采出天然气。经试气点火，最高产量 3.5 万 m^3/天，平均日产超 1.6 万 m^3，累计产气超 12 万 m^3，天然气产量稳定，甲烷含量最高达 99.5%，实现了气水合物（可燃冰）开发的历史性突破。

除满足第一、二、三产业的使用之外，还有相当的能源（40%）消耗在采暖、空调等建筑能耗上。建筑能耗使用不当就会使电力和天然气负荷出现年内和日内的严重不均衡，影响能源供应的经济性和安全性。我国北方冬季的耗气量是夏季的 7 倍，峰值负荷是夏季的 10 倍以上，这种差别完全是由建筑采暖设备造成的。随着采暖锅炉"煤改气"的进一步深入，冬夏季用气负荷差距将进一步拉大。电力负荷则与燃气相反，夏季峰值电力负荷高于冬季峰值，主要原因是夏季南方空调用电量大。怎样在夏季"减电增气"，在冬季"减气增电"成了能源规划面临的另一个重要问题。

上述问题可用热-电-冷联产系统进行日内电力调峰，发展热力和燃气为动力的空调，采取多种方式采暖，以减少燃气消耗。热-电-冷联产就是分布式能源的一种典型应用，即将用户的电力、采暖、制冷和热水等多种需求整合在一起，进行协同优化，将发电后的余热用于采暖、制冷，又将采暖、制冷后的余热用于解决热水的供应，不仅可以缓解电力的紧张，也可以合理利用燃气资源，这将大大减少对电厂、电网和配电设施的投资，减少对热力厂和热力管网的投资。实现这一技术的基石是小型、微型燃气能源转换装置的技术进步，它包含多种能源转换装置（小型燃气轮机、微型燃气轮机、燃气内燃机、燃气外燃机和燃料电池等）和技术的进步。烟气余热燃烧技术可将小型燃气轮机的利用效率提高，它是利用燃气轮机烟气中的余热燃气，将燃气作为载体，回收余热中的能量，并提高燃气的燃烧效率。

现代微型燃气轮机不仅采用了可调节烟气余热燃烧技术，还采用了空气轴承、永磁发电机、功率半导体变频技术、数字化控制技术等一系列先进技术。例如，英国宝曼公司的 80kW 微型燃气轮机，在发电的同时，供热能力可以在 150～420kW 之间任意调节，可以根据用户的需求调节供热、制冷和供应生活热水。在信息技术的推动下，分布式能源将成为提高大能源利用效率的必然趋势。

6.2.1.2 微型燃气轮机发电机组

按功率划分，燃气轮机可分为大型（100MW 以上）、中型（20～100MW）、小型（20MW 以下）、微型（小于 300kW）。微型燃气轮机发电是把飞机发动机的燃气轮机小型化，使用天然气等作燃料，产生高温、高压气体，推进发电机发电。这种技术的特征是：发电容量小，一般在 30～300kW；占地面积少，设备大小犹如一台电冰箱；可以使用各种油、气作燃料；在发电时产生的废热还能够被再利用，构成"热电并用系统"，从而提高能源综合利用效率；废气排出少，对环境污染程度较轻；适合于企业、医院、学校乃至家庭等分散使用。

目前美国、欧洲和日本等发达国家的许多企业正在积极开发制造相应的设备，如美国的卡普斯顿（CAPSTONE）公司已经制造出 65kW 级微型燃气轮机发电装置，发电效率达到 26%，年产量 1 万台；霍尼韦尔（HONEYWELL）公司开发成功了 75kW 级的微型燃气轮机发电设备，发电效率为 28.5%。日本的多家企业，如东京电力、丰田汽车、三菱重工、出光新产、东京瓦斯和大阪瓦斯等公司，都利用美国卡普斯顿公司的技术开发出热电并用型系统。微型燃气轮机发电技术有可能掀起"电源小型分散化"与"分布式终端电源"的技术革新热。然而一些传统的大电力公司则对此感到忧虑，因为这项技术的迅速发展和普及，会使大电力公司面临竞争对手，迫使其降低价格。

尽管微型燃气轮机目前还没有普及，但其未来的发展潜力将是巨大的。微型燃气轮机的技术来自汽车技术。微型燃气轮机采用了离心式涡轮设计，而不是目前燃气轮机普遍采用的轴流式涡轮。世界上最早的航空喷气式发动机和地面使用的燃气轮机都是采用这种设计，但是后来因为效率太低，所以没有能够继续采用。目前已经投入市场的微型燃气轮机平均使用寿命在 50000~80000h，设备维护工作量极少，可以采用多台机组实现"模块化组合"方式，非常机动灵活。

微型燃气轮机发电机涉及五种关键技术：①液体或气体燃料；②用于发电的透平交流发电机；③产生高效热能的热交换器；④将中频中压电能转换成工频低压电能供给不同用户的功率变换及调节器；⑤为天然气燃料提供合适压力的燃气涡轮增压机。

我国从 20 世纪 50 年代起就开始研制小型燃气轮机，经过改革开放和引进先进技术，已经具备了发展微型燃气轮机发电机的工业和技术基础。相对于燃气轮机尤其大型燃气轮机的技术差距而言，制造微型燃气轮机发电机的技术难度要小得多。微型燃气轮机发电机涡轮的工作温度低、结构简单、零部件少、研制周期短。就大多数部件而言，我国已经具备一定的研究和生产能力，我们的差距主要在整体工艺和关键部件的优化方面。

1. 微型燃气轮机的工作原理

燃气轮机是一种将气体或液体燃料（如天然气、燃油）燃烧产生的热能转化为机械能的旋转式叶轮动力机械装置。一般的燃气轮机主要结构有三部分：压气机（空气压缩机）、燃烧室、透平（动力涡轮）。微型燃气轮机的核心技术包括：利用空气轴承保持一个整体化的高速转子在 60000~150000r/min 状态下运行，驱动小型永磁式中频发电机发电；与 50Hz 工频相比，1000Hz 的中频交变电源可显著降低发电机的体积和重量，有利于装置的微型化；利用大功率半导体变频技术，可以方便地将中频电源变换控制为 50Hz 的工频电源；采用烟气回注技术，将燃烧后的高温烟气通过一个设计紧凑的小型回热器回收，实现了回热循环和对燃料预热，可显著提高系统的能效；利用微机自动控制系统和远程网络遥控，可以保持系统无人职守运行。图 6-1 为微型燃气轮机组及其涡轮发电机的结构示意图。

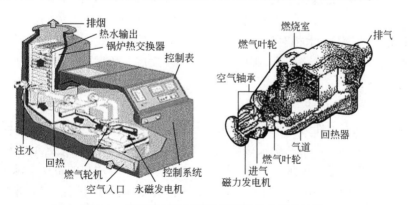

图 6-1　微型燃气轮机组及其涡轮发电机的结构

压气机通过空气入口从外部吸收空气，经内部压缩后送至燃气轮机的燃料室，同时将燃料（包括气体和液体燃料）也喷入燃料室与压缩后的高温气体混合，在受控方式下进行定压燃烧。生成的高温高压烟气进入透平膨胀做功，推动动力叶片高速旋转，从而使得转子旋转做功,转子做功的大部分动能(约2/3)用于驱动压气机,其余动能被输出用来驱动机械设备,如发电机、泵、压缩机等。

空气轴承的作用是保持高速转子在60000~150000r/min的状态下运行,驱动小型永磁中频发电机发电;控制系统在整个工作过程中控制燃料的燃烧,高速转子的转速和变频逆变电源分别决定发电频率和供电频率。在回热系统中,透平(动力涡轮机)产生的烟气温度很高,通常被排入大气中或再加以回收利用(如利用余热锅炉进行联合循环)。微型燃机的余热可用于船舶、汽车动力,制冷、采暖,以及生产净水。通过能源的梯级利用,燃料通过热-电联产装置发电后,变为低品位的热能用于采暖及生活供热等,这一热量也可驱动吸收式制冷机,用于夏季的空调,从而形成热-电-冷三联供系统。

2. 微型燃气轮机发电机组的特点

微型燃气轮机发电机组作为分布式能源的重要成员,具有以下特点:

1)与往复式燃机相比,微型燃气轮机的优点为:结构紧凑、体积小、重量轻,是传统燃机体积的1/4;使用多种燃料、排放低,尤其是使用天然气;可多台组合运行,加上蓄热水柜,能够灵活、可靠地对不断变化中的热、电需求进行适时调节;能通过电话线和远程计算机通信系统实现自动运行、无需人员值守,运行费用低;燃气不用增压,可以直接从燃气高压管网取气,也可从低压管网送气;直燃机可实现热-电-冷联产,也可通过生产热水,与热水空调组合运行;投资低,用户端的能量利用效率高,设备运行效费比高;环境效益极佳,氮氧化物的排放量仅为25mg/L,是燃气锅炉无法相比的;无振动、寿命长、运行成本低;设计简单、备用件少、生产成本低;通过调节转速,即使不是满载负荷运转,效率也非常高。

2)与电站相比,微型燃气轮机具有以下优势:没有或很低的输配电损耗;可避免或延缓增加输配电成本;利用燃机产生的热烟气可进行高效率的热-电联产;适合多种热电比的变化,可使系统根据热或电的需求进行调节,从而增加设备利用率;用户可自行控制;可进行遥控和监测区域电力质量和性能;分布式能源供给系统,具有灵活、安全、清洁、高效的特点;在成本增加很小的情况下增加装机容量,建设周期短、环保压力小、土建和安装成本低。

3)其主要缺点:①技术相对较新,甚至不成熟;②发电效率偏低,目前不超过30%;③高度依赖信息与电子技术,必须与因特网技术同步发展,依靠网络和无线通信技术获得远程监控与技术支持。

3. 微型燃气轮机发电应用

微型燃气轮机发电可作为分布式能源供给系统,如作为独立电站的热-电联产系统,移动电站(汽车蓄电池和发电机系统及移动发电机组),不间断供电系统(电池和发电机组),航空工业用地面电力机组,军队、学校、医院、机关、住宅等用户的备用电源,新能源及环保项目(垃圾填埋/生物应用)等领域。微型燃气轮机热-电联产代表了21世纪能源利用的潮流,微型燃气轮机被称为能源的PC(个人电脑),它在未来能源系统中的位置将处于与PC在因特网中相同的位置,发展前景良好。

6.2.1.3 微型燃气轮机发电机组的电气系统与控制技术

微型燃气轮机发电机组具有使用灵活的特点,结合信息技术及物联网技术,在未来的能源系统中将占据重要的位置。微型燃气轮机发电系统中广泛使用电力电子变换技术，其构成离不开有源器件（电力电子器件、微电子器件）和无源器件（电容、电阻、电感和变压器），其中，电感、电容、变压器等约占整机电源重量或体积的 50% 以上。根据电工学相关知识可知，电路中的电抗大小与其工作频率密切相关，其重量和体积与频率成反比；而电源的输出功率则与电压、电流及功率因数的乘积成正比。因此，为提高发电效率，减小发电机铁心体积、重量和绕组导线直径，降低材料消耗成本，应该尽可能地提高发电机转子转速和输出电压的幅值。这样在保持额定输出功率和发电效率的条件下，获得较高的输出频率以显著降低发电机的体积和重量，同时可以显著降低输出电流、导线直径和发热。因此，微型燃气轮机发电机组的中频化（1000Hz 以上）、中压化（1000V 以上），已成为今后的发展趋势。

图 6-2 所示为微型燃气轮机组控制与电源变换系统的总体结构图。

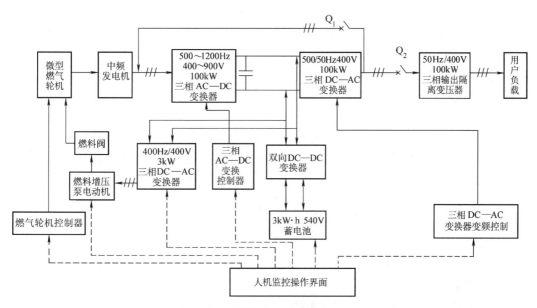

图 6-2　微型燃气轮机控制与电源变换系统总体结构

下面以一台输出功率为 100kW 的微型燃气轮机发电机组及其控制系统为例，介绍微型燃气轮机发电机组及其电源变换与控制系统的组成和工作原理。

系统主要由微型燃气轮机、燃料增压器、中频发电机、大功率变频电源、蓄电池、DC—DC 充放电单元、三相输出隔离变压器、自动控制系统和人机监控操作界面等环节构成。其工作原理为：在开机起动阶段，先断开断路器 Q_2，使用户负载与电源变压器二次侧隔离；闭合断路器 Q_1，将 100kW 三相 DC—AC 变换器的输出通过隔离变压器与中频发电机（作为电动机用）三相定子绕组相连，利用 DC—AC 变换器将蓄电池的直流电逆变成三相中频交流电起动中频发电机，此时发电机工作在电动状态，驱动微型燃机涡轮起动；100kW 的三相主 AC—DC 变换器采用晶闸管可控整流模式，起动时控制系统将晶闸管触发控制角 α 推到 120°，使晶闸管处于截止状态，100kW 三相 AC—DC 变换器停止变换；蓄电池通过双向 DC—DC 变换器向 100kW 三相 DC—AC 变换器提供直流电源，由变换器把直流电逆变为 400Hz、400V 的交流电，驱动发电机工作于电动运行模式，带动微型燃气轮机软起动。起动结束后 Q_1 断开，发电机从电动状态变为发电状态，输出 500～1200Hz、400～900V 的三相中频交流电至 100kW 三相 DC—AC 变换器；经 AC—DC 变换器可控整流为幅值恒定（约540V）的直流电源，再经电容滤波后，由 100kW 三相主 DC—AC 变换器将直流电压逆变为 50Hz、400V 的工频电源；待完成起动系统稳定工作后，Q_2 闭合，主 DC—AC 逆变器通过三相隔离变压器将 50Hz、400V 的工频电能提供给用户负载或并入公共电网；此后，双向 DC—DC 变换器从直流母线获取电能向蓄电池充电，蓄电池由放电转为充电储能状态，为下次起动储备能量。

电源变换控制技术在微型燃气轮机发电中的作用至关重要，其工作原理与技术要求如下。

1. 电源变换与控制系统的构成与功能

1) 100kW 三相整流器将永磁式中频发电机输出的三相 500~1200Hz、400~900V 变化的交流电压经整流变换为 540V 的直流电压。在微型燃气轮机起动时，整流开关器件（晶闸管）截止，使整流器与发电机输出脱离；正常工作时控制 AC—DC 变换器将发电机输出的大范围波动的交流电压可控整流成稳定的直流电压。

2) 100kW 三相逆变器将 540V 的直流电压逆变为三相 50Hz、400V 恒频、恒压的工频交流电压。在微型燃气轮机起动时，三相 DC—AC 变换器将蓄电池经 DC—DC 双向（可逆）变换器提供的直流电源逆变为 0~500Hz、400V 的交流变频电压，作为燃气轮机发电机的交流变频软起动电源，驱动发电机工作在电动状态，进而带动微型燃气轮机工作；燃气轮机起动结束后，Q_1 断开、Q_2 闭合，系统进入正常发电工况，三相 DC—AC 变换器将三相 AC—DC 变换器输出的 540V 直流逆变控制为 50Hz、400V 的恒频恒压电能。

3) 3kW 三相逆变器将直流母线 540V 的电压逆变为三相 0~50Hz、400V 交流变频电源以驱动燃料增压泵电动机，控制燃料增压泵电动机做变频调速运行。在燃气轮机起动阶段由蓄电池供电。

4) 双向直流变换器为蓄电池充电或放电提供双向变换通道，并根据蓄电池的充电特性限制充放电电流。蓄电池采用多电池串联方式，以便电压达到 540V 左右。

5) 100kW 三相隔离变压器由于 100kW 三相 DC—AC 变换器输出的是 PWM 脉宽调制电压波形，富含高频谐波，通常需要在逆变器与负载或电网之间加工频隔离变压器进行滤波和隔离，同时减缓操作冲击；利用变压器一、二次绕组的感性特征，还可对输出电流低通滤波，使其变为平滑的正弦波形；变压器二次绕组通常按带中心抽头的星形联结，以便构成三相四线的供电制式。

2. 电源变换与控制系统的技术指标

1) 100kW 三相整流器和常规的整流器不同，它工作在 500~1200Hz 的中频可控整流状态，必须选用快速晶闸管；并且触发电路的同步信号必须快速跟踪发电机的电压频率，因此触发电路应具有频率锁相功能。

2) 100kW 三相逆变器要承担两种工况：起动时为发电机提供宽范围的变频电源，驱动发电机做电动运行，频率在 0~500Hz 范围内变化，使发电机实现平稳的软起动；起动结束后，为负载提供 50Hz、400V 的三相四线制恒频恒压电源；它的工作频率变化范围大，对控制电路 PWM 调制的动态特性要求高，控制较复杂。

3) 系统采用微机协调控制和故障诊断预测可能发生的故障，及时显示、报警，提高系统的可靠性。

4）主要技术经济指标：额定功率为 100kW，机组输出的交流电压有效值为 400V，三相四线制，稳态输出电压调整率在 ±1% 之间，瞬态输出电压调整率为 −15%~20%，起动时电压稳定时间不大于 1.5s，电压波动率不大于 0.8%，线电压正弦波形总畸变率不大于 3%，输出额定频率 50Hz，稳态输出频率调整率不大于 3%，瞬态输出频率调整率在 ±7% 之间，起动时频率稳定时间不大于 5s，频率波动率不大于 1%。

6.2.2 氢能、氢燃料电池发电与控制技术

6.2.2.1 氢能及其应用

二次能源是联系一次能源和能源用户的中间纽带。二次能源又可分为"过程性能源"和"含能体能源"。所谓"过程性能源"就是那些不能储存起来利用的一类能源，当今电能就是应用最广的"过程性能源"，还有比如"闪电"所具有的能量等；所谓"含能体能源"就是指那些可以储存起来加以利用的能源，柴油、汽油则是应用最广的"含能体能源"。由于目前"过程性能源"尚不能大量地直接储存，因此汽车、轮船、飞机等机动性强的现代交通运输工具就无法直接使用从发电厂输出来的电能，只能采用像柴油、汽油这一类"含能体能源"。可见，过程性能源和含能体能源是不能互相替代的，各有自己的应用范围。人们正将目光投向寻求新的"含能体能源"。

作为二次能源的电能，可从各种一次能源中生产出来，例如煤炭、石油、天然气、太阳能、风能、水力、潮汐能、地热能、核燃料等均可直接生产电能。而作为二次能源的汽油和柴油等则不然，生产它们几乎完全依靠化石燃料。随着化石燃料耗量的日益增加，其储量日益减少，终有一天这些资源将要枯竭，这就迫切需要寻找一种不依赖化石燃料的、储量丰富的新的含能体能源。氢能正是一种在常规能源危机的出现、在开发新的二次能源的同时人们期待的新的二次能源。目前液氢已广泛用作航天动力的燃料，但氢能大规模的商业应用还有待解决以下关键问题：

1）廉价的制氢技术。因为氢是一种二次能源，它的制取不但需要消耗大量的能量，而且目前制氢效率很低，因此寻求大规模的廉价的制氢技术是各国科学家共同关心的问题。

2）安全可靠的储氢和输氢方法。由于氢易汽化、着火、爆炸，因此如何妥善解决氢能的储存和运输问题也就成为开发氢能的关键。

许多科学家认为，氢能在 21 世纪有可能在世界能源舞台上成为一种举足轻重的清洁能源。氢能是一种二次能源，它是通过一定的方法、利用其他能源制取的，而不象煤、石油和天然气等可以直接从地下开采。在自然界中，氢和氧结合成水，必须用热分解或电分解的方法把氢从水中分离出来。如果用煤、石油和天然气等燃烧所产生的热或所转换成的电分解水制氢，那显然是划不来的。现在看来，高效率的制氢基本途径，是利用太阳能。如果能用太阳能来制氢，那就等于把无穷无尽的、分散的太阳能转变成了高度集中的干净能源了，其意义十分重大。目前利用太阳能分解水制氢的方法有太阳能热分解水制氢、太阳能发电电解水制氢、阳光催化光解水制氢、太阳能生物制氢等。

现在科学家们正在研究一种"固态氢"的宇宙飞船。固态氢既作为飞船的结构材料，又作为飞船的动力燃料。在飞行期间，飞船上所有的非重要零件都可以转作能源而"消耗掉"，这样飞船在宇宙中就能飞行更长的时间。在超音速飞机和远程洲际客机上以氢作动力燃料的研究已进行多年，目前已进入样机和试飞阶段。在交通运输方面，美、德、法、日等

汽车大国早已推出以氢作燃料的示范汽车，并进行了几十万公里的道路运行试验。其中美、德、法等国是采用氢化金属储氢，而日本则采用液氢。试验证明，以氢作燃料的汽车在经济性、适应性和安全性三方面均有良好的前景，但目前仍存在储氢密度小和成本高两大障碍。前者使汽车连续行驶的路程受限制，后者主要是由于液氢供应系统费用过高造成。用氢制成燃料电池可直接发电，采用燃料电池和氢气—蒸汽联合循环发电，其能量转换效率将远高于现有的火电厂。随着制氢技术及储氢技术的进步，氢能将在21世纪的能源舞台上大展风采。

6.2.2.2 氢燃料电池介绍

燃料电池的种类很多，分类方式也不同，常用的分类方式是按电解质性质不同来区分，有碱性燃料电池（Alkaline Fuel Cell，AFC）、质子交换膜燃料电池（Proton Exchange Membrane Fuel Cell，PEMFC）、磷酸燃料电池（Phosphoric Acid Fuel Cell，PAFC）、熔融碳酸盐燃料电池（Molten Carbonate Fuel Cell，MCFC）、固态氧化物燃料电池（Solid Oxide Fuel Cell，SOFC）等五种。依据燃料电池工作温度范围不同，一般将碱性燃料电池、质子交换膜燃料电池归类为低温型燃料电池，磷酸燃料电池为中温型燃料电池，熔融碳酸盐燃料电池和固态氧化物燃料电池属于高温型燃料电池。依照开发时间顺序，一般将磷酸燃料电池称为第一代燃料电池，熔融碳酸盐燃料电池称为第二代燃料电池，固态氧化物燃料电池称为第三代燃料电池。

1839年英国Grove发表了世界上第一篇有关燃料电池的研究报告，并用这种以铂箔为电极催化剂的简单的氢氧燃料电池点亮了伦敦讲演厅的照明灯。1889年Mood和Langer首先采用了燃料电池这一名称，并获得$200mA/m^2$电流密度。由于发电机和电极过程动力学的研究未能跟上，燃料电池的研究直到20世纪50年代才有了实质性的进展。英国剑桥大学的Bacon用高压氢氧制成了具有实用功率水平的燃料电池。20世纪60年代，这种电池成功地应用于阿波罗（Appollo）登月飞船。从60年代开始，氢氧燃料电池广泛应用于宇航领域，同时，兆瓦级的磷酸燃料电池也研制成功。从20世纪80年代开始，各种小功率电池在宇航、军事、交通等各个领域中得到应用。

我国的燃料电池研究始于1958年，最早开展了熔融碳酸盐燃料电池（MCFC）的研究。20世纪70年代在航天事业的推动下，中国燃料电池的研究曾呈现出第一次高潮，研制成功的两种类型的碱性石棉膜型氢氧燃料电池系统均通过了例行的航天环境模拟试验。1990年开始进行直接甲醇质子交换膜燃料电池的研究，研制出由7个单电池组成的MCFC原理性电池。1995年开始进行了固体氧化物燃料电池（SOFC）的研究。到20世纪90年代中期，进入了燃料电池研究的第二个高潮。质子交换膜燃料电池被列为重点，开展了质子交换膜燃料电池的电池材料与电池系统的研究，并组装了多个1~2kW、5kW和25kW电池组与电池系统。我国科学工作者在燃料电池基础研究和单项技术方面取得了不少进展，积累了一定经验。但是与发达国家相比尚有较大差距。近几年我国加强了在质子膜燃料电池（PEMFC）方面的研究力度。但是我国在磷酸型燃料电池（PAFC），熔融碳酸盐燃料电池（MCFC），固体氧化物燃料电池（SOFC）的研究方面还有较大的差距，目前仍处于研制阶段。

近年来，许多国家和地区都将燃料电池技术与相关设施产业的开发作为国家重点研发项目，例如美国的"展望21世纪（Vision 21）""自由车（Freedom CAR）""自由燃料（Freedom Fuel）"，日本的"新日光计划（New Sunshine Programe）"，以及欧洲的"焦耳计划（JOULE）"等。同样，燃料电池在电动汽车上也得到了很大的发展。目前，全球各大汽车集团与能源（石油）公司都投入大量资金联合发展燃料电池电动车，积极将燃料电池电动车推向市场。燃料电池现在主要应用于终端电力、车辆动力以及便携式电子产品等方面。

　　构成燃料电池的关键材料与基本组件包括电极、电解质隔膜与集电器等。电极是燃料氧化和氧化还原的电化学反应发生的场所，可分成阴极和阳极两部分。燃料电池的电极为多孔结构，厚度一般在 $200 \sim 500\mu m$ 之间。电解质隔膜的功能是分隔氧化剂与还原剂并同时传导离子，厚度一般在数十微米到数百微米之间。

　　PAFC 利用余热提供暖气和热水，可大幅增加能源综合利用效率。200kW 级的发电系统可以应用于各种场合，发电效率在输出端为 45%，通常以供热、冷暖的热-电联供作为用户主体。PEMFC 的发电效率在输出端只有 35% ~ 45%，但同时能获得热水，综合效率能达到 60% ~ 70%，可以在低温下工作，功率输出密度高，可以小型化，操作容易。功率在几十千瓦的 PEFC 燃料电池和燃气机、柴油机相比效率高，适用于家庭用热水器兼小容量电源和汽车用驱动电源等。MCFC 工作温度高，余热温度也非常高，可以和燃气机、蒸汽机等组合构成联合发电系统。大型 MCFC 发电系统无需贵金属催化剂也可以进行快速电化反应，特征之一是一氧化碳进入电池内也能有效工作。这样除碳氢化合物外也可使用其他燃料，如煤气化气体等，而且使用天然气、石脑油、甲醇作燃料时，可以采用内部改质方式。MCFC 不仅发电效率高，其高温余热可用做蒸汽机、燃气机的热源，因此可组成比较大的发电系统，可达到 50% ~ 65% 的高效率。而且可以回收和强制循环在燃料极生成的二氧化碳气体，以供给空气极氧化剂气体所需的二氧化碳。SOFC 是工作温度最高的燃料电池，可以在没有催化剂的条件下，在电池内部进行天然气的改质反应，可望用于不需要改质器的电源。此外也可以用于煤气化气体的大规模发电。用于大型发电系统时，以天然气为燃料的燃料电池输出端发电效率为 65% ~ 70%，以煤气为燃料时为 55% ~ 60%。

6.2.2.3　氢燃料电池工作的基本原理

　　氢是燃料电池的理想燃料，它清洁、无污染，而且不会产生温室效应气体 CO_2。燃料电池不是把还原剂、氧化剂物质全部储藏在电池内，而是在工作时，不断从外界输入，同时将电极反应产物不断排出电池。因此，燃料电池是名符其实的把能源中燃料燃烧反应的化学能直接转化为电能的"能量转换器"。氢燃料电池的能量转化率很高，可达 70% 以上。此外，由于其氢燃料电池发电产物为水，因此不污染环境。氢燃料电池工作原理如图 6-3 所示。

　　氢燃料电池的工作过程是电解水的逆过程。电极的反应过程为

　　　　燃料极

$$H_2 \rightarrow 2H^+ + 2e^- \qquad (6-1)$$

　　　　空气极

$$O_2 + 4H^+ + 2e^- \rightarrow 2H_2O \qquad (6-2)$$

　　　　电池反应

$$O_2 + 2H_2 \rightarrow 2H_2O \qquad (6-3)$$

　　因此氧气进入的电极一侧为正极，氢气进入的电极一侧为负极，将两侧外部连接起来就可以

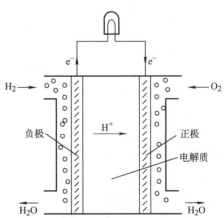

图 6-3　氢燃料电池工作原理

得到电流。在电极与电解质的界面上，当表面上电流不流动而处于平衡状态时，电极上发生氧化-还原反应，其电极的平衡电压由能斯特式可得到

$$E = E_0 + \frac{2.03RT}{NF} \log \frac{(a_0)^a}{(a_R)^b} \tag{6-4}$$

式中，R 为气体常数，$R = 8.314 J/(mol \cdot K)$；$T$ 为热力学温度（K）；F 为法拉第常数，$F = 96500 C/mol$；a_0 为氧化体的活性；a_R 为还原体的活性；E_0 为 a_0、a_R 为 1 时的标准平衡电压；N 为氢的原子数。

氢燃料电池和一般传统电池一样，其将活性物质的化学能转化为电能，因此都属于电化学动力源，与一般传统电池不同的是燃料电池的电极本身不具有活性物质，而只是个催化转换组件。氢燃料电池实际就是能量转换机器，燃料（氢）和氧化剂（氧）都是从燃料电池外部提供的。但是，氢燃料电池发电方式与传统热机的火力发电过程仍有很大不同。传统的热机发电通常先将燃料的化学能经过燃烧转变成热能，然后再利用热能制造产生高温高压的水蒸气来推动涡轮机，使热能转换为机械能，最后把机械能转换成电能。相比之下，氢燃料电池发电是直接将燃料的化学能转变为电能，具有噪声低、无污染、效率高的特点。

6.2.2.4 氢燃料电池发电系统的组成与工作原理

氢燃料电池发电系统除了氢燃料电池本体外，还要和外围装置共同组成发电系统。主要有燃料重整系统、空气供应系统、DC—AC 变换系统、余热回收系统和控制系统等，在高温燃料电池中还有剩余气体循环系统。

燃料电池发电系统构成如图 6-4 所示，其中包含以下部分：

1）燃料重整系统：将得到的燃料转化为燃料电池能使用的以氢为主成分的一个转换系统。

2）空气供应系统：可以使用电动机驱动的送风机或空气压缩机。

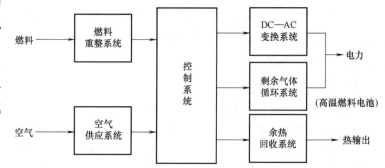

图 6-4 燃料电池发电系统构成框图

3）DC—AC 变换系统：直流到交流的逆变装置。

4）排热回收系统：用于回收燃料电池发电时产生的热能。

5）控制系统：燃料电池发电时的起动、停止、运行、外接负载等的控制装置。

6）剩余气体循环系统：在高温燃料电池发电装置中，由于燃料电池排热温度高，因此安装可以使用蒸汽轮机与燃气轮机剩余气体的循环系统。

氢燃料电池单电池的工作电压在 0.6 ~ 0.9V 之间，而人们在使用燃料电池时，所需电压往往要比单电池的电压高出许多，所以通常把多个单电池串联起来，组成燃料电池堆以提高输出电压。电池堆的设计首先考虑使用者需求和电池性能来决定单电池的电极面积和串联数目，通常电极面积决定燃料电池的工作电流大小，串联数目则决定了燃料电池的工作电压高低。如果需要一个 24V、600W 的电池堆，在当前单电池工作电压 0.6 ~ 0.9V，电流密度

为 $200 \sim 800\text{mA/cm}^2$ 的情况下，选择设计值是 0.7V、500mA/cm^2，则输出电压 24V 的燃料电池需要 35 个单电池串联组成；24V 工作电压、600W 的燃料电池输出电流有 25A，所以极板的有效工作面积为 $25\text{A}/(500\text{mA/cm}^2) = 50\text{cm}^2$。因此，一个电极工作面积为 50cm^2，由 35 个单电池串联组成的燃料电池堆工作电压为 $(24.5 \pm 3.5)\text{V}$，输出功率为 $525 \sim 700\text{W}$。

不过，氢燃料电池输出的是直流低电压，而且有内阻，在不同电流负载下输出电压变化比较大；此外，我国家用电器绝大多数是 $220\text{V}/50\text{Hz}$ 的正弦交流电，所以通常需要把氢燃料电池的输出进行升压以及逆变后才可供用户使用，氢燃料电池发电系统如图 6-5 所示。

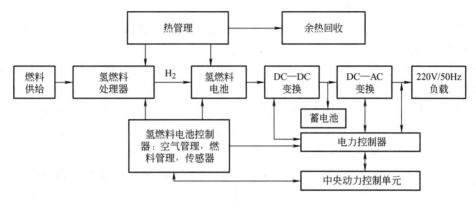

图 6-5 氢燃料电池发电系统

6.2.2.5 氢燃料电池发电系统的控制技术

在图 6-5 中，电源变换控制技术是氢燃料电池的关键部分之一。由于氢燃料电池直接输出的电压不高，一般不将氢燃料电池的输出直接接到逆变器上，通常在中间插入一级 DC—DC 变换器，如图 6-6 所示。DC—DC 变换除了升/降压匹配外，还可以阻断负载侧向氢燃料电池流入反向电流，另外一方面可以避免逆变器直流侧纹波电流对燃料电池的脉冲冲击等不利影响。由于氢燃料电池是一个电化

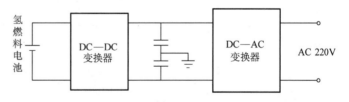

图 6-6 具有 DC—DC 变换器的氢燃料电池发电系统

学反应过程，提供的电能具有不稳定性，而且电网负载也会有波动，为了适应这样的波动，通常加入电能缓冲装置——蓄电池，这种氢燃料电池发电系统如图 6-7 所示。

作为应用实例，图 6-8 是氢燃料电池电源变换的一种主电路拓扑结构，它可以实现独立运行控制及并网运行控制。

图 6-8 中，电路分成三个主要部分（Ⅰ，Ⅱ，Ⅲ）：

1）DC—DC 变换采用电压提

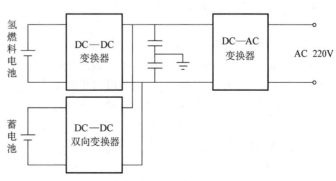

图 6-7 具有能量缓冲的氢燃料电池发电系统

升（Boost 电路）实现 DC—DC
升压变换，改善燃料电池的
输出性能，同时输出电压通
过隔离二极管 VD_1 向蓄电池
充电以电池的形式储存和使
用，实现燃料电池电压和蓄
电池电压的匹配。二极管
VD_1 可以实现电气隔离，使能
量只从燃料电池输出，同时
可防止感性负载电流逆向通

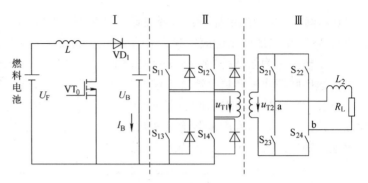

图 6-8　氢燃料电池电源变换的一种主电路拓扑结构

过燃料电池。DC—DC 变换器输出电压 U_B 和输入电压 U_F 满足 $U_B = U_F/(1 - D)$。D 为开关管
VT_0 的占空比。

2）单相全桥式 DC—AC 变换部分（逆变器）的作用是通过 PWM 调制技术将直流电压
逆变为中频方波电压，同时显著减小电流波形中的工频纹波分量，一般通过 $S_{11} \sim S_{14}$ 把直流
电源变换为 1kHz 的中频方波电压。

3）AC—AC 双向变换部分通过高频 PWM 调制技术实现将 1kHz 中频方波电压变为 50Hz
正弦交流电的转换。AC—AC 变换部分主电路拓扑如图 6-9 所示。图 6-8 中的双向开关器件
$S_{21} \sim S_{24}$ 分别由半导体功率器件（IGBT）VT_{11}、VT_{12}、VT_{21}、VT_{22}、VT_{31}、VT_{32}、VT_{41}、
VT_{42} 组成。

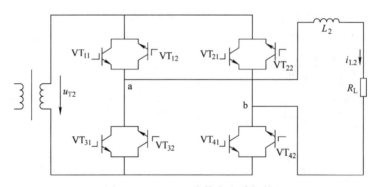

图 6-9　AC—AC 变换主电路拓扑

6.2.3　分布式供电与混合储能技术

6.2.3.1　分布式储能的必要性

微网系统方便了分布式能源的接入，同时也由于其容量较小、较之常规电力系统有较高
的故障可能性、一般包含有较大比重的可再生能源发电单元，使得微网系统承受扰动的能力
相对较弱。储能技术以其能量可双向流动、可兼顾能量和功率需求以及优异的环保性能等特
性受到广泛的关注。储能技术在发电系统产业链中的潜在应用环节众多且可覆盖整个运行过
程，其通过在合适的时间和地点提供服务，可以更好地实现微网系统的能量管理。

1. 储能作为独立单元情形

1）发电环节可平抑负荷峰值、削峰填谷，若参与电力市场，可利用差额电价获取收

益；可进行频率调节；可提供黑启动功能，带动其他类型的分布式能源单元启动及与主网同步；可进行区域控制，应对微网与该微网外部系统间计划外的功率交换。

2）输配电环节可增强系统稳定性，维持系统元件同步运行，以防系统崩溃；可进行电压调节，以使输电线路末端的电压维持稳定；还可进行频率调节、相角控制等。

3）用户端辅助服务可使用户的能量需求峰值时段转移，从而利用电力市场的差额电价减少用户支出；可提高电能质量，为用户提供优质电能；为用户提供不间断电源，增强供电可靠性。

2. 储能与可再生能源发电单元相配合情形

风力发电、光伏发电等可再生能源发电的大面积推广应用面临着能源供应的间歇性和不可预测性这一基本技术难点。储能技术对于处理这一问题将发挥关键性的作用：

1）可平抑可再生能源发电单元的短期随机波动（分秒级），平滑可再生能源发电单元的功率输出曲线，稳定系统频率。

2）可平抑可再生能源发电单元的长期波动（小时级），以使可再生能源发电单元成为可调度型发电单元，增加其功率输出的稳定性。

3）可缓解可再生能源发电的预测偏差所带来的影响，根据可再生能源发电的预测情况，储能配合辅助输出，可提高单元输出的可靠度，尤其在参与电力市场的情形下更为重要。

6.2.3.2 分布式储能的分类

1. 根据功能实现分类

储能技术种类众多，可将其从功能实现和储能方式两方面加以分类。从功能实现角度来说，储能技术可分成功率型和能量型两类：

1）功率型储能技术指那些可提供大功率而容量相对较小，响应迅速，可进行频繁充放电，用于电能质量或不间断供电场合以增强可靠性的储能技术，比如超级电容储能、超导储能、飞轮储能等技术；

2）能量型储能技术指用于能量管理场合的储能技术，比如抽水蓄能、压缩空气储能、大规模传统蓄电池储能、新型电池储能等技术。

2. 根据能量储存方式分类

尽管电能不能直接储存，但可以将其转换为其他方式方便地进行储存，并在需要时转换回电能形式加以利用。人们已经探索和开发的电力储能技术可从能量存储方式角度进行如下分类：

1）机械储能方式主要包括利用势能的抽水蓄能、压缩空气储能和利用动能的飞轮储能等形式。

2）电磁储能方式主要包括超导储能、超级电容储能等形式。

3）电化学储能方式通过电池正负两极的氧化还原反应进行充放电，主要包括铅酸电池、镍镉电池、镍氢电池、钠硫电池、锂离子电池及全钒等液流氧化还原电池等形式。

6.2.3.3 常见的储能形式

1. 飞轮储能技术

飞轮储能技术是一种机械储能方式。近年来，由于电力电子学、高强度的碳纤维材料、低损耗磁悬浮轴承三方面技术的发展，飞轮储能得以快速发展。

图6-10是飞轮储能的原理图，外部输入的电能通过电力电子装置驱动电动机旋转从而带动飞轮旋转将电能储存为机械能；当需要释放能量时，飞轮带动发电机旋转，将动能变换为电能，电力电子装置将对输出电能的频率和电压进行变换以满足负载的要求。飞轮储能基本结构一般由5个部分组成：飞轮转子、轴承、电动机/发电机、电力转换器、真空室。另外，飞轮储能装置中还必须加入监测系统以监测飞轮的位置、电机参数、振动和转速、真空度等运行参数。由于飞轮储能具有寿命长、效率高、高储能量、充电快捷、充放电次数无限、建设周期短、对环境无污染等优点，故其在微网中有着广阔的应用前景。在风电中，将飞轮电池并联于风力发电系统直流侧，利用飞轮电池吸收或发出有功和无功功率，能够改善输出电能的质量。借助飞轮电池充当孤岛型风力发电系统中的电能储存器和调节器，可以有效地改善系统电能质量，解决风力发电机与负载的功率匹配问题。此外，作为一种蓄能供电系统，飞轮储能在潮汐、地热、光伏发电等方面都具有良好的应用前景。

图6-10　飞轮储能原理图

2. 超导磁储能技术

超导磁储能系统（SMES）利用超导线圈把电网供电励磁产生的磁场能量储存起来，需要时再将储存的能量送回电网或作它用。SMES通常包括置于真空绝热冷却容器中的超导线圈、控制用的电力电子装置以及真空汞系统。

超导磁储能与其他储能技术相比具有能量效率高，可长期无损储存能量，能量释放快，可方便调节电网电压、频率、有功和无功功率等显著优点。电力电子技术和高温超导技术的发展促进了超导磁储能装置在电力系统中的应用。SMES灵活的四象限调节能力和快速的功率吞吐能力，使得它可以有效地跟踪电气量的波动，提高系统的阻尼。目前已有将超导磁储能单元用于稳定风力发电机组输出电压和频率的研究。针对风电场的风速扰动，提出采用电压偏差作为SMES有功控制器的控制信号的控制策略。各种研究表明，SMES装置在改善风电场稳定性方面具有优良的性能。目前SMES在电力系统中的应用包括：电压稳定、频率调整、负荷均衡、动态稳定、暂态稳定、输电能力提高以及电能质量改善等方面。

3. 蓄电池储能技术

蓄电池储能系统（BESS）由电池、直—交逆变器、控制装置及辅助设备（安全、环境保护设备）等部分组成，目前在小型分布式发电中应用最为广泛。根据所使用化学物质的不同，蓄电池可以分为铅酸电池、镍镉电池、镍氢电池、锂离子电池等。锂离子电池以其体积小、工作电压高、储能密度高（$300 \sim 400kW \cdot h/m^3$）、循环寿命长、充放电转化率高（90%以上）、无污染等特点而受到重视和欢迎。另外，近些年研究开发的新型蓄电池如钠硫（NaS）电池、液流电池等性能更加优越，更适合于大规模储能应用。蓄电池储能在电力系统中还可用来频率控制和调峰。为了提高电网抵御停电事故的能力，美国阿拉斯加电网安装了1台可提供功率峰值达26.7MW的在线蓄电池储能系统，能使系统大停电的可能性减小60%以上。

铅酸电池是技术最成熟的一种电池储能技术，主要有富液式和阀控式两类。密封阀控式铅酸蓄电池克服了富液式铅酸蓄电池容易产生"酸雾"的缺点，在整个使用寿命期间具有免维护功能，成为目前铅酸电池的主流产品。

钠硫电池与传统化学电池不同，采用熔融态电极和固体电解质，负极的活性物质是熔融态的金属钠，正极的活性物质是硫及多硫化钠，电解质是专门传导钠离子的 β-氧化铝陶瓷，其电池外壳一般采用不锈钢。

锂离子电池的两极是两种能可逆地嵌入和脱嵌锂离子的化合物。电池充电时，锂离子从正极中脱出，通过电解液和隔膜，嵌入到负极中；放电时，锂离子负极中脱嵌，通过电解液和隔膜，重新嵌入到正极中。它们已在便携式设备中得到广泛应用，但存在大容量集成的技术难度。近年来磷酸铁锂电池的研制成功推动了锂电池产业在大容量应用场合的发展。

液流电池的氧化还原反应物质是分装于两个储液罐中的电解溶液，通过利用泵把溶液从储液罐压入电池堆体内在离子交换膜两侧的电极分别发生氧化反应和还原反应，全钒电池是其典型代表。

此外，锌溴电池、多溴化物电池种类也在研发过程中。

4. 超级电容储能技术

超级电容器（SC，Super Capacitor）是根据电化学双电层理论研制而成，专门用于储能的一种特殊电容器，具有超大电容量，比传统电容器的能量密度高上百倍，放电功率比蓄电池高近十倍，适用于大功率脉冲输出。

根据不同的储能原理，超级电容器分为电化学电容器（EC）和双电层电容器（DLC）两类。与飞轮储能和超导储能相比，超级电容器在工作过程中没有运动部件，维护工作极少，可靠性非常高，使得它在小型的分布式发电装置中应用有一定优势。

5. 抽水储能

抽水储能是应用最广泛的一种大规模储能技术。在系统负荷低谷时段，利用盈余的电能从下库向上库抽水，将电能转换成水的势能存储起来，等到系统负荷高峰时段，上库放水经水轮发电机发电。它是一种重要的蓄能与调峰手段，同时也可参与调频、调相、调压、黑启动、提供系统备用容量等。

6. 压缩空气储能

压缩空气储能的原理是在非用电高峰时段，利用盈余电能将空气压缩进一个特定的存储空间，在用电高峰时段，将被压缩的高压气体释放出来以进行发电。气体存储空间一般为地下岩洞、报废矿井等，需要经过一系列严密的检测、模拟以及分析方能确定。目前，研究人员也在寻求其他类型的合适存储空间。

6.2.3.4 不同储能技术的比较

各种储能技术具有不同的物理配置、化学组成、能量密度、功率密度、电压电流输出特性，而同时电力系统也对储能技术的不同应用场合提出了不同的技术要求，很少能有一种储能技术可以完全胜任电力系统中的各种应用。因此，储能方式的选择必须兼顾能量和功率需求，以匹配电力应用所需。表 6-1 ~ 表 6-3 对一些储能技术的特性进行了详细的对比。

表 6-1　储能技术特性对比 I

技术成熟度	商业化应用		示范工程阶段		研发阶段	
	秒级	小时级	秒级	小时级	秒级	小时级
几百兆瓦		抽水蓄能 压缩空气	超导			
几十兆瓦	超导	铅酸电池		钠硫电池	超级电容 飞轮	
几百千瓦~几兆瓦	飞轮 超导	铅酸电池	超级电容	全钒电池 锌溴电池		飞轮 锂电池
几千瓦		飞轮 铅酸电池	超级电容	飞轮 锂电池		

表 6-2　储能技术特性对比 II

储能类型		能量密度		功率密度	
		W·h/kg	W·h/L	W/kg	W/L
机械储能	抽水储能	0.5~1.5	0.5~1.5		
	压缩空气储能	30~60	3~6		0.5~2.0
	飞轮储能	10~30	20~80	400~1500	1000~2000
电磁储能	超导储能	0.5~10	0.2~5	500~2000	1000~4000
	超级电容储能	2.5~15		500~5000	>100000
电化学储能	铅酸电池	30~50	75~300	50~80	10~400
	钠硫电池	150~240	150~250	150~230	
	锂电池	75~200	200~500	150~315	
	全钒电池	10~30	16~33		
	锌溴电池	16~50	30~60		

表 6-3　储能技术特性对比 III

储能类型		放电持续时间	储能持续时间	响应时间	循环效率
机械储能	抽水蓄能	几小时~几天	几小时~几月	分钟级	70%~85%
	压缩空气储能	几小时~几天	几小时~几月	1秒~15分钟	65%~79%
	飞轮储能	几毫秒~十几分钟	几秒~几小时	毫秒级	80%~95%
电磁储能	超导储能	几毫秒~几秒	几分钟~几小时	毫秒级	92%~95%
	超级电容储能	几毫秒~几十分钟	几秒~几小时	毫秒级	85%~97%
电化学储能	铅酸电池	几秒~几小时	几分钟~几天	毫秒~几秒	75%
	钠硫电池	几秒~几小时	几分钟~几天	毫秒~几秒	75%~90%
	锂电池	几分钟~几小时	几分钟~几天	毫秒~几秒	85%~90%
	全钒电池	几秒~几小时	几小时~几月	毫秒~几秒	65%~85%
	锌溴电池	几秒~几小时	几小时~几月	毫秒~几秒	60%~75%

根据上表中的信息进行比较分析，可以发现：

1）抽水蓄能、压缩空气储能、铅酸电池、钠硫电池、液流氧化还原电池、锂电池可用于系统能量管理，进行发电调峰、平衡负载、用作系统备用电源、稳定系统等方面。

2）抽水蓄能、压缩空气储能，储能容量大，放电时间长，适合大规模容量应用场合。

3）各种二次电池储能、飞轮储能、超导储能、超级电容储能技术可用于电能质量调节、系统暂态稳定和不间断电源供电等场合，尤其是超级电容储能和飞轮储能技术因其能量密度较小、功率密度大、成本较为适中而更为适合。

4）抽水蓄能、压缩空气储能技术可实现大功率、大容量电能储存，但对应用场所的地理条件有特殊要求，不适于广泛应用；铅酸电池储能技术较之其他类型电池成本较低、制造技术成熟，但其循环寿命较短，不宜深度放电，且存在有毒物质铅，不推荐广泛应用。

由于钠硫电池、液流氧化还原电池、锂离子电池等一些新型电池储能技术可兼顾能量需求和功率需求应用场合，在微网系统中有较好的应用前景。

6.3　微电网与多单元混合组网技术

微电网的概念最早由学者 Lasseter R. H. 提出，其认为微网是集合了负荷和微型电源并可工作在单一可控状态的系统，同时可以向当地提供电能和热能。微网的概念一经提出便受到各国能源专家和学者的重视，各国相继提出了微网的定义和研究侧重点。其中美国电力可靠性解决方案协会（CERTS, the Consortium for Electric Reliability Technology Solutions）给出的微网定义是：微网是一种由负荷和微源组成的系统，可以同时向负荷提供电能和热量，微网内的微源主要由电力电子装置负责能量转换，并提供必要的控制，微网相对于上层的大电网表现为单一的可控单元，并可同时满足用户对电能质量和供电安全等方面的要求。

尽管国际上对微网的定义不同，但其本质是一致的，即微网集合了各种分布式电源（微源）、负荷、储能单元以及监控、保护装置，可以在联网运行和孤岛运行两种模式之间灵活切换，并可以同时向负荷提供电能和热能。

微网通常接在低压或中压配电网中，相对于大电网，其灵活可控，方便调度微源，可以有多种能源发电形式。如表 6-4 中所列，各类微源的发电形式差别很大，它们在微网中的作用也有较大差别。因此，不同微源间的组网技术便成了微网领域的关键技术。

表 6-4　常见微源类型

技 术 类 型	一 次 能 源	输 出 形 式	与交流系统接口
光伏发电	可再生能源	直流	逆变器
风力发电	可再生能源	交流	整流逆变
小型燃气轮机	化石燃料、可再生能源	交流	直接相连，交—直—交
燃料电池	化石燃料、可再生能源	直流	逆变器
蓄电池储能	电网或 DG	直流	逆变器
电容器储能	电网或 DG	直流	逆变器
飞轮储能	电网或 DG	直流	逆变器

从微网的概念和结构可以看出，微网并不是传统电网的微型模式那么简单，而是有其独有的特点，具体包括：

1）微网内微源形式和储能装置的多样化。微网提供了一个有效集成应用分布式发电（DG）的方式，微网内的间歇性微源以及工作模式切换时的需要使得储能单元成为微网正常稳定运行的必不可少的一部分，常见的储能类型有飞轮、铅酸电池、锂电池、钠硫蓄电池、超导储能等。

2）微网作为一个整体的系统，通过 PCC 与大电网单点连接，相对于大电网是单一的可控单元，从而有效解决了分布式发电系统中大量能源形式单独并网对配电网带来的负面影响。按照 IEEE1547 中的要求，微网只需在 PCC 处满足并网标准即可，从而使微网内的 DG 控制和运行方式更加灵活，有利于不同微源优势的充分利用。

3）微网中的微源配置有先进的电力电子接口，使得微网可以有多种运行状态，并可以在各状态之间灵活切换。正常情况下微网联网运行，当大电网出现异常时，微网平滑转入孤岛运行，当大电网故障解除时，微网可以可靠再联网运行。

由于微网独特的优势，美国、欧盟、日本、中国等国相继发布了微网政府项目和研究方向，目前已取得阶段性成果，并建立了相应的实验平台和示范工程。

美国 CERTS 系统地概括了微网的概念、基本结构、保护、控制及效益分析等一系列问题，并开发了微网分析工具和分布式电源用户侧模型。CERTS 于 2001 年在 Wisconsin 大学 Madison 分校建立了微网示范平台，之后相继发布了在微网结构、微源控制策略、能量管理、可靠性等方面的研究成果。2005 年，CERTS 微网的研究进入到现场示范运行阶段，Mad River 微网是美国第一个微网示范工程，该微网向当地 5 个商业区和工厂、12 个居民区供电，基于微网示范工程的建设和研究来检验微网保护和控制策略以及经济效益、能量管理等。此外，美国能源部还与 GE 公司合作，提出了微网能源管理框架（MEM，Microgrid Energy Management framework），将微电网的控制、保护和能量管理进行了集成。

欧盟重点从能源安全以及环境保护方面考虑，在 2005 年提出了"智能电网"计划，并在 2006 年针对该计划出台了具体的技术实现方案。目前，欧盟微网研究分两个阶段，分别通过第五框架计划（FP5，5th Framework Program）和第六框架计划（FP6，6th Framework Program）资助了"Microgrids"和"More‑Microgrids"两个微网项目。其中，FP5 拨款 450 万欧元资助微网研究，该项目已成功完成并取得了诸多有价值的研究成果。随后，FP6 拨款 850 万欧元，围绕微网可靠性、灵活性、可接入性、经济性四个方面重点研究。未来欧洲电网的发展方向将是智能化、能源利用多元化。目前，欧洲的微网示范工程主要有希腊基斯诺斯岛、德国 Wallstadt 居民区示范工程、葡萄牙 EDP 项目以及丹麦 ELTRA 项目等。

日本由于其资源匮乏，对外界能源依赖度高，使得其对可再生能源的研究、开发和利用重视程度超过其他国家。日本专门成立了新能源与工业技术发展组织（NEDO，New Energy and Industrial Technology Development Organization），负责统一协调国内各高校、研究机构、企业对新能源的研究和开发。日本微网研究的目标主要定位在能源供给多样化、减少污染、满足用户的个性化电力需求。2003 年 NEDO 在青森县、爱知和京都三地试点了三个微网项目，试点项目的研究重点侧重于可再生能源与本地配电网之间的互联，这三个项目的共同特点是总容量较大，可再生能源比例高。

近年来，我国的分布式发电和微网研究受到了科技部 973 项目、863 项目和自然科学基金的立项支持，"可再生能源低成本规模化开发利用"作为优先主题写入《国家中长期科学和技术发展规划纲要（2006—2020 年)》，并据此设立了多个 863 计划重大项目，目前国内已有多所高校和企业进行了微网技术的研究。此外，国家电网公司计划将投资 4 万亿，分三个阶段实施坚强智能电网的建设。随着一批重点项目的推动实施，我国的微网研究将在未来几年取得较大的发展，并将建成一批微网示范工程，为智能电网发展提供技术积累。

6.3.1 基于直流母线并网的微电网技术

微网是相对传统大电网的一个概念，是由多个分布式电源及负载按照特定的拓扑布局组成的网络，并经过静态开关与大电网连接。它是由分布式电源、储能设备、负荷、监控、维护设备聚集而成的小型发配电系统，是一个可以完成自我操控、维护和办理的自治体系，既可以与外部电网并网运转，也可以孤立运转。以直流形式输送电能的称为直流微网，以交流形式输送电能的称为交流微网。

直流微网作为连接分布式电源与主网的一种微网形式，能高效地发挥分布式电源的价值与效益，具备比交流微网更灵活的重构能力。但由于直流电灭弧困难，直流微网系统的设计缺乏统一的标准与规范，直流微网的大规模推广应用将是一个长期过程。

目前，微网主要是以交流微网的形式存在，其结构图如图 6-11a 所示。图 6-11b 所示为直流微网的结构图，和交流微网相比，直流微网不需要对电压的相位和频率进行跟踪，可控性和可靠性大大提高，因而更加适合分布式能源（DER）与负载的接入。理论上，直流微网仅需一级变流器便能方便地实现与 DER 和负载的连接，具有更高转化效率；同时，直流电在传输过程中不需要考虑配电线路的涡流损耗和线路吸收的无功能量，线路损耗得到降低。

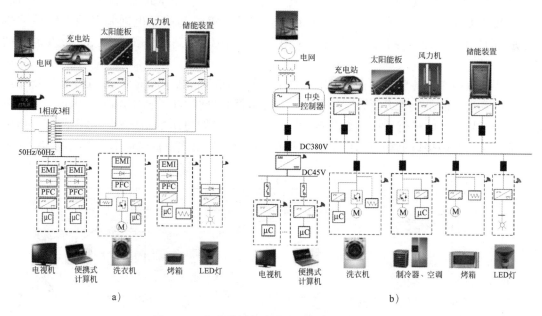

图 6-11 交流微网与直流微网的典型拓扑结构

a）交流微网 b）直流微网

下面介绍直流微网中的关键技术。

6.3.1.1 直流微网的控制技术

微网的控制要点是保持供电电源端与负荷端能量的平衡；能量的平衡控制可采取本地控制或远程控制。微网能量的平衡控制要点可归结为：电压调整、电压闪变、电压跌落、持续中断和谐波含量等，亦即母线电压的调整和电能质量的管理。

1. 母线电压的调整

直流微网由 DG 单元、负载和并网接口电路等部分通过各自的变流装置与直流母线相并联。根据变流器的并联特性可知，各并联模块对外表现为电压源特性时，由于配电线缆上存在阻抗压降，各节点电压存在差异，很有可能导致各并联电压源之间产生环流。

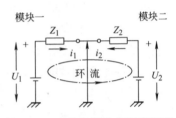

图 6-12 所示即为各并联电压源的等效示意图。图中，U_1 和 U_2 表示并联电压源幅值，Z_1 和 Z_2 表示线路阻抗，i_1 和 i_2 分别表示流过模块一与模块二的电流，U_{dc} 表示模块连接处的母线电压。因此，为了控制母线电压的稳定和避免环流的产生，需要对并联在直流母线上的等效电压源变换电路进行均流控制。

图 6-12 直流微网中的环流问题

微网中常用的均流法有主从并联方法和外特性下垂并联方法。其中，主从并联法将均流控制功能分散到各并联模块中，并联系统包括一个主模块和多个从模块。主模块采用电压控制，从模块采用电流控制。这种主从并联方式的控制性能很大程度上取决于各模块间的快速通信。外特性下垂并联法又称输出阻抗法，其实质是利用本模块电流反馈信号或者直接输出串联电阻，改变模块单元的输出电阻，使外特性的斜率趋于一致，达到均流。它充分利用了分布式系统的"分布"特征，很大程度上是依赖于本地控制，可靠性更高。所以近年来起源于电网并联的外特性下垂方法引起众多学者的关注，并已广泛地应用于 DC—DC、AC—DC 和 DC—AC 等变流器的并联。

由于直流微网中各变流器自身的限流要求、蓄电池充放电电流的限制、DG 输出功率的随机性强和负荷需求变化大等因素的影响，各变流器对母线电压的控制需要在电压下垂控制模式和限流模式之间进行切换。如图 6-13 所示，根据母线电压的给定值、电压阈值与电流最大值信号，并网接口电路可工作于电压下垂模式或限流模式；蓄电池则根据电池监控系统

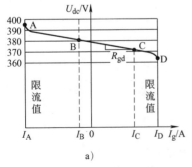

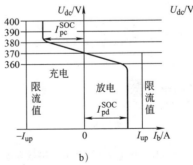

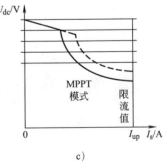

图 6-13 直流微网各源变换器静止 U-I 特性曲线

a) 并网接口 DC—AC 变换器　b) 蓄电池双向 DC—DC 变换器　c) 太阳电池 DC—DC 变换器

和控制器给出的信号，可工作于电压下垂模式、限流模式或默认模式。默认模式下蓄电池始终处于充电状态；太阳电池板 DC—DC 变换器在最大功率跟踪（MPPT）模式、限流模式和电压下垂模式间进行切换。

2. 电能质量的管理

微网系统的工作容量有限，抗扰动能力弱。直流微网工作时，可能出现 DG 输出功率的突变、大面积负荷的瞬时接入或脱落、并网切换到孤网或孤网到并网等瞬态变化过程，这些瞬态事件的发生会引起直流母线电压的瞬态上升或下降，称为电压闪变和电压跌落。

电压闪变和电压跌落的发生，不仅会给电子设备的正常运行带来不利，还很可能使控制系统发生误动作，最终导致整个直流微网系统的崩溃。为了防止这类事件的发生，常用超级电容、飞轮储能或超导储能等快速充放电的装置对系统的电能质量进行管理。

利用飞轮储能惯性小、充放电快的特性可以建立相应的补偿装置，其控制思路如图 6-14 所示。为了进一步提高系统的电能质量和保证系统的可靠性，对于扰动较为频繁的微网，还可采取冗余结构，利用几组快速储能装置进行交错管理。当直流微网处于孤网模式，且 DER 和蓄电池提供的能量已无法满足负荷的需求，即母线电压低于预先设定的阈值时，需要进行负载脱落控制，最大限度地保证重要负荷供电的连续性。负载脱落需要平滑地进行，将不重要的负载分时脱落。

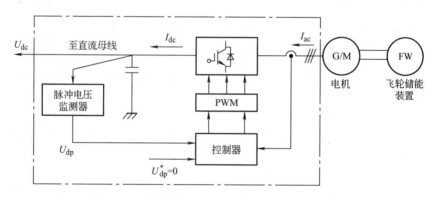

图 6-14　飞轮储能 AC—DC 双向变流器控制思路

6.3.1.2　直流微网的保护技术

直流微网最大的安全问题包括电弧、火灾隐患和人身安全等。传统电力系统是交流电网，因而，直流微网的保护缺乏相应的标准、执行准则和实际操作的经验。在设计直流微网的保护系统时，不能照搬照抄，应分析交流微网的哪些标准可以应用于直流微网，同时还须借鉴直流牵引的保护经验。一般而言，微网保护系统的设计应遵循如下准则：

1）可靠性，包括对故障的辨别和抗扰动的能力。

2）灵敏度，包括快速清除故障和快速恢复系统正常工作的能力。

3）性能要求，即对于重要的负荷，能够最大限度地保证供电的连续性。

4）经济性安装和维护成本，为了满足性能的要求，有时候可以牺牲一些成本。

5）简洁性，保护元件的数量和保护区域的划分等。

1. 直流微网的保护设备

（1）熔断器　熔断器在高 di/dt 的场合，熔断较快，电弧熄灭容易。但从可靠性和简洁性的角度来看，在直流电路中使用熔断器并非上佳选择，这是因为熔断器的 $I-T$ 特性或安秒特性需要考虑到直流电缆的寄生参数。熔断器应具备良好的灭弧装置以避免拉弧效应（电压击穿空气时候的放电现象）。目前，熔断器在直流系统中的应用包括机车、采矿、蓄电池的保护等。直流微网可利用熔断器作为后备式的保护设备。

（2）断路器　在交流系统中，由于变压器和发电机自身具有很强的限流能力，短路故障电流得以限制。而直流系统需要大容量的电容进行平波和解耦，直流母线短路故障时，电容的瞬时放电造成的瞬态短路电流可能会导致断路器的误动作，比如故障处的断路器和上游断路器（相对故障处而言）一起动作，上游断路器动作而故障处的断路器不动作，断路器毁坏等。一旦上述一种情况发生，将很可能导致有选择性的保护功能丧失、过多负荷的断电和保护设备相互协调能力的降低等。因此，为了避免出现过大的瞬时短路电流和减少断路器的误动作，需要采用快速的断路设备，如真空断路器、混合型断路器、缓冲型断路器和固态开关等进行灭弧。快速型断路设备的应用在一定程度上提高了系统的可靠性，但并未从根本上解决问题。为了进一步提高系统的可靠性和整体寿命，需要在保持系统原有控制品质的前提下有效减小直流母线平波电容的容量。采取小容量薄膜电容和有源补偿装置来代替传统的大容量电解电容是较为有效的方式之一。

根据直流电单向导通的特性，直流微网还可通过在负载支路串联二极管的方式来防止母线短路故障时变流器输入端电容电流的反灌，如图 6-15 所示。这种方式在降低母线短路故障级别的同时，也避免了正负极反接时的火灾隐患。

（3）多功能接线板与插头　不存在自然过零点的直流电对接线板与插头的设计也提出了新的要求。常用的交流型多功能接线板与插头应用于直流电时，接合与断开的瞬间会产生较大的电弧，如图 6-16a 所示，这给人身安全带来不利。为了设计出

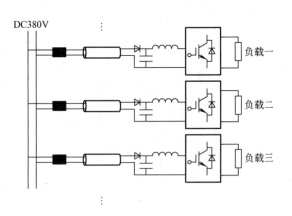

图 6-15　直流微网负载支路

适合于直流电的多功能型接线板与插头，文献［6］给出了一种可行性的方案，如图 6-16b 所示。上电瞬间：主回路以不带电方式先闭合，然后驱动回路接通，开关管导通，导通期间

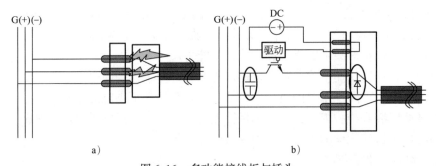

a)　　　　　　　　　　　　　　　b)

图 6-16　多功能接线板与插头

a）常用交流型多功能接线板与插头　b）直流型多功能接线板与插头

流过开关管的电流逐渐变大，开通瞬间的冲击电流得到有效的抑制；断电瞬间：驱动回路先断电，强迫负载电流经过并联在正负母线上的二极管续流，然后接线板与插头分离，这样就消除了传统接线板与插头断开时的直流电弧。该方案适合于供电电压较高、带大功率负载的场合使用。

2. 直流微网的接地

微网接地方式的不同会导致系统性能与系统保护方案的不同。在现有的直流输配电系统当中，诸如海上风力发电、大部分的直流牵引系统、军舰直流区域配电和工业自动化系统，出于电腐蚀效应、系统安全或中点漂移等考虑因素均将系统接成 IT（I 代表电源端不接地或经高阻抗接地；T 代表电气装置的外露可导电部分直接接地，此接地点在电气上独立于电源端的接地点）形式。IT 系统一次接地故障电流很小，接地故障的检测较为困难；用户无法用电笔测试出 IT 系统直流电的极性。

TN（T 代表电源端有一点直接接地；N 代表所有电气设备的外露可导电部分均接到保护线上，并与电源的接地点相连。）系统或 TT（第 1 个 T 代表电源端有一点直接接地；第 2 个 T 代表电气装置的外露可导电部分直接接地，此接地点在电气上独立于电源端的接地点）系统将电源的一点直接接地（可以是电源的正极或负极，也可以是电源的中点），系统发生接地故障时，漏电流较大，接地故障的检测相对容易一些。考虑到目前家用设备接地保护线与交流零线电位差限制，未来直流微网在给住宅、学校、商业建筑和工业区域供电建议采用 TN 系统。

3. 直流微网的故障类型及保护

根据故障的类型进行划分，可将直流微网的故障分为极间故障和接地故障；根据故障的位置进行划分，直流微网的故障可分为母线故障与支路故障，其中支路故障又区分为输入端故障与输出端故障。在设计保护系统之前，应根据系统工作模式的不同对可能发生的故障进行详细的分析。

直流微网母线发生故障时，将影响到所有的 DG 与负荷，因此，母线的保护应该具备最高的级别。为了提高直流母线的可靠性，可采取设置后备式的保护、采用冗余式的母线结构或不依赖于通信进行保护等措施。直流微网支路发生故障时，处理方式则较为简单，只需将支路与微网的连接中断即可。但储能支路与并网接口电路具有双向潮流的特性，在对故障进行定位时，需要首先鉴别潮流的方向。特别地，并网接口电路由于与主网连接，需要设置后备式的保护。直流微网极间故障多为短路故障，故障的检测与定位相对容易；接地故障则依据系统的结构与接地形式的不同而不同。对于不接地的直流微网系统，尽管接地故障的检测与定位方法已有不少文献可提供帮助，但从实际应用的角度来看，进一步的研究与创新仍有待于继续。

6.3.1.3　直流微网的结网方式

直流微网的结网方式主要包括直流母线的结构和母线电压的等级。

1. 直流母线的构成形式

根据现有文献资料的介绍，直流微网母线的构成形式主要可分为四类：单母线结构、双层式母线结构、冗余式母线结构和双母线结构。图 6-17a 为单母线结构的直流微网系统，该系统容易与现有的交流接线板等转接设备兼容，但在给计算机等低压设备供电时，变流器的电压应力较大，每个低压电子设备均需配备一定体积的电源适配器。双层式母线结构对单母线进行了分层设计，一级母线电压为380V，二级母线电压为48V，它是在380V进入住宅后经过变换器变流为48V，如图6-17b所示，这种双层式的母线结构提高了低压设备供电的安全性，减小了电源适配器的体积，但不易与现有的转接设备兼容。冗余式母线结构适合于高电能质量要求的配电区域，如商业建筑和船舶区域配电等；还有采用双母线结构的直流微网系统，其电压等级为170V，接地方式为中间接地，它可根据负荷端对供电电压的不同需求由不同的母线进行供电，并实现交直流侧共地，如图6-17c所示。这种双母线结构的直流微网可与现有的转接设备兼容，但由于源侧变流器需要均衡主母线与从母线的电压，连接电网、储能装置和DG单元的变流器拓扑与传统拓扑结构会有所不同。

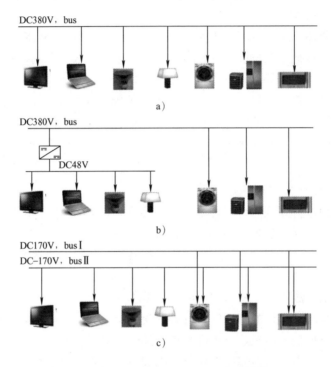

图6-17 直流微网系统的不同母线结构

a）单母线结构 b）双层式母线结构 c）冗余式的母线结构和双母线结构

2. 直流母线电压的等级

直流母线电压等级的确定应满足现有交流设备对输入电压范围的要求。我国单相电压有效值为220V，三相电压有效值为380V，因此，低压直流微网的母线电压应介于200～400V之间。日本在2009年12月提出380V的直流母线电压标准，并进行了相关的验证，这一标准日前已被美国电力研究院（EPRI，Electric Power Research Institute）所验证并接受。380V的直流标准现被广泛称为DC380V，它是基于数据中心直流配电提出的，现已逐渐得到业界的认可，但DC380V的标准是否适合于我国普通居民的用电需求，还有待于产学研各界进一步研究确认。

6.3.1.4 直流微网的其他关键技术

1. 直流微网的通信技术

和交流微网的通信技术类似，直流微网的运行也需要在采集不同特性的 DG 单元信息的基础上，通过配网级、微网级和单元级各控制器间的通信来实现。以电力电子器件为接口电路的 DG 单元与常规同步机的特性有很大的差别，因此微网的运行控制与能量管理过程中对通信技术的可靠性和速度提出了更高的要求。在响应速度不同的设备间建立连接成为网关技术面临的挑战。对低消耗、高性能、标准型网关的需求和通信协议的标准化是能量管理系统研发中的一个重要组成部分。

2. 电力电子接口电路

直流微网电源侧的接口电路分 DC—DC 和 AC—DC 型变流器，负载侧接口电路分 DC—DC 和 DC—AC 型变流器，变流器形式多样。由于微网与主网之间的能量交换根据系统运行管理的不同，既可以是单向的也可以是双向的，因此，并网接口电路的形式会因潮流的不同而不同。与交流微网的电力电子接口电路相比，直流微网的接口电路结构更为紧凑，控制也更为简单，系统重构能力更强，更能满足模块化的要求。

通过对直流微网中关键性技术的介绍可以发现，直流微网运行时，只需调整自身的母线电压便可保证系统稳定，可控性好。和交流微网相比，有关直流微网保护的研究仍处于初级阶段，直流微网保护系统的设计需要着重考虑灭弧的快速性和母线电容值的减小。直流微网的结网方式形式多样，导致了直流微网系统的设计很难有统一的标准与规范可遵循。因此，统一的标准与规范的制定能够促进行业层面的组织协调与产业链的支持，能够促进直流微网的规模化应用。直流微网技术的发展与现代电力电子、通信和保护等相关技术的发展相辅相成。其中，现代电力电子技术的发展在很大程度上将主导直流微网技术的发展趋势。

6.3.2 基于交流与直流混合组网的微电网技术

交流微网是目前微网的主要形式。相较于交流微网，直流微网由于各 DG 单元与直流母线之间仅存在一个电压变换装置，降低了系统建设成本，在控制上更易实现；同时由于无需考虑各 DG 之间的同步问题，在环流抑制上更具优势。因此世界各国开始对直流微网进行研究。欧洲西班牙 Labein 微网存在一条直流母线，用于对新兴的直流微网技术进行研究。华南理工大学建立了一套直流微电网的实验平台，用于对直流微网进行研究。但是由于分布式能源和储能装置的特点、负荷的供电需求，结合交流微网和直流微网各自优点的交直流混合微网开始受到重视。日本 sendai 的智能微电网包括交流母线和直流母线，包括不同类型的分布式电源和不同类型的负荷（直流负荷和交流负荷），并且一些保证负荷侧供电质量的装置，是一个典型的交直流混合微网结构。采用交直流混合微网的结构，相对于单纯的交流和直流微网结构，具有如下特点：

1）分布式电源及电力储能装置以交流、直流形式输出电能，采用交直流混合微网，将交流电源接入交流母线，直流电源接入直流母线，可以减少 AC—DC 或 DC—AC 等变换环节，减少电力电子器件的使用。

2）某些负荷如荧光灯、风扇、冰箱、普通空调等只能用交流供电，某些新型的负荷如计算机、家用电器、变频器、开关电源、通信设备和电动汽车等或可采用直流供电，或者具备交直流转换装置，采用交直流混合的微网形式，可以减少变频装置，降低设备的成本。

因此采用交直流混合的形式，省略了许多变换环节和变换装置，使微网结构简单，控制更加灵活、损耗降低，提高整个系统的经济性和可靠性。下面介绍交直流微网中的关键技术。

1. 交直流混合微网的规划设计及系统仿真

微网系统的规划设计包括网络结构的优化设计以及 DG 单元类型、容量、位置的选择和确定。这需要根据微网系统的可利用能源、负荷种类及容量以及用户对供电要求等情况，考虑设备的响应特性、效率、安装费用以及控制方法等，从而优化确定相关 DG 单元的信息及交直流混合微网下互为补充、互为支撑的网络结构，尤其是解决交直流联系点的选择、功率最佳传输和变换路径等关键问题，并通过对微网系统的建模和仿真，预先校验整个系统的网络结构和控制策略的合理性，以确保系统实时运行时的安全性、稳定性及可靠性等。

目前，不少研究针对种类繁多、特性各异的 DG 单元、相关单元级控制器、系统级控制器及能量管理系统等进行了建模和仿真，并建立了相应的微网快速仿真软件平台。但由于交直流混合微网的特殊性，针对互联的电力系统的分析方法不完全适合交直流混合微网，因此需要在现有的微网仿真研究基础上，对交直流混合微网以下几个方面进行研究：

1）研究交直流混合微网中的并网、孤岛运行时故障机理，并对故障特征及传播特性进行仿真研究：①微网并网运行时，微网内部故障对公共电网的继电保护影响及系统保护策略；②微网并网运行时，公共电网故障对微网系统保护的影响及系统保护策略；③微网孤岛运行时，微网内部各个能源及负载单元故障的系统保护策略。

2）对交直流微网的稳定性及动态特性仿真研究。在微网系统级仿真模型后，还需要进一步开发稳定性和动态分析工具，仿真并网运行和孤岛运行模式切换，分布式电源和负荷异常时，系统稳定性和动态特性；不同频率、不同幅值的谐波电流对于微网系统稳定性所产生的影响，以及各次谐波对系统稳定性的影响程度。

2. 交直流混合微电网控制和保护策略

对微网的控制策略和保护策略进行研究，除了依赖于软件仿真手段，世界各国积极搭建微网实验平台，并开发了多能源发电微网的能量管理系统。采用通信的方式，采集微电网多点信息，构建网级通信网络，为微电网的控制和保护提供信息支撑。其中控制策略需要涉及的问题包括：①微网中心控制器与配网控制器及市场控制器之间的信息交互及协调控制策略；②微网中心控制器与就地控制器之间信息交互及协调控制策略；③微网就地控制器自身的控制及调节策略。微网内的系统保护和控制策略理论上是控制保护一体化，但由于交直流混合微网处于探索阶段，微网内的能量流动路径较多，采用的保护策略也较多，交直流混合微网主要研究交流和直流网络之间在各种故障情况下，能量的传输路径。

3. 交直流微网中的关键设备

微网用设备与常规电力系统内的设备有很大的不同，西安交通大学、中国科学院电工研究所和浙江省电力试验研究院等科研单位已经建立了微网低压试验平台，部分地区在国家政策支持下建立了交流、直流微网的示范工程，以期对我国微网用的关键设备，如直流开关、控制保护设备、电能质量控制器、高压直流变换装置等进行研究。其关键设备有：

1）直流开关。直流母线由于没有电流过零点，在发生断路故障时，断路故障电流是额定电流的几倍或几十倍；再则，当大电网或微网内故障时，需要根据故障保护及控制系统要求，迅速隔离故障，以确保微网系统安全性和稳定性，因此需要研究带通信功能的快速开断的直流开关。

2）电力电子变压器。电力电子变压器具有体积小、重量轻、空载损耗小、不需要绝缘油等优点，不仅有变换电压、传递能量的作用，而且兼具限制故障电流、无功功率补偿、改善电能质量以及能量双向流动的功能，因此可将电力电子变压器作为微网系统与大电网接入设备，使微网与大电网的连接和控制更加容易。但是电力电子变压器采用电力电子元器件较多，对需要其拓扑结构、损耗、可靠性进行分析和设计，并需研究其本体控制器及与主控制器的协调控制功能，以充分发挥电力电子变压器在微网能量管理、无功补偿、并网和离网运行时的独特优势。

3）控制和保护装置交直流混合微网内能量流动路径，较单一交流或直流微网能量流动路径要多，采用微网中心控制器和本地控制器对系统进行分布式和集中式相结合之间的自组织和自协调控制，使微网系统内发电、用电功率平衡，同时在故障时，对系统及单个分布式电源进行保护。因此需要研究适合交直流混合微网用的控制保护设备：①中心控制器；②分布式能源、负荷等的本地控制器；③就地控制器的通信接口和接口标准，为了满足微网内的设备即插即用，国内专家已研究出一种分布式电源和微网互联的通用接口单元；④微网就地和系统保护设备。

4. 交直流混合微网的设计实例

图6-18是一个科技产业园区的交直流混合微网的设计实例。外部10kV交流配电网通过两条线路，分别经过 AC—DC 变换接入高压直流母线。同时高压直流母线通过 DC—AC 变换，与 380V 交流母线连接，通过高压 DC—DC 变换器与 600V 低压直流母线相连接。380V 交流母线与 600V 低压直流母线通过 DC—AC 变换器相连接。两段高压直流母线通过高压混合直流开关连接。直流输出连接直流的分布式电源、储能装置以及直流负荷，交流输出连接交流的分布式电源、交流负荷。

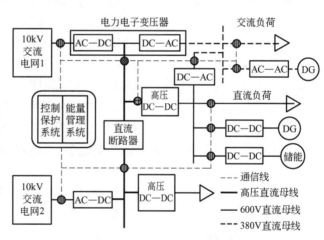

图6-18 交直流混合微网的系统结构

由于该科技产业园区对电能质量要求较高，选用目前技术最成熟，同时也是使用最为广泛的多代理分层控制模式，能量管理和控制系统首先对 DG 的发电功率和负荷需求进行预测，然后制定相应的运行计划，并根据采集的电压、电流、功率状态信息，对运行计划进行实时调整，控制各 DG、负荷和储能装置的起停，保证微网电压和频率的稳定，并为系统提供相关的保护功能。当大电网故障时，微网由并网运行转换成孤岛运行，交直流混合微网系统内 DG 和储能装置能保证重要负荷的供电需求。

我国微网的发展尚处于起步阶段，交直流混合微网更是处于探索阶段，对交直流混合微网的系统规划、内部机理、能量管理和最优控制、保护策略尚没有经验可循，交直流混合微电网用的关键设备需要进一步研发，其经济性需进一步论证。

6.3.3 微电网的调度与可靠性分析

6.3.3.1 微电网的调度

作为能够实现自我有效管理的微网，其优势的发挥很大程度上取决于自身的能量管理系统。微网能量管理系统（MEMS，Microgrid Energy Management System）可对微网内的 DG 单元和可控负荷进行统一的调度和管理。作为微网运行的指挥中心，MEMS 的结构和功能设计与微网的组成、结构和运行要求关系密切，一般包含数据预测、优化调度、运行控制等基本功能，有时根据电网要求还需提供联络线功率平滑、削峰填谷等高级应用功能。随着微网组成、结构和功能的逐步扩展和完善，MEMS 的复杂度也在不断增加。除考虑微网发电侧各种不可调度 DGs 的随机波动特性外，MEMS 还要适应不断升级的需求侧管理要求，如电动汽车充电管理、智能家居管理和需求侧响应管理等。考虑热电联供系统（CHP，Combined Heat and Power）因能效优势而具备的巨大开发潜能，以及微网的就地平衡理念与热能传输特性的完美契合，微网还将成为实现 CHP 系统价值的有效载体，同时 CHP 系统的引入也将使微网从微型电网拓宽到微型能源网的范畴。而从未来微网"即插即用"功能的要求出发，MEMS 不仅应保证微网不同运行模式下的能量优化管理，还要具备新设备接入时的系统扩展能力，因此对 MEMS 的通用性提出了更高的要求。

此外，MEMS 的设计应能满足多微网协调配合的功能要求，以此提升有源配电网管理的整体水平，进而实现以微网为基本单元的智能配电网的建设目标。微网调度模型与优化算法是微网能量管理系统构建的基础，相关研究工作有助于提升微网能量管理系统的性能，为微网运行优化目标的实现提供技术保障。

MEMS 作为微网的上层调度管理环节，通过通信方式获取系统运行状态信息，在此基础上制定微网内分布式电源的调度计划、开关动作次序和设备控制模式等。MEMS 包含能量管理和数据采集与监视控制（SCADA）两大模块，以及配套实现两大模块功能的软硬件系统。MEMS 通过与微网控制系统和配电网能量管理系统通信实现其功能，其基本框架如图 6-19 所示。

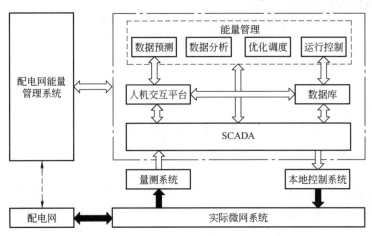

图 6-19 MEMS 功能框架

1. SCADA 系统

SCADA 系统的主要任务是将实时采集的微网监测数据传递给数据库和能量管理模块，同时将来自能量管理模块或人机交互平台的发电计划和控制指令传达给微网控制系统。由于微网中包含大量以电力电子为接口的设备，如风机、光伏、储能等，这些设备通过独立的功率转换系统（PCS，Power Converter System）进行本地控制。MEMS 由 SCADA 系统向本地控制系统下发指令实现调度和控制功能，有时还在两者之间设置一个模式控制器，负责微网并/离网模式的控制和切换。

2. 能量管理模块

作为 MEMS 核心的能量管理模块需要结合实时监测数据、政策及市场信息、历史运行数据，制定微网内 DGs、储能设备和可控负荷的投切与发电计划，并通过 SCADA 系统传递给相应的执行机构。能量管理模块的功能会随微网的发展不断完善，但从主体功能出发可划分为四个子模块：①数据预测子模块；②优化调度子模块；③运行控制子模块；④数据分析子模块。

由于微网中包含的风机、光伏等新能源发电系统具有不可调度的特性，其特征更接近于负的负荷，同时考虑需求侧响应、电动汽车等对负荷的影响，微网中存在诸多不确定性因素，因此需要引入 DG 单元发电和负荷数据预测子模块。优化调度子模块根据数据预测结果，结合微网的运行约束条件，制定满足经济、环境、技术要求的调度计划。运行控制子模块从稳定运行的角度对设备的运行模式和功率进行实时监控和调节，以维持系统的电压、频率稳定。与优化调度子模块相比，运行控制子模块的时间尺度小，对实时性的要求更高，可以结合在线状态估计和超短期数据预测技术加以实现。此外，考虑 MEMS 的决策支持作用，有必要向管理者和用户提供有效信息而非原始数据，因此需通过数据分析子模块对各种实时/历史数据进行处理，获取关于系统经济性、稳定性和安全性等方面的辅助信息。

与 PCS 等设备级的控制器（或称本地控制器）不同，MEMS 主要是实现微网系统级的管理和控制功能，达到微网协调控制和优化运行的目标。因此，在设计 MEMS 的结构和功能时应综合考虑不同设备的运行和控制特性，设定本地控制器的控制模式和功率指令。MEMS 可按结构划分为集中式 MEMS 和分布式 MEMS 两种类型，由于两者在通信、控制等诸多方面的差异，适用于不同类型的微网系统，但目前应用较为广泛的是集中式MEMS。

典型的集中式 MEMS 中通常设置一个微网中央控制器（MGCC），由其对微网内所有设备进行统一的优化和控制。为实现微网的优化目标，MGCC 需要根据 SCADA 模块采集的系统运行信息，并结合负荷与可再生能源的预测数据以及外部提供的政策和市场信息，利用微网调度优化模型或事先制定的启发式规则，确定可控负荷的投切状态、各设备的起停状态与运行水平，并将这些调度指令由 SCADA 下达给本地控制器。从稳定运行的要求出发，集中式 MEMS 还需要指定各设备的控制模式，有时还需要对 PCS 的控制参数进行调整，对微网进行孤/并网转换时还涉及更为复杂的控制逻辑，包括开关、设备的投切顺序和控制方式等。

由于集中式 MEMS 能及时有效地掌握微网的全局信息，有利于对系统中出现的扰动和故障及时做出响应，同时方便微网统一制定调度计划和下发控制指令。结合集中式 MEMS

易于设计、运行和维护的特点，广泛应用于各类微网的实际工程之中。对于采用主从式控制的微网，集中式 MEMS 可对电压/频率调节的主设备进行选择和切换，同时对恒功率控制的从设备进行功率调整或优化；对于采用下垂控制器实现对等控制的微网，同样需要一个简单的集中式 MEMS 对各设备控制器的下垂控制参数进行调整或优化。

集中式 MEMS 在掌握全系统运行状态实时数据的基础上进行系统的调度和控制，因此在 MGCC 和本地控制器之间需要一个可靠、高速的通信网络。微网中任何一处通信失败或设备故障都可能影响到集中式 MEMS 的功能，甚至危害整个微网的稳定运行。此外，集中式 MEMS 还有灵活性差的问题，当前的设计水平难以满足未来微网对即插即用功能的要求。

与集中式 MEMS 不同，分布式 MEMS 通过本地控制器对各设备的运行执行独立决策和管理。每个本地控制器通过与相邻本地控制器进行信息交互，能够独自制定运行计划并对相应的设备进行控制。此类结构中弱化了 MGCC 的功能，只利用其与外部进行信息交互并处理特殊情况，当微网发生通信或设备故障时其余部分仍可正常运行。由于这种结构不需要同时对大量数据进行处理，减少了 MGCC 的计算时间和通信负担。尽管分布式能量管理系统的灵活性适合于实现微网中分布式电源的即插即用功能，但受限于分布式 MEMS 本身在系统设计方面的复杂性，以及对现有电网设施升级改造的技术、经济难题，目前仍以实验室研究为主。

3. 微网调度策略

为实现微网价值和 MEMS 诸多管理优势，首先必须选择合理的微网调度策略。目前，调度策略可分为启发式调度策略和优化策略两种类型，其中优化策略又可分为静态优化和动态优化。

启发式调度策略以事先拟定的设备起停优先级制定运行规则，该优先级不随系统的运行环境发生改变；静态优化根据当前时刻或时段系统的运行环境下各设备的运行成本，确定其运行方式；动态优化考虑一个调度周期（包含多个时段）内的运行成本，以调度周期内的总收益最高或总成本最低为目标，优化系统运行。微网动态优化调度的目的是实现多时段微网内各种设备间协调优化运行，由于考虑了多时段设备运行之间的协调配合，一般优化效果更为理想。

（1）启发式调度策略　微网运行时，原则上优先利用微网内 DG 单元发电满足负荷需求，尤其是以可再生能源发电的风机、光伏等。启发式调度策略根据这一原则，结合实际运行经验或理论，事先制定不同 DG 单元发电优先级、传统 DG 的起停条件和储能单元的充放电条件等，在尽最大能力满足负荷需求的前提下，尽可能实现微网的优化运行目标。以新能源规划软件 HOMER 为例，该软件提供了两种基本的控制策略——循环充电策略和负荷跟踪策略，两者都属于启发式调度策略，其区别在于传统 DG 单元（如柴油发电机）开启后是否向蓄电池充电。循环充电策略要求传统 DG 对蓄电池充电，该策略适用于可再生能源发电资源不太丰富的系统应用场景，由传统 DGs 充电满足蓄电池长期运行的要求；负荷跟踪策略不需要传统 DG 对蓄电池充电，这种策略主要适用于可再生能源发电资源充足的系统应用场景，多余的可再生能源发电用于蓄电池充电。

上述两种策略都是优先选择蓄电池维持系统的稳定运行，蓄电池能力不足时才考虑传统 DG 单元。与 HOMER 软件配套使用的 Hybrid2 软件则将启发式调度策略分为优先使用传统

DGs 和优先使用蓄电池两大类,并在此基础上通过组合不同 DGs 起停机条件与蓄电池充放电条件,将其扩展成十几种可行的控制策略。由于启发式调度策略所制定的调度计划不随系统运行环境发生改变,其简单易行的特点更适合于简单型微网系统的工程应用。

(2)静态优化策略 静态优化策略是基于当前时段的负荷需求、各 DG 单元发电成本及可用出力,按经济性最优的原则依次确定设备的运行组合及输出功率。该策略不考虑各时段之间的相互关联,独立地对各时段进行优化。微网运行时,优先使用可再生能源发电满足当前时段的负荷需求,当可再生能源发电不足时,需要综合比较微网中所有可调度电源的发电成本,按最经济的调度计划来安排设备的起停状态与输出功率。在含有储能的并网型微网中,储能和电网也被视作可调度电源,并参与发电组合方案的经济性比较。通常选择循环充电和负荷跟踪两种基本策略,在此基础上根据发电(或放电)经济性原则确定不同设备发电成本相等时的临界负荷,然后根据该临界负荷与净负荷的大小比较,给出当前负荷下的发电优先次序。HOMER 软件即采用该方法。当可调度电源类型较多时,可能存在多个临界负荷,此时将净负荷与各临界负荷依次进行比较,并优选发电成本最低的组合模式。

(3)动态优化策略 考虑到传统发电机组爬坡率约束和储能系统剩余容量约束等因素的影响,微网的运行具有较强的时间耦合特性,孤立地研究各时段的运行优化问题难以实现最终的优化目标。为此,动态优化策略采用未来多个时间段的预测数据,以调度周期内综合效益最大化为目标对系统的运行进行优化。由于分布式电源和负荷一般具有日周期特性,通常以日为周期对系统进行动态优化策略,即所谓的日前动态经济调度。此外,为降低不同周期之间的耦合性,通常要求储能系统的剩余容量在调度周期前后保持一致。考虑到预测数据本身存在的不确定性,且随着预测时间的增长预测误差不断加大,部分研究利用当前时段的实测数据和更新的预测数据,采用滚动方式不断对调度周期内的调度计划进行调整,并取下一时段的优化结果作为实时的调度指令。也可以采用概率模型和随机仿真的方法,从预测数据本身的随机波动特性着手,以统计学意义上的优化目标对微网的运行进行动态优化。

有关微网能量管理和优化方面的研究已经取得了一定的进展,研究重点逐步从设备级的优化控制问题转移到设备间的协调控制问题,优化技术也从固定的、启发式的策略转化为灵活的、动态的优化策略。但微网优化运行仍需解决一些新的问题,如微网中的多时段、多时间尺度、多能源耦合问题,资源环境和综合效益评估问题等,只有充分考虑微网运行目标的多样性、运行条件的不确定性,以及多种类型的耦合关系,才能建立微网的综合能量管理和优化系统,充分发挥微网的优势。

6.3.3.2 微电网的可靠性分析

1. 微网可靠性指标体系

微网的具体实施和可靠性评估离不开微网标准及指标体系的建立,制定标准有利于元件的通用互换及协调配套,促进新技术推广,对合理利用资源、保护环境、提高经济效益、进行有效的评价与分析具有重要作用,也是微网可靠性评估中分析微网运行策略、评定正常与非正常运行状态的依据。由于目前国际上还没有系统的、专门针对微网的标准体系,研究中一般借鉴现有的相关联标准的描述,《IEEE1547 分布式电源与电力系统互联系列标准》对电压、频率、解列时间、并网配合等内容做了规定；我国现有相关的标准主要为涉及电网电能质量和可再生发电等内容的一系列标准。针对目前微网的标准体系基本还是空白的现状，已有学者着手开展相关研究，探讨微网的典型结构、DG的并网接口、基本的微网控制策略和静态开关的技术标准等。微网可靠性指标属于微网标准体系的组成部分，由于微网是一种小型电力系统，从用户和系统可靠性的角度来看，也需引用传统的可靠性指标。

传统的发、输电系统以及配电系统可靠性评估中常用的指标包括：强迫停运率（FOR）、故障率、平均修复时间、修复率、不可用容量、不可用电量、电力不足概率（LOLP）、电量不足期望值（EENS）、系统平均停电持续时间指标（SAIDI）、系统平均停电频率指标（SAIFI）、用户平均停电持续时间指标（CAIDI）、用户平均停电频率指标（CAIFI）、电能可靠性指标（EIR）等。但是，微网又具备异于传统电网的新特性，需要针对性建立相关的指标体系。目前关于微网可靠性指标体系的研究还不完善，有待进一步从反映微网普遍共性的层次展开研究。

2. 微网电源特性及发电可靠性模型

理论上，电力系统可靠性评估的模型应尽可能全面地考虑各种影响因素，但是考虑的因素过于繁多不仅对可靠性建模造成极大困难，也会增加可靠性分析计算的复杂度，因此通常都是针对具体问题进行分析，分别从不同的侧重点进行可靠性建模，重点关注那些对可靠性评估有较大影响的因素，再对评估结果进行综合。常见的有按照电源可靠性、发电可靠性、系统可靠性等内容进行分类。当对可靠性的影响存在多种因素时，为了找出系统的薄弱环节，常通过电力系统可靠性的灵敏度分析来发现对可靠性影响显著的因素，在研究中为了突出主要问题，还需要选择不同的侧重点和约束条件。

电源特性是可靠性建模与分析的基础，DG单元的出力特性对微网的发电能力起关键作用，并直接影响微网的可靠性。在微网可靠性分析中，认为恒定出力特性的DG其出力持续性和稳定性类似于同步发电机，仅需考虑DG的随机停运，对其停运模型可引用两状态模型（工作状态和停运状态），DG故障停运时间适合用指数分布描述。而当微网采用风力发电机（WTG，Wind Turbine Generator）或太阳能光伏发电（PV，Photovoltaic）等可再生能源发电时，DG的出力具有显著的随机性和间歇性，与常规电源有很大差异，采用两状态概率模型已不能充分反映其出力概率分布较复杂的特点。当前普遍认为WTG是一种典型的可再生能源DG，其一次能源风能具有清洁环保、资源分布广泛、取用不尽的独特优点。WTG由于产业基础较好，技术比较成熟，具备广泛应用的条件，目前大量关于可再生DG的研究均以WTG作为研究对象。研究表明，WTG的出力可表示成风速的分段函数，风速的概率分布一般呈正偏态，其概率密度函数适合用Weibull分布加以描述。PV是另一种具备大规模应用条件的可再生能源发电装置，其出力是受太阳辐射影响的随机变量，仅能在昼间发电工作，太阳光辐射强度的变化基本服从Beta分布，使PV也存在与WTG类似的间歇性、随机性影响问题。一般需要将一次能源的随机特性和DG的出力特性相结合，探索用适当数学模型描述可再生能源DG出力概率特性的方法。

WTG和PV已广泛应用于组建风电场和太阳能光伏发电场，目前对含大量可再生能源DG的系统进行出力分析时，通常忽略同类电源之间的相关性，对发电功率、负载功率进行离散化处理，利用分段数值卷积方法求系统的EENS等可靠性指标。例如分析风电场的出力状态时，通过忽略相关性的影响，可将各风电场的出力当作相互独立的随机变量，利用离散卷积运算求概率分布。然而，实际上各风电场的风力分布存在不同程度相关性，并对 WTG 出力以及发电可靠性产生影响。微网中的可再生能源 DG 虽然不像大型风电场中的 WTG 一样集中布置，但由于微网范围较小，环境特征相似度高，一次能源的分布也具有相关性。针对微网的特点探讨相关性对微网可靠性的影响是一个值得研究的问题。

总之，由于微网接入了种类各异的 DG，使其具有不同于配电网的新特性，需要有针对地提出新的可靠性模型，目前这方面的相关研究还非常少，仅有少量文献针对含恒定出力 DG 的微网可靠性模型做了初探。将传统发电机的两状态建模思想用于描述间歇性 DG 出力的概率模型具有明显局限性，不能充分反映 DG 出力的间歇性、随机性对可靠性的影响。因此，在同时计及 DG 强迫停运、非线性出力等因素影响的基础上，解决由于 DG 一次能源分布为非标准正态分布对建立 DG 之间出力相关关系数学模型造成的困难，对微网进行可靠性评估，是目前亟需开展的工作。

3. 微网系统可靠性评估

微网与传统电力系统相比，既存在相似的地方，但也在结构和运行方式等方面有着独特、鲜明的特性。例如，与配电系统相比，微网的系统规模、负荷、网络拓扑、线路参数等变化不大，但由于接入了各种 DG，需使微网在 PCC 处等效为配电网的一种友好、可控元件，令配电网的正常运行不受 DG 投切及运行控制的影响；与传统发输电系统相比，微网不仅电源容量较小、安装位置贴近负荷，而且网络拓扑具有显著的辐射状特点。

对微网进行可靠性评估时，必须考虑微网的运行与控制特点，涉及停电因素分析、负荷可靠性指标求解以及微网系统可靠性评估模型和方法时，所关注的重点以及研究方法均与传统电力系统可靠性评估存在差异。

（1）微电网的控制特性 微网对主网所表现的特性取决于微网对 PCC 参数的控制，PCC 处的静态开关在微网控制和运行中承担关键角色。当主网发生各种扰动（故障、IEEE1547 中描述的事件、电能质量问题）时，PCC 处设置的静态开关能使微网快速、平滑地切换到孤岛状态继续运行，当主网恢复正常供电后，静态开关可使微网迅速重新并网并且避免产生冲击性电流。微网的自主控制特性使其不需要在 DG、静态开关和负荷之间专门建立大量的实时数据交换，也能维持微网一次系统的正常运行。但由于微网中有众多的 DG 需要协调管理，辅以必要的传感器、通信系统及规约，目的是提高微网运行的智能水平和负荷管理的自动化水平。

可再生能源的应用对微网运行与控制存在不利影响，由于阳光强度和风力大小都具有明显的随机性，使 PV 发电系统和 WTG 的出力不稳定，具有较强的间歇性和波动性，微网大量接入可再生能源 DG 不仅在并网时容易造成 PCC 处的潮流波动，而且在孤岛运行状态下，微网的电压和频率稳定性也不易满足负荷对电能质量的要求。对此，储能装置与 DG 相结合可使微网电源具有可调度性，可以使 PCC 的潮流更稳定，当微网受到较大的扰动时，配置储能装置对维持尽可能小的频率波动具有重要作用。在各种储能装置中，蓄电池具有使用方便、储能容量大、稳定放电持续时间长的特点，很适合应用于微网的稳态运行，当微网内 DG 的发电功率富余时，可对蓄电池充电，而 DG 电能不足时则由蓄电池放电以弥补所需的功率缺额。储能装置既可在微网中某处集中设置，也可分散设置，常见的是采用分散设置的方式，将 DG 与储能装置组合成混合发电单元接入微网。

将 DG 单元、储能电池等通过电力电子变流器接入微网，可以对微源的功率输出进行四象限控制，实现有功和无功功率的解耦调节。由于统一采用电力电子变流器作为 DG 接入的接口，使微网能够容纳不同种类、特性各异的 DG，并满足微网的运行与控制要求。CERTS 微网对微源采用 P/f 和 Q/V 下垂控制策略，使微网在孤岛状态下受到扰动后，具有自主调节微网有功和无功平衡的能力，维持系统电压和频率，是微网可在并网与孤岛状态之间实现平滑切换的基础。微网的控制特性是微网可靠性评估中根据控制策略对微网的运行状态进行分析的依据。

（2）微网停电状态分析　在配电系统可靠性评估中，反映系统运行状态的参数有电压、电流、功率等；反映用户停电状态的数据主要有停电用户数、用户停电次数、停电时间等，均为各种可靠性评估模型和方法实现所需的基础数据。对于微网，同样需要利用反映微网运行状况的系统参数、微网系统元件停运和负荷停电的相关数据来实现可靠性评估，例如故障前后的网络结构、电压、潮流分布、DG 工作状态和负荷削减情况都是分析各种失效事件和停电事件的主要依据。微网出现线路故障、发生主动孤岛等时刻，网络结构的变化时，会引起系统负荷部分性失电，不同的负荷削减策略对负荷的影响也不同，进而影响可靠性指标。

在配电系统中，由于网络为辐射状，可按负荷距离电源电气距离远近进行负荷削减或供电恢复；对于微网，如果采用类似的方法，以负荷与 DG 的电气距离为依据进行负荷削减虽然比较直观、容易实现，但忽略了微网含多 DG、潮流具有双向性的特点，可能与实际情况不符。可见配电系统的负荷削减方法不一定适用于微网，应通过潮流分析才能考虑支路功率和节点电压的约束，这正是目前微网可靠性评估中涉及负荷削减时需要考虑的问题。

潮流计算是获得电网运行状态参数最基本的稳态分析方法，常规的电力系统分析常利用三相系统的对称性，通过建立单相电路模型计算三相系统参数。微网以配电网为基础，其负荷不平衡的现象虽比输电网相对严重，但通过消除负荷不平衡产生的负序分量限制负荷不平衡的影响，使不平衡影响可被忽略，可将微网置于对称系统条件下进行分析。以配电网为基础组网的微网线路参数特性无异于普通配电网，微网的网络拓扑也具有辐射状系统的特征，根据配电网潮流分析的特点可知，用牛顿-拉夫逊法或 PQ 分解法求微网潮流易存在效率低甚至难以收敛的问题。直流潮流法只能考虑有功分布，并且当线路参数满足 $R/X \geq 1$ 条件时不易收敛，存在较大局限性。基于前推回代思想的算法是配电系统潮流计算的有效方法，具有较好的收敛性。

（3）微网可靠性评估方法　随着电力系统的发展，可靠性研究已进一步由传统的发、输、配电系统向微网拓展，电力系统可靠性分析的方法总体上可分为模拟法和解析法。模拟法以 Monte - Carlo 仿真为核心，其原理直观、算法较容易实现、通用性强，但主要缺点是需要耗费大量机时，在进行系统充裕度评价时，Monte - Carlo 仿真既适合一般含分布式电源的配电系统，也适用于微网。通过对负荷及系统的停电持续时间、停电累积概率、停电频率等指标进行仿真计算，可得到负荷的可靠性指标和系统的充裕度指标；解析法在系统规模不复杂、模型建立有效、算法选择合理的情况下，可获得较快的计算速度和较精确的结果，但对于较复杂的问题往往实现难度大，需要用到复杂的可靠性数学理论，不易得到用频率和时间所表示的评估结果。故障模式与影响分析法（FMEA，Failure Mode and Effect Analysis）是一种评估系统可靠性的重要的解析方法，其核心是通过状态分析、状态合并和状态转移率的等值，最终求得系统的故障概率、频率和时间等可靠性指标，FMEA 法以及以其为基础的各种改进方法广泛用于供配电系统、二次系统等场合的可靠性评估，但当系统规模较大时，由于状态数十分庞大，易产生所谓的"维数灾"问题，因此在评估比较复杂的配电系统时，需通过适当的网络等值、馈线分区减少状态分析的计算量。如何继承和发展已有可靠性评估的思路和方法，满足微网可靠性评估的需要，正是目前值得研究的问题。有文献将微网当作一般小规模的输电系统，设 DG 为恒定出力特性，不考虑储能因素时，研究对微网进行可靠性定量评估的模型和方法，取得了一定的成果。虽然考虑到了主网停电、元件故障等典型影响因素，但没有充分考虑微网独有的一些特点，存在不足之处。为了达到节能和环保的目标，微网将大量接入可再生能源 DG，为了弥补可再生能源 DG 出力间歇性、随机性的缺陷，将 DG 单元和储能电池（Battery，BA）相结合组成 DG—BA 混合发电系统时，BA 与 DG 的互补发电特性、供电持续时间均会影响微网可靠性；此外，由于微网具有可在并网和孤岛状态之间无缝切换的特性，使微网负荷可靠性指标受主网停电影响的规律不同于配电网的情况。可见，对含 DG—BA 混合发电系统的微网进行可靠性评估研究具有实际意义和理论价值。

对于微网中可再生 DG—BA 混合发电系统的互补出力工作过程，适合用模拟法加以研究，目前的研究中一般假设电池的 SOC 与充放电时间及电流满足简单的正比关系，实际上电池在工作过程中，其 SOC 与实际可放电电流、实际可充电电流、充放电间隔时间的相互关系是非线性动态变化的，有必要在可靠性评估中加以考虑。

可见，微网虽然系统规模小，但电源种类多，电源特性复杂，具有孤岛运行方式、PCC 等诸多新特性和元素，存在储能装置充放电具有非线性特性、电力不足时需要削减负荷等问题，因此在可靠性评估时，除了考虑主网停电和微网元件故障停运等常规因素外，还要解决如何在可靠性评估模型和方法中综合考虑前述一系列因素的影响。

可靠性分析引入电力系统以来，经过数十年的研究和实践，在发电系统、输电系统、配电系统和变电站等各个子系统的可靠性研究中取得了丰硕成果，已经形成了比较系统而成熟的一系列可靠性模型和方法，为开展微网的可靠性分析提供了坚实基础。由于微网具有传统电力系统中所没有的一系列新特性和新问题，使原有的可靠性理论体系不能直接套用在微网上，必须根据微网的特点加以继承、改进、发展和创新。

6.4 电能质量与控制技术

微网接入会对配电主网产生电能质量问题，配电主网的电能质量问题也会影响微网的供电质量，因为微网与主网连接不仅仅是物理上的相连，而是存在功率、电压和频率的交互影响。例如由于连接配电网和微网的静态开关仅在主网电压失衡严重时才会断开，若主网电压失衡程度没有严重到引发静态开关动作，微网就必须承受主网的影响，在公共连接点（PCC）处维持不平衡电压。如果微网内部没有足够的功率补偿装置，无法维持电压和频率的恒定，其中的敏感负荷就可能不正常运行或断开，从而使电网的电能质量问题扩散到微网中。治理微网电能质量主要可以从三方面着手：①功率因数；②谐波含量；③三相电压平衡度。

6.4.1 功率因数校正

传统的 AC—DC 变换由交流电网经整流电路采用电容滤波获得直流电压，这种变换电路的主要缺点有：①输入交流电压是正弦波，但输入的交流电流是脉冲电流，波形严重畸变，干扰电网线电压，产生向四周辐射和沿导线传播的电磁干扰；②为了得到可调的直流电压，采用晶闸管可控整流电路，但脉动很大，需要很大的滤波器才能得到平稳的直流电压。此外，交流电流中含有大量谐波电流，使电网中电流波形严重畸变，电源的输入功率因数低，利用效率下降。

近几年来，为了符合国际电工委员会的谐波准则，高功率因数 AC—DC 变换电路正越来越引起人们的注意。功率因数校正（PFC）技术从早期的无源电路发展到现在的有源电路，从传统的线性控制方式到非线性控制方式，新的电路拓扑和控制技术不断发展。

6.4.1.1 功率因数的定义及校正原理

功率因数（PF）是指交流输入有功功率（P）与输入视在功率（S）的比值，即

$$PF = \frac{P}{S} = \frac{U_1 I_1 \cos\varphi}{U_1 I_{rms}} = \frac{I_1}{I_{rms}}\cos\varphi = \gamma\cos\varphi \tag{6-5}$$

式中，I_1 表示输入基波电流有效值；I_{rms} 表示输入电流有效值；$\cos\varphi$ 表示基波电压与基波电流之间的相移因数；γ 表示输入电流失真系数，$\gamma = I_1/I_{rms}$。

所以功率因数可以定义为输入电流失真系数 γ 与相移因数 $\cos\Phi$ 的乘积。可见功率因数 PF 由电流失真系数 γ 和基波电压、基波电流相移因数 $\cos\Phi$ 决定。$\cos\Phi$ 低，则表示用电设备的无功功率大，设备利用率低，导线、变压器绕组损耗大；同时，γ 值低，则表示输入电流谐波分量大。

PF 与总谐波失真系数（THD，The Total Harmonic Distortion）的关系

由

$$PF = \frac{U_1 I_1 \cos\varphi}{U_1 I_{rms}} = \frac{I_1}{I_{rms}}\cos\varphi = \frac{I_1 \cos\varphi}{\sqrt{\sum_{n=1}^{\infty} I_n^2}} \tag{6-6}$$

及

$$THD = \frac{\sqrt{\sum_{n=2}^{\infty} I_n^2}}{I_1} \tag{6-7}$$

有

$$\frac{I_1 \cos\varphi}{\sqrt{\sum_{n=1}^{\infty} I_n^2}} = \frac{1}{\sqrt{1 + (THD)^2}} \tag{6-8}$$

即

$$PF = \frac{1}{\sqrt{1 + (THD)^2}}\cos\varphi \tag{6-9}$$

由功率因数 $PF = \gamma^* \cos\Phi$ 可知，要提高功率因数，有两个途径：

1）使输入电压、输入电流同相位，此时 $\cos\Phi = 1$，所以 $PF = \gamma$。

2）使输入电流正弦化，即 $I_1 = I_{rms}$（谐波为零），$PF = \gamma \cos\varPhi = 1$。

利用功率因数校正技术可以使交流输入电流波形完全跟踪交流输入电压波形，使输入电流波形呈纯正弦波，并且和输入电压同相位，此时整流器的负载可等效为纯电阻。

6.4.1.2 功率因数校正方法

1. 附加无源滤波器

在整流器和滤波电容之间接入一个滤波电感 L_Z，增加输入端交流电流的导电宽度，减缓电流冲击，减小波形畸变，从而减小电流的谐波成分。还可在交流侧并联接入 LC 谐振滤波器，使交流端输入电流中的谐波电流经 LC 谐振滤波器形成回路而不进入交流电源，如图 6-20。

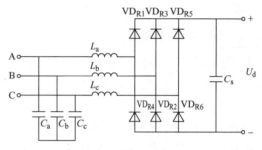

图 6-20 交流侧并联介入 LC 谐振滤波器整流电路

无源 LC 滤波器的优点是：电路简单、成本低、可靠性高、电磁干扰（EMI）小。缺点是体积大，很难做到高功率因数，一般只能达到 0.9 左右；工作性能与频率、负载变化和输入电压的变化有很大关系；LC 回路有大的充放电电流，还可能引发谐振。

2. 采用 PWM 高频整流

PWM 控制技术首先是在直流斩波电路和逆变电路中发展起来的。目前 SPWM 控制技术已在交流调速用变频器和不间断电源中获得广泛应用。把逆变电路中的 SPWM 控制技术用于整流电路，就形成了 PWM 整流电路。通过对 PWM 整流电路的适当控制，可以使交流输入端的交流电流非常接近正弦波，且和输入电压同相位，功率因数近似为 1。这种整流器称为单位功率因数变流器或高功率因数整流器。这种整流电路的主要缺点是输出直流电压是升压而不能降压，输出直流电压可以从交流电源电压峰值向高调节，如果向低调节就会使电路性能恶化，甚至不能工作。

3. 附加有源功率因数校正器（APFC，Active Power Factor Correction）

在二极管整流电路和负载之间接入一个 DC—DC 变换电路，采用电流和电压反馈技术，输入端交流电流跟踪交流正弦波电压，使交流输入电流接近正弦波，并和交流输入电压同相，从而使输入端总谐波畸变率 THD < 5%，功率因数可提高到接近 1。有源校正电路工作于高频开关状态、体积小、重量轻，比无源校正电路效率高。

6.4.2 谐波治理与补偿技术

6.4.2.1 谐波的危害

谐波电流对电网的危害表现在如下方面：
1）谐波电流流过线路阻抗，造成谐波电压降，使电网的正弦波电压产生畸变。
2）谐波电流会使线路和配电变压器过热，严重时损坏电器设备。
3）谐波电流会引起电网 LC 谐振。

4）高次谐波电流流过电网的高压电容，使之过电流、过热，甚至发生爆炸。

5）在三相四线制中，中性线流过三相高次谐波电流（三倍的 3 次谐波电流），使中性线过电流。

6）谐波电流使交流输入端功率因数下降，结果是发电、配电及变电设备的功耗加大，效率降低。

为了减小 AC—DC 变换电路输入端谐波电流的后果，以保证电网的供电质量，提高电网的可靠性，提高功率因数，必须限制 AC—DC 变换电路输入端的谐波电流。国际标准的谐波电流限制值为：2 次谐波≤2%，3 次谐波≤30%，5 次谐波≤10%，7 次谐波≤7%，……。

6.4.2.2　谐波的治理技术

为了提高电网供电的电能质量，减少谐波污染，人们早期利用结构简单、成本低的无源电力滤波器来抑制谐波，但是它的缺点也相当明显，如滤波性能受电网阻抗和频率影响严重、与电网阻抗易发生串/并联谐波。

20 世纪 70 年代，有源电力滤波器的概念、基本原理、拓扑结构和控制方法被提出来，标志着谐波治理技术进入新的发展阶段。1983 年，日本长冈科技大学的 Akagi H 等人提出了基于 pq 分解理论的三相电路瞬时无功功率理论，为解决三相电力系统畸变电流的瞬时检测提供了理论依据，促进了有源电力滤波器的工业应用。

我国在 20 世纪 80 年代末开始研究谐波治理技术，进展较快，目前在理论、技术与工程应用方面取得了丰富的研究成果与现场应用经验。谐波治理技术分为主动谐波治理技术和被动谐波治理技术，前者从谐波源本身出发抑制谐波的产生；后者通过配置额外谐波治理装置来实现谐波治理。

1. 主动谐波治理技术

主动谐波治理是从谐波源本身出发，使谐波源不产生谐波或降低谐波源产生的谐波。主动治理谐波的措施主要有：

（1）采用脉冲宽度调制（PWM，Pulse Width Modulation）技术　PWM 技术使得整流器产生的谐波大大降低，输入波形接近正弦波。PWM 整流电路模型如图 6-21 所示，PWM 整流器具有降低整流负载注入电网谐波和提高网侧功率因数等优点。

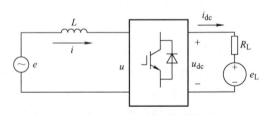

图 6-21　PWM 整流电路模型

（2）增加变流装置的相数或脉冲数　改造变流装置或利用相互间有一定移相角的换流变压器，可有效减小谐波含量，其中包括多脉整流和准多脉整流技术。十二脉波整流电路如图 6-22 所示。

（3）高功率因数变流器　比如采用矩阵式变频器、四象限变流器等，使变流器产生的谐波减少。矩阵变换器的结构如图 6-23 所示。

2. 被动谐波治理技术

主动治理通过改进电力电子装置的控制方式，减少其谐波的产生，而被动治理则是通过安装电能质量治理装置来抑制谐波对电网的危害。目前常用的电能质量装置有：

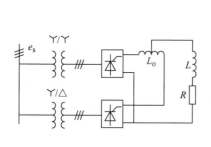

图 6-22 十二脉波整流电路模型

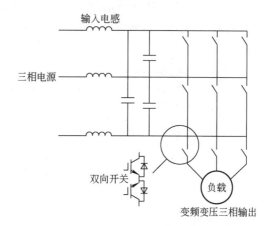

图 6-23 矩阵变换器模型

（1）无源电力滤波器（PPF，Passive Power Filter） PPF 可以吸收谐波电流，同时还可以进行无功功率补偿。PPF 又称 LC 滤波器，是传统的谐波补偿装置，它是由谐波电容器和电抗器组合而成的滤波装置，与谐波源并联。通常在谐波源附近或公用电网节点装设单调谐及高通滤波器，这样不仅可以吸收谐波电流，同时还可以进行无功功率补偿，运行维护也简单，因而 PPF 得到广泛的应用。

（2）有源电力滤波器（APF，Active Power Filter） APF 可以有效地起到补偿或隔离谐波的作用，并联型 APF 还可以进行无功功率补偿，其结构如图 6-24 所示。与 PPF 相比，APF 具有以下一些优点：滤波性能不受系统阻抗的影响；不会与系统阻抗发生串联或并联谐振，系统结构的变化不会影响治理效果；原理上更优越，用一台装置就能完成各次谐波的治理；实现了动态治理，能够迅速响应谐波的频率和大小发生的变化；具备多种补偿功能，可以对无功功率和负序进行补偿。

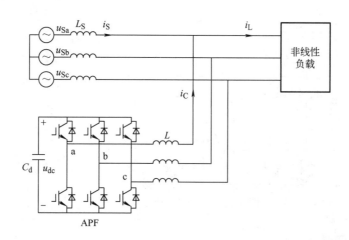

图 6-24 并联型 APF 结构图

（3）混合型有源电力滤波器（HAPF，Hybrid Active PowerFilter） HAPF 兼具 PPF 成本低廉和 APF 性能优越的优点，很适合工程应用。注入式 HAPF 由于注入支路的存在大大降低了有源部分的容量，使其能适用于高压配电网，并能同时实现无功补偿和谐波治理。注入式混合型有源电力滤波器的拓扑结构如图6-25所示。

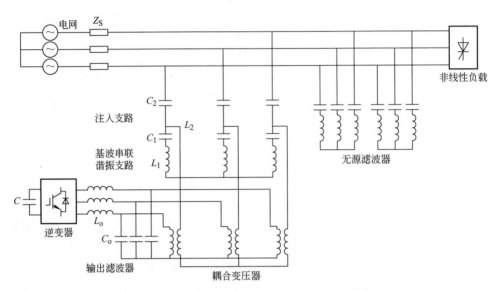

图6-25 注入式混合型有源电力滤波器的拓扑结构图

（4）统一电能质量调节器（UPQC，Unified Power Quality Conditioner） UPQC 由串联型 APF 和并联型 APF 组合而成，两个 APF 共用直流侧电容，如图6-26所示。串联型 APF 经串联变压器输出补偿电压，向电网注入交流功率；同时并联型 APF 也可以输出谐波补偿谐波电压。当并联型 APF 的变流器工作在整流状态对蓄电池进行充电时，也可以同时向电网输出滞后的或超前的无功功率，还可以输出谐波补偿电流。

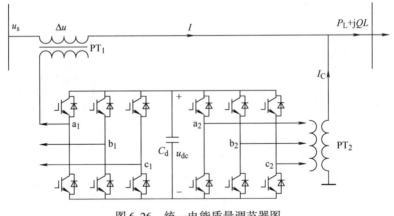

图6-26 统一电能质量调节器图

6.4.3 三相电压技术

1. 谐波的危害

微网中的负载类型多样，多由单相负载构成，难以达到理想的三相平衡状态。而微网电压一般是由主变流器提供，由于其容量有限，因而微网的电压容易受到网内不平衡负载的影响，从而诱发三相电压不平衡问题。三相电压不平衡不仅影响功率输出设备的锁相效果和功率分配，对用电设备产生的危害主要有以下几点：①保护及安全自动装置动作，中断正常生产；②损耗增大、效率下降；③电机振动；④电气设备和线路发热甚至烧毁；⑤加速设备绝缘老化，缩短使用寿命；⑥噪声增大；⑦干扰通信信号等。

2. 常用治理方案

根据目前国内外电能质量设备的具体发展情况，可采用三种电能质量治理设备：动态电压恢复器（DVR，Dynamic Voltage Restorer）、静止无功补偿器（SVC，Static Var Compensator）、静止无功发生器（SVG，Static Var Generator）。

（1）动态电压恢复器 DVR　DVR 是一种采用电力电子技术实现的电压补偿装置，能够对谐波、闪变、不对称等多种电压电能质量问题进行治理。DVR 能在输电线路和敏感负荷之间插入一个任意幅值、相位和形状的电压波形，可以根据网侧电压的需要，改变其发出的波形，使敏感负荷的供电电压恢复到理想水平，保障用户端的供电质量。

（2）静止无功补偿器 SVC　SVC 是一种静止的并联无功发生或者吸收装置，通过控制与电抗器或电容器串联的晶闸管导通角来调节系统无功功率输出，达到控制电力系统特定参数（通常是母线电压）的目的。

（3）静止无功发生器 SVG　SVG 是指由自换相的电力半导体桥式变流器来进行动态无功补偿的装置，主要由储能装置、逆变器、无源滤波器、电抗器等组成。SVG 可等效为一个可控电压源，通过调节电压源电压幅值和相位，调节流过连接电抗的电流大小和相位，从而控制从电网吸收或发送无功功率大小。SVG 可以对系统的谐波、不平衡等电能质量问题进行多功能综合补偿，实现有源滤波的功能。

本节总结了微网常见电能质量问题的成因及相应解决方案。为了改善微网的电能质量，对消除微网谐波污染、无功补偿提高功率因数进行研究具有十分重要的意义。文中整理了微网电能质量治理的主要思路，为学者进一步研究提供参考。

6.5　分布式能源的综合利用及经济技术评价

分布式能源技术是未来世界能源技术的重要发展方向，它具有能源利用效率高、环境负面影响小、提高能源供应可靠性和经济效益好的特点。分布式能源技术是我国可持续发展的必然选择。我国人口众多，自身资源有限，按照目前的能源利用方式，依靠自己的能源是绝对不可能支撑 13 亿人的"全面小康"，使用国际能源不仅存在着能源安全的严重制约，而且也使世界的发展面临一系列新的矛盾和问题。我国必须立足于现有能源资源，全力提高资源利用效率，扩大资源的综合利用范围。而分布式能源无疑是解决问题的关键技术。

6.5.1　分布式能源的综合利用

根据我国《2010 年热电联产发展规划及 2020 年远景发展目标》，在 2010 ~ 2020 年期间每年要增加热电联产装机容量约 900 万 kW，年增加节能能力约 800 万吨标准煤。热电联产具有显著的节能和环保效益，与热电分产相比，每年可节约能源 3000 多万吨标准煤，减少二氧化硫排放 60 万吨，减少二氧化碳排放 1300 多万吨，环境效益十分显著。根据未来热电联产发展的情景分析，到 2020 年，我国热-电联产可能达到 2 亿 kW，形成年节能 2 亿吨标准煤的能力，减少二氧化硫排放 360 万吨，减少氮氧化物排放 130 万吨，减少二氧化碳排放 7800 万吨。热-电联产将为能源节约、环境保护、经济和社会发展做出重大贡献。目前，分布式发电已成为世界电力发展的新方向，它的大规模应用将对能源系统，尤其是电力系统的产业结构调整和技术进步产生深刻的影响，改变能源的生产方式、供给方式和消费方式，给能源产业注入新的活力。我国的电力工业正处在快速发展当中，具备实现跨越式发展的有利条件，在大力发展集中供电的同时，必须要抓住机遇，加快发展分布式发电，建立一种分布式发电与集中供电互相补充、互相支持的新型电力工业体系。不仅可以提高电力系统的效率，而且可以提供更普遍、更可靠、质量更高的电力服务，更好地促进经济和社会的可持续发展。

6.5.2 分布式能源的经济技术与可行性评价

分布式能源尤其是分布式发电对电力系统和电力用户来说是多用途的，可以作为备用发电容量、调峰容量，也可承担系统的基本负荷，还可实现热-电联产，同时为用户提供电能和热能。对于电力系统的运行，分布式发电还可起到电压自动调节、电压稳定、系统稳定、电气设备的热起动和旋转动能储备等作用。而分布式能源技术的应用对环境污染减少也起着重要的作用。在新一轮电力结构的重组中，中枢电力设施承受着非常繁重的费用负担，而采用分布式能源发电技术可避免这些费用。在旋转动能储备容量较小、工业和商业用户的用电和输配电受到潮流限制的地区，可优先发展分布式能源发电。表 6-5 为分布式能源的实用化发电技术，其中包括内燃机发电、微型涡轮发电、光伏阵列发电以及燃料电池发电。

表 6-5　分布式能源实用化发电技术

技 术 参 数		内燃机发电	微型涡轮发电	光伏阵列发电	燃料电池发电
功率调度能力		有	有	无	有
容量		50kW ~ 5MW	25kW ~ 25MW	1kW ~ 1MW	200kW ~ 2MW
效率（%）		35	29 ~ 42	6 ~ 19	40 ~ 57
安装费用 /（￥/kW）		1200 ~ 2050	2700 ~ 6000	39600	21000 ~ 30000
运行维护费用 /［￥/(kW·h)］		0.08	0.03 ~ 0.038	0.006 ~ 0.024	0.012
NO_x/（kg/kJ）	天然气	0.3	0.1	—	0.003 ~ 0.02
	油	3.7	0.17	—	—
技术状态		商业化	大容量商业化	商业化	商业化

分布式能源发电系统产生的热能如果可就地利用，将减少电能生产相关的燃料费用三分之二左右；而分布式能源发电技术具有潜在的环境方面优势，是其进入电力市场的关键因素。传统的电力工业是空气污染的主要根源，占 67% 发电量的化石燃料电厂释放的气体中，直接对人类健康有害的成分有二氧化硫、氧化氮、灰尘、挥发性的有机成分、一氧化碳以及包括铅和水银的各种重金属等。表 6-6 列出了不同发电技术的空气污染排放具体数据。

表 6-6 不同发电技术的空气污染排放具体数据

采用的技术		污染物			
		$NO_x/[g/(kW \cdot h)]$	$CO_2/[g/(kW \cdot h)]$	$CO/[g/(kW \cdot h)]$	$SO_2/[g/(kW \cdot h)]$
常规发电	煤	0.1 ~ 2	55.9		0.07 ~ 2.55
	天然气	0.005 ~ 1	31.7		0.3
	残余燃料油	0.05 ~ 1	46.8		
分布式能源发电	微型涡轮发电机	0.4	119	0.11	0.0006
	内燃发电机（汽油）	3.1	119	0.79	0.0015
	内燃发电机（柴油）	2.8	150	1.5	0.3
	氢燃料电池	0.003			0.0204

分布式能源发电技术有关的气体、液体和固体物质的排放中，空气排放质量是影响项目实施的重要因素。不同分布式能源发电技术的空气污染排放相差很大，其中氢燃料电池是最清洁的，然后是微型涡轮发电机组和内燃发电机组。与常规的发电技术相比，分布式能源发电设备的空气污染排放量要小得很多。

燃气机组的经济性分析如前述章节中提到的，天然气发电和综合利用具有广阔的发展前景，并且随着我国"西气东输"工程与液化天然气（LNG）项目工程的实施，天然气燃机联合循环发电将会走上新的台阶。增加天然气这一优质、高效、洁净能源在我国能源消费中的比例，是我国优化能源结构、保障能源安全、保护生态环境、提高能源效益的重要战略选择。

但是，以往关于我国天然气的利用有两种截然相反的观点：一种观点认为天然气应当主要用于发电；另一种认为天然气应当主要用于非电力行业，尽量少用于单纯发电。天然气用于纯发电的数量成为天然气合理利用的关键问题。中国是发展中大国，能源资源以煤炭为主，天然气基础设施相对薄弱、天然气成本和定价难以与煤炭竞争，以天然气发电带动天然气市场的发展，受到天然气地质储量分布和经济发展不均衡的种种限制。往往是气源储量丰富的地区人口密度低、经济欠发达，缺少用气大项目。在这些地区发展天然气发电，以便带动天然气市场的发展成为不得已而为之的举措。

从我国利用天然气的现实情况出发，创造一条高效利用天然气的独特道路——不建过渡性的大型燃气电厂，走直接置换小煤热电，小油电，燃煤锅炉、燃煤窑炉和民用燃气的道路。但由此可能产生其他的矛盾：①如果不建设大型燃气蒸汽联合循环电厂，将使电网缺乏调峰容量；②如果利用大型电厂调峰，只能采用单循环机组，其能源利用率只有 36% ~ 40%，造成极大浪费；③用于变电站、输电线路和供热管网、换热站的投资巨大，整个系统造价成本明显高于用户分布式热-电-冷设施；④大型电站远离终端用户，需要远距离高压输电和就地降压配电，中间环节损失巨大，管理层面的增加，中间环节增值税等因素，使大型能源设施的供能成本显著高于小型、微型、高效的燃气机组分布式能源供给设施。而分布式热-电联产和冷-热-电联产发电站是按"以电定热"方式来运行，供热的同时又能为电网调峰。因此，作为分布式能源的重要供给方案，微型燃气机组发电系统必将得到发展和推广；

微型燃气机组发电不一定非要使用优质、清洁的天然气作为燃料，而可以大力发展生物质沼气、气化煤等新能源。

以英国宝曼微型燃气机 Bowman TG80 CHP 为例，通过表 6-7 探讨微型燃气机组发电的经济性比较分析，宝曼微型燃气机回热循环发电效率一般为 25%～28%。

表 6-7 宝曼微型燃气机 Bowman TG80 CHP 经济性比较分析

设 备	单 位	TG80 回热循环	前置循环	燃气锅炉（比较）
系统供热出力	kW（th）	150	420	420
小时标准供暖量	W/（m²·h）	50	50	50
设备供暖面积	m²	3000	8400	8400
年采暖周期	d	131	131	131
	h	3144	3144	3144
热价	kW（th）	0.178	0.178	0.178
设备小时热收入	元/a	26.72	74.81	74.81
折算热水价格	元/t	16.84	16.96	16.96
设备利用小时	h	6500	6500	6500
年热收入	元	173664	486260	486260
燃机发电效率（%）		26	14	0
发电净出力（含压损）	kW（e）	76.2	72.9	0
电价	元/（kW·h）	0.395	0.395	0
年电收入	元/a	195644	187171	—
总毛收入	元/a	369308	673430	486260
燃料消耗量	MJ/h	1109	2058	1680
天然气耗量	m³/h	31.8	59	48.17
燃料价格	元/m³	1.4	1.4	1.4
小时燃料费	元/h	44.52	82.60	67.44
年燃料费	元/a	289380	536900	438382
千瓦运行费	元/（kW·h）	0.05	0.05	0
运行维护费	元/a	24765.00	23692.50	—
收益	元	55162.62	112837.79	47877.90
总造价	元/装置	413008	557760	250000
设备投资回收周期	a	7.49	4.94	10.93

从经济性角度出发，观察表 6-7 可以发现，宝曼微型燃气机回热循环发电的电价仅为 0.395 元/（kW·h），相比于现有的电价便宜不少，尤其是显著的低于柴油机的发电价格；燃料可以是生物质沼气和煤制气，每立方米的燃料仅为 1.4 元，是一个比较低的消耗价格；燃机发电的运行费用包括生物质原料费用、维修费用、设备折旧和人员费用；此外，从设备投

资的回收周期可以发现，在回热循环、前置循环与燃气锅炉的比较中，它们的回收周期分别是7.49年、4.94年、10.93年，相对于传统的发电设备投资回收，其投资回收周期明显减小了。但其中的发电效率确实不是很高，回热循环与前置循环的效率分别只有26%和14%。

微型燃气发电机组投资回收的情况分析如表6-8所示的宝曼微型燃气机投资比较。表中列举了一些不同用户的电价、热价、供热量、燃气价和投资回收年限，从表中不难看出微型燃气机发电机组的优越性。

表6-8 宝曼微型燃气机投资回收比较

用 户	居民大楼	商业建筑	宾馆饭店	LPG用户
电价/[元/(kW·h)]	0.395	0.52	0.64	0.52
热价/[元/(m²·a)]	28	35	35	28
供热量/(W/m²)	50	50	58	50
燃气价/(元/m²)	1.4	1.7	1.8	2.2 元/kg
投资回收年限/a	4.94	9.78	7.38	5.25

微型燃气发电机组是新一代分布式电源的代表，它具有如下一系列先进技术特征：运动部件少、结构简单紧凑、重量轻（是传统燃机的1/4）；可用多种燃料、燃料消耗率低、排放低，尤其是使用天然气；低振动、低噪声、寿命长、运行成本低；设计简单、备用件少、生产成本低；通过调节转速，即使不是满负荷运转，效率也非常高；可远程监控和故障诊断；既可独立又可多台分布集成扩容等。

即便对于发达国家而言，限于气体内燃发电机组的转换效率和技术难度，也会使目前微型燃气机组的发电效率很难达到高于30%，这是目前制约燃气发电技术利用和推广的首要原因。对照表6-7、表6-8的电价分析可知，天然气价格是电价的主要部分，如果不能降低燃气消耗量，提高燃机发电效率，就很难大规模降低设备投资和使用成本。就长远来说，提高系统的总效率是大规模应用燃气发电技术的前提。

然而与发达国家相比，制约我国燃气发电技术的推广与应用的因素要复杂得多。不仅仅是提高燃机发电效率、降低运行成本的经济问题，还有燃气发电机组设计、制造水平相对落后的技术难题；更重要的是如前所述，天然气在我国也是稀缺资源，燃气发电的成本比燃煤发电的成本高得多，不利于大规模利用天然气这种清洁优质资源发电。与发达国家比较而言，利用那些需要收集、运输和预处理的生物质原料气化发电在我国有广阔的利用前景。我国是一个拥有13亿人口的国家，在农村每年有大量的农作物作为废料处理掉，在城市每天有大量的生活垃圾要填埋或焚烧，对环境保护造成很大压力。

燃气发电机组有使用天然气、甲烷或沼气燃料的。在我国有较好的条件发展以甲烷或沼气等生物质燃料的气化燃烧发电技术。在当前条件下，首先是那些有大量生物质废料的企业和地区是发展气化发电技术的主要用户。应当在这些企业和地区建设示范点，宣传生物质气化发电在经济技术方面的优点，从而使生物质气化技术被熟悉和接受。在此基础上，才能探讨用气化技术大规模地处理农业、城市和森林业废料的可能性。国内一些院校、研究所对于500kW以上的气体内燃发电机组做了大量的研究工作，有些技术已投入使用，并取得了一定的成绩。但由于这些气体内燃发电机的单机容量小，中等规模生物质气化发电厂只好使用多台气体内燃发电机并行，这种情况妨碍了中大规模生物质气化发电技术的进一步发展。

微型燃气轮机大都采用回热循环技术。通常它由透平、压气机、燃烧室、回热器、发电机及电子控制等部分组成。从压气机出来的高压空气先在回热器内接受透平排气的预热，然后进入燃烧室与燃料混合、燃烧。大多数微型燃气轮机由燃气轮机直接驱动内置式高速发电机，发电机与压气机、透平同轴，转速在 50000 ~ 120000r/min 之间。一些单轴微型燃气轮机设计，发电机发出高频交流电，转换成高压直流电后，再转换为与公共电网相同的交流电以便并网。因此，先进的微型燃气轮机是提供清洁、可靠、高质量、多用途的小型分布式供电的最佳方式，使电站更靠近用户，无论对中心城市还是远郊农村，甚至边远地区均能适用。建设周期较短，企业可以根据自己的需求及时安排自己量体裁衣的能源工程，微型热-电联产可以在几周或几天内实现，小型热-电联产项目可以在几个月内完成。

小型燃气轮机极为适合工业和大型建筑的自备热电设施，可作为工厂的热电设施，当用电大用热少时，可以采用燃气轮机—倍压机同轴联合循环；当用电小用热大时，可以采用余热锅炉补燃技术，能够适应各种需求变化。小型燃机可以适应天然气、液化石油气、煤制气、柴油等多种燃料，并可随时自动切换，确保能源供应安全。大修周期一般在 3 ~ 4 万小时，运行稳定可靠。调峰能力强，一般都可在 30% 的工况下稳定持续运行，机组能够自动跟踪频率，实现电网和自备电源的混合运行，燃机转速高达10000r/min，电力品质好于其他新能源发电形式。轻型燃气轮机主要是航空发动机的地面改型，特点是小巧轻便、起停快、技术先进、自动化程度更高。可用于发电和直接动力，余热能够利用于热-电联产和与溴化锂制冷机组热-电-冷联产；微型燃气轮机还有一个非常有用的特性，就是过载调峰能力强，其瞬间出力能够迅速增加10% ~ 20%，适应小型电网的负荷变化。微型燃气轮机正在进行三大技术革命：①回热技术——将空气作为载体，利用燃烧后的烟气回收能量，提高效率；②永磁发电机技术——如果采用永磁发电机，发电机不需要励磁绕组，发电效率可高达95%；③可控变频技术——对中频电能进行变换和控制，可以保障并网的安全可靠，提高自动化控制能力，降低生产成本。

微型燃气发电机组是一种典型的用户能源系统，可以为楼宇和小型工厂项目提供现场电力、热力、制冷能源，燃料使用天然气、煤制气、液化石油气（LPG）和柴油。微型燃气发电机组是一种现场能源系统，采用了无人职守的智能化自动控制技术，半导体变频控制技术，可以自动跟踪频率调节，保证了安全运行。微型燃气发电机组在小型燃气锅炉、直燃机中可以代替燃烧器，也可以直接用于工业炉窑烘干、给水加温等工艺流程中。可以单独运行，也可多台联合运行。可以说，目前利用小型、微型燃气机组发电的时代已经到来，天然气资源、生物质制气、煤制气技术和燃气轮机发电技术为我们提供了一个创造机遇的可能，因为小型、微型燃气轮机可以用于各种民用、工业和国防项目，甚至农业项目。天然气和动力技术的微型化给人类带来了挑战，同时也带来了无限的发展机遇，我们应该积极地迎接这场新技术革命的浪潮。

本 章 小 结

分布式能源以热-电联产和分布式发电为主要核心内容，是节能减排的重要手段，综合了可再生能源利用、微电网控制技术、热-电-冷联产技术，是传统发电形式的重要补充和逐步替代手段。从现有的能源系统来看，天然气作为一种上升趋势非常好的清洁高效能源，将有可能成为我国调整以煤为主的能源结构的突破口。本章阐述了分布式能源的特点及其应用，介绍天然气的形成和物化性质，以及天然气在国内外的综合利用和研究现状，通过研究认识了其广阔的发展空间和应用前景。分析并介绍了小型和微型燃气机组，主要对它们的发展前景和性能进行了综合比较，说明了燃气发电机组的系统构成及其工作原理。介绍了氢能及其利用以及氢燃料电池的特性与分类及其基本工作原理与控制技术。并对微电网的组网与控制技术进行了讨论，内容包含：直流微网的控制技术、保护技术以及结网方式，交直流混合微网的规划设计、系统仿真、控制保护策略以及关键设备研究等。还对分布式能源发电的技术经济性及其环境意义进行了讨论，并对微型燃气发电机组的经济技术性做出评价，并以代表性产品——宝曼（Bowman）微型燃气机为例，展示了微型燃气发电机组的优势、劣势及面临的机遇。

第7章　核能发电与应用技术

尽管风能、太阳能、地热能、潮汐能、生物质能、海水温差发电等绿色能源越来越引起科学家的重视,但是,上述这些能源由于受地理位置、气候条件等诸多因素限制,很难在短期内实现大规模的工业生产和应用。目前,只有核能才是一种可以大规模使用且安全经济的能源。核能主要有两种,即核裂变能和核聚变能。它们的可利用资源非常丰富,其中可开发的核裂变燃料资源(含钍)可使用上千年,核聚变资源可使用几亿年。核裂变能至今已有了很大发展,由于核裂变发电用核燃料的生产及发电过程中产生的核废物危害性较大,相对于核裂变,核聚变更清洁,因此,科学家们普遍看好的是利用可控核聚变反应所释放的巨大能量来产生电能。核聚变发电目前仍处于研究开发中,人类尚未掌握受控的核聚变。因此,通常所说的核能(或原子能)是指在核反应堆中由受控核裂变链式反应产生的能量。

本章主要介绍核能的形式及其利用、核反应原理及反应装置、核能发电技术与发电设备、核电站的运行与监控系统、核能发电的经济技术性评价。

7.1　核能的形式及其利用

7.1.1　核能的主要形式

众所周知,原子核是由中子和质子组成的。一个原子的质量应该等于组成它的基本粒子的质量总和。但是,实际上并不是这样简单。通过精密的实验测量,人们发现,原子核的质量总是小于组成它的质子和中子质量之和。例如,氦原子核是由两个质子和两个中子组成,外面有两个电子。氦原子的质量应该是:

$$m_{He} = 2m_{质子} + 2m_{中子} + 2m_{电子} = 2 \times 1.00728 + 2 \times 1.00867 + 2 \times 0.00055 = 4.033u$$

其中,u 为质量单位,$1u = 1.66 \times 10^{-24}g$。

但经实验测得的氦原子的质量 $m_{He} = 4.00260u$,比组成它的基本粒子总质量少了 0.0304u;再如^{238}U 的原子,它的核由 92 个质子和 146 个中子组成,核外有 92 个电子。这些粒子的质量加在一起应该是 239.986u。但直接测量得的^{238}U 的原子质量却是 238.051u,少了 1.935u。

像上述这种质量减少现象在其他原子核中同样存在,人们将这种现象称为"质量亏损"。

根据爱因斯坦的质能关系式 $E = mc^2$,核反应过程中质量的减少,必然伴随着能量的放出,即 $\Delta E = \Delta mc^2$。这种由若干质子、中子等结合成原子核的时候放出的能量,叫作原子核的结合能,即核能。

一般化学反应仅是原子与原子之间结合关系的变化,原子核结构并不发生改变。由于核子间的结合力比原子间结合力大得多,所以核反应的能量变化比化学反应要大几百倍。如用 4g 氢完全燃烧时放出的热量大约可以把 1kg 水烧开,而在合成 4g 氦原子的核反应中,放出的热量可以把 5.0×10^3 吨水烧开,两者释放出的热相差五百万倍;再如 $1kg^{235}U$ 裂变时可放

出相当于 2.7×10^3 吨标准煤的能量；1kg 氘发生聚变反应所放出的能量更大，相当 1.1×10^3 吨标准煤或 8.6×10^3 吨汽油燃烧后的热量。

核能包括核裂变能、核聚变能、核素衰变能等，其中主要的核能形式为核裂变能和核聚变能。核裂变能是重元素（铀或钍等）在中子的轰击下，原子核发生裂变反应时放出的能量；核聚变能是轻元素（氘和氚）的原子核发生聚变反应时放出的能量。下面主要介绍这两种核能形式的产生。

1. 核裂变能

某些重核原子如 ^{235}U 等，在热中子的轰击下原子核发生裂变反应，产生质量相差不多的两种核素和几个中子，并释放出大量的能量。以 ^{235}U 为例，有

$$^{235}_{92}U + ^{1}_{0}n \rightarrow ^{137}_{56}Ba + ^{97}_{36}Kr + 2^{1}_{0}n + 200MeV \tag{7-1}$$

据测算，1kg ^{235}U 全部裂变后释放出的能量，相当于 2.7×10^3 吨标准煤完全燃烧放出的化学能。在不加控制的链式反应中，从一个原子核开始裂变放出中子，到该中子引发下一代原子核的裂变，只需 1ns（$10^{-9}s$）时间。在非常短的时间以及有限空间内，核裂变所放出的巨大能量必然会引起剧烈的爆炸，原子弹就是根据这种不加控制的链式反应的原理制成的。通过链式反应的控制，使核裂变能缓缓地释放出来，可用于直接供热或发电等。核裂变电站就是利用可控核裂变来发电的。

产生核裂变能所使用的核材料主要是 ^{235}U、^{235}Pu。^{235}U 在天然铀中的丰度只有 0.7% 左右。^{232}Th、^{238}U 等尽管在自然界中丰度高、储量大，并不能直接用于核裂变能的生产，但这些易增殖材料可以在快中子作用下通过核反应转变为 ^{233}U、^{239}Pu 等易裂变的优质核燃料，从而大大提高资源的利用率。

2. 核聚变能

核聚变是由两个或多个轻元素的原子核，如氢的同位素氘（$^{2}_{1}H$）或氚（$^{3}_{1}H$）的原子核，聚合成一个较重的原子核的过程。在这个过程中，由于某些轻元素如氘在聚变时质量亏损较核裂变反应时大，根据 $E = mc^2$，核聚变反应将会放出更多的能量。

如原子弹一样，如果对聚变反应不加以控制，氢的同位素氘（D）、氚（T）发生核聚变反应时瞬间就会释放出大量的热，从而产生爆炸。氢弹就是利用这个原理来制造的。氢弹的爆炸是一种不可控制的释能过程，整个过程持续时间非常短，仅为百万分之几秒。而作为一种能源，人们期望聚变反应能在人工控制下缓慢、持续地发生，并把所释放的能量转化为电能输出。这种人工控制下发生的核聚变过程称为受控核聚变。

由于氘、氚聚变时释放的能量巨大，聚变反应产物放射性污染小，聚变堆安全性好，以及氘的来源丰富等特点，氢材料是一种非常理想的核聚变材料。

（1）核聚变应用中可控核聚变的发生条件 产生可控核聚变需要的条件非常苛刻。我们的太阳就是靠核聚变反应给太阳系带来光和热，其中心温度达到 1500 万℃。另外还有巨大的压力能使核聚变正常反应，而地球上没办法获得巨大的压力，只能通过提高温度来弥补。不过这样一来温度要到上亿度才行。核聚变如此高的温度没有一种固体物质能够承受，只能靠强大的磁场来约束。

（2）核聚变的反应装置 可行性较大的可控核聚变反应装置就是托卡马克装置。

托卡马克是一种利用磁约束来实现受控核聚变的环性容器。它的名字 Tokamak 来源于

环形（Toroidal）、真空室（Kamera）、磁（Magnit）、线圈（Kotushka），最初是由位于前苏联莫斯科的库尔恰托夫研究所的阿齐莫维齐等人在20世纪50年代发明的。托卡马克的中央是一个环形的真空室，外面缠绕着线圈，在通电的时候托卡马克的内部会产生巨大的螺旋型磁场，将其中的等离子体加热到很高的温度，以达到核聚变的目的。

3. 核能发电的特点

（1）能量的高度集中 1吨 ^{235}U 在裂变反应中产生的能量约等于1吨标准煤在化学燃烧反应中产生能量的240万倍。考虑到当今反应堆利用铀资源效率低下的情况，将核电厂的燃料消耗量同现代燃煤电厂相比，1吨天然铀也相当于14000吨标准煤。利用核能可以大大减少燃料开采、运输和储存的困难及费用。

（2）铀资源丰富 地球上已探明的易开采铀储量，在投入快中子增殖堆以充分利用的条件下，所能提供的能量已大大超过全球可用的煤炭、石油和天然气储量之和。而海水和花岗岩中的铀资源更是无比丰富。因此，核能在近期和远期都是很重要的能源。

出于以上两个特点带来的燃料价廉的好处，核电迅速发展成为经济上具有竞争力的能源，这对世界上缺乏化石燃料资源的国家（许多欧洲国家及日本、韩国等国）是特别明显的。对于我国远离煤炭生产基地的沿海各省市，核电具有十分重要的现实意义。核能供热已在少数工业发达国家开发和示范利用，也有着广泛应用的前景。

20世纪80年代后期，国际上特别关注全球性的环境变化。核电厂不释放温室气体 CO_2 以及 SO_2 与 NO_x，有利于减轻全球变暖和局部性的酸雨危害，环境保护学者十分重视核电厂的这些优势。

核电在世界电力供应中的地位日益显著。1993年全世界的发电量中有17.5%来自核电厂，核发电量份额超过50%的国家有立陶宛、法国、比利时和斯洛伐克。匈牙利、韩国和瑞典的核发电量份额也超过40%。核电发展领先的地区是那些最缺乏化石燃料及水力资源的地区。但发展中国家利用核电受到很大限制：由于经济落后而筹资困难；缺少具有科技知识和现代化管理能力的人才；基础结构不适应核电发展的需要。因此，发展中国家的核电厂建设缓慢，核电装机容量占电力总装机容量之比远低于世界平均水平。

我国的核电是从20世纪70年代起步的，80年代初，我国政府制定了发展核电的技术路线和政策，决定发展压水堆核电厂，采用"以我为主，中外合作"的方针，引进国外的先进技术，逐步实现设计自主化和设备国产化。1983年，国务院决定在20世纪内把主要力量集中在压水堆核电站的研究、开发和建造方面。20世纪90年代，建成了秦山和大亚湾核电站，两座核电站的建成，标志着我国的核电已经起步。

预计到2020年，我国核电装机容量约为4000万kW。到2050年，根据不同部门的估算，我国核电装机容量可以分为高中低三种方案：高方案为3.6亿kW（约占我国电力总装机容量的30%），中方案为2.4亿kW（约占我国电力总装机容量的20%），低方案为1.2亿kW（约占我国电力总装机容量的10%）。

国家发展和改革委员会正在制定我国核电发展民用工业规划，预计到2020年我国电力总装机容量为9亿kW时，核电的比重将占电力总容量的4%，即我国核电在2020年时将达到3600~4000万kW。也就是说，到2020年我国将建成40座相当于大亚湾那样的百万千瓦级的核电站。

从核电发展总趋势来看，我国核电发展的技术路线和战略路线早已明确并正在实施，当前发展压水堆，中期发展快中子堆，远期发展聚变堆。具体地说就是利用铀资源，采用铀钚循环的技术路线，中期发展快中子增殖反应堆核电站，远期发展聚变堆核电站，从而基本上"永远"解决能源需求的矛盾。

7.1.2 核能的和平利用

核技术最初被作为现代化武器在国防军事领域使用，如原子弹、氢弹。而后，随着社会的发展陆续开始在工业、农业、医学等诸多领域广泛应用。如利用核能直接为工厂或家庭取暖供热、核能发电、海水淡化、氢燃料的制备、航天器用的热电转换型同位素空间电池（利用核素衰变热发电）、心脏起搏器或军用微机械用同位素电池（辐射伏特效应）、食品辐照、食品和器具的消毒等。后续内容中将针对核能的和平利用进行介绍，主要介绍核裂变能发电、核聚变能发电。

7.2 核反应原理及反应装置

当前核能发电主要是核裂变发电，其核心是核反应堆，它是一个能维持和控制核裂变链式反应，从而实现核能—热能转换的装置。1942年，美国芝加哥大学建成了世界上第一座自持的链式反应装置，从此开辟了核能利用的新纪元。

7.2.1 核反应堆工作原理

核电站是利用核裂变反应释放出的能量来发电的工厂。它是通过冷却剂流过核燃料元件表面，把裂变产生的热量带出来，再产生蒸汽，推动汽轮发电机组发电。

图7-1所示为压水堆核电站工作原理示意图。它主要由一回路系统和二回路系统两大部分组成。一回路系统主要由核反应堆、稳压器、蒸汽发生器、主泵和冷却剂管道组成。冷却剂由主泵压入反应堆，流经核燃料时将核裂变放出的热带出；被加热的冷却剂进入蒸汽发生器，通过蒸汽发生器中的传热管加热二回路中的水，使之变成蒸汽，从而驱动汽轮发电机组工作；冷却剂从蒸汽发生器出来后，又由主泵压回反应堆内循环使用。一回路被称为核蒸汽供应系统，俗称"核岛"。为确保安全，整个一回路系统装在一个称为安全壳的密封厂房

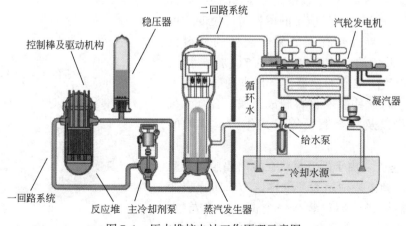

图7-1 压水堆核电站工作原理示意图

内。二回路系统主要由汽轮发电机、凝汽器、给水泵和管道组成。二回路系统与常规热电厂的汽轮发电机系统基本相同，因此也称为"常规岛"。一、二回路系统中的水是各自封闭循环，完全隔绝，以避免任何放射性物质外泄。

7.2.2 核反应堆装置

本节将介绍世界上几种主要的核电堆型。

1. 快中子和热中子的概念

快中子：裂变过程直接产生的中子。

热中子：快中子经过慢化剂慢化后的中子。

依所采用的中子种类核反应堆可分为：快中子反应堆，热中子反应堆。

目前，世界上已达到商业运行水平的反应堆都属于热中子反应堆，包括压水堆和沸水堆。在热中子反应堆中，一般采用普通水、重水、石墨作慢化剂。

核电站依据所采用的堆型来命名，比如采用压水堆的叫压水堆核电站。

反应堆依所采用的慢化剂和载热剂（冷却剂）来命名，比如以轻水（普通水）作慢化剂和载热剂的反应堆叫轻水堆；以重水作慢化剂和载热剂的叫重水堆；以石墨作慢化剂和 CO_2 气体作载热剂的反应堆叫石墨气冷堆。

2. 主要堆型

（1）压水堆 压水堆核电厂使用低浓铀作为核燃料，富集度大约为 3%~4%，其慢化剂和载热剂是轻水，故属于轻水堆。为了提高其载热效率，要求在 300~350℃ 范围内不沸腾，因此必须使水保持在 150~160atm（1atm = 101325Pa）的高压下，故称为压水堆。压水堆核电厂由核反应堆、一回路系统、二回路系统和辅助系统组成。

（2）沸水堆 沸水堆核电厂也使用低浓铀作核燃料，富集度同压水堆，其慢化剂和载热剂是轻水，故属于轻水堆。沸水堆中的水允许沸腾，压力大约为 70atm，故称作沸水堆。沸水堆核电站由核反应堆、回路系统及辅助系统组成。

（3）重水堆 重水堆核电站采用天然铀作核燃料，其慢化剂和载热剂是重水，故称为重水堆。系统与压水堆相似。

核反应堆装置由堆芯、冷却系统、中子慢化系统、中子反射层、控制与保护系统、屏蔽系统、辐射监测系统等组成。核反应堆如图 7-2 所示。

1）堆芯中的燃料。反应堆的燃料是可裂变或可增殖材料，自然界天然存在的易于裂变的材料只有 ^{235}U，它在天然铀中的含量仅有 0.711%。另外，还有两种利用反应堆或加速器生产出来的裂变材料 ^{233}U 和 ^{239}Pu。将这些裂变材料制成金属、合金、氧化物、碳化物以及混合燃料等形式作为反应堆的燃料。

2）燃料包壳。由于裂变材料在堆内辐照时会产生大量裂变产物，特别是裂变气体，为了防止裂变产物逸出，需要将核燃料装在一个密封的包壳中。包壳材料多采用铝、锆合金和不锈钢等。

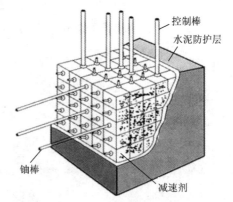

图 7-2 核反应堆

3）控制与保护系统中的控制棒和安全棒。为了控制链式反应的速率在一个预定的水平上，需用吸收中子的材料做成吸收棒，称为控制棒和安全棒。控制棒用来补偿燃料消耗和调节反应速率；安全棒用来快速停止链式反应。吸收体材料一般是铪、硼、碳化硼、镉、银铟镉等。

4）冷却系统。由于核裂变时产生大量的热，为了维持堆运行的安全，需要将核裂变反应时产生的热导出来，因此反应堆必须有冷却系统。常用的冷却剂有轻水、重水、氦和液态金属钠等。

5）中子慢化系统。由于慢速中子更易引起^{235}U裂变，而核裂变产生的中子则是快速中子，所以有些反应堆中要放入能使中子速度减慢的材料，这种材料就叫慢化剂。常用的慢化剂有水、重水、石墨等。

6）中子反射层。反射层设在活性区四周，它可以是重水、轻水、铍、石墨或其他材料。它能把活性区内逃出的中子反射回去，减少中子的泄漏量。

7）屏蔽系统。屏蔽系统设备在反应堆周围，以减弱中子及γ剂量。

8）辐射监测系统。该系统能监测并及早发现核反应堆放射性泄漏情况。

7.3 核能发电技术与发电设备

压水堆全称为加压轻水慢化冷却反应堆。压水堆核电厂的反应堆采用普通高纯水作慢化剂和冷却剂，低富集度的二氧化铀为燃料，为了把反应堆的出口水温提高到300℃左右，必须将压力提高到14～16MPa，以防止沸腾。所以称这种类型的反应堆为加压水反应堆，简称压水堆。压水堆结构图如图7-3所示。

在压水堆核电厂中，反应堆的作用是进行核裂变，将核能转化成热能，水作为冷却剂流经堆芯将堆内释放的热量通过反应堆冷却剂管道传到蒸汽发生器，在那里传递给二次侧的给水（二回路工质），使其成为饱和蒸汽。冷却剂在蒸汽发生器中被冷却后由主泵打回反应堆重新加热，形成一个封闭的吸热和放热的循环流动过程。这个循环回路称为一回路，也是核蒸汽供应系统的主要部分，其功能是冷却堆芯并带走热量。由于一回路的主要设备是反应堆，所以通常将一回路及其辅助系统和厂房统称为核岛（NI）。

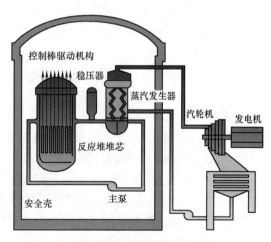

图7-3 压水堆结构图

二回路工质（汽轮机工质）在蒸汽发生器中被加热成饱和蒸汽后进入汽轮机膨胀做功，并将热能转变为机械能，带动发电机发电，把机械能转换为电能。做完功的蒸汽被排入凝汽器，由循环冷却水进行冷却，凝结成水后由凝结水泵送入加热器预加热。再经由给水泵输入蒸汽发生器，完成了汽轮机工质的封闭循环，此回路被称为二回路。二回路系统功能与常规蒸汽动力装置基本相同，所以将它及其辅助系统和厂房统称为常规岛（CI）。

综上所述，核能发电实际是核能→热能→机械能→电能的能量转换过程。其中热能→机械能→电能的能量转换过程与常规火力发电厂的工艺过程基本相同，只是设备的技术参数略有不同。核反应堆的功能相当于常规火电厂的锅炉系统，只是由于流经堆芯的反应堆冷却剂带有放射性，不宜直接送入汽轮机，所以压水堆核电厂比常规火电厂多一套动力回路。

压水堆核电厂主要由核岛和常规岛两个系统构成。

1. 核岛系统

一回路系统通常由并联到反应堆的 2~4 条相同的传热环路组成。反应堆外壳是一个耐高压容器，被称为压力容器或压力壳，堆芯安装在其内部。每一条环路有一台反应堆冷却剂泵，一台蒸汽发生器和相应的反应堆冷却剂管道与反应堆构成一条封闭的回路。整个一回路的运行压力由一台与其中一条环路热端连接的稳压器来维持，并控制其可能产生的压力波动。系统作为压力边界提供了一个防止在反应堆里产生的放射性释放的屏障，并用来确保在核电厂整个寿命周期内的完整性。

此外，核岛系统还包括一些安全系统和辅助系统，按照功能大体分为四类。

(1) 专设安全系统　此系统在反应堆发生大量失水事故时可以自动投入，阻止事故的进一步发展扩大，保护反应堆的安全，同时防止放射性物质向大气环境扩散。专设安全系统包括安全注入系统、安全壳喷淋系统、辅助给水系统、安全壳大气监测系统和安全壳隔离系统。

(2) 核辅助系统　此系统保证反应堆和一回路正常启动、运行和停堆。核辅助系统主要包括化学和容积控制系统、反应堆硼和水补给系统、蒸汽发生器排污系统、核取样系统、核岛疏水排气系统、余热排出系统、反应堆换料水池和乏燃料水池冷却和处理系统、硼回收系统、设备冷却水系统、核燃料装卸、运输和储存系统等。

(3) 三废处理系统　此系统能回收和处理放射性废物以保护和监测环境。三废处理系统主要包括废气处理系统、废液处理系统、固体废物处理系统、核岛污水回收系统、放射性洗衣房系统等。

(4) 电厂辅助系统　此系统包括采暖空调系统、水处理系统、压缩空气系统等常规系统。

2. 常规岛系统

常规岛系统可划分为汽轮机回路、循环冷却水系统和电气系统三大部分。

(1) 汽轮机回路　汽轮机回路的主要设备有汽轮机、汽水分离再热器、凝汽器、凝结水泵、低压加热器、除氧器、主给水泵和高压加热器等。蒸汽发生器的出口饱和蒸汽进入汽轮机带动发电机发电，然后排入凝汽器，在凝汽器中由循环冷却水冷凝成凝结水，凝结水由凝结水泵经低压加热器加热后送入除氧器进行除氧，再由给水泵经高压加热器加热后输入蒸汽发生器作为给水产生蒸汽循环使用。由于蒸汽发生器传热管将一、二回路隔离开，这个汽水循环回路中的水和蒸汽是不带放射性的。高、低压加热器的加热热源分别由汽轮机的高压缸和低压缸中间级抽汽提供。

由于汽轮机的进口蒸汽为饱和蒸汽，高压缸的排汽含有较多水分，为防止或降低蒸汽对汽轮机叶片的冲蚀作用，在高压缸和低压缸之间设置了汽水分离再热器，以分离高压缸排汽中的水分，并使进入低压缸的蒸汽变为微过热蒸汽。

为了在汽轮机大负荷瞬间变化或汽轮机紧急跳闸时使反应堆能维持适当负荷，不至于停堆，另外设置了蒸汽旁路系统，主蒸汽可由主蒸汽汽联箱直接通往凝汽器和除氧器或直接排向大气。

（2）循环冷却水系统 循环冷却水系统亦称三回路，其主要功能是向凝汽器供给冷却水，确保汽轮机凝汽器的有效冷却。对应滨海核电厂，该系统是个开放式回路，循环水从海中抽取，流经凝汽器管路后，循环水又流回海里。对于内陆核电厂，循环冷却水可以是封闭循环，通过冷却塔向大气排放热量。

（3）电气系统 电气系统包括发电机、励磁机、主变压器、厂用变压器等。发电机出线电压经主变压器升压后与主电网相连。在正常运行时整个厂用电设备的配电由发电机的出线经过厂用变压器降压供电，当发电机停机时则由主电网经过主变压器反向供电。若此时主电网失电，则由另一外部电网经过辅助变电器向厂内供电。当上述电源均故障不可用时，则由备用的柴油发电机组向厂内应急设备供电，以保障核电厂设备的安全。

7.4 核电站的运行与监控系统

核反应堆的启动、功率调节、停堆等是依靠控制棒的运行进行控制；一回路的压力、冷却剂容量控制靠稳压器系统来完成；停堆后的热量导出由余热排除系统来实现；一回路冷却剂的水质控制由化学和容积控制系统来完成；一回路的正常泄漏补偿由化学和容积控制系统来完成；一回路的事故泄漏补偿由安注系统（高压、低压及中压安注系统）来实现。所以，压水堆核电厂将核能转变为电能分为四步，在以下四个主要设备中实现：

1）反应堆：将核能转变为热能（高温高压水）。

2）蒸汽发生器：将一回路高温高压水中的热量传递给二回路的水，使其变为饱和蒸汽。在此只进行热量交换，不进行能量的转变。

3）汽轮机：将饱和蒸汽的热能转变为高速旋转的机械能。

4）发电机：将汽轮机传来的机械能转变为电能。

7.4.1 核电站的运行

1. 反应堆标准运行方式

对于压水堆核电站，反应堆的标准运行方式包括：①冷停堆；②中间停堆；③热停堆；④热备用；⑤功率运行。

其中冷停堆可以细分为：

1）换料冷停堆：允许反应堆进行燃料更换操作的停堆方式。

2）维修冷停堆：允许反应堆对一回路部分设备进行维修的运行方式。

3）正常冷停堆：正常条件下的停堆。

中间停堆又可以细分为：

1）单相中间停堆：一回路冲水排气后稳压器充满水（单相）的状态。

2）两相中间停堆：一回路冲水排气后稳压器为双相的状态。

3）正常中间停堆：在两相中间停堆的基础上，余热排出系统（RRA）完成隔离的状态。

除了中间的过渡状态，反应堆总是运行在上述的九个标准方式下，这些运行方式是按照反应堆的反应性、一回路冷却剂温度和压力的高低来划分的。总体而言，当反应堆从正常冷停堆状态逐步达到功率运行状态时，这些参数（反应堆的反应性 ρ、一回路冷却剂温度和压力）是随着运行方式的变化而逐渐上升的，即反应性从负数逐步增大，压力和温度也是逐渐上升的。表7-1给出了标准运行方式的主要参数和特点。图7-4为标准运行状态图。

表7-1 标准运行方式的主要参数和特点

序号	运行方式	次临界度 /pcm	控制棒位置	一回路冷却剂平均温度/℃	一回路冷却剂压力 /MPa	稳压器状态	压力控制	主泵运行数量
1	换料冷停堆	≥5000	所有棒在堆内	10≤t≤60	大气压	排空	无	0
2	维修冷停堆	≥5000	所有棒在堆内	10≤t≤70	大气压	排空	无	0
3	正常冷停堆	≥1000	S、R棒在堆外，G棒在堆内	10≤t≤90	≤2.9	单相	RCV上的调节阀	t≥70℃时至少一台
4	单相中间停堆	≥1000	S、R棒在堆外，G棒在堆内	90≤t≤180	2.3≤ρ≤2.9	单相	RCV上的调节阀	≥1
5	两相中间停堆	≥1000	S、R棒在堆外，G棒在堆内	120≤t≤180	2.3≤ρ≤2.9	汽水两相	稳压器	≥1
6	正常中间停堆	≥1000	S、R棒在堆外，G棒在堆内	160≤t≤291	2.3≤ρ≤15.4	汽水两相	稳压器	≥2
7	热停堆	按照相关曲线确定	S棒在堆外，R、G棒在堆内	291	15.4	汽水两相	稳压器	≥2
8	热备用	0	S棒在堆外，R棒在调节带，G棒在整定棒位	291	15.4	汽水两相	稳压器	3
9	功率运行	0	S棒在堆外，R棒在调节带，G棒在整定棒位	291	15.4	汽水两相	稳压器	3

注：RCV—化学和容积控制系统；S棒—安全棒；R棒—温度调节棒；G棒—功率补偿棒。

2. 反应堆逼近临界状态时的操作原则

在反应堆起动过程中，反应性数值是逐渐增大的——从负数值增大到零，再到正数值；逼近临界状态和达到临界状态时，为保证反应堆的安全，必须遵守以下准则：

1）温度：必须避免引起一回路冷却剂平均温度变化的任何操作。

2）反应性变化：在逼近临界状态的过程中，在任何时间内，只允许使用一种方法来控制反应性的变化，即改变硼浓度或者控制棒棒位不允许同时进行。

3）反应性控制：逼近临界状态时，中子通量倍增时间必须大于18s。

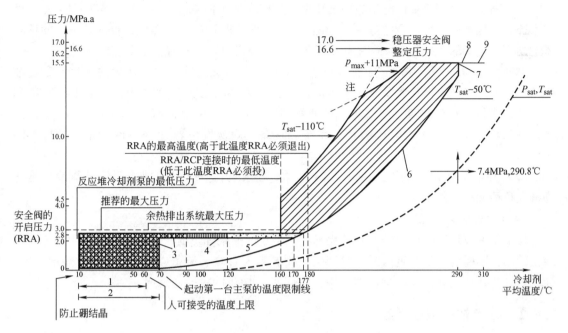

图 7-4 标准运行状态图

1—换料冷停堆 2—维修冷停堆 3—正常冷停堆 4—单相中间停堆 5—两相停堆 6—正常中间停堆
7—热停堆 8—热备用 9—功率运行 p_{max}—蒸发器二次侧压力

3. 反应堆启动过程

实际压水堆核电站的操作是非常严格和复杂的，这里以压水堆核电站基本操作为例，简要说明核电站的起动和停机过程。

（1）一回路冲水排气 主要任务是对一回路进行冲水，排除回路中的气体，并提升压力。通过化学和容积控制系统（RCV 系统）的上冲泵进行冲水。冲水结束后，调节 RCV 系统的调节阀，增大冲水流量，提升一回路压力到 2.5MPa。随后进行排气操作：起动冷却剂泵 20~30s 后再停止，打开排气阀进行排气。排气后，反应堆进入正常冷停堆状态。

（2）一回路升温、稳压器建立汽腔 起动三台冷却剂泵，并投入稳压器的全部电加热器对一回路的水进行加热。当一回路水的平均温度大于 120℃ 时，可以开始在稳压器内建立汽腔。主要操作是投入稳压器及电加热器并关闭喷淋阀，使稳压器内的水达到饱和状态，并且部分水蒸发形成蒸汽空间（汽腔）。汽腔建立后，一回路的压力由稳压器喷淋阀和电加热器进行控制。

（3）继续升温至热停堆 一回路继续升温升压。升温过程中，温度的上升引起水的容积增大，因此要控制好稳压器的水位。手动调节稳压器压力达到 15.4MPa，一回路温度达到 291℃。提升控制棒到指定位置：S 棒组在堆外，其余棒在第 5 步位置，反应堆达到热停堆状态。

（4）反应堆达到临界 根据停堆时间长短和准备达到临界的时间进行反应性平衡计算，确定达临界状态的方案，即确定临界时 R 棒和 G 棒位置，确定一回路加硼或者稀释的总量以及速率。根据达到临界方案进行稀释或者硼化，然后提升 G 棒到临界位置。此时反应堆到达临界状态。

（5）提升功率到2%核电站的额定功率　反应堆到达临界状态后，投入蒸汽发生器的供水系统和水位控制系统，调整好S、G棒的水位。手动提升G棒的棒位，提高功率，使核功率达到额定功率的2%左右。同时应该开启汽轮机旁路系统，维持整个系统的运转。

（6）汽轮机冲转、并网　随着旁路系统的投入，从蒸汽发生器中产生的蒸汽参数逐渐提高，达到汽轮机冲转所要求的数值后（蒸汽发生器压力达到7MPa，蒸汽温度达到286℃），进行汽轮机冲转，使汽轮机转速升高，并稳定在额定转速上（1500r/min）。在汽轮机额定转速下，投入发电机的相关系统和设备，确认发电机并网条件满足，进行并网操作。

（7）升负荷至100%额定功率　并网后，以规定的升速率逐步增加负荷，直到反应堆达到额定负荷或指定的负荷。

4. 核电站停堆过程

核电站的停堆过程相对简单。首先是按照一定的速率降负荷，当负荷低到一定程度时汽轮机跳闸，同时发电机解列。随后继续硼化或者插入G棒，降低功率到2%额定功率以下，使机组处于热备用状态。根据计划安排，进行下一步的工作。

7.4.2　核电站的监控系统

核电站的监控系统主要指仪表和控制（简称I&C）系统，它是核电厂关键的综合系统之一，是整个核电厂的"中枢神经"系统，它对确保核电厂的安全、经济运行起着至关重要的作用。

随着核电技术的研究和开发以及微电子技术的高速发展，自20世纪70年代开始，一些发达国家就相继着手开发设计用于核电厂的数字化I&C系统，目前，这类系统的应用已经从局部扩展到全厂范围。90年代开始，随着对核电厂安全性和经济性要求的进一步提高，以及微电子、计算机和网络通信三大现代技术日趋成熟完善，数字化I&C系统已经进一步向智能化的方向发展。

新一代核电厂的数字化、智能化的I&C系统以全分布式计算机局域网络为特征，它在数字化的基础上，引入了面向状态的诊断、智能报警、数据库、人体工程学、先进控制、模糊控制、神经网络、现代仿真学等现代科学技术，并在设计过程中系统化地进行功能分析和分配、操纵员作业分析，实现了面向核电厂运行安全状态的操作员支持系统（包括以智能诊断与智能报警为基础的计算机化操作规程和应急响应规程等）。AP1000的I&C系统采用了数字化的控制和保护系统平台，将电厂的各个系统集成在一起，为电厂的运行和保护提供了统一的接口。通过减少接口和平台的数量，集成的I&C系统设计具有良好的结构和性能。AP1000的I&C体系如图7-5所示。

1. 核电厂仪表和控制系统的功能

核电厂仪表和控制系统包括核岛（NI）、常规岛（CI）及电厂辅助设施（BOP）等部分的仪表和控制系统。

核电厂仪表和控制系统构成电厂人机系统中的接口：仪表和控制系统负责对核电厂的参数、工艺系统及设备的状态监测与控制；辅助操纵员主要对工艺过程进行监督、操作和管理。仪表和控制系统是核电厂安全、可靠和经济运行的重要保证，其主要功能包括：

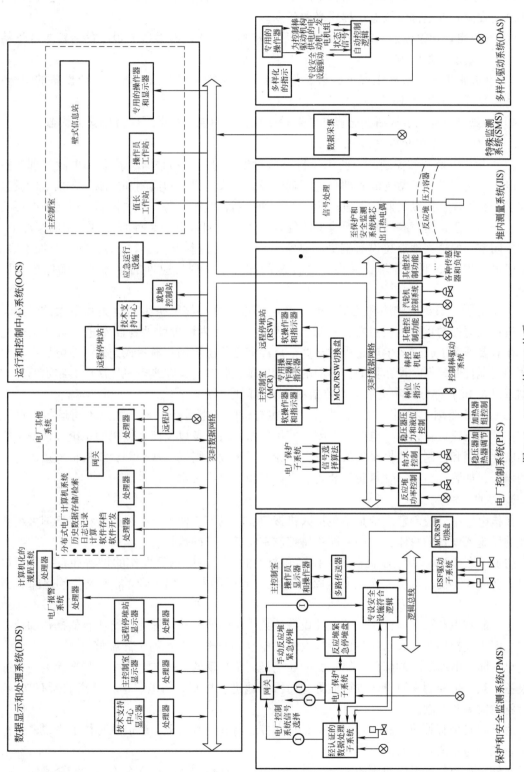

图 7-5 AP1000 的 I&C 体系

1）在正常运行、预计运行事件和事故工况下，监测核电厂参数和各系统的运行状态，为操纵员安全有效地操纵核电厂提供必要信息。

2）通过自动化设备的自动控制或操纵员手动控制，将工艺系统或设备的运行参数维持在运行工况规定的限值内。

3）在异常工况和事故工况下，触发保护动作，保护人员、反应堆和系统设备的安全，避免环境受到放射性污染。

4）为操纵员提供事故后实施操作的监控手段，从而能将核电厂保持在安全状态。

2. 核电厂的监测和控制方式

（1）集中的监测和控制　为便于运行人员对生产过程进行监督、控制和事故处理，整个核电厂，包括核岛、常规岛和部分电厂辅助设施均采用集中的监测和控制。在核电厂设置主控制室，汇集供操纵员监控核电厂所需的各种控制和监测设备，从主控制室可实现电厂的启动、停闭、正常运行和异常工况及事故处理。当主控制室由于某种原因不可用的情况下，在主控制室外的适当地点还设有辅助控制室（应急停堆控制点），以提供必要的监控手段，从那里可实现反应堆热停堆，并在就地控制的配合下实现反应堆的冷停堆，确保核电厂安全。

（2）分散、成组的监测和控制　对于核电厂中某些与核电机组运行关系不大，但需运行人员在场监控的重要生产过程，一般在专用电气房间内设置就地控制室进行就地集中监控。在必要情况下，这些生产过程的某些信息还需送往主控制室显示或记录。核电厂中比较重要的就地控制室有：设在辅助厂房内的废物处理控制室、设在汽轮机厂房的凝结水精处理控制室以及 BOP 部分的除盐水生产控制室和淡水厂控制室等。

（3）就地监测和控制　对于核电厂中某些与核电机组运行关系不大且不需运行人员经常监控的系统或设备，在核电机组停闭时使用的系统或设备以及偶尔使用的系统和设备一般采用就地监测和控制。监控设备就地设置在相关机电设备附近，从控制台或机柜直接进行监测和操作，如装卸料机、燃料转运装置、人员闸门、电厂污水系统等。

3. 核电厂控制室

在核电厂中，控制室系统是指包括人机接口、控制室工作人员、操作规程、培训大纲和相关的设施或设备的总体，它们共同维持控制室功能的正确执行。

（1）主控制室　由主控制室集中控制和监测的，并由操纵员操作的设备和系统用于执行以下功能：①使得机组安全运行；②提高机组的可用率；③保证设备安全；④保障人员安全。

主控制室中与功率运行有关的监控设备的集中化，使得在这里能执行所有的操作和控制动作，但不包括那些在起动前只执行一次的操作（即只做一次性的全面调整）。

对不属于上面范围的部分，但它们的功能是完全自动的，并与电厂机组状态无关的系统和设备，只在主控制室简单地进行监测，而再就地进行控制。与电厂运行分离的所有功能，进行就地监测和控制。

由于与安全有关的控制和监测设备布置在控制台和控制盘上，所以从总体上来说，主控制室系统是与安全有关的。

此外，在控制室无法使用的情况下，可从应急停堆控制点执行安全停堆的安全操作。

主控制室的设备分成控制台和控制盘，以提供最佳的显示和操作条件。控制台包括正常、紧急或频繁使用的控制和信息装置。它是一个操作区，在这里操纵员可以了解机组状态的全貌，能够接近在正常、故障和事故工况期间要用到的主要控制器和数据。在控制盘上装有不经常使用的控制和信息装置以及电厂模拟图。

主控制室位于电气厂房。整个主控制室可以分成以下区域：

1）经常操作区，操纵员可在此进行所有负荷变化的控制（包括厂用负荷运行）。

2）一回路冷却剂系统和有关的辅助设备的操作区。

3）二回路冷却剂系统和有关的辅助设备的操作区。

4）与安全设施系统有关的区域。

5）试验区。

在每次起动、停运或机组"正常"运行阶段，上面的分区可以减少操纵员的移动。

用于反应堆起动、停运和机组负荷改变的控制器以及那些需要频繁操作或对异常状态要立即响应的控制器放置在控制台上。用于长期操作的控制器（可以延迟几分钟或更长时间）放置在控制盘上。秦山二期、大亚湾和岭澳核电厂的主控室平面布置图如图7-6所示。

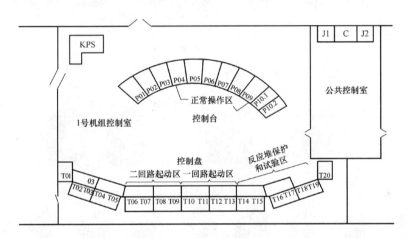

图 7-6   主控室平面布置图

P01～P03—通信及 CRT   P04、P05—给水   P06、P07—汽轮发电机组   P08、P09—反应堆   P10.1、P10.2—安全盘
T01～T03—报警及 TV   T04、T05—通信及辐射监测   T06、T07—给水   T08、T09—汽轮发电机组
T10～T19—反应堆正常运行安全设施及保护系统测试   T20—配电模拟盘   KPS—安全工程师台
J1—1 号机组火灾报警盘   J2—2 号机组火灾报警盘   C—公共控制室

（2）公共控制室   对于双堆机组，除每个机组设置了一个主控制室外，两台机组公用的某些功能是从公共控制室内的公共控制盘控制和监测的。公共控制室位于两个机组的主控室之间，并紧靠在一起，以便每个机组的操纵员能迅速到达该房间内操作。公共控制室的设计基准以及盘台设备等都与主控室的要求一样。

4. 控制室未来的发展方向

随着科学技术的发展，核电站主控制室正朝向计算机化的先进控制室方向发展，由计算机工作站取代常规仪表控制设备，使操纵员能够更多地从事电站的监督管理工作。

先进的控制室主要包括下列设置：①计算机化的工作站（操纵员、值长）；②大屏幕；③与工作站冗余的、与安全有关的控制盘台；④火灾探测及消防盘；⑤保安、通信设施。

在计算机化的先进控制室内，操纵员能够更有效地控制、监督、管理电站，使得电站能够更加安全、有效地运行。

5. 计算机数据处理系统

（1）系统功能要求 计算机数据处理系统和安全盘系统构成了核电厂的过程计算机系统。该系统具有现场数据采集处理、计算分析以及显示和记录信息的能力，可为操纵员及有关人员提供电厂正常运行和事故工况下的各种信息。

（2）系统组成的总体结构 秦山第二核电厂计算机数据处理系统结构如图7-7所示。本系统是一个网络结构的分布式计算机系统，从硬件逻辑结构上分为数据采集、集中处理和人机接口三层。

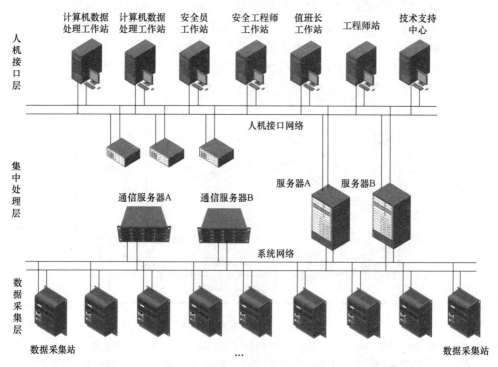

图 7-7 计算机数据处理系统结构

（3）发展方向 随着数字化技术的发展，核电厂仪控系统在总体结构上将采用一体化分布式仪表控制系统，完成核电厂数据采集和处理、过程控制和保护以及电厂运行状态信息显示等功能。

一体化分布式仪表控制系统采用分层分组结构，以便于系统开发、调试和维护。系统垂直分层——工艺系统接口层、自动控制和保护层、操作和管理信息层、全厂技术管理层，其中自动控制和保护又可依功能分为若干功能子组。一体化分布式仪表控制系统结构示意图如图7-8所示。

一体化分布式仪表控制系统为故障安全设计，即上一层功能的丧失不会影响下一层功能的进行，如当操作和管理信息层通信故障后，自动控制和保护层应能继续执行其控制和保护功能；同时当仪控系统故障时，应使受其控制的一次工艺系统保持在安全工作状态。系统提供足够的数据采集、处理和网络通信能力，同时还应有点对点的硬接线手

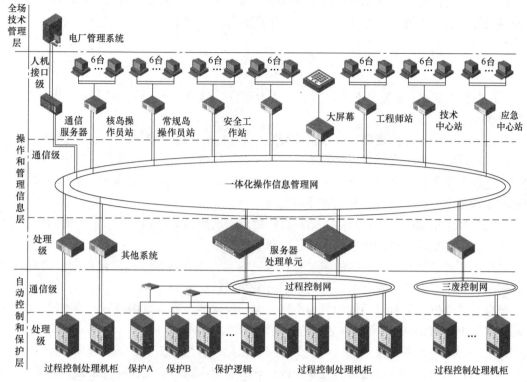

图7-8 一体化分布式仪表控制系统结构示意图

段。系统采用标准化的网络通信协议和开放性计算机软件体系，使系统具备可兼容性和可扩展性，以减少软件系统对硬件系统的依赖性，从而使计算机硬件的选择更具灵活性。系统具备支持维护和试验需要的系统的自动诊断和自动试验能力。系统中的设备应具备在线更换或维修能力。

系统采用计算机化的主控制室取代以常规模拟监控设备为主的主控制室。其中计算机数据处理系统被电厂计算机信息和控制系统所取代，该系统通过电厂机组网络获得电厂的输入输出数据，并对所获得的数据进行处理。把处理结果送到显示装置，为电厂运行人员提供机组设备状态的信息及操作指导。同时，作为电厂重要的操作手段之一，它接收操纵员的命令，并把命令传递到过程控制网络，从而实现对电厂的操作。

7.5 核能发电的经济技术性评价

核电厂经济分析，狭义地说，是对某个核电厂工程建设项目做投资概算、发电成本和经济效益分析；广义地说，是通过对核电厂做多个工程建设方案的投资概算、发电成本和经济效益分析，对各个方案做对比分析，研究并确定核电厂最佳工程建设方案和改进的方向。

尽管核电厂的具体经济特性与各国的工业技术条件和经济环境有关，但核电厂与燃煤电厂的相对经济特性是共同的。核电厂的投资高于燃煤电厂，核燃料成本显著低于燃煤成本，核电厂的电价一般与燃煤电厂脱硫机组相当。

核电成本即核电厂单位发电量的生产成本，即为了发电而在基本建设、运行维修、核燃料和退役等方面投入资金的总和，分摊到所生产的每千瓦时上。一般计算公式为

$$C = \frac{S + O + F + \cdots}{E} \tag{7-2}$$

式中，C 为核电成本；S 为基本建设投资；O 为运行维修费；F 为核燃料费；E 为扣除厂用电后的净发电量。

核电厂发电成本由投资提成（或折旧费）、核燃料费、运行维护费、退役费等构成。

核电厂投资一般由直接费用、间接费用及金融附加费构成。直接费包括厂址工程、设备购置、建筑及安装、调试起动等费用；间接费包含设计、工程技术服务和工程管理等费用；金融附加费是建造期内的贷款利息和浮动差价。

核燃料费包括铀原料、铀富集、韶料组件制造、乏燃料储存和处理，以及放射性废物处置等费用。也就是说，包括核燃料循环各个环节的费用。

对核电厂经济性有重要影响的因素有：单机容量，建设规模，标准化程度，建设方式，建造周期，利息率，价格浮动率，负荷因子，平均燃耗深度等。

核电厂的单机容量对经济性的影响要比火电厂大得多。通常 600MWe 电功率的核电机组比同类型的 1000MWe 电功率的核电机组投资约高 25%。

在同一厂址建造多个核电机组可减少前期工程费、共用设施费、工程管理费等。

标准化和系列化是降低造价的重要手段。它可以减少研制费用，降低设备制造成本，缩短建造周期。

发电成本中投资成本与核电厂负荷因子成反比，提高核电厂运行的负荷因子是降低发电成本的重要途径。

此外，通过改进堆芯设计性能和改善燃料管理来加深燃耗深度是降低核燃料发电成本的重要手段。目前新设计的核燃料都在考虑提高铀 – 235 的富集度，加深燃耗，将换料周期延长至 18～24 个月，这样不仅会降低核燃料所占的发电成本，同时可提高核电厂的负荷因子。

本 章 小 结

核能发电的能量来自核反应堆中可裂变材料（核燃料）进行裂变反应所释放的裂变能。裂变反应指铀-235、钚239、铀-233 等重元素在中子作用下分裂为两个碎片，同时放出中子和大量能量的过程。反应中，可裂变物的原子核吸收一个中子后发生裂变并放出两三个中子。若这些中子除去消耗，至少有一个中子能引起另一个原子核裂变，使裂变自持地进行，则这种反应称为链式裂变反应。实现链式反应是核能发电的前提。

现在使用最普遍的民用核电站大都是压水反应堆核电站，它的工作原理是：用铀制成的核燃料在反应堆内进行裂变并释放出大量热能；高压下的循环冷却水把热能带出，在蒸汽发生器内生成蒸汽；高温高压的蒸汽推动汽轮机，进而推动发电机旋转。

核电站一般分为两部分：利用原子核裂变生产蒸汽的核岛（包括反应堆装置和一回路系统）和利用蒸汽发电的常规岛（包括汽轮发电机系统）。

核反应堆的起动、功率调节、停堆等是依靠控制棒的运行进行控制；一回路的压力、冷却剂容量控制靠稳压器系统来完成；停堆后的热量导出由余热排出系统来实现；一回路冷却剂的水质控制由化学和容积控制系统来完成；一回路的正常泄漏补偿由化学和容积控制系统来完成；一回路的事故泄漏补偿由安注系统（高压、低压及中压安注系统）来实现。

随着数字化技术的发展，核电厂仪控系统在总体结构上将采用一体化分布式仪表控制系统，完成核电厂数据采集和处理、过程控制和保护以及电厂运行状态信息显示等功能。一体化分布式仪表控制系统采用分层分组结构，以便于系统开发、调试和维护。系统垂直分层至工艺系统接口层、自动控制和保护层、操作和管理信息层、全厂技术管理层，其中自动控制和保护又可依功能分为若干功能子组。

核电厂经济分析，狭义地说，是对某个核电厂工程建设项目做投资概算、发电成本和经济效益分析；广义地说，是通过对核电厂做多个工程建设方案的投资概算、发电成本和经济效益分析，对各个方案做对比分析，研究并确定核电厂最佳工程建设方案和改进的方向。

第8章　其他形式新能源的发电与应用技术

　　水能、海洋能、地热能属于其他形式有发展前景的、部分可重复转换和利用的、有的已被广泛应用的新能源，本章围绕这三种新能源的发电及其应用技术展开介绍。水能的重要应用就是水力发电，水力发电是利用河流、湖泊中的水在流经不同高度地形时产生的能量来发电，是由水力发电机组中的水轮机和发电机实现水的位能向机械能再向电能的二次转换，具有经济、社会和环境等多种效益。海洋通过各种物理过程接受、储存和散发能量。这些能量以潮汐能、海流能、波浪能、海洋温差能和海洋盐差能等形式存在于海洋之中。作为新能源，海洋能有着广阔的发展前途，特别是在发电领域。本章还介绍了地热发电的几种形式，并比较分析各种发电方式的特点与区别。最后，对这几种新能源发电模式进行概括总结。

8.1　其他形式的新能源载体简介

8.1.1　水能简介

　　水不仅可以直接被人类利用，它还是能量的载体。自然界中的水体在流动过程中产生的能量，称为水能，它包括位能、压能和动能三种形式。广义的水能包括河流水能、潮汐水能、波浪能和海洋热能；狭义的水能是指河流水能，即河流、湖泊等位于高处的水流至低处时所具有的位能。水能和风能一样是取之不尽、用之不竭的可再生清洁能源；水能资源蕴藏量大，全世界技术上可开发的水能资源约 15 万亿 kW·h，是目前能大规模开发、经济地提供电力的可再生能源，而且资源分布广泛，适宜就地开发。

　　水能资源，也称水力资源。在一定技术、经济条件下，水能资源的一部分可以开发利用。按资源开发可能性的程度，水能资源分三级统计，即理论蕴藏量、技术可开发资源和经济可开发资源。根据当前技术、经济水平，可开发资源主要是河川水能资源，潮汐能资源占小部分，波浪能利用尚处于试验阶段。水能资源理论蕴藏量，系河流多年平均流量和全部落差经逐段计算得出的水能资源理论平均出力。水能资源在世界各国的分布差别巨大，一个国家水能资源蕴藏量的大小，与其国土面积、河川径流量和地形高差有关。我国大陆河流众多，径流丰沛、落差巨大，蕴藏着非常丰富的水能资源。技术可开发的水能资源是指按当前技术水平可开发利用的水能资源，它是根据各河流的水文、地形、地质、水库淹没损失等条件，经初步规划拟定可能开发的水电站，统计已建、在建和尚未开发的水电站所定装机容量和平均年发电量得出的数据。经济可利用的水能资源，是在技术可开发水能资源的基础上，根据造价、淹没损失、输电距离等条件，挑选技术上可行、经济上合理的水电站进行统计，得出经济可利用的水能资源。2005 年全国水力资源复查结果表明：我国水力资源理论蕴藏量、技术可开发量、经济可开发量及已建和在建开发量均居世界首位。我国大陆水力资源理论蕴藏量在 1 万 kW 及以上的河流共 3886 条，水力资源理论蕴藏量年发电量为 60829 亿 kW·h，平均功率为 69440 万 kW，技术可开发装机容量 54164 万 kW，年发电量 24740 亿 kW·h，经济可开发装机容量 40180 万 kW，年发电量 17534 亿 kW·h。2004 年底，已开发装机容量约 1 亿 kW，年发电量 3310 亿 kW·h，其中全国农村小水电资源可开发量为 12800 万 kW。截至 2016 年底，已开发装机容量突破 3 亿 kW，居世界第一位。

我国水力资源的特点主要有以下几点：

1）水力资源总量较多，但开发利用率低。我国水能资源总量占全世界总量的 16.7%，居全世界之首。但目前我国水能开发利用量约占可开发量的 1/4，低于发达国家 60% 的平均水平。

2）水力资源地区分布不均，与经济发展不匹配。水力资源在地域分布上极不平衡，总体来看，西部多、东部少，水力资源相对集中在西南地区，而经济发达、能源需求量大的东部地区水力资源量极小。

3）大多数河流年内、年际径流分布不均。年内降雨主要集中在汛期，丰、枯季节流量相差较大；年际间江河水量变化大，需要建设调节性能好的水库，对径流进行调节，以缓解水电供应的丰枯矛盾，提高水电的总体供电质量。

4）水力资源主要集中于大江大河，有利于集中开发和规模外送。全国水力资源技术可开发量最丰富的三省区的排序为四川、西藏、云南。全国江河水力资源技术可开发量排序前三位为长江流域、雅鲁藏布江流域、黄河流域。

8.1.2　海洋能简介

海洋是指由作为海洋主体的海水水体，生活于其中的海洋生物以及海面上空的大气和围绕海洋边缘的海岸等几部分组成的统一体。一望无际的汪洋大海，不仅为人类提供航运、水产和丰富的矿藏，而且还蕴藏着巨大的能量。海洋能源通常指海洋中所蕴藏的可再生的自然能源，主要为潮汐能、波浪能、海流能、温差能和盐差能。更广义的海洋能源还包括海洋上空的风能、海洋表面的太阳能以及海洋生物质能等。究其成因，潮汐能和潮流能来源于太阳和月亮对地球的引力变化，其他均源于太阳辐射。海洋面积占地球总面积的 71%，太阳到达地球的能量大部分落在海洋上空和海水中，部分转化为各种形式的海洋能。海洋能源按储存形式又可分为机械能、热能和化学能。其中，潮汐能、海流能和波浪能为机械能，潮汐能是地球旋转所产生的能量通过太阳和月亮的引力作用而传递给海洋的，并由长周期波储存的能量，潮汐的能量与潮差大小和潮量成正比；潮流、海流的能量与流速二次方和通流量成正比；波浪能是一种在风的作用下产生的，并以位能和动能的形式由短周期波储存的机械能，波浪的能量与波高的二次方和波动水域面积成正比；海水温差能为热能，低纬度的海面水温较高，与深层冷水存在温度差，从而储存着温差热能，其能量与温差的大小和水量成正比；海水盐差能为化学能，河口水域的海水盐度差能是化学能，入海径流的淡水与海洋盐水间有盐度差，若隔以半透膜，淡水向海水一侧渗透可产生渗透压力，其能量与压力差和渗透流量成正比。因此，各种能量涉及的物理过程、开发技术及开发利用程度等方面存在很大的差异。在我们国家，大陆的海岸线长达 1.8 万 km，海域面积 470 多万 km²，海洋能资源是非常丰富的。

这些不同形式的海洋能量有的已被人类利用，有的已列入开发利用计划，但人们对海洋能的开发利用程度至今仍十分低。尽管这些海洋能资源之间存在着各种差异，但是也有着一些相同的特征。每种海洋能资源都具有相当大的能量通量；潮汐能和盐度梯度能大约为 2TW；波浪能也在此数量级上；而海洋热能至少要比它们大两个数量级。但是这些能量分散在广阔的地理区域，实际上它们的能流密度相当低，而且这些资源中的大部分均蕴藏在远离用电中心区的海域。因此，只有很小一部分海洋能资源具有开发利用价值。

从全球来看，海洋能的可再生量很大。根据联合国教科文组织 1981 年出版物的估计数字，五种海洋能理论上可再生的总量为 766 亿 kW。其中温差能为 400 亿 kW，盐差能为 300 亿 kW，潮汐和波浪能各为 30 亿 kW，海流能为 6 亿 kW。但如上所述是难以实现把上述全部能量取出，人们只能利用较强的海流、潮汐和波浪；利用大降雨量地域的盐度差，而温差利用则受热机卡诺效率的限制。因此，估计技术上允许利用的功率为 64 亿 kW，其中盐差能 30 亿 kW，温差能 20 亿 kW，波浪能 10 亿 kW，海流能 3 亿 kW，潮汐能 1 亿 kW（估计数字）。

海洋能的强度较常规能源要低。海水温差小，海面与 $500 \sim 1000m$ 深层水之间的较大温差仅为 20℃ 左右；潮汐、波浪水位差小，较大潮差仅 $7 \sim 10m$，较大波高仅 3m；潮流、海流速度小，较大流速仅 $4 \sim 7$ 节。即使这样，在可再生能源中，海洋能仍具有可观的能流密度。以波浪能为例，每米海岸线平均波功率在最丰富的海域是 50kW，一般的有 $5 \sim 6kW$；又如潮流能，最高流速为 3m/s 的舟山群岛潮流，在一个潮流周期的平均潮流功率达 $4.5kW/m^2$。海洋能作为自然能源是随时变化着的，但海洋是个庞大的蓄能库，将太阳能以及派生的风能等以热能、机械能等形式蓄存在海水中，不像在陆地和空中那样容易散失。海水温差、盐度差和海流都是较稳定的，24 小时不间断，昼夜波动小，只是稍有季节性变化。潮汐、潮流则做恒定的周期性变化，对大潮、小潮、涨潮、落潮、潮位、潮速、方向都可以准确预测。海浪是海洋中最不稳定的，有季节性、周期性，而且相邻周期也是变化的。但海浪是风浪和涌浪的总和，而涌浪源自辽阔海域上持续时日的风能，不像地面太阳和风那样容易骤起骤止和受局部气象的影响。

海洋能的特点有：①可再生性——由于海水潮汐、海流和波浪等运动周而复始，永不休止，所以海洋能是可再生能源；②属于一种洁净能源；③能量多变，具有不稳定性，运用起来比较困难；④总量巨大，但分布不均、分散，能流密度低，利用效率不高，经济性差。

8.1.3　地热能简介

地热能是来自地球深处的可再生热能。其储量比目前人们所利用的总量多很多倍，而且集中分布在构造板块边缘一带，该区域也是火山和地震多发区。如果热量提取的速度不超过补充的速度，那么地热能便是可再生的。地热起源于地球的熔融岩浆和放射性物质的衰变。地下水的深处循环和来自极深处的岩浆侵入到地壳后，把热量从地下深处带至近表层。在有些地方，热能随自然涌出的热蒸汽和水而到达地面，自史前起它们就已被用于洗浴和蒸煮。通过钻井，这些热能可以从地下的储层引入水池、房间、温室和发电站，这种热能的储量相当大。

8.2　水能与小水力发电技术

8.2.1　水力资源与水能的利用

水能的主要应用是水力发电。水力发电是利用河流在流经不同高度地形时产生的能量来发电。当位于高处具有位能的水流至低处冲击水轮机时，将其中所含有的位能转换成水轮机的动能，再由水轮机作为原动机推动发电机发电，因此水力发电在某种意义上讲是水的位能变成机械能，又变成电能的"转换过程"。

水能的大小取决于两个因素：河流中水的流量和水从多高的地方流下来（水头）。水的流量是指单位时间内水流通过河流（或水工建筑物）过水断面的体积，一般用立方米/秒（m^3/s）和升/秒（L/s）来表示。水头是用来表示发电站的发电机到水坝的水平面的高度（m）。可利用的水量和一年中不同的流量决定了水力发电站一年的发电量是不同的。水力发电机发出的电能称为发电机的出力，其计算公式为

$$P = 9.81QH\eta \tag{8-1}$$

式中，P 为发电机的输出功率（kW）；Q 为流量（m^3/s），单位时间内流过水轮机水的体积；H 为水头（m），水轮机做功用的有效水头，为水轮机进出口断面的总水位差；η 为电厂的效率（包括水轮机和发电机的总效率）；9.81 为流速和水头转换为 $kW \cdot h$ 的一个常数。

对于小型水电站，水力发电机的出力近似为

$$P = (6.0 \sim 8.0)QH \tag{8-2}$$

年发电量的公式为

$$E = \overline{P}T \tag{8-3}$$

式中，E 为年发电量（$kW \cdot h$）；$\overline{P}$ 为平均出力（kW）；T 为年利用小时数（h）。

水电站在较长时段工作中，供水期所能发出的相应于设计保证率的平均出力，称为该水电站的保证出力。对于水电站而言，其保证出力是一项重要的指标，在规划设计阶段是确定水电站装机的重要依据。

水电站的水轮发电机组在年内平均满负荷运行的时间称为装机年利用小时，它是衡量水电站经济效率的重要指标，对于小水电站年利用小时要求达到 3000h 以上。

水力发电的成本低、效率高、技术先进，其运行、维护的费用是所有发电技术中最低的；可以按需供电，从小的、分散的乡村小水电到为城市和工业的大型、集中供电，水力发电都能保证供电质量和数量。水力发电除了提供廉价的电力外，还有以下优点：在电力系统中可作为调峰、调频、调相及负荷和事故备用；控制洪水泛滥、提供灌溉用水、改善河流航道和提供给旅游景点等，可以带动地方经济发展。

8.2.2 水轮机及其工作原理

水轮机是水涡轮机的简称。水轮机是根据水的流量和水头大小进行设计和制造的，作用是将水能转变为机械能，并带动发电机发电。水轮机的本体由转轮、座环、蜗壳和主轴等组成。除此以外，根据型号的不同，还配有附属装置和部件。不同型式的水轮机，其结构和适用范围不甚相同。

水轮机按照工作原理可分为冲击式水轮机和反击式水轮机。冲击式水轮机的转轮受到水流的冲击而旋转，工作过程中水流的压力不变，主要是动能的转换。反击式水轮机的转轮在水中受到水流的反作用力而旋转，工作过程中水流的压力能和动能均发生变化，主要是压力能的转换。

1. 冲击式水轮机

冲击式水轮机根据水流喷射条件和转轮结构的不同，可分为水斗式、斜击式和双击式三种，其中以前两种为主。

• 水斗式水轮机：又称培尔顿（Petion）水轮机，如图 8-1 所示。水斗式水轮机主要由主轴、机壳、转轮、折向器、喷嘴、喷针、喷管等组成。在水斗式水轮机中，从喷嘴喷出来的射流沿转轮圆周切线方向射向双 U 形的水斗中部，然后在水斗中转向两侧排出，形成压力水，通过喷嘴形成一股强有力的高速射流射出，冲击转轮上的水斗使其旋转，实现水能向机械能的转换。

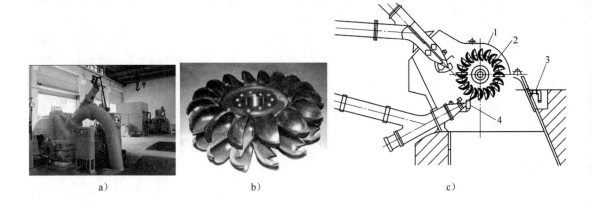

a) b) c)

图 8-1 水斗式水轮机

a）水斗式水力发电机组 b）双喷嘴水斗式水轮机转轮 c）水斗式水轮机工作原理示意图
1—转轮室 2—水轮机叶片 3—射流制动器 4—折向器

• 斜击式水轮机：其结构与水斗式水轮机基本相同，只是射流方向有一个倾角。图 8-2

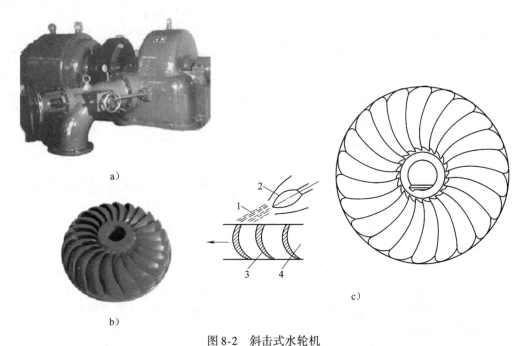

a)

b) c)

图 8-2 斜击式水轮机

a）斜击式水力发电机组 b）斜击式水轮机转轮 c）斜击式水轮机转轮结构和原理示意图
1—射流 2—喷嘴 3—转轮 4—斗叶

为斜击式水轮机。斜击式水轮机中，喷嘴与转轮平面大约成 22.5°角，射流倾斜于转轮轴线，从进口平面一侧射向叶片，通过叶片后从另一侧排出。斜击式水轮机具有结构紧凑、运行稳定、操作和维护方便等优点，一般只用于 2MW 以下的小型机组。

● 双击式水轮机：其喷嘴中的水流首先从转轮外周进入叶片流道，其中大部分（70% ~ 80%）水流的能量转变成转轮的机械能，然后离开流道穿过转轮中心部分的自由空间，第二次从内周进入叶片流道，剩余（20% ~ 30%）的水流能量再转变为转轮的机械能，最后水流从转轮外周流出。

2. 反击式水轮机

反击式水轮机根据水轮机转轮内水流的特点和水轮机结构上的特点，可分为混流式、轴流式、贯流式和斜流式四种。在反击式水轮机中，由于水流充满整个转轮流道，全部叶片同时受到水流的作用，所以在同样的水头下其转轮直径小于冲击式水轮机，其最高效率也高于冲击式水轮机。但当负荷变化时，水轮机的效率将受到不同程度的影响。

● 混流式水轮机：混流式水轮机是世界上使用最广泛的一种水轮机，又称为弗朗西斯水轮机。图 8-3 为混流式水轮机。混流式水轮机结构较简单，运行可靠，适合于中高水头、较大的水电站。

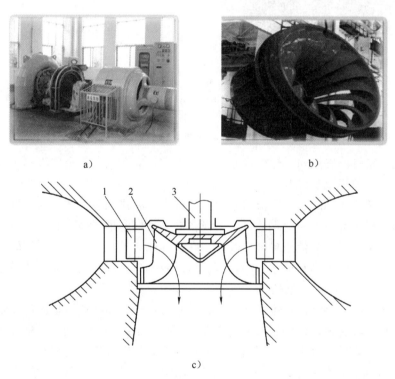

a)

b)

c)

图 8-3 混流式水轮机

a）混流式水力发电机组　b）混流式水轮机转轮　c）混流式水轮机工作原理示意图

1—导叶　2—转轮　3—水轮机轴

● 轴流式水轮机：图 8-4 为轴流式水轮机。在轴流式水轮机中，水流径向进入导水机构中的导叶，轴向进入和流出转轮，带动转轮转动。

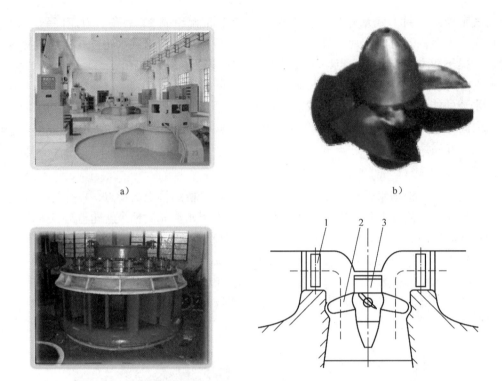

图 8-4 轴流式水轮机
a) 轴流式水力发电机组 b) 轴流式水轮机转轮
c) 轴流式水轮机导水机构 (导叶) d) 轴流式水轮机工作原理示意图
1—导叶 2—轮叶 3—转毂

● 贯流式水轮机：贯流式水轮机可分为全贯流式和半贯流式。全贯流式水轮机水力损失小，过流能力大，效率高，结构紧凑。但转轮的外线速度大，叶片强度要求高，密封也复杂，使用水头一般小于20m。半贯流式水轮机又分为灯泡式和竖井式，其中灯泡式使用最广泛。灯泡式水轮机可与发电机直接连接，装设在同一个灯泡形壳体内，如图8-5所示。在贯流式水轮机中，水流沿轴向流进导叶和转轮，在导叶和转轮之间基本上无双向流动，加上采用直锥形尾水管，排流不必在尾水管中转弯，所以效率高，过流能力大，比转速高，特别适用于水头为3~20m的低水头电站。

● 斜流式水轮机：斜流式水轮机又称为德里亚水轮机。其叶片斜装在转轮体上，随着水头和负荷的变化，转轮体内的油压接力器操作叶片绕其轴线相应转动。其最高效率稍低于混流式水轮机，但平均效率大大高于混流式水轮机。与轴流转桨式水轮机相比，抗汽蚀性能较好，但其结构复杂，造价高，一般只在不宜使用混流式或轴流式时才采用，适用于水头40~120m。斜流式水轮机与轴流转桨式水轮机的区别在于转轮叶片轴线与水轮机轴线成一夹角（45°或60°）布置，在斜流式水轮机中，水流径向进入导叶，而以倾斜于主轴某一角度的方向流进转轮。图8-6为斜流式水轮机。

a）

b）

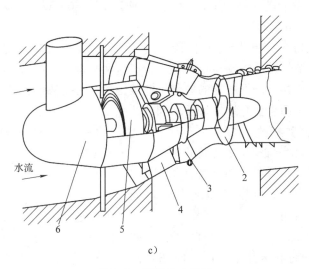

c）

图8-5 贯流式水轮机

a）贯流式水力发电机组 b）灯泡贯流式水力发电机组剖面图 c）灯泡贯流式水轮机结构和原理示意图
1—尾水管 2—转轮 3—活动导叶 4—固定导叶 5—发电机 6—灯泡体

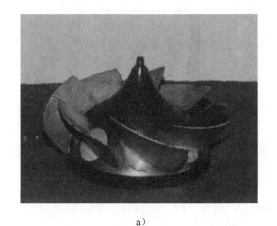
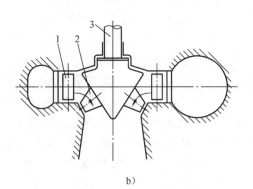

a）   b）

图8-6 斜流式水轮机

a）斜流式水轮机转轮 b）斜流式水轮机工作原理示意图
1—导叶 2—轮叶 3—水轮机轴

8.2.3　水力发电及其控制技术

8.2.3.1　水力发电机

小型水力发电机多数为同步发电机，异步发电机使用较少。微型水力发电机有异步发电机、同步发电机、永磁发电机，其中又分为单相和三相发电机。以下重点介绍广泛用于小水电的水力同步发电机。

同步发电机是交流电机的一种，其运行特点是转子旋转速度和定子旋转磁场的速度严格同步，即电能的频率与转子转速有着严格的不变关系；同步发电机可通过调节励磁电流来改变功率因数和稳定输出电压，以改善供电质量。额定频率为50Hz，功率因数为0.8，容量为320kW以下小型水力发电机的额定电压为400V或230V；500kW以上水力发电机，额定电压一般为3.15kV或6.3kV。

水力同步发电机的运行特性包括空载特性、短路特性、负载特性、外特性和调节特性等。其中外特性和调节特性是主要运行特性，根据这两种特性，可以判断发电机的运行状态是否正常，以便及时调整，确保电能的质量。空载特性、短路特性、负载特性则是检验发电机基本性能的特性。下面主要介绍外特性和调节特性：

（1）外特性　外特性是发电机在转速为额定值、励磁电流和负载功率因数不变的条件下，发电机端电压 U 和负载电流 I 之间的关系曲线 $U=f(I)$。

同步发电机不同功率因数时的外特性如图8-7所示。在感性负载（$\cos\varphi$ 滞后）和纯电阻负载（$\cos\varphi=1$）时，由于电枢反应的去磁作用和定子漏抗压降的影响，外特性是下降的，即随着负载电流的增大，发电机端电压是下降的。而在容性负载（$\cos\varphi$ 超前）时，由于电枢反应的助磁作用和容性电流定子漏抗压降的影响，发电机端电压随负载电流的增大而上升。

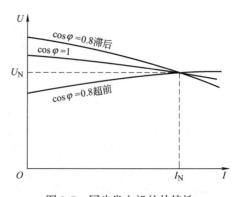

图8-7　同步发电机的外特性

对于感性负载，为使在不同功率因数条件下发电机工作于额定点 $U=U_N$、$I=I_N$，其所需的励磁电流一定大于容性负载时的数值，因此，前者处于过励状态，后者为欠励状态。由此可见，外特性可以用来分析发电机运行时的电压波动情况，以便对励磁自动调节装置的调节范围提出要求。

（2）调整特性　当发电机负载电流变化时，为保持端电压不变，必须调整发电机的励磁电流。调整特性是发电机在转速为额定值、励磁电流和端电压不变的条件下，发电机励磁电流 I_f 和负载电流 I 之间的关系曲线 $I_f=f(I)$。

图8-8为同步发电机的调整特性曲线。与外特性相反，对于感性和纯电阻性负载，为维持端电压不变，励磁电流应随负载电流的增大而增加；而对

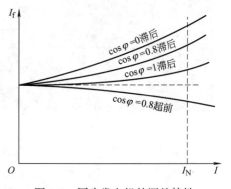

图8-8　同步发电机的调整特性

于容性负载，因负载电流的励磁作用，特性会下降。调整特性可以使运行人员了解：在某一功率因数时，定子电流到多少而不使励磁电流超过规定值，并维持额定电压不变，利用这些曲线，可合理地分配电力系统的无功功率。

8.2.3.2　小水力发电机组的控制技术

1. 小水力发电机组的自动控制系统

（1）水力发电机组自动控制系统的任务　水力发电机组自动控制系统承担的任务有：水力发电机组的自动并列，自动调节励磁、频率和有功功率，无功功率的补偿，辅机的自动控制，水力发电机组的自动操作，自动保护等，其中以频率及功率控制为主。

小型水力发电机组将水能转换为电能直接供给负载或并入电网后供负载使用。对于负载来说，不仅要求供电安全可靠，而且要求供电质量要高，即要求电能的电压和频率应为额定值，且波动小。

发电机发出电能的电压、频率或并网电压、频率的稳定度分别取决于发电机或电网内无功与有功功率的平衡。其中频率波动的原因是发电机输入功率和输出功率之间的不平衡，同步发电机发出的电能的频率与其转速之间的关系为 $f=np/60$。在发电机极对数 p 不变时，频率 f 由转速 n 决定。当发电机的负载增大时，发电机输入的机械转矩小于输出的电磁转矩，电机转速下降，从而引起电能频率的下降，反之频率将上升。而电压的波动主要由负载大小的变化和负载性质的变化（即有功功率和无功功率的变化）引起。水力发电机组控制的基本任务就是根据负载的变化不断调整水力发电机组的有功和无功功率输出，并维持机组转速（频率）和输出端电压在规定的范围内。水力发电机组频率的控制由水轮机调速器实现，而端电压的稳定可由发电机励磁调节器来完成。两者的调节相对独立，相互影响较小。

（2）水轮机调速器的总体结构　现代水轮机的调速器（控制器）除速度调节这一基本功能外，还具有功率调节、水轮机叶片开度调节、起停机操作及工况转换等功能。功能不同，调速器的结构也不尽相同。

调速器的总体结构主要有机械式和电子式两种，目前机械式已逐步被淘汰，电子式由电子控制器加上液压随动系统组成。电子式又分为模拟式和数字式，如图8-9所示。电子控制器的任务是采集各种外部信号（状态和命令），针对被控对象的要求，根据设定的调节和控制规律，将控制量输出到液压随动系统，由液压随动系统将控制信号进行功率放大，实现水轮机导叶开度 Y 的控制。

图8-10为电子液压式水力发电机组调速系统原理示意图。在此调速系统中，由装在发电机轴

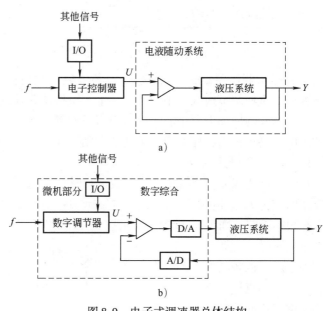

图8-9　电子式调速器总体结构

a）模拟式综合　b）数字式综合

上的齿轮、脉冲传感器和频率变送器组成转速测量部分。当转速上升时，脉冲传感器感应的脉冲频率也增大，频率变送器的输出增大，经信号整形和放大后，起动阀控，减小导叶的开度，以减少水轮机的进水量，达到减小原动机的输入功率、使发电机的转速下降的目的。

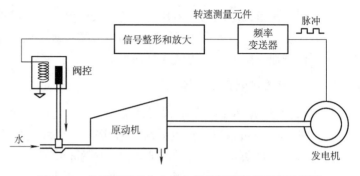

图 8-10 电子液压式水力发电机组调速系统原理示意图

（3）微机调节器控制系统原理框图 图 8-11 为带电液随动系统的增量式数字 PID 微机调速器控制系统原理图，图中步进电机与电液随动系统组成数字式电液随动系统。由于步进电机是按增量工作的，可用数字调节器输出的增量对步进电机直接实行控制，由步进电机带动电液随动系统调节导叶接力器以控制导叶的开度。其频率控制信号可来自频率给定（空载时）和测量的电网频率（并网时使机组频率跟踪电网频率以便快速并网）。功率调差的反馈信号可取自功率变送器，也可以取自步进电机的位移输出。

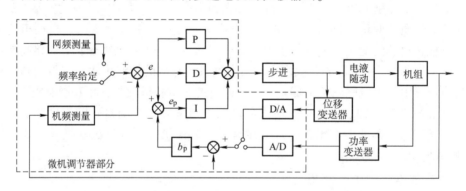

图 8-11 增量式数字 PID 微机调速器控制系统原理图

（4）微机调速器的三种调节模式及其转换 微机调速器有频率调节、功率调节和水轮机开度调节三种调节模式。不同的工况下，微机调速器的调节模式不同：空载状态下只能是频率模式，并网后如调度中心要求机组担任调频任务，则调速器必须处于频率调节模式；如果调度中心要求机组担任额定负载调节，则调速器可在功率调节或开度调节模式下运行。

1）频率调节与跟踪：

● 频率自动调节。当机组处于空载运行时，调速器为自动工况，频率跟踪功能退出，此时频率给定为 f^*，频率反馈为 f，控制策略一般为 PID 控制。其调节框图如图 8-12 所示。

● 频率跟踪。当投入频率跟踪功能时，调节器自动地将网频作为频率给定，与频率自动调节过程一样，在调节过程终了时，机频与网频相等，实现机组频率跟踪电网频率的功能。

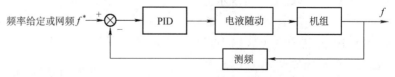

图 8-12 频率自动调节原理图

● 相位控制。调速器处于频率跟踪方式运行时，即使机组频率等于电网频率，但由于可能存在相位差，也不能使机组快速并网。为此增加相位控制功能，这时调节系统框图如图8-13所示。

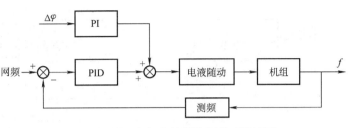

图 8-13 具有相位控制的调节系统框图

调节器测量机组电压与电网电压的相位差为 $\Delta\varphi$，经 PI 运算后其结果与频差经 PID 运算后的值相加作为调节器输出。调整相应的 PI 参数，可使机组电压与电网电压的相位差在零度附近不停地摆动，使调速器控制的机组的并网机会频繁地出现，可实现机组快速自动准同步并网。

2）功率调节：并网运行的发电机的调速器受电网频率及功率给定值控制。机组并网前 $b_p=0$，并网后，频率给定自动整定为 $50\mathrm{Hz}$，b_p 置整定值，实现有差调节；同时切除微分作用，采用 PI 控制，并投入人工失灵区。这时，导叶开度根据整定的 b_p 值随着频差变化，并入同一电网的机组将按各自的 b_p 值自动分配功率。调节器的功率给定值由电网根据负荷情况适时调整。功率信号一方面通过前馈回路直接叠加于 PID 输出，一方面与 PID 输出相比较，其差值通过 b_p 回路调整功率。由于前馈信号的作用，负荷增减较快。其控制系统原理如图8-14所示。

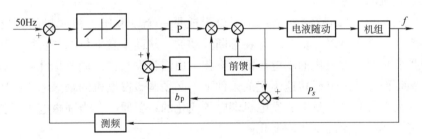

图 8-14 功率调节原理框图

3）水位（开度）调节：当调速器处于水位调节运行方式时，发电状态下的调速器按水位给定值采用 PI 控制，如图8-15所示。这时，根据前池水位调整导叶开度，使前池

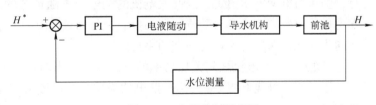

图 8-15 水位控制原理图

水位维持在给定水位，从而保证在相同来水的情况下机组出力最大；在机组频率超过人工失灵区时自动转入频率调节模式。

三种调节模式间的转换关系如图8-16所示。

2. **小水力同步发电机自动励磁控制系统**

（1）小水力同步发电机自动励磁系统的组成及任务　小水力同步发电机在实现水能向电能转换的过程中，借助于励磁系统中的直流电流建立的磁场作为媒介，产生感应电动势和

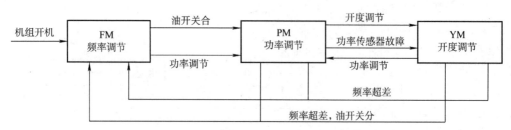

图 8-16　微机调速器的三种调节模式及其转换

输出交流电流。励磁电流不仅影响其能量的转换，而且对输出电能的质量影响很大。通过励磁电流的调节与控制，可稳定输出电压，实现有功功率和无功功率的调节。

小水力同步发电机的自动控制励磁系统是由励磁调节器、励磁功率单元、检测部分和同步发电机组成的闭环反馈控制系统，如图 8-17 所示。励磁功率单元为同步发电机励磁绕组提供直流励磁电流；励磁调节器根据外部输入的励磁电流控制信号和实际检测的励磁电流反馈信号，按照设定的调节规律控制励磁功率单元的输出。小水力同步发电机自动控制励磁系统的任务：

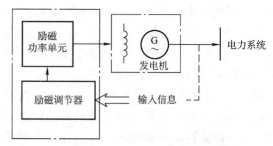

图 8-17　同步发电机自动控制励磁系统构成框图

1）电压的调节。自动控制励磁系统可以看成是一个以电压为被调量的负反馈控制系统。电力系统在正常运行时，负载总是在不断波动的，从同步发电机的外特性可知，当发电机的负载发生变化时，发电机的端电压随之变化。由同步发电机的调节特性可以看出，为维持输出频率恒定而保持发电机转速恒定的条件下，必须调节发电机的励磁电流，以维持端电压的稳定。而无功负载电流是造成发电机端电压变化的主要原因，当励磁电流不变时，发电机的端电压将随无功电流的变化而变化。

2）无功功率的调节。发电机与系统并联运行时，可认为是与无限大容量电源的母线并网运行，即认为电网电压恒定，因此发电机的端电压不随负载的大小而改变，也是恒定值。由于发电机输出的有功功率只受调速器的控制，与励磁电流的大小无关，励磁电流的变化只能改变同步发电机输出的无功功率和功率角。

3）并联运行各发电机之间无功功率的合理分配。当两台以上发电机并联运行时，发电机的端电压都等于母线电压 U_M，它们发出的无功功率电流 I_{Q1}、I_{Q2} 之和必须与母线中总无功电流 I_Q 值相等，即

$$I_Q = I_{Q1} + I_{Q2} \tag{8-4}$$

并联运行的各发电机间无功电流的分配取决于各自的外特性，如图 8-18 所示，对于上升和水平的外特性不能起到稳定分配无功电流的作用，所以只分析下降的外特性。图 8-18b 中，发电机组 G_1 的外特性斜率比 G_2 的外特性斜率小。当母线电压为 U_{M1}、无功电流为 I_Q 时，G_1 发出的无功电流 I_{Q1} 比 G_2 发出的无功电流 I_{Q2} 小。当电网需要的无功电流增大为 I_Q' 时，电网电压下降为 U_{M2}，此时 G_1 的无功电流增大到 I_{Q1}'，G_2 的无功电流增大到 I_{Q2}'，且 $I_{Q1}' > I_{Q2}'$。其无功电流各自的增量为 ΔI_{Q1} 和 ΔI_{Q2}，显然 $\Delta I_{Q1} > \Delta I_{Q2}$，改变了负荷增加前两机组无

功电流分配的比例。由此可见，并联运行的发电机组间负荷无功电流的分配取决于发电机组的外特性，斜率越小的机组，无功电流的增量就越大。

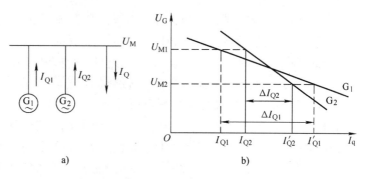

4）提高电力系统运行的稳定性。电力系统在运行中随时都可能遭受各种干扰，在各种扰动后，发电机组能够恢复到原来的运行状

图 8-18　并联运行发电机间无功负荷的分配
a）原理图　b）外特性和无功负荷的分配

态或者过渡到另一个新的运行状态，则称系统是稳定的。电力系统的稳定可分为静态稳定和暂态稳定两类。电力系统静态稳定是指电力系统在正常运行状态下，经受开关操作、负荷变化等小扰动后恢复到原来运行状态的能力。电力系统暂态稳定是指电力系统在某一正常运行方式下突然遭受大扰动后，能否过渡到一个新的稳定运行状态或者恢复到原来运行状态的能力。这里，所谓大的扰动是指电力系统发生某种事故，如高压电网发生短路或发电机被切除等。

电力系统的静态稳定和暂态稳定都与励磁调节系统有关。在实际系统中，随着负荷的变化，机端电压就会发生变化，为维持机端电压不变，需要不断地调节励磁电流，理论分析可以证明，加入励磁调节器的系统可大大提高系统的静态稳定性；对于电力系统的暂态稳定，励磁调节器可以通过强励来减小由于惯性作用引起的发电机暂态转速的波动。

5）改善电力系统的运行条件。当电力系统由于种种原因出现短时低电压时，励磁自动控制系统可以发挥其调节功能，即大幅度地增加励磁以提高系统电压，改善系统的运行条件。

6）水力发电机组要求实现强行减磁。在机组甩负荷或其他原因造成发电机过电压时，强行减磁。

(2) 对励磁系统的基本要求　水力发电机组自动控制系统的任务由励磁调节器和励磁功率单元共同完成，因此对两者各自提出如下的要求。

1）对励磁调节器的要求：

● 时间常数较小，能迅速响应输入情况的变化。

● 系统正常运行时，励磁调节器应能反映发电机电压高低，以维持发电机电压在给定水平。

● 励磁调节器应能合理地分配机组的无功功率。

● 对远距离输电的发电机组，为了能在人工稳定区域运行，要求励磁调节器没有失灵区。

● 励磁调节器应能迅速反应系统故障，具备强行励磁等控制功能，以提高暂态稳定和改善系统运行条件。

2）对励磁功率单元的要求：

● 要求励磁功率单元有足够的可靠性并具有一定的调节容量，以适应电力系统各种运行工况的要求。

● 具有足够的励磁顶值电压和电压上升速度。励磁顶值电压是在励磁功率单元强行励磁时可能提供的最高电压；励磁电压上升速度是励磁系统快速响应的动态指标。

（3）自动励磁调节器的控制规律　自动励磁调节器的控制规律有比例式（P）、比例积分式（PI）及比例积分微分式（PID）。比例式是按发电机电压及电流的偏差进行调节；比例积分式除按比例式调节外，尚有积分部分，可提高调节的准确度；比例积分微分式除按比例调节外，还引入电压、电流的导数或转速频率等信号，以改善电力系统的动态性能。

3. 小水力同步发电机自动控制励磁系统

小水力同步发电机的励磁电源实质上是一个可控的直流电源。为了满足正常运行的要求，发电机励磁电源必须具备足够的调节容量，并且要有一定的强励倍数和励磁电压响应速度。同步发电机的励磁系统有直流励磁机励磁系统、交流励磁机励磁系统和发电机自并励系统三大类。

（1）直流励磁机励磁系统　直流励磁机励磁系统中采用直流发电机作为励磁电源，供给发电机转子回路的励磁电流。直流励磁机一般与发电机同轴，励磁电流通过换向器和电刷供给发电机转子励磁电流，形成有碳刷励磁。其缺点是直流励磁机由于存在机械整流环和电刷，功率过大时换向困难，只在中小容量机组中使用。

直流励磁机励磁方式又可分为自励式和他励式，图 8-19 为自励式直流励磁机系统原理接线图。

图中直流发电机 LG 本身的励磁电流通过自励方式获得。其励磁绕组 LLQ 与直流发电机电枢绕组并联，直流发电机发

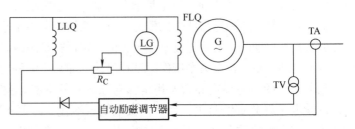

图 8-19　自励式直流励磁机系统原理接线图

出的电供给同步发电机 G 的励磁绕组 FLQ，TV 为变压器。TA 为电流互感器。

图 8-20 为他励式直流励磁机系统原理接线图。它是在自励系统中增加副励磁机，用来供给励磁机的励磁电流，副励磁机 FL 为主励磁机 JL 的励磁机，副励磁机与主励磁机均与发电机

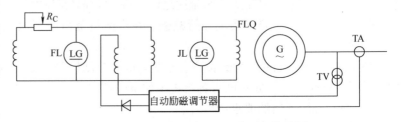

图 8-20　他励直流励磁机系统原理接线图

同轴。他励直流励磁机系统比自励励磁机系统多用了一台副励磁机，所用设备增多，占用空间大，投资大。但是提高了励磁机的电压增长速度，因而减小了励磁机的时间常数。他励直流励磁机系统主要用在水力发电机组上。

（2）交流励磁机励磁系统　该系统的核心设备是交流励磁机，交流励磁机容量相对较小，只占同步发电机容量的 0.3 ~ 0.5，且时间常数也较小（即响应速度快）。也有他励方式和自励方式两种。

交流励磁机系统是采用专门的交流励磁机代替了直流励磁机，并与发电机同轴。它运行发出的交流电，经整流电路后变成直流，供给发电机励磁。

（3）发电机自并励交流励磁系统（静止励磁系统）　静止励磁系统中发电机的励磁电源不用励磁机，直接由发电机端电压获得，经过控制整流后，送至发电机转子回路，作为发电

机的励磁电流，以维持发电机端电压恒定。这类励磁装置采用大功率晶闸管器件，由自动励
磁调节器控制励磁电流的大小，称
为自并励晶闸管励磁系统，简称自
并励系统。自并励系统中，因没有
转动部分，故又称静止励磁系统，
如图 8-21 所示。

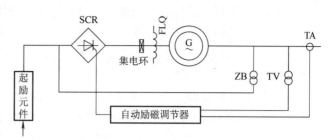

图 8-21 发电机自并励系统框图

静止励磁系统由机端励磁变压
器 ZB 供电给整流器电源，经晶闸管
三相全控整流桥（SCR）直接给发电
机转子提供励磁电流，通过自动励
磁调节器控制晶闸管的导通角，实现励磁电流的控制。系统起励时需要另加一个起励电源。

无励磁机发电机自并励系统的优点是：不需要同轴励磁机，系统简单，运行可靠性高；
缩短了机组的长度，减少了基建投资；由晶闸管元件直接控制转子电压，可以获得较快的励
磁电压响应速度；由发电机机端获取励磁能量，与同轴励磁机励磁系统相比，发电机组甩负
荷时，机组的过电压也低一些。其缺点是：发电机出口近端短路而故障切除时间较长时，缺
乏足够的强行励磁能力，对电力系统的稳定性不如其他励磁方式有利。

随着微机励磁调节器的应用，大功率晶闸管及全控电力电子器件的广泛应用，提高了发
电机励磁系统的可靠性，较大地改善了励磁系统静态和动态品质，大大提高了系统的技术性
能指标。

（4）无刷励磁系统 在交流励磁机系统和发电机自并励系统中，发电机的励磁电流全
部由晶闸管供给，晶闸管是静止的，要经过集电环才能向旋转的发电机转子提供励磁电流，
而集电环是一种转动接触元件，使系统的可靠性降低。为了提高励磁系统的可靠性，取消集
电环这一薄弱环节，使整个励磁系统都无转动接触的元件，近几年出现了无刷励磁系统，如
图 8-22 所示。

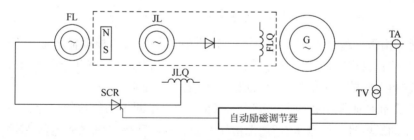

图 8-22 无刷励磁系统框图

无刷励磁系统是由一个主励磁机 JL 和一个副励磁机 FL 及二极管整流器组成。副励磁机
是一个永磁式中频发电机，给主励磁机提供励磁，其永磁部分画在旋转部分的虚线框内。为
了实现无刷励磁，主励磁机是一台旋转电枢式同步发电机，发出的三相交流电经过二极管整
流后，直接送到发电机的转子回路作励磁电源。因主励磁机的电枢与发电机的转子同轴旋
转，它们之间不需要集电环与电刷等转动接触元件，这就实现了无刷励磁。主励磁机的励磁
绕组 JLQ 是静止的，静止的励磁机励磁绕组便于自动励磁调节器实现对励磁机输出电流的
控制，以维持发电机端电压保持恒定。

无刷励磁系统因无电刷和集电环等接触环节，系统可靠性大大提高，维修工作量大大减少。但发电机励磁调节是通过主励磁机的励磁电流调节实现的，调节时间较长，动态响应受到影响，可通过其他方法来提高其动态响应。

4. 微机小水力同步发电机自动控制励磁系统

微机（数字）式励磁调节器其构成的主要环节与模拟型调节器相似，由于微机型励磁调节器可借助其软件优势，在实现复杂控制和增加辅助功能等方面有很大的优越性和灵活性。微机型励磁调节器是由一台专用的计算机控制系统构成，如按计算机控制系统来划分，则由硬件（即电气元件）和软件（即程序）两部分组成。

（1）硬件电路　按照计算机控制系统组成原则，硬件的基本配置为主机、输入/输出接口和输入/输出过程通道等环节组成。由于大规模集成电路技术的发展，计算机技术不断更新，具体的系统从单微处理器（CPU）、多微处理器向分布式、网络方向发展。所以微机型励磁调节器的硬件也将随之变化，无固定模式而言，它的典型框图如图 8-23 所示。

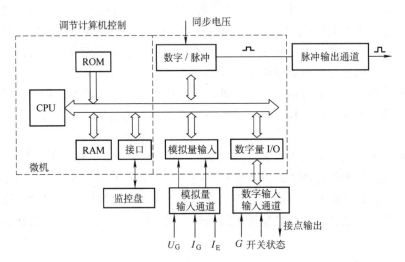

图 8-23　典型微机励磁调节器框图

1）主机。由微处理器 CPU、RAM、ROM 存储器等组成。根据输入通道采集的发电机运行状态变量的数值进行计算和逻辑判断，按照预定的程序进行信息处理求得控制量，输出与晶闸管控制角对应的脉冲信号，以实现对励磁电流的控制。

2）模拟量输入通道。为了维持机端电压水平和机组间无功负荷的分配，输入的模拟量主要有测量出的发电机运行电压 U_G、无功功率 Q、有功功率 P 和励磁电流 I_E 等，这些模拟量经合适的变送器和 A/D 接口电路输入计算机。

3）开关量输入、输出通道。开关量输入主要有发电机运行状态的信息，如断路器、灭磁开关等的状态信息。励磁系统运行中异常情况，如报警或保护等动作信号从接口电路输出、变换后驱动相应的设备，如灯光、音响等。

4）脉冲输出通道。输出的控制脉冲信号需经中间和末级放大后，才能触发大功率晶闸管控制其输出电流。

（2）软件结构　微机励磁调节器的调节和限制及控制等功能都是通过软件实现的，它不仅取代了模拟式励磁调节器中某些调节和限制电路，而且扩充了许多模拟电路难以实现的功能，充分体现微机型励磁调节器的优越性。微机励磁调节器的软件流程框图如图 8-24 所示。

微机励磁调节器的软件由主程序和中断服务程序两部分组成。主程序控制励磁调节器的主要工作流程，完成数据处理，控制规律的计算，控制命令的发出以及限制、保护等功能；中断服务程序则用于实现各种交流信号的采样及数据处理、触发脉冲的软件分相和机端电压的频率测量等功能。主程序一般包括以下几个模块：控制调节程序，限制及保护模块，数据采集及信号处理模块，移相及触发脉冲模块，手动/自动跟踪，系统电压跟踪模块等。

除主程序外，软件中还有起不同作用的中断服务子程序。分别是交流信号的采样中断服务子程序（流程图如图 8-25 所示），触发脉冲软件分相和输出电压测频中断服务子程序（流程图如图 8-26 所示）。

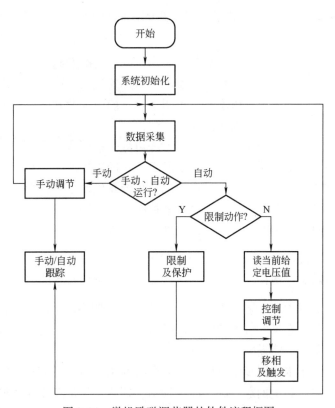

图 8-24 微机励磁调节器的软件流程框图

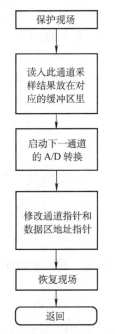

图 8-25 采样中断服务子程序流程图

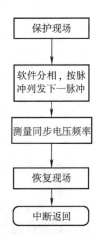

图 8-26 触发脉冲及电压测频中断服务子程序流程图

8.2.3.3 小水力同步发电机组的并网技术

1. 概述

电力系统中随着负荷的波动，其运行的发电机组台数需要经常变动；而当系统发生某些事故时，也常要求将备用发电机组迅速投入电网运行。由于水电厂的调节性能好、调节速度快，一般情况下由水电厂承担电力系统中峰荷和备用机组。因此，水力同步发电机的并网操作是水电厂的一项重要操作。

水力同步发电机的并网方法可分为准同步（准同期）并网和自同步（自同期）并网两种。在电力系统正常运行情况下，一般采用准同步并网方法将发电机组投入运行。自同步并网方法已很少采用，只有当电力系统发生事故时，为了快速地投入水力发电机组，过去曾采用自同步并网方法。随着自动控制技术的进步，现在一般也用准同步的方法快速投运水力发电机组。因此，本节只讨论准同步并网的方法。

设待并网的发电机组 G 已经加上了励磁电流，其端电压为 $\dot{U}_G$，调节待并发电机组 $\dot{U}_G$ 的状态参数使之符合并网条件并将发电机并入系统的操作，称为准同步并网，如图 8-27a 所示。图中 QF 为并列断路器，QF 的另一侧为电网电压 $\dot{U}_M$。并列断路器合闸之前，QF 两侧电压的状态量一般不相等，通过对发电机组 G 进行控制使它符合并网条件，然后发出 QF 的合闸信号，使发电机并入电网。

小水力同步发电机和前面介绍的风力同步发电机准同步并网条件相同，即要求并网发电机电压和电网电压的波形、频率、幅值、相位及相序相同。在图 8-27b 中，断路器 QF 两端的电位差 $\dot{U}_S = \dot{U}_G - \dot{U}_M$，当符合准同步并网条件时，$\dot{U}_S = 0$，这时并网时产生的冲击电流为零，对电网的扰动最小。但是，实际运行中待并发电机组除相序必须与电网严格相同外，频率、幅值、相位相同的三个条件很难同时满足。其实，在实际操作中也没必要符合这样苛刻的要求。因为并网合闸时只要冲击电流较小，不危及电气设备，合闸后发电机组就能迅速拉入同步运行，对待并网发电机和电网运行的影响较小，不致引起任何不良后果。

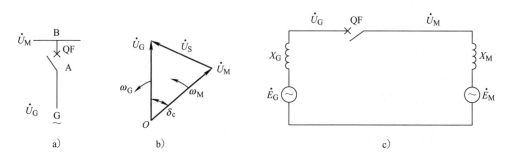

图 8-27 同步发电机的准同步并网

a) 电路示意图 b) 相量图 c) 等效电路图

因此，在实际并网操作中，并网的实际条件允许有一定的偏差，其偏离的允许范围经过下面分析确定。

（1）电压允许偏差 电压幅值差 U_S 产生的冲击电流主要为无功冲击电流，若其他准同步并网条件满足，只有并网点两端电压的大小不相同，合闸时产生的冲击电流的最大值可用

下式近似计算

$$I_{0max} = \frac{1.9\sqrt{2}(U_M - U_G)}{X_d''} = \frac{2.69U_S}{X_d''} \tag{8-5}$$

式中，I_{0max} 为并网时冲击电流最大值；X_d'' 为待并网同步发电机的纵轴次暂态电抗。

为保证发电机和电网的安全，一般要求冲击电流不超过发电机机端短路电流的 0.05 ~ 0.1 倍，可由式(8-5)得到准同步并网时偏差电压 U_S 不能超过额定电压的 5% ~ 10%，尽量避免无功冲击电流。

（2）相位允许偏差 如果电压、频率相同，只有合闸瞬间相位不同，当相位差 δ_c 较小时，由其引起的冲击电流主要为有功电流，其最大值近似为

$$I_{0max} = \frac{2.69U_M}{X_q''}\sin\frac{\delta_c}{2} \tag{8-6}$$

式中，X_q'' 为待并网同步发电机的交轴次暂态电抗。

并网时，若相位差 δ_c 增大，冲击电流也增大。根据冲击电流不超过发电机端短路电流 0.1 倍的要求，合闸时相位差一般不超过 10°。

（3）频率允许偏差 发电机与电网之间的频率差称为转差频率。频率不相等时，会产生脉动电流，脉动电流将产生脉动转矩，从而引起刚并入电网的发电机轴振动，严重时可能使发电机失去同步，因此要求待并网发电机与电网的频率差不超过 0.1 ~ 0.25Hz。

2. 自动准同步装置

（1）自动准同步装置的组成 为了使待并网发电机组满足并网条件，自动准同步装置一般设置三个控制单元。

1）频率差控制单元。它的任务是检测发电机电压和电网电压之间的频率差，且调节发电机转速，使发电机电压的频率接近于电网频率。

2）电压差控制单元。它的功能是检测发电机电压和电网电压间的电压差，且调节发电机电压，使它与电网电压间的电压差值小于规定的允许值，促使并网条件的形成。

3）合闸信号控制单元。检查并网条件，当待并网机组的频率和电压都满足并网条件时，合闸控制单元就选择合适的时间，即在相位差等于零的时刻，提前一个"恒定越前时间"或"恒定越前相角"发出合闸信号。

图 8-28 为典型自动准同步装置构成框图，由图可见自动准同步装置主要由频率差控制单元、压差控制单元、合闸信号控制单元和电源部分等组成。

在准同步并网操作中，合闸信号控制单元是准同步并网装置的核心部件，其控制原则是在频率和电压都满足并列的条件下，在 $\dot{U}_G$ 和 $\dot{U}_M$ 重合之前发出合闸信号，该合闸信号称为提前量信号。图 8-29 为准同步并网合闸信号控制的逻辑结构框图。

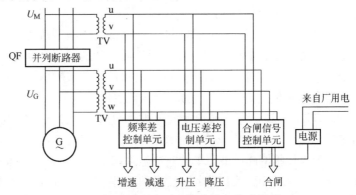

图 8-28 典型自动准同步装置构成框图

按提前量信号不同，准同步并网装置有恒定越前相角和恒定越前时间两种。

在满足准同步并网的条件下，为了使断路器触头在相位差 $\delta_c = 0$ 瞬间闭合，同期装置必须提前发出合闸脉冲。因为从发出合闸脉冲到断路器触头闭合，需经历合闸时间，合闸时间即为合闸继电器、接触器及断路器合闸的固有时间。也就是说要使

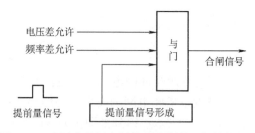

图 8-29　准同步并网合闸信号控制的逻辑结构框图

断路器合闸时 $\delta_c = 0$，应提前一个时间发出合闸脉冲。这一提前时间被称为越前时间，越前时间应根据断路器等的合闸时间整定，不随频率差大小而变。按此原理构成的准同步装置称为恒定越前时间准同步装置。另一种恒定越前相角准同步装置与上述恒定越前时间不同，它是取一个恒定的越前相角发出合闸脉冲，也就是说总是在并网两电压相位重合前的一个恒定角度发出合闸脉冲。

（2）微机自动准同步装置　由微机组成的数字式并网装置中的微处理器（MPU）具有高速运行和逻辑判断能力，它的指令周期以微秒计，这对于发电机周期 20ms、频率 50Hz 的电压信号来说，具有足够充裕的时间进行相位差和转差角频率近乎瞬时值的运算，并按照频率差的大小和方向、电压差的大小和方向，确定相应的调节量，对机组进行精确调节，以达到满意的并网控制效果。图 8-30 为微机自动准同步装置构成框图。

微机自动准同步装置是以微处理器（CPU）为核心的一台专用的计算机控制系统。其硬件的基本配置由主机，输入/输出接口和输入/输出过程通道等部件组成。

1）主机。主机由微处理器（CPU）、存储器（RAM、ROM）等组成。控制对象运行变量的采样输入，存放在可读写的随

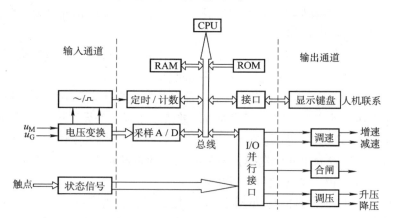

图 8-30　微机自动准同步装置构成框图

机存储器 RAM 内，固定的系数和设定值以及编制的程序，则固化存放在只读存储器 ROM 内。自动并列装置的软件和一些重要参数，如断路器合闸时间、频率差和电压差允许并网的阈值、转差角加速计算系数、频率和电压控制调节的脉冲宽度等，为了既能固定存储，又便于设置和整定值的修改，可存放在 E^2PROM 中。

2）输入通道。输入通道按发电机并网条件，分别从发电机和母线电压互感器二次侧交流电压信号中提取电压幅值、频率和相位差等三种信息，作为并网操作的依据。

交流电压幅值测量最简单的办法是采用变送器，将交流电压转化为直流电压，通过 A/D 接口电路送入主机，CPU 读得发电机和电网电压值后，由软件判断是否符合并网条件，如图 8-31 所示。

频率测量的基本方法是测量交流信号波形的周期 T，交流电压正弦信号通过降压滤波后转换为方波，再经二分频后输入微机的定时计数接口电路，它的半波时间即为交流电压的周期 T，如图 8-32 所示。

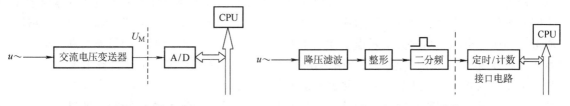

图 8-31 交流电压幅值的测量　　　　　图 8-32 交流电压频率的测量

相位差 δ_c 的测量方法有几种，其中一种方法是将交流电压 u_M、u_G 信号转换成同频、同相的方波后接于异或门中，当两个方波输入电平不同时，异或门的输出为高电平，此电平信号用于控制可编程定时计数器的计数时间，其计数值与相位差相对应，如图 8-33 所示。

3）输出通道。输出通道输出的控制信号有：发电机转速调节的增速、减速信号；调节发电机电压的升压、降压信号；并网断路器合闸脉冲控制信号。这些控制信号可由并行接口电路输出，经放大后驱动继电器，通过触点控制相应的电路。

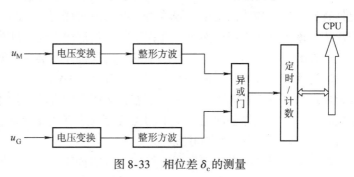

图 8-33 相位差 δ_c 的测量

4）人-机联系。人-机联系属常规外部设备，其配置则视具体情况而定，主要用于程序调试、设置或修改参数。在装置运行时，用于显示发电机并网过程中主要变量，如相角差、频率差、电压差的大小和方向以及调速、调压的情况。为运行操作人员监视装置的运行提供方便。常用的设备有键盘、按钮和 CRT 显示器等。

8.3 海洋能的利用与发电技术

8.3.1 海洋能的分类与应用

海洋能的表现形式多种多样，通常包括：潮汐能、海流能、波浪能、海洋温差能和海洋盐差能等。

1. 潮汐能

潮汐能是以位能形态出现的海洋能，是指海水潮涨潮落形成的水的势能。海水涨落的潮汐现象是由地球和天体运动以及它们之间的相互作用而引起的。在海洋中，月球的引力使地球的向月面和背月面的水位升高。由于地球的旋转，这种水位的上升以周期为 12 小时 25 分和振幅小于 1m 的深海波浪形式，由东向西传播。太阳引力的作用与此相似，但是作用力小些，其周期为 12 小时。当太阳、月球和地球在一条直线上时，就产生大潮；当它们成直角时，就产生小潮。除了半日周期潮和月周期潮的变化外，地球和月球的旋转运动还产生许多其他的周期性循环，其周期可以从几天到数年。同时地表的海水又受到地球运动离心力的作用，月球引力和离心力的合力正是引起海水涨落的引潮力。除月球、太阳外，其他天体对地球同样会产生引潮力。虽然太阳的质量比月球大得多，但太阳离地球的距离也比月球与地球之间的距离大得多，所以其引潮力还不到月球引潮力的一半。其他天体或因远离地球，或因质量太小所产生的引潮力微不足道。如果用万有引力计算，月球所产生的最大引潮力可使海水面升高 0.563m，太阳引潮力的作用为 0.246m，但实际的潮差却比上述计算值大得多。如我国杭州湾的最大潮差达 8.93m，北美加拿大芬地湾最大潮差更达 19.6m。这种实际与计算的差别目前尚无确切的解释。一般认为当海洋潮汐波冲击大陆架和海岸线时，通过上升、收聚和共振等运动，使潮差增大。潮汐能的能量与潮量和潮差成正比。或者说，与潮差的二次方和水库的面积成正比。和水力发电相比，潮汐能的能量密度很低，相当于微水头发电的水平。

潮汐是因地而异的，不同的地区常有不同的潮汐系统，它们都是从深海潮波获取能量，但具有各自独特的特征。尽管潮汐很复杂，但对任何地方的潮汐都可以进行准确预报。海洋潮汐从地球的旋转中获得能量，并在吸收能量过程中使地球旋转减慢。但是这种地球旋转的减慢在人的一生中是几乎觉察不出来的，而且也并不会由于潮汐能的开发利用而加快。这种能量通过浅海区和海岸区的磨擦，以 1.7TW 的速率消散。只有出现大潮，能量集中时，并且在地理条件适于建造潮汐电站的地方，从潮汐中提取能量才有可能。虽然这样的场所并不是到处都有，但世界各国已选定了相当数量的适宜开发潮汐能的站址。据最新的估算，有开发潜力的潮汐能量每年约 200TW·h。

潮汐能主要是指海水潮和潮落形成的水的势能，利用的原理与水力发电的原理类似，而且潮汐能的能量与潮量和潮差成正比。世界上潮差的较大值约为 13~15m，一般来讲，平均潮差在 3m 以上就有实际应用价值。

全世界潮汐能的理论蕴藏量约为 3×10^9 kW。我国海岸线曲折，全长约 1.8×10^4 km，沿海还有 6000 多个大小岛屿，组成 1.4×10^4 km 的海岸线，漫长的海岸蕴藏着十分丰富的潮汐能资源。我国潮汐能的理论蕴藏量达 1.1×10^8 kW，其中浙江、福建两省蕴藏量最大，约占全国的 80.9%。但这都是理论估算值，实际可利用的远小于上述数字。

2. 海流能

海流能是另一种以动能形态出现的海洋能。所谓海流主要是指海底水道和海峡中较为稳定的流动以及由于潮汐导致的有规律的海水流动。其中一种是海水环流，是指大量的海水从一个海域长距离地流向另一个海域。这种海水环流通常由两种因素引起：首先海面上常年吹着方向不变的风，如赤道南侧常年吹着不变的东南风，而其北侧则是不变的东北风。风吹动海水，使水表面运动起来，而水的动性又将这种运动传到海水深处，随着深度增加，海水流动速度降低。有时流动方向也会随着深度增加而逐渐改变，甚至出现下层海水流动方向与表层海水流动方向相反的情况。在太平洋和大西洋的南北两半部以及印度洋的南半部，占主导地位的风系形成了一个广阔的、也是按逆时针方向旋转的海水环流。在低纬度和中纬度海域，风是形成海流的主要动力。其次不同海域的海水其温度和含盐度常常不同，它们会影响海水的密度。海水温度越高，含盐量越低，海水密度就越小。这种两个邻近海域海水密度不同也会造成海水环流。海水流动会产生巨大能量。据估计全球海流能高达 5TW。海流能的能量与流速的二次方和流量成正比。相对波浪而言，海流能的变化要平稳且有规律得多。海流能随潮汐的涨落每天 2 次改变大小和方向。一般来说，最大流速在 2m/s 以上的水道，其海流能均有实际开发的价值。

海流能也主要用来发电，发电原理与风力发电类似。但是由于海水的密度比较大，而且海流发电装置必须置于海水中，所以海流发电还存在以下一些关键技术：安装维护，电力输送，防腐，海洋环境中的载荷与安全性能，海流装置的固定形式和透平设计等。

全世界海流能的理论估算值约为 10^8 kW 量级。利用中国沿海 130 个水道、航门的各种观测及分析资料，计算统计获得我国沿海海流能的年平均功率理论值约为 1.4×10^7 kW。其中辽宁、山东、浙江、福建和台湾沿海的海流能较为丰富，不少水道的能量密度为 15 ~ 30kW/m^2，具有良好的开发价值。值得指出的是，中国的海流能属于世界上功率密度最大的地区之一，特别是浙江舟山群岛的金塘、龟山和西候门水道，平均功率密度在 20kW/m^2 以上，开发环境和条件很好。

3. 波浪能

波浪能是海洋能利用研究中近期研究最多、政府投资项目最多和最重视的一种能源。目前，波浪能开发利用技术趋于成熟，已进入商业化发展阶段，将向大规模利用和独立稳定发电方向发展。波浪发电是波浪能利用的主要方式，可以为边远海岛和海上设施等提供清洁能源。此外，还可以利用波浪能提供的动力进行海水淡化、从深海提取低温海水进行空调制冷以及制氢等。

波浪能是指海洋表面波浪所具有的动能和势能。波浪的能量与波高的二次方、波浪的运动周期以及迎波面的宽度成正比，波浪能是海洋能源中能量最不稳定的一种能源。波浪能是由风把能量传递给海洋而产生的，它实质上是吸收了风能而形成的。能量传递速率和风速有关，也和风与水相互作用的距离（即风区）有关。水团相对于海平面发生位移时，使波浪具有势能，而水质点的运动，则使波浪具有动能。储存的能量通过摩擦和湍动而消散，其消散速度的大小取决于波浪特征和水深。深海区大浪的能量消散速度很慢，从而导致了波浪系统的复杂性，使它常常伴有局地风和几天前在远处产生的风暴的影响。波浪可以用波高、波长（相邻的两个波峰间的距离）和波周期（相邻的两个波峰间的时间）等特征来描述。

波浪能具有能量密度高、分布面广等优点，它是一种取之不竭的可再生清洁能源，尤其是在能源消耗较大的冬季，可以利用的波浪能能量也最大。小功率的波浪能发电，已在导航浮标、灯塔等获得推广应用。我国有广阔的海洋资源，波浪能的理论存储量为 7000 万 kW 左右，沿海波浪能能流密度大约为 2 ~ 7kW/m。在能流密度高的地方，每 1m 海岸线外波浪的能流就足以为 20 个家庭提供照明。

4. 温差能

温差能是指海洋表层海水和深层海水之间水温之差的热能。海洋是地球上一个巨大的太阳能集热和蓄热器，由太阳投射到地球表面的太阳能大部分被海水吸收，使海洋表层水温升高。赤道附近太阳直射多，其海域的表层温度可达 25 ~ 28℃，波斯湾和红海由于被炎热的陆地包围，其海面水温可达 35℃，而在海洋深处 500 ~ 1000m 处海水温度却只有 3 ~ 6℃，这个垂直的温差就是一个可供利用的巨大能源。在大部分热带和亚热带海区，表层水温和 1000m 深处的水温相差 20℃ 以上，这是热能转换所需的最小温差。利用这一温差可以实现热力循环并发电。据估计，如果利用这一温差发电，其功率可达 2TW。

海洋温差能转换主要有开式循环和闭式循环两种方式。开式循环系统主要包括真空泵、温水泵、冷水泵、闪蒸器、冷凝器、透平-发电机组等部分。开式循环的副产品是经冷凝器排出的淡水，这是它非常有用的方面。闭式循环系统不以海水而采用一些低沸点的物质（如丙烷、氟利昂、氨等）作为工作介质，在闭合回路内反复进行蒸发、膨胀、冷凝。因为采用了低沸点的工作介质，蒸汽压力得到提高。

世界上蕴藏海洋热能资源的海域面积达 6000 万 m^2，发电能力可达几万亿瓦。由于海洋热能资源丰富的海区都很遥远，而且根据热动力学定律，海洋热能提取技术的效率很低，因此可利用的能源量是非常小的。但是即使这样，海洋热能的潜力仍相当可观。另外，许多具有最大温度梯度的海区都位于发展中国家的海域，可为这些国家就地提供能源。而在我国，根据海洋水温测量资料计算得到的我国海域的温差能约为 1.5×10^8 kW，其中 99% 在南中国海，南海的表层水温年均在 26℃ 以上，深层水温（800m 深处）常年保持在 5℃，温差为21℃，属于温差能丰富区域。

5. 盐差能

盐差能是以化学能形态出现的海洋能。它是指海水和淡水之间或两种含盐浓度不同的海水之间的化学电位差能，主要存在于河海交界处。同时，淡水丰富地区的盐湖和地下盐矿也可以利用盐差能。盐差能是海洋能中能量密度最大的一种可再生能源。地球上的水分为两大类：淡水和咸水。全世界水的总储量为 1.4×10^9 km^3，其中 97.2% 为分布在大洋和浅海中的咸水。在陆地水中，2.15% 为位于两极的冰盖和高山的冰川中的储水，余下的 0.65% 才是可供人类直接利用的淡水。海洋的咸水中含有各种矿物和大量的食盐，1km^3 的海水中即含有 3600 万吨食盐。

在淡水与海水之间有着很大的渗透压力差（相当于 240m 的水头）。从理论上讲，如果这个压力差能利用起来，从河流流入海中的每立方英尺的淡水可发 0.65kW·h 的电。一条流量为 1m^3/s 的河流的发电输出功率可达 2340kW。从原理上来说，可通过让淡水流经一个半渗透膜后再进入一个盐水水池的方法来开发这种理论上的水头。如果在这一过程中盐度不降低的话，产生的渗透压力足以将水池水面提高 240m，然后再把水池水泄放，让它流经水轮机，从而提取能量。从理论上来说，如果用很有效的装置来提取世界上所有河流的这种能量，那么可以获得约 2.6TW 的电力。更引人注目的是盐矿藏的潜力：在死海，淡水与咸水间的渗透压力相当于 5000m 的水头，而大洋海水只有 240m 的水头，盐穹中的大量干盐拥有更密集的能量。

利用大海与陆地河口交界水域的盐差所潜藏的巨大能量一直是科学家的理想。在本世纪70 年代，各国开展了许多调查研究，以寻求提取盐差能的方法。实际上开发利用盐差能资源的难度很大，上面引用的简单例子中的淡水是会冲淡盐水的，因此为了保持盐度梯度，还需要不断地向水池中加入盐水。如果这个过程连续不断地进行，水池的水面会高出海平面240m。对于这样的水头，就需要很大的功率来泵取咸海水。目前已研究出来的最好的盐差能实用开发系统非常昂贵，这种系统利用反电解工艺（事实上是盐电池）从咸水中提取能量。根据 1978 年的一篇报告测算，投资成本约为 50000 美元/kW。也可利用反渗透方法使水位升高，然后让水流经涡轮机，这种方法的发电成本可高达 10 ~ 14 美元/kW·h。还有一种技术可行的方法是根据淡水和咸水具有不同蒸气压力的原理研究出来的：使水蒸发并在盐水中冷凝，利用蒸气气流使涡轮机转动，这种过程会使涡轮机的工作状态类似于开式海洋热能转换电站。这种方法所需要的机械装置的成本也与开式海洋热能转换电站几乎相等。但是，这种方法在战略上不可取，因为它消耗淡水，而海洋热能转换电站却生产淡水。盐差能的研究结果表明，其他形式的海洋能比盐差能更值得研究开发。据估计世界各河口区的盐差能达 30TW，可能利用的有 2.6TW。我国的盐差能估计为 $1.1 \times 10^8 kW$，主要集中在各大江河的出海处。同时，我国青海省等地还有不少内陆盐湖可以利用。

8.3.2　海洋能发电原理与应用技术

8.3.2.1　潮汐能发电原理及应用技术

潮汐是海水受太阳、月球和地球引力的相互作用后，所发生的周期性涨落现象。潮汐要素如图 8-34 所示，海水上涨的过程称"涨潮"，涨到最高位置称"高潮"，在高潮平稳时的现象称为"平潮"，平潮时间各地长短不一，可从几分钟到几小时。通常取平潮中间时刻为"高潮时"，此时的高度叫"高潮高"。海水下落的过程称"落潮"，落到最低点时称"低潮"，海水不涨也不落时称为"停潮"，停潮的中间时刻为"低潮时"，此时，停潮的高度称为"低潮高"。

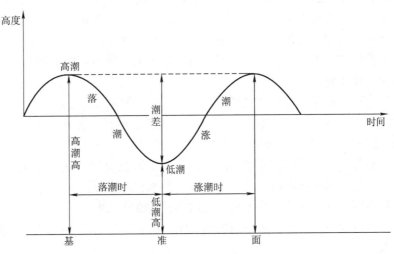

图 8-34　潮汐过程线

从"低潮时"到"高潮时"的时间间隔称"涨潮时"，由"高潮时"到"低潮时"的时间间隔称"落潮时"。相邻高潮与低潮的潮位高度差称"潮差"。从高潮到相邻的低潮的潮差称"落潮差"，从低潮到相邻的高潮的潮差称"涨潮差"。

潮汐运动中蕴藏着巨大的能量，潮汐能的大小与水体大小及潮差大小有关。实验表明，潮汐能量和海面的面积及潮差高度的二次方成正比。目前，利用潮汐发电是开发利用潮汐能的主要方向。潮汐发电是利用潮差来推动水轮机转动，再由水轮机带动发电机发电。潮汐发电必须选择有利的海岸地形，修建潮汐水库，涨潮时蓄水，落潮时利用其势能发电。由于涨潮、落潮的不连续性，产生的发电也不连续。据计算，世界海洋潮汐能蕴藏量约为 27 亿 kW，若全部转换成电能，每年发电量大约为 1.2 万亿 kW·h。潮汐发电严格地讲应称为"潮汐能发电"，潮汐能发电仅是海洋能发电的一种，但是它是海洋能利用中发展最早、规模最大、技术较成熟的一种。现代海洋能源开发主要就是指利用海洋能发电。利用海洋能发电的方式很多，其中包括波力发电、潮汐发电、潮流发电、海水温差发电和海水含盐浓度差发电等。而国内外已开发利用的海洋能发电主要还是潮汐发电。由于潮汐发电的开发成本较高和技术上的原因，所以发展不快。

国外对潮汐能的利用曾是古老能源的一种。在古时候，英国、法国、西班牙沿岸就已经有了潮汐磨坊，在利用了好多世纪以后，随着廉价而方便的燃料和工业革命的出现，逐步取代了这些潮汐磨坊。到了20世纪50年代，世界各国逐步开始重视潮汐能发电技术的开发。其中投入运行最早、容量最大的潮汐电站就是法国于1968年建成的朗斯电站，装机容量24万kW。随后，加拿大于1984年在安娜波利斯建成装机容量为1.78万kW的世界第二大潮汐电站。近20多年来，美、英、印度、韩国、俄罗斯等也相继进行了一定规模的潮汐能开发。由于潮汐能不受洪水、枯水期等水文因素影响，开发利用潮汐能的社会和经济效益已逐步显露。目前，潮汐电站的建设开发又出现了一股新的发展势头。

过去，人们曾尝试过许多种提取潮汐位能和动能的方法。这些装置包括：水轮机、提升平台，空气压缩机、水压机等，都是以古代潮汐磨坊所采用的方法为主。典型的潮汐磨坊是在高潮位时让水进入水库，过一段时间以后再让水从蓄水库通过一个水轮机流向大海，从而使磨坊工作。这是简单的工作方式，现在通常把它称为"单库单向作用"。在现代装置中，蓄水库装有可控水闸，并由低水头水轮机代替旧式水轮。工作程序分为四个步骤：①向水库注水；②等候，直至水库中的水到退潮，这样使库内外产生一定的水头；③将水库中的水通过水轮机放入大海中，直到海水涨潮，海水水头降到最低工作点为止；④第二次涨潮时重复以上工作步骤。

这种方法我们称为"落潮发电"。当然，也可以反过来，使海水从海里向水库注入时推动水轮机发电，这种方式称为"涨潮发电"。但是，蓄水库的坝边通常是斜坡形的，所以"落潮发电"一般更为有效。

另外还有"单库双向作用"，既利用涨潮发电又利用落潮发电。这种工作方式的步骤为：①通过水闸向库内注水；②等候，使水在库内保持一段时间；③利用落潮发电；④通过水闸将库中的水泄干；⑤等候一段时间；⑥涨潮发电。

无论是单向发电还是双向发电，出力的大小都与水库的深度、潮差以及电站的结构设计有关。

通常我们还利用水泵向库内抽水来提高库内水位，从而提高用于发电的水头，这样可以加大出力。水泵工作所需的能量必须由外部提供。但是由于水泵是在高潮位小水头的条件下工作，而泵入水库中的水是通过水轮机在高水头的情况下放出来的，因此，所发出来的电能要比抽水泵所消耗的电能多很多。

为了实现连续发电，曾有人提出采用串式水库和成对水库，这要建造比较复杂的电站和采用比较复杂的运行程序。串式水库是采用两个水库，一个在高潮蓄水，另一个在低潮时放水，简单的工作方式是当需要电时，让高水位水库中的水经过水轮机流向低水位水库。串式水库可使出力比较固定，一般约为装机容量的40%。成对水库实际上就是由两个单库组成。如果一个在涨潮时工作，另一个在落潮时工作，其出力虽然还不能够做到完全连续，但也已经是近于连续了。不过，这些方法只能在合适的地理条件下才能实现。

实际上潮汐发电与水力发电的原理相似，它是利用潮水涨、落产生的水位差所具有的势能来发电的，也就是把海水涨、落潮的能量变为机械能，再把机械能转变为电能（发电）的过程。具体地说，潮汐发电就是在海湾或有潮汐的河口建一拦水堤坝，将海湾或河口与海洋隔开构成水库，再在坝内或坝房安装水轮发电机组，然后利用潮汐涨落时海水位的升降，使海水通过轮机驱动水轮发电机组发电。但由于潮水的流动与河水的流动不同，它是不断变换方向的，潮汐电站在发电时储水库的水位和海洋的水位都是变化的（海水由储水库流出，水位下降,同时海洋水位也因潮汐的作用而变化)。因此,潮汐电站是变工况工作的,就使得潮汐发电出现了不同的型式,例如:①单库单向型——只能在落潮时发电;②单库双向型——可在涨、落潮时都能发电;③双库双向型——可以连续发电,但经济上不合算,未见实际应用。表8-1是我国现运行发电的主要潮汐电站简况。

表8-1 我国运行发电的主要潮汐电站简况

站名	位置	型式	机组数量	装机容量		每年耗电量/万 kW·h		建站时间	投产时间
				设计/kW	实际/kW	设计	实际		
沙山	浙江温岭	单库单向	1	40×1	40	9.3	8.5	1958	1959.10
岳甫	浙江象山	单库单向	4	75×4	75×1	60	6.2	1970	1972.5
海山	浙江玉环	双库单向	2	75×2	150	31	5~7	1973	1975
江厦	浙江温岭	单库双向	6	500×6	500×1	1070	116	1972	1980
白沙口	山东乳山	单库单向	6	160×6	640	232	/	1970	1978.8
浏河	江苏太仓	双向双贯流式	2	75×2	150	25	6	1970	1978.7
筹东	福建长乐	卧轴轴伸式	1	40×1	40	/	/	1958	1959
果子山	广西龙门港	单库单向	1	40×1	40	/	/	1976	1977.2

20世纪50年代,世界很多国家逐步开始重视潮汐能发电技术的开发利用,但近代建造的潮汐电站不多,法国的朗斯电站是最大的,具有240MW,是单库双向电站,也是第一个商业化的电站。另外还有加拿大的安娜波利斯电站,接近20MW,单库单向工作;前苏联的基斯洛湾试验潮汐电站,装机容量400kW,单库双向工作;我国的江厦潮汐电站,3200kW,单库双向工作,具体数据见表8-2。

表8-2 世界现有投入运行的潮汐电站

地点	平均潮差/m	库区面积/km²	装机容量/MW	年发电量/(GW·h)	投入运行时间/年份
朗斯(法国)	8.0	17	240.0	540	1966
基斯洛湾(前苏联)	2.4	2	0.4	—	1968
江厦(中国)	7.1	2	3.2	11	1980
安娜波利斯(加拿大)	6.4	6	17.8	30	1984

单库单向与单库双向的比较:在单向方式中水头变化范围较小,平均工作水平稍高,这在一定程度上可使水轮机的数量和尺寸减少,从而减少潮汐电站的投资。单向工作水轮机的造价也比双向工作水轮机的造价稍低一些,但双向工作可以提高出力。通常需要在综合考虑潮差、海湾条件的情况下,选择单向还是双向工作方式。所以,对于在潮差小、海湾条件允许的电站,采用双向工作是比较有利的。

单库与多库方式的比较:多库方式可使电站连续发电,这是它最吸引人的优点,促使人类不断地去研究和考虑这种方案,但他的缺点是潮汐能源利用率低。所以,总体潮汐发电多采用单库方案。

1. 潮汐发电机组型式的选择

对于潮汐发电还有机组型式的选择，海洋潮汐发电机组属于低水头水电机组，除了海水，与传统的淡水江河用低水头发电机组没有根本区别。有以下四种主要型式：

1) 灯泡形贯流式机组。灯泡式机组属于轴流式机组的一个分支，是一种新型机组。它比传统的轴流定桨或转桨式机组重量减轻了 20% ~ 30%，它的轴线几乎与水流平行，而不像转桨式那样垂直（水流经过尾水管肘管要转 90°以上的拐弯，对于上、下游水位相差不大的低水头电站来说，平面尺寸和跨度间隔太大）。

2) 轴伸形贯流式机组。水轮机置于流道中，发电机则置于陆地上，其间用长轴传动，或通过齿轮增速器使发电机加速。当水头很低，甚至低于 5m 时，采用这种又称为竖井式的机组则可通过增速器来加大容量。而灯泡式机组只能加大泡体直径来提高功率。

3) 圆环形全贯流式机组。这种机型水轮机在流道中，而发电机在水轮机外围，转子磁极直接装在水轮机转轮叶片外缘，其间采用迷宫密封来防止流道中的水漏到电机内部。这种机型的特点是直径较大，可以增加功率。

4) 圆筒形正交式机组。这是最新机型，与前几种不同，它们的轴线几乎都与水流的流线平行。而这种机型却与流线垂直。水轮机转轮呈圆筒形，通常为 3 ~ 4 个叶片，叶片断面类似螺桨，两面翼型不同，叶片长度方向与轴线平行，但断面翼型沿叶片全长都一样，便于大量生产。这种机型的过水能力比轴流转桨式大（约 1.4 倍），机组重量却减少 55%，混凝土用量也减少 12%，很有发展前途。

2. 潮汐能发电的主要技术问题

对于潮汐能发电，人类已经取得了许多宝贵的经验，目前开发研究的主要技术问题如下：

1) 潮汐电站开发方式的选择。采用单库还是双（多）库，这与潮型、水库容积特性、海湾特点和电力系统情况，以及水闸和机组的匹配等因素相关，需要进行电站的总体规划设计。

2) 超低水头大容量水轮发电机组的开发。潮汐电站的装机容量和发电量取决于站址的平均潮差。所以对于潮差小的电站必须研究低水头，大容量的潮汐发电机组（机组投资一般会占总投资的一半），使其发电效率高、造价低、耐腐蚀。

3) 薄壁沉箱式厂房、水闸等浮运钢筋混凝土结构的制造、运输和沉放的研究开发。这种技术解决得好，可以缩短电站的施工期限。

4) 水下基础处理的研究开发。每一个潮汐电站都需要进行水下基础的处理，大多数大、中型潮汐电站的厂房和水闸都需要布置在海中，应尽量避开深厚淤泥基础，水下基础处理工作是决定潮汐电站经济性甚至建设成败的关键问题之一。

5) 潮汐电站对于环境影响以及综合利用效益的研究开发。潮汐电站建设过程中和建成之后，都会使其所拦截海湾的纳潮量和湾内相应潮位发生变化，导致湾内生物环境的变化，影响到生物品种与数量，以及其他水质指标和泥沙冲淤情况，直至影响到水库调节能力的变化，以及水库的使用寿命。作为潮汐电站，除发电之外，视具体情况还可以有围垦、水生物养殖、抗风暴潮等综合效益。处理得好，这种综合效益的经济价值甚至可以超过发电效益。

我国海岸线曲折，全长约 1.8×10^4 km，沿海有 6000 多个大小岛屿，组成 14000km 的海岸线。漫长的海岸蕴藏着十分丰富的潮汐能资源和很多优越的潮汐电站站址。为了摸清我国的潮汐能资源，新中国成立以来已进行过两次规模较大的普查。普查结果认为：如果按照堤线长 2~5km 以下，堤线处水深 10m 以下，每年平均潮差在 0.5m 以上的 500 处的潮汐能来计算，全国潮汐能理论蕴藏量大约为 0.11TW，年发电量约为 $2750 \times 10^8 \mathrm{kW \cdot h}$；可供开发的约 $3580 \times 10^4 \mathrm{kW}$，年发电量为 $870 \times 10^8 \mathrm{kW \cdot h}$。如果把港湾面积和潮差更小一些的地点计算在内，其数字则会更大。我国潮汐动力资源的开发条件较好，一般潮差都在 1m 以上，平均潮差达 2m，堤长能量为 $0.5 \times 10^8 \mathrm{kW \cdot h/km}$。规模在 $1 \times 10^8 \mathrm{kW \cdot h}$ 以上的潮汐总能量为 $2310 \times 10^8 \mathrm{kW \cdot h}$，占潮汐能资源总量的 80% 以上。潮差 3m 以上，堤长能量为 $1 \times 10^8 \mathrm{kW \cdot h/km}$，规模在 $1 \times 10^8 \mathrm{kW \cdot h}$ 以上的潮汐能资源总能量达 $1940 \times 10^8 \mathrm{kW \cdot h}$，占 7%。据 1982 年 12 月水利电力部规划设计院资料，全国潮汐能资源的理论蕴藏量为 $1.9 \times 10^8 \mathrm{kW}$，可开发利用的装机容量为 $2157 \times 10^4 \mathrm{kW}$，可开发的年发电量为 $618 \times 10^8 \mathrm{kW \cdot h}$，占世界潮汐能总量的 1/10。

我国的潮汐能开发技术研究已取得很大进展。小型潮汐电站开发技术已趋成熟。江厦潮汐电站已成功地使用了我国自己设计制造安装的双向贯流灯泡型机组，水轮机转轮采用 GZ-NOO5 "S" 形叶片的转轮，直径为 2.5m，具有正、反向发电和泄水的工况。为了保证潮汐电站的发电质量，提高经济效益，有些电站也采用了新的电子技术，实行自动运行控制。如江苏浏河潮汐电站，采用了计算机控制两台 75kW 发电机组，自动进行开启、增速、电压、频率的控制和电力并网，当水头低于设计的发电要求时，能够自动停机，避免发生意外，实现了运行控制的完全自动化。江厦潮汐电站利用计算机能正确地做潮位预报，能够保证机组的最大出力。

8.3.2.2 海流能发电原理及应用技术

海洋中的海流很多，其中较大的是湾流和黑潮。湾流是海洋里的暖流，它从加勒比海、墨西哥湾开始，横跨大西洋，流向寒冷的北极。它由大西洋中的北赤道流和南赤道流中越过赤道的北分支汇合而成。墨西哥湾是个巨大的温热"蓄水库"，湾内海水从佛罗里达海峡流出，成为一支强大的暖流。海流的流量很大，相当于世界上所有淡水河川总流量的 50 多倍。而黑潮是沿太平洋西岸流动的巨大暖流，从我国东侧流入东海，沿日本列岛南面海区流向东北，然后离开日本海岸蜿蜒东去。

海流和潮汐实际上是同一潮波现象的两种不同表现形式。潮汐是潮波运动引起的海水垂直升降，潮流是潮波运动引起的海水水平流动。一般来说，开阔的外海潮差小，流速亦小，靠岸边越大，在港湾口、水道地区流速显著变化。潮流涨落方向如果呈旋转变化，则称旋转流，一般发生在较开阔的海区；潮流涨落方向如果为正反向变化，则称往复流，一般发生在较狭窄的水域。

海流能的利用方式主要是发电，其原理和风力发电相似，几乎任何一个风力发电装置都可以改造成为海流发电装置。人们已研究过许多利用强劲而稳定的海流来发电的方法。1973 年，美国试验了一种名为"科里奥利斯"的巨型海流发电装置，该装置为管道式水轮发电机，机组长 110m、管道口直径 170m，安装在海面下 30m 处。在海流流速为 2.3m/s 条件下，该装置可获得 8.3 万 kW 的功率。最早系统地探讨利用海流能发电是在美国 1974 年召开的专题讨论会上。1975 年起日本就利用黑潮动能发电进行调查研究。海流发电受到其他许多国家的重视，我国的海流发电研究也已经有样机进入中间试验阶段。

20 世纪 70 年代以来，英、日、美等国究其周围的海流能利用提出了一些方案：漂浮螺旋桨式、固定螺旋桨式、漂浮苏维厄斯转子式、立式转子式、漂浮伞式等。我国 1978~

1979 年在舟山地区以实型进行过海流发电的海上原理性实验，采用螺旋桨式水轮机，驱动装在船上的液压发电机组，发出了 5.7kW 电力。

目前，比较普通的海流发电装置归纳起来有两种：一种是链式发电系统，另一种是旋转式发电系统。图 8-35 是一种典型的链式海流发电装置，它主要由降落伞、环状链条、驱动轮和发电机组成。一般在环状链条上装有多个降落伞，链条在降落伞的带动下会转动，同时使驱动轮转动，驱动轮与船上发电机相连。当降落伞顺着海流方向时，由于海流的作用，降落伞张开，当降落伞转到与海流相对的方向时，伞口收拢，带有降落伞的链条的运动使驱动轮转动。挂有降落伞的链条自动地向驱动轮的下游漂移，所以降落伞和链条的方向可以始终与流速较大的海流的方向保持一致。

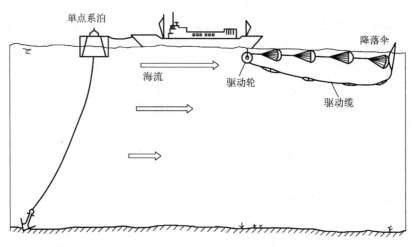

图 8-35　链式海流发电装置

图 8-36 所示就是典型的旋转式海流发电装置。这种发电装置有一台带外罩的水轮机，在喉部有一台用轮缘固定方式固定的双转式水轮机。当叶轮旋转速度加快时，可变式水轮叶片呈悬链线形，这样可最大限度地利用海流。水轮机边缘有多个动力输出装置，动力输出装置带动发电机组，从而使水轮机的旋转运动转换为电能。这种装置通常采用绷紧式三点系泊装置进行固定，可以减少海面船舶活动造成的影响，发出的电能通过电缆输往岸上。

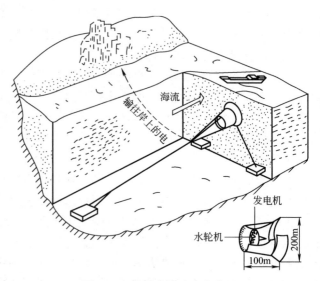

图 8-36　旋转式海流发电装置

从海流中获取电力的多少与流速的二次方及水的输运量成正比。水的输运量一般以斯维尔德鲁普（sv）为单位（sv 为非标准单位，$1sv = 10^6 m^3/s$）。

如今，超导技术已得到了迅速发展，超导磁体已得到实际应用，利用人工形成强大的磁场已不再是梦想。因此，有的专家提出，只要用一个31000Gs（1Gs = 10^{-4}T）的超导磁体放入"黑潮海流"中，海流在通过强磁场时切割磁力线，就会发出1500kW的电力。

8.3.2.3 波浪能发电原理及应用

波浪是由于风和水的重力作用形成的起伏运动，它具有一定的动能和势能。波浪能利用的关键是波浪能转换装置，通常波浪能要经过三级转换：第一级为受波体，它将大海的波浪能吸收进来；第二级为中间转换装置，它优化第一级转换，产生出足够稳定的能量；第三级为发电装置，与常规发电装置类似。

波浪发电是波浪能利用的主要方式。波浪能利用装置大都源于几种基本原理，主要是：利用物体在波浪作用下的振荡和摇摆运动；利用波浪压力的变化；利用波浪的沿岸爬升将波浪能转换成水的势能等。其中具有商品化价值的装置包括：振荡水柱式装置、摆式装置和聚波水库式装置三大类。

波浪能的大小可以用海水起伏势能的变化来进行估算，根据波浪理论，波浪能量与波高的二次方成比例。波浪功率，即能量产生或消耗的速率，既与波浪中的能量有关，也与波浪到达某一给定位置的速度有关。按照Kinsman（1965年）的公式，一个严格简单正弦波单位波峰宽度的波浪功率 P_W 为

$$P_W = \frac{\rho g^2}{32\pi} H^2 T \tag{8-7}$$

式中，H 为波高；T 为波周期；ρ 为海水密度；g 为重力加速度。

例如，有一周期为10s，波高为2m的涌浪涌向波浪发电装置，波列的10m波峰 L 的功率为

$$P_{WL} = \frac{(1.2\text{g/cm}^3)(980\text{cm/s}^2)^2 (2\times10^2\text{cm})^2 (10\text{s})(10^3\text{cm})}{32\pi}$$

$$P_{WL} \approx 4\times10^{12}\text{erg/s}(1\text{erg/s} = 10^{-7}\text{W})$$

它表明每10m波峰宽度的波浪功率等效为400kW。

南半球和北半球40°~60°纬度间的风力最强。信风区（赤道两侧30°之内）的低速风也会产生很有吸引力的波候，因为这里的低速风比较有规律。在盛风区和长风区的沿海，波能的密度一般都很高。例如，英国沿海、美国西部沿海和新西兰南部沿海等都是风区，有着特别好的波候。而我国的浙江、福建、广东和台湾沿海为波能丰富的地区。

由于大洋中的波浪能是难以提取的，因此可供利用的波浪能资源仅局限于靠近海岸线的地方。但即使是这样，在条件比较好的沿海区的波浪能资源储量大概也超过2TW。据估计，全世界可开发利用的波浪能达2.5TW。我国沿海有效波高约为2~3m、周期为9s的波列，波浪功率可达17~39kW/m，渤海湾更高达42kW/m。

1985年，英国在苏格兰的艾莱岛建造了一座75kW的振荡水柱波浪能电站，1991年建成并投入当地电网。1995年8月，英国建造了第一座商业性波浪能电站，输出功率为2MW，可满足2000户家庭的用电要求。日本已有数座波浪能电站投入运行，其中兆瓦级的"海明号"波力发电船，是世界上最著名的波浪能发电装置。值得一提的是，若在海岸边排列几艘大型的波浪能发电装置，不仅可利用波浪发电，而且还可将它们当作防波堤，起消波作用。

要利用海浪发电，关键需要搞清楚海浪运动变化的规律，及时准确地将海浪能收集起来

加以利用。针对波浪的特点，可以有不同的波浪能利用装置。在波浪运动中，一方面水体水平位置和水面倾斜度不断变化，另一方面其动能、位能和水下压力也在不断变化，我们通常可以利用其中一个或者几个变化来设计波浪能利用装置。

1. 平滑波浪的装置

索尔特（Solter）提出了一种叫波浪鸭的装置，如图 8-37 所示。它的形状设计成能最大限度地吸收波浪能的形状。从左边过来的波浪使波浪鸭摆动，波浪鸭右边做成柱形，使右边的海面不再有波浪，能量从摇摆轴上获得。这个装置的效率比较高，但需要解决两个问题：①需要把低速的摇摆运动转换成发电机需要的高速转动；②需要把电能从一定水深中活动的装置上输送到较远的地方去。波浪鸭的效率波形如图 8-38 所示。

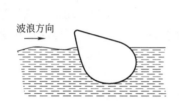

图 8-37　波浪鸭

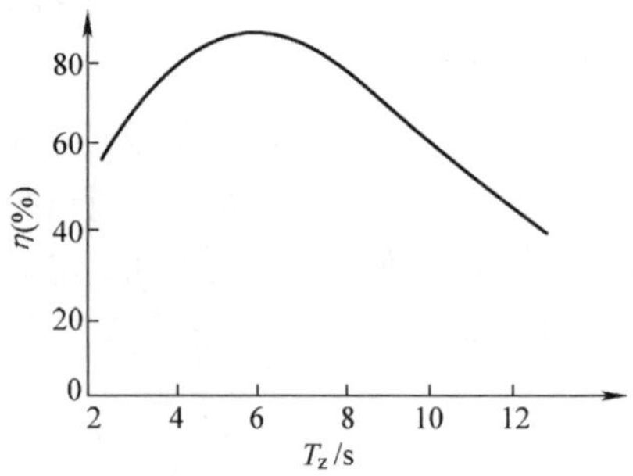

图 8-38　波浪鸭的效率波形

2. 利用波动水柱的装置

当波浪遇到部分浸在水中的空腔时，空腔中水柱会上下波动，从而引起上部气体或液体的压力变化。空腔可通过某种涡轮机与大气相连，并从涡轮机获得能量，如图 8-39、图 8-40 所示。这类装置的主要优点是可以把低速的波浪运动变成速度较高的气流，设备可以不浸在海水中。

3. "坝礁" 波浪能利用装置

因为波能十分分散，将分散的能量集中转换后可以使机组结构紧凑，图 8-41 所示为一种"坝礁"波浪能转换装置。波浪进入靠近海面的开口，流经一组导片和旋转叶片。由于波浪

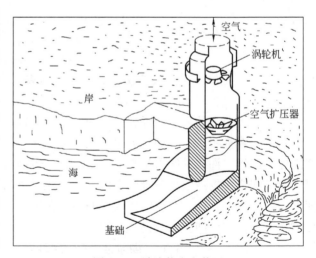

图 8-39　波浪能发电装置

的折射，波浪从各个方向进入结构物的中心部分。旋转的叶片使海水在中心区呈螺旋状向下运动。这种旋转的水柱就像一个液体飞轮，似水轮机转动，从而可以推动发电机发电。图 8-42 为一组给沿海地区供电的"坝礁"发电装置。

以上几种方案都为波能利用提供了较好的方法，但也存在一些问题。主要问题是由于波浪能的不稳定性造成了波能驱动效率比较低，输出功率比较小的状况，当然采用的通用三相

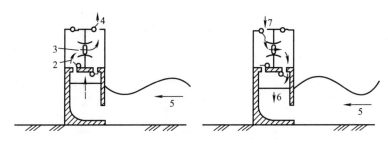

图 8-40　波浪能发电装置工作原理

1—波浪引起的水位上升　2—空气流　3—涡轮机　4—空气出口阀　5—波浪方向　6—水位下降　7—空气进口阀

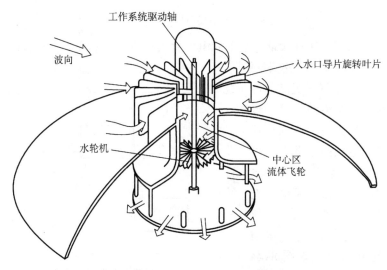

工作系统驱动轴

波向

入水口导片旋转叶片

水轮机

中心区
流体飞轮

图 8-41　"坝礁"波能转换装置

交流发电机并不很适合于目前的波能利用装置，发电效率比较低。常用的波浪发电电气系统框图如图 8-43 所示。

一般来讲，发电机的输出电压与转速成正比。当风浪很大时，波浪发电机的转速比较高，输出电压也较高；相反，当风浪很小时，发电机的转速低，输出电压也比较低。从图 8-43 可以看出：只有当整流输出的直流电压高于蓄电池电压时才能对蓄电池进行充电，而当输出直流电压低于蓄电池电压时就不能对蓄电池进行充电了。所以，在这里把波浪发电机输出电压低于蓄电池电压的状态称为波浪发电机的低输出状态。

图 8-42　给沿海地区供电的"坝礁"发电装置

实际上，低输出状态时，波浪发电装置仍在输出电能，只不过我们没能利用。但随着现代电力电子技术的飞速发展，利用半导体开关电源技术，把低电压进行高效升压的技术也已经成熟。采用升压电路，将波浪发电机低输出状态下的低电压进行有效的升压，可以使之达到对

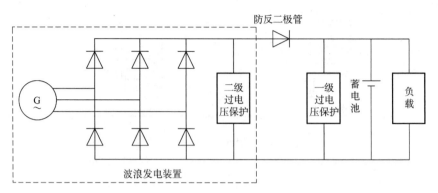

图 8-43　波浪发电电气系统框图

蓄电池进行充电的电压，实现对蓄电池的充电，大大提高能源利用率。但同时需要注意的是
半导体集成升压器件有损耗，效率一般是 80% ~ 90%。为了尽量提高能源利用率，一般在波浪发电装置处于低输出状态时采用升压方法，而在波浪发电装置输出整流电压高于蓄电池电压，也即不经过升压给蓄电池充电时，断开升压电路，直接给蓄电池充电，以此来避免升压时的损耗。所以，具有比较电路，提高波浪发电装置能源利用率的电路原理如图 8-44 所示。从图中我们可以看到比较电路输入的两个比较量分别是波浪发电机

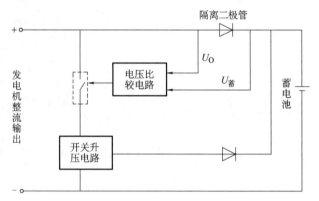

图 8-44　提高波浪发电装置能源利用率的电路原理

输出整流电压 U_0 和蓄电池电压 $U_{蓄}$，当 $U_0 > U_{蓄}$ 时，断开升压电路直接向蓄电池充电；当 $U_0 < U_{蓄}$ 时，立即接通升压电路，发电机输出的低电压经过升压后向蓄电池充电。

　　对于可再生能源来说，高效转换技术是研究的难点，由于波浪的不稳定性导致其转换装置经常处于非设计工况，而且有限的能流密度、转换的低效率导致发电成本进一步加大。因此提高波能利用率，降低波能发电的成本始终是波能研究的目标。波浪能利用的关键技术包括：波浪聚集与相位控制技术；波能装置的波浪载荷及在海洋环境中的生存技术；波能装置建造和施工中的海洋工程技术；不规则波浪中的波能装置的设计与运行优化；往复流动中的透平研究；波浪能的稳定发电技术和独立发电技术等。到目前为止，涉及相关方面的研究，特别是国内的研究仍然比较少。多元化和综合利用是波能发展的另一新动向。结合防波堤等海工和港工设施建造波力电站，为波能利用开创了新途径。由于电站的土建可以结合工程进行，波力发电的成本大为降低。电站的吸能作用，还可减轻作用在海工建筑上的波浪载荷，增加可靠性。除发电外，波能利用与环境和海洋资源利用的结合也很有前途。例如，波浪能与风能、太阳能和海洋热能的综合利用；波浪能提取深层海水和供氧以及改善海水牧场和养殖场的养份；利用波浪能清除海洋污染；波浪能船舶推进；波浪能海水淡化、制氢、提取海洋中的贵重元素等。我国目前正处于实现工业化和信息化的经济高速发展期，特别是沿海地

区，能源需求的急剧增加已成为社会和经济发展的瓶颈。众多海岛在海洋开发和国防建设方面占有重要地位，特别是远离大陆的岛屿，依靠大陆供应能源，供应线过长，且受风浪影响。能源和淡水是海洋资源开发和海防建设活动的基本需求，能源和淡水供应的成本关系到海洋资源开发的成本，因而也就直接影响到海洋资源开发的能力。解决能源和淡水供应问题成为远海资源开发的关键，相对于其他形式的可再生能源，波浪能等形式的海洋能易于规划，具有较大优势，因此建立利用波浪能的独立发电和海水淡化系统大有发展潜力。

8.3.2.4 海洋的温差能、盐差能发电原理及应用技术

1. 海洋温差能

（1）海洋温差能特点　海洋热能也有人称之为"海洋里的太阳能"，就是海水吸收和储存的太阳辐射能。由于海洋覆盖了地球表面的71%以上，所以海水吸收和储存的太阳能十分丰富。估计海洋热能的总储蓄量不下40万亿kW，为目前世界总发电功率的一万多倍，可见海洋热能的储藏潜力多么巨大。要开发利用海洋热能，就必须使海水的温度降低，将热能释放出来才能办到。怎样做到这一点呢？人们已经寻找到了很好办法，就是海水温差发电。海洋表层温度较高，而深处温度较低，利用热带海域表层温海水（温度约30℃）和深层冷海水（温度约4~7℃）之间的温差（24℃，一般20℃以上），实现低温差发电。

（2）海洋温差能发电技术　我们把利用海洋表层暖水与底层冷水间温差来发电的技术称为海洋热能转换（OTEC）技术，它是海洋温差能发电利用的最主要技术，也是一种最有发展前途、经济上最可行的可再生海洋能源开发技术。图8-45所示为海洋热能转换过程示意图。图中还示出了海洋热能转换资源区典型的垂直温度剖面，海洋热能转换电站的工作方式一般可分为开式循环、闭式循环和混合式循环三种方式。

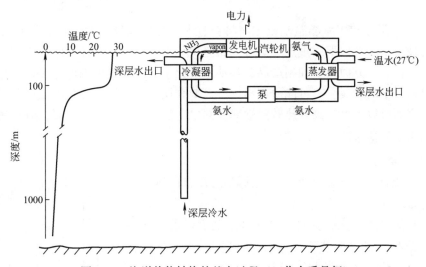

图8-45　海洋热能转换的基本过程（工作介质是氨）

1）闭式循环。闭式循环是利用海洋表层的温水来蒸发氨或氟里昂之类的工作流体。蒸汽流经涡轮机后，再由从海洋深处抽上来的冷水冷凝成液体，如图8-46所示。

2）开式循环。在开式循环中，表层水本身就是流体。表层水在小于其蒸汽压的压力下蒸发，蒸汽流经涡轮机，然后如同氟利昂在闭式循环中那样冷却和凝聚，如图8-47所示。

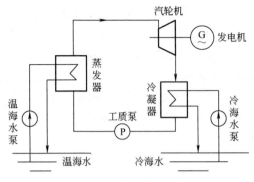

图 8-46 闭式循环系统

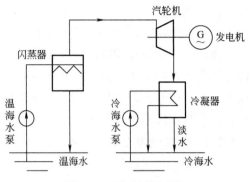

图 8-47 开式循环系统

3）混合式循环。混合式循环就是闭式循环和开式循环的组合。混合式循环系统如图 8-48 所示，实际上，无论是闭式工作循环还是开式工作循环，都类似于常规的热电站，只是工作温度低一些，而且海洋热能电站用的是表层海水的热量，而不是燃料燃烧产生的热量。这种发电的基本原理是选取一种易挥发的介质如液态氨、丙烷等，使其被海面的高温海水汽化，气体从高温室（海面温水）向低温室（海底冷水）运动的过程中带动涡轮机转动发电，在低温室遇冷又变成液体，如此循环往复进行发电。

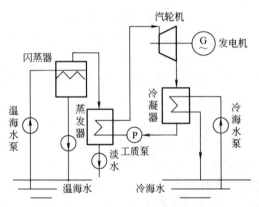

图 8-48 混合式循环系统

21 世纪，人类在利用海洋温差能方面将会有大幅度的发展，并且也向综合开发方向发展。在现有技术水平条件下，重点突破方向将是优化设计，采用开环、闭环相结合方案，以提高工作效率；另一方面，增加副产品，如淡水、化学资源等其他副产品，提高综合经济效益。随着材料科学的发展，有可能研制出一种高效介质，其汽化、液化的温度差很小，并且非常剧烈，因而可以大大提高其热转换效率。总之，随着科学技术的发展，海洋热能发电将成为人类的重要能量来源。

2. 海洋盐差能

（1）盐差能概述 盐差能实际上并不是海洋自己所具有的能量，它是由江河淡水流入大海，与苦咸的海水交融在一起由渗透引起的渗透压能。我们把只允许溶剂通过而不允许溶质通过的薄膜，叫"半透膜"。下面来观察一下用半透膜将海水和淡水隔开时会出现什么情况。

图 8-49 所示的连通器与普通连通器的不同之处是在中间的连接通道上安装了一层半透膜，利用半透膜将连通器分成了左、右两部分。左侧装入海水，右侧装入淡水，并使两侧水位相同。注意观察很快就会发现，海水一侧的水位升高，而淡水一侧的水位下降。这说明：淡水在通过半透膜向海水

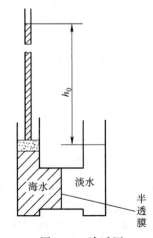

图 8-49 渗透压

中扩散。通常把这种通过半透膜的扩散叫渗透。继续观察，不用多久，海水侧的水位就会比淡水侧高出一截。如果把海水侧的水面封死，竖直地引出一根长玻璃管，就可以看到，海水在不断地沿玻璃管上升，一直上升到很高的高度才停止下来。这个情况明显地说明：当用半透膜将海水和淡水隔开时，必然是淡水对海水产生了一个虽然是看不见，然而是非常强大的压力，正是这种压力使淡水通过半透膜扩散到海水中，并迫使海水沿玻璃管上升到高空。我们把这种压力叫渗透压。

半透膜和渗透压在我们的生活中是常见的。例如，我们吃了咸的东西就会感到口渴，这是为什么呢？是因为我们的细胞壁就是一种半透膜。当吃了咸的东西以后，血液中的含盐量增大，由于渗透压的缘故，细胞内的水分经细胞壁渗透到血液中来，细胞的水分不但得不到补充，反而减少了，这时我们就会有渴的感觉。

渗透压的大小与什么有关呢？简单地说，渗透压的大小主要取决于海水的含盐浓度和温度。含盐浓度越高，渗透压越大。我们知道，海水的含盐浓度平均算来是35‰，即1L海水含有35g氯化钠（NaCl，即食盐）。这样浓度的海水，以水温20℃计算，和江河淡水用半透膜隔开时所能形成的渗透压为24.8个大气压，按水头说就是256.2m。也就是说，当把1L（1kg）淡水混入海水中时，这1L淡水实际具有了256.2kg·m的潜在能量，也就是浓度差能。

关于半透膜，除了天然存在于动植物身体上的以外，用人工方法也能合成。目前人工合成的半透膜，都是用高分子材料制成的。经常使用的半透膜有三种：第一种是不对称纤维素膜；第二种是不对称芳香族聚酰胺脂膜；第三种是离子交换膜。

（2）盐差能发电　河流的淡水与邻近的海水之间的浓度差，很显然是一种可供开发利用的可再生能源。进行盐差能量转换时，就需要利用具有不同盐度的不同海区间存在的渗透压力差。再把这种压力差转换为势能，然后用于发电。用浓度差能发电，将是21世纪人类的又一壮举。人们已经设计出许多方案等待去实施，图8-50所示就是其中的一种设想方案。这种发电方法的技术关键是制造出有足够强度、性能优良、成本适宜的半渗透膜。同时薄膜必须能够承受风、浪、流的强大应力以及要具有抗生物污损或抗沉积物堵塞的能力，并能排除有可能穿越薄膜的水中碎屑的影响。此外，还要找到不断补充海水侧盐分的方法，确保可持续获得足够的盐差能。

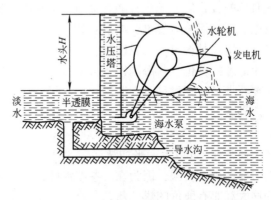

图8-50　连续运转的浓度差发电系统

到那时，这种神奇的能量必将被充分利用，产生巨大的效益。值得指出的是，浓度差能多集中在江河入海口处，不同于"稀薄能源"，而是"稠密能源"，具有巨大的开采价值，值得我们充分重视和大力开发。

现在，人们正在研究开发一种新型的蒸汽压式盐差能发电系统。在同样的温度下，淡水比海水蒸发得快。因此，海水一边的蒸汽压力要比淡水一侧低得多，于是在空室内，水蒸气会很快从淡水上方流向海水上方。只要装上涡轮，就可以利用盐差能进行工作。利用蒸汽压式盐差能发电不需要处理海水，也不用担心生物附着和污染。

8.3.3 海洋能发电的综合评价

1. 海洋能源的发电与资源评价

海洋中蕴藏着极其丰富的资源，比如：生物资源、矿产资源、化学资源，还有取之不尽、用之不竭的动力资源。开发利用海洋能，主要是指将海洋能转换成洁净的电能加以充分利用。利用海洋能发电是从20世纪60年代中期开始的。目前，潮汐发电已经实际应用，波浪发电装置已制成，其他如海流发电、温差发电、盐差发电都处于试验阶段。

海洋潮汐能是由引潮力做功形成的，全世界的潮汐能约有10亿多千瓦，如加以充分开发利用的话，每年可生产12.4万亿kW·h电能。这些潮汐能主要集中在浅海和狭窄的海湾地带，比如英吉利海峡、马六甲海峡、黄海、芬迪湾等。我国潮汐能约有1.1亿kW，可利用装机容量约3500万kW（相当于1980年全国总发电量的1/3），每年可发电900亿kW·h。对于潮汐能的开发利用，我国在小型潮汐电站建设和运行上取得了较多的经验，通过江厦电站建设，基本上掌握了海洋潮汐发电机技术，制成简化的灯泡式贯流式机组以及对海洋环境用涂料保护为主，辅以电解海水、外加电流阴极保护措施的防腐蚀技术。虽然潮汐发电容量较大，但需要海湾作为上游水库，电站选址有限，要求8m潮差，而且必须建造长坝。近30年来，人们已经认真地研究和发展了潮汐电站，潮汐发电技术也向成熟阶段迈进了一大步。世界很多国家先后建造了多座潮汐电站，这些电站的建成发电表明了潮汐发电的技术可行性，但必须进一步降低电站的成本，改进它们的性能和提高经济效益。因为潮汐能不受洪水、枯水期等水文因素影响，开发利用潮汐能的社会和经济效益已经显露出来。随着经济发展和化石能源的日益紧缺，目前潮汐电站的建设又出现了新的发展势头。

海浪是巨大的，置身于大海的人才可以感受到海洋的力量是无坚不摧的。波浪能的波是最具体的波物质，既包含能量又包含可见的物质，一般来说我们研究利用其动能来驱动设备发电。现在用波力发电，单机功率一般在几千瓦级以上。波浪发电随处可设，可在海上，也可在堤岸，甚至可在无风区域，无风三尺浪。1992年联合国就把波浪发电列为开发海洋可再生能源的首位。沿海国家十分重视，加大力度积极开发。当今世界，波力发电最新发展的主要特点是：开发最早为法国，后来居上属日本，研究中心在英国，稳定发展是中国，普及推广到多国。我国近海波浪能丰富，沿海平均波高在1m左右，估计波浪能蕴藏量可达1.5亿kW，可利用装机容量约为3000~5000万kW。渤海湾、闽浙沿岸、珠江口外海和南海诸岛波高常在1m以上，平均波能在5kW/m以上。虽然在当前的条件下，大力发展波浪发电的可能性比较有限，因为在一些波浪能条件比较好的地区，能源供应相对还是很充足的。比如澳大利亚有廉价的煤，新西兰有着丰富的水电和地热资源，英国有充足的燃煤热电和核电等。然而，即使在目前条件下，在一些波浪能状况不是特别优越的地区，比如边远地区和发展中国家，波浪能很有希望成为取代柴油机发电的新能源。在这种情况下，其他可再生能源，特别是风能和太阳光伏能源将是波浪能的竞争对手。

海水不是固定的，它受天体运动和潮水涨落，以及海水温度变化等多种因素的影响，总是在流动着。川流不息的洋流，就像江河的水流一样，携带着巨大的能量。海流的动能非常大，如佛罗里达洋流所具有的动能，约为全球所有河流具有的总能量的50倍。目前海流发电技术仍处于研究试验阶段，欧、美、日等发达国家和地区居领先地位。目前国外试验海流发电，其原理就是用锚、索和浮筒把水轮机和发电机固定在海面上，由海流推动螺旋桨旋转发电。但由于海上安装设备比较困难，当前只是用来为灯塔、灯船供电。同其他可再生能源一样，海流发电不会产生污染。从目前情况看，建造大型旋转式海流发电系统费用太高，如果水轮机技术得到改进，建造近海辅助建筑物的费用能降下来。那么，在靠近海岸的人口稠密地区发展这种海流发电技术，将会变得很有竞争力。

海水温差能是因深部海水与表面海水的温度差而产生的能量。海水温差大的地方分布在赤道附近，两极的冰融化后流向赤道产生温差。利用深海与海面温度不同可进行热力循环发电。首次提出利用海水温差发电设想的，是法国物理学家阿松瓦尔。1926 年，阿松瓦尔的学生克劳德试验成功海水温差发电。1930 年，克劳德在古巴海滨建造了世界上第一座海水温差发电站，获得了 10kW 的功率。1979 年，美国在夏威夷的一艘海军驳船上安装了一座海水温差发电试验台，发电功率 53.6kW。日本在南太平洋的瑙鲁岛建成一座 100kW 的海水温差发电装置，1990 年又在鹿儿岛建起一座兆瓦级的同类电站。海水温差发电涉及耐压、绝热、防腐材料、热能利用效率等诸多技术问题，目前各国仍在积极探索中。我国南海地处热带，面积大，平均深度大于 1000 m，全年海面水温在 25～28℃，表层与深层水温相差20℃左右，加上部分沿海区域，估计总蕴藏量约为 1000 万 kW。

海洋能对人类具有无限吸引力，人类在对海洋能开发的同时不断认识了解海洋。尽管海洋能发展的困难很大，投资也比较昂贵，但由于它在海上和沿岸进行，不占用土地资源，不消耗一次性矿物燃料，又不受能源枯竭的威胁，作为未来技术，把能源资源、水产资源和空间利用有效地结合起来，建立能发挥海洋优势的总能源系统，实现海洋能的综合利用体系。因此，各国政府和研究机构还是不断投入人力物力，积极探索和研究，相信未来人类对海洋能的研究和综合利用将会获得巨大的发展。

2. 海洋能的利用前景与制约因素

能源是人类社会存在与发展的物质基础。然而面临当前严峻的挑战，有限的化石燃料资源日益枯竭，以及国际社会对环境保护的更高要求。为了减少环境污染和生态恶化，节约有限的能源，开发利用丰富的太阳能、水能、风能、生物质能、海洋能等可再生能源无疑是实现可持续发展的必由之路。所以，充分利用丰富的海洋能资源将是未来发展的有力的能源支柱。对海洋能综合利用的制约因素主要有：

（1）社会成本　燃烧矿物质燃料会产生大气污染。使用常规能源时会产生类似二氧化碳、可形成酸性的硫和氮的氧化物等大气污染，目前大多数国家都将制定排放标准，最大限度减少这些污染的排放，因此会增加能源的使用成本。而海洋能的利用刚好与此相反，很少产生或根本不产生大气污染，虽然海洋能开发利用可能会产生其他的环境影响，但通过适当的设计或采取某些措施，便可最大限度地减少或避免这些不利的环境影响。开发利用可再生能源的目的，至少有一部分是为了减少这种大气污染。因此海洋能要想较大幅度地进入能源市场，必须在不以环境和社会成本为代价的前提下，具备能与常规能源竞争的能力，必须减少上述的社会成本等问题。

（2）财政气候　提取波浪能、潮汐能和海洋能的装置体积庞大、价格昂贵，其原因主要是：这些能源在海洋中的能量密度低，低温热力循环和许多波浪能装置的效率低，以及潮汐能发电的间歇性等。但在任何情况下，海洋能装置的运行成本均很低，而且不存在燃料成本问题，这与利用矿物质燃料发电形成鲜明的对比。建造矿物质燃料电站虽然投资较少，但运行期间的燃料成本却较高。在对这两种不同的能源从经济角度进行比较时，其结果是在很大程度上受利率的影响。如果比较一下整个运行期间的成本值，高利率会大大降低整个运行期间的燃料成本值。另一方面，如果比较一下产品的单位成本，由于非矿物质燃料投资成本高，因此利率越高越使得非矿物质燃料发电处于不利地位。无论在哪种情况下，其结果都是一样的，即利率越高，投资大的项目的吸引力就越小。另外投资强度大的项目建设周期长，这是资金密集型项目受利率影响较大的另一个原因。在这种情况下，高利率提高了整体投资成本，使可再生能源更加难以取代矿物质燃料。

（3）风险影响　投资强度大的项目面临的另一个障碍是，由于使用期内获得的利润并不比成本高出很多，再加上未来的事件及燃料价格的不确定性，因此投资强度大的项目在财政上不会有很强的生命力。正如贷方或投资方所认为的那样，投资成本受风险的影响。在他们看来，各种海洋能开发利用的风险均比较大。波浪能和海洋热能的开发风险主要是技术不成熟所致；而潮汐能的风险主要在于具体坝址的工程与环境问题。在海洋能开发利用没有普及之前，或者至少在获得较多的商业性成功运行经验之前，风险因子将会使这种风险性项目的商业投资成本上升。

海洋能开发利用的制约因素除了前面说的外，还有政府部门科技管理体制的因素，而且是很重要的因素。靠企业投入海洋能研究风险太大，企业不积极。政府的投入本来就少，又集中在极少数的大学和科研机构手里，对海洋能有研究条件的非科研机构的工程技术人员却得不到资助。还有就是政策支持的倾斜不够，应该对矿物燃料发电征收一定的环境补偿费，专项用于可再生能源成本的补贴，特别是海洋能发电的补贴，如果能将每千瓦的补贴由现在的0.25元增加到1元左右，对波浪能的研究无疑将起到很大的促进作用。

8.4　地热能发电与应用技术

8.4.1　地热能概述

所谓地热能（Geothermal Energy），简单地说就是来自地下的热能，即地球内部的热能。它有两种不同的来源，一种来自地球外部，一种来自地球内部。地球表层的热能主要来自太阳辐射，表层以下约15~30m的范围内，温度随昼夜、四季气温的变化而交替发生明显的变化，这部分热能称为"外热"。从地表向内太阳辐射的影响逐渐减弱，到一定深度这种影响消失，温度终年不变，即达到所谓"常温层"。从常温层再向下，地温受地球内部热量的影响而逐渐升高，这种来自地球内部的热能称为"内热"。每深入地下100m或1km地温的增加数称为地热增温率（或称地温梯度）。

地球是一个名符其实的巨大热库，地球内部的温度这样高，它的热量是从哪里来的？地球内热的来源问题，是与地球的起源问题密切相关的。关于地球的起源问题，目前有许多不同的假说，因此，关于地热的来源问题，也有许多不同的解释。但是，这些解释都一致承认，地球物质中放射性元素衰变产生的热量是地热的主要来源。放射性元素有铀238、铀235、钍232和钾40等，这些放射性元素的衰变是原子核能的释放过程。放射性物质的原子核无需外力的作用，就能自发地放出电子、氦核和光子等高速粒子并形成射线。在地球内部，这些粒子和射线的动能和辐射能，在同地球物质的碰撞过程中便转变成了热能。

目前一般认为，地下热水和地热蒸汽主要是由在地下不同深处被热岩体加热了的大气降水所形成的。

在地壳中，地热的分布可分为三个带，即可变温度带、常温带和增温带。可变温度带由于受太阳辐射的影响，其温度有着昼夜、年份、世纪、甚至更长的周期性变化，其厚度一般为15～20m；常温带，其温度变化幅度几乎等于0，深度一般为20～30m；增温带在常温带以下，它的温度随深度增加而升高，其热量的主要来源是地球内部的热能。

据计算，在地球历史中，地球内部中、长半衰期放射性元素蜕变产生的热量平均每年有20.934×10^{20}J。由于地壳中放射性元素含量的逐渐减少，目前产生的热量约为30亿年前的40%，略少于地球每年向宇宙散失和由火山、温泉携出的热量的总和，因而地壳在最近的地质历史时期正处在极其缓慢的冷却之中。根据计算，要使地壳上部的冷却区向下移至地心，约需100亿年的时间。

地球是一个巨大的椭圆球体，构造很像鸡蛋，主要分为三层：外表相当于蛋壳的一个薄层叫"地壳"，厚度为10～70km不等；地壳下面相当蛋白的那一部分叫"地幔"，总厚度约2900km；地球内部相当于蛋黄的那一部分叫"地核"，约3450km。地表至15km深处，地热增温率平均为2℃/100m；15～25km深处，地热增温率降为平均1.5℃/100m；再往下，则只有0.8℃/100m。凡地热增温率超过某一正常值的地区，统称为地热异常区。根据地热增温率的变化计算，地壳底部温度约为900～1000℃，至100km深处的地幔上部，温度可达1300℃左右。至于地幔下部和地核的温度，根据地球物理学相关资料推断约在2000～5000℃之间。所以说，地球是一个巨大的热库，内部蕴藏着几乎是取之不尽的热量。如果把地球上储藏的全部煤炭释放出来的热量作为100，那么地热能的总量约为煤炭的1.7亿倍，可见地热能的总量十分巨大。但根据目前的钻井技术，超深井的钻井深度也不超过1.2万米，还不及地壳平均厚度的1/3，而一般钻井深度都在3000m以内，因而现在人们利用的地热能仅仅是"沧海一粟"，潜力还很大。

人类很早以前就开始利用地热能，例如利用温泉沐浴、医疗，利用地下热水取暖、建造农作物温室、水产养殖及烘干谷物等。但真正认识地热资源并进行较大规模开发利用却是始于20世纪中叶。现在许多国家为了提高地热利用率，采用梯级开发和综合利用的办法，如热-电联产联供，热-电-冷三联产，先供暖后养殖等。地热能的利用可分为地热发电和直接利用两大类，而对于不同温度的地热流体可利用的范围如下：

1）200～400℃，直接发电及综合利用。

2）150～200℃，可用于双循环发电、制冷、工业干燥、工业热加工等。

3）100～150℃，可用于双循环发电、供暖、制冷、工业干燥、脱水加工、回收盐类、制作罐头食品等。

4）50～100℃，可用于供暖、温室、家庭用热水、工业干燥。

5）20～50℃，可用于沐浴、水产养殖、饲养牲畜、土壤加温、脱水加工等。

地热中高压的过热水或蒸汽的用途最大，但它们主要存在于干热岩层中，可以通过钻井将它们引出。地热能在世界很多地区应用相当广泛，老的技术现在依然富有生命力，新技术业已成熟，并且在不断地完善。在能源的开发和技术转让方面，未来的发展潜力相当大。地热能是天生就储存在地下的，不受天气状况的影响，既可作为基本负荷能使用，也可根据需要提供使用。地热能的利用自古时候起人们就已将低温地热资源用于浴池和空间供热，近来还应用于温室、热力泵和某些热处理过程的供热。在商业应用方面，利用干燥的过热蒸汽和高温水发电已有几十年的历史。利用中等温度（100℃）水通过双流体循环发电设备发电，在过去的 10 年中已取得了明显的进展，该技术现在已经成熟。地热热泵技术后来也取得了明显进展。由于这些技术的进展，这些资源的开发利用得到较快的发展，也使许多国家的经济上可供利用的资源潜力明显增加。从长远观点来看，研究从干燥的岩石中和从地热增压资源及岩浆资源中提取有用能的有效方法，可进一步增加地热能的应用潜力。地热能的勘探和提取技术依赖于石油工业的经验，但为了适应地热资源的特殊性（例如资源的高温环境和高盐度）要求，这些经验和技术必须进行改进。这些成熟技术通过联合国有关部门（联合国培训研究所和联合国开发计划署）的艰苦努力，已成功地推广到发展中国家。

8.4.2 地热能发电原理与应用技术

地热发电是利用地下热水和蒸汽为动力源的一种新型发电技术，它涉及地质学、地球物理、地球化学、钻探技术、材料科学和发电工程等多种现代科学技术。地热发电和火力发电的基本原理是一样的，都是将蒸汽的热能经过汽轮机转变为机械能，然后带动发电机发电。所不同的是，地热发电不像火力发电那样要备有庞大的锅炉，也不需要消耗燃料，它所用的能源就是地热能。地热发电的过程，就是把地下热能首先转变为机械能，然后再把机械能转变为电能的过程。

地热能发电是利用高温地热资源进行发电的方式。由于地热田的分布一般远离人口密集的城镇，要利用这些资源就存在蒸汽或热水长距离输送的困难。但电力输送受这一因素影响较少，因而有高温地热资源的国家对地热发电始终给予应有的重视。利用常规能源（煤、石油）发电，一方面对宝贵的化石燃料资源是一种很大的浪费，另一方面也对环境带来严重的污染，并给交通运输增加沉重的负担。从这一点说，地热发电更有其积极的意义。

1. 地热电站工作原理

地热电站目前有两大类型：一类是利用地热蒸汽发电；另一类是利用地下热水（包括湿蒸汽）发电。用高温地热蒸汽发电，系统最简单，经济性也高，来自地热井的蒸汽只要经井口分离装置分离掉蒸汽中所包含的固体杂质，就可输入汽轮机发电，排汽经冷凝后放掉。但是，高温地热蒸汽因受许多条件的制约是有限的，它主要分布在几个地热带上，如美国的盖塞尔斯、意大利的拉德瑞罗、日本的松川、墨西哥的塞罗普利托等。利用地下热水发电又可分为两种基本类型：一种叫闪蒸地热发电系统（又称减压扩容法）；另一种叫双循环地热发电系统（又称中间介质法）。前者是以水作为工质来发电，后者则是通过地热水与低沸点工质的热交换，使之产生低沸点工质蒸汽去推动汽轮机发电。除上述几种地热发电系统外，目前还有正在研究的全流系统和干热岩发电系统，尽管试验机组已运行多年，但它们的商业价值和发展前景至今尚不明朗。

2. 利用地热能发电的方式

（1）蒸汽型地热发电　蒸汽型地热发电是把蒸汽田中的干蒸汽直接引入汽轮发电机组发电，但在引入发电机组前应把蒸汽中所含的岩屑和水滴分离出去。这种发电方式最为简单，但干蒸汽地热资源十分有限，且多存于较深的地层，开采难度大，故发展受到限制。主要有背压式和凝汽式两种发电系统。蒸汽型地热发电示意图如图 8-51 所示。

（2）热水型地热发电　热水型地热发电是地热发电的主要方式，目前热水型地热电站有以下两种循环系统：

1）闪蒸系统。当高压热水从热水井中抽至地面，由于压力降低，部分热水沸腾并"闪蒸"成蒸汽，蒸汽送至汽轮机做功；而分离后的热水可继续利用后排出，当然最好是再回注入地层。热水型闪蒸地热发电示意图如图8-52所示。

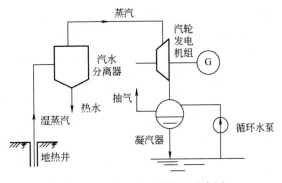

图 8-51　蒸汽型地热发电示意图

2）双循环系统。地热水首先流经热交换器，将地热能传给另一种低沸点的工作流体，使之沸腾而产生蒸汽。蒸汽进入汽轮机做功后进入凝汽器，再通过热交换器从而完成发电循环，地热水则从热交换器回注入地层。这种系统特别适合于含盐量大、腐蚀性强和不凝结气体含量高的地热资源。在这种发电系统中，低沸点介质常采用两种流体：一种是采用地热流体作热源；另一种是采用低沸点工质流体作为一种工作介质来完成将地下热水的热能转变为机械能。所谓双循环地热发电系统即是由此而得名。常用的低沸点工质有氯乙烷、正丁烷、异丁烷、氟利昂-11、氟利昂-12 等。发展双循环系统的关键技术是开发高效的热交换器。

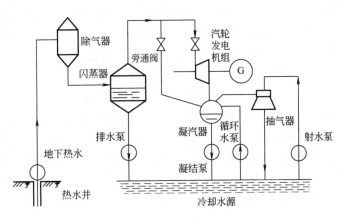

图 8-52　热水型闪蒸地热发电

3. 地热能发电的发展及现状

1904 年意大利在拉德瑞罗地热田建立了世界上第一套地热发电机组，利用地热蒸汽发电。1913 年拉德瑞罗的 250kW 地热电站正式运行，开创了地热发电的历史。之后，又有一些国家相继投资开发地热资源，各种类型的地热电站也不断出现。但从总体上看，发展速度不快。20 世纪 70 年代初，世界性的能源短缺和燃料价格不断上涨，促使一些工业发达国家对包括地热能在内的新能源开发更加重视，地热电站的装机容量才有较大的增长。据统计，60 年代建成投运的地热电站总装机容量为 400MW，70 年代末为 1900MW，1980 年为 1960MW，1985 年为 2698.5MW，1990 年超过 5835.5MW，1993 年为 5915MW。其中，美国的地热发电装机容量居世界首位，菲律宾居第二位，墨西哥居第三位，下面依次是意大利、新西兰、日本、印度尼西亚。目前地热发电单机容量最大的机组为 150MW。

4. 我国的地热资源

高温地热资源主要集中在环太平洋地热带通过的台湾省，地中海—喜马拉雅地热带通过的西藏南部和云南、四川西部。温泉几乎遍及全国各地，多数属中低温地热资源，主要分布在福建、广东、湖南、湖北、山东、辽宁等省。中国 400 万 km^2 的沉积盆地的地热资源也比较丰富，但差别十分明显。除青藏高原外，总的来说盆地的地温梯度是由东向西逐渐变小。地处东部的松辽平原、华北盆地和下辽河盆地等地温梯度较高，一般为 $2.5 \sim 6℃/km$；位于中部的四川盆地一般为 $1.7 \sim 2.5℃/km$；位于西部的柴达木盆地和塔里木盆地仅为 $1.5 \sim 2℃/km$。目前我国已发现的水温在 25℃ 以上的热水点（包括温泉、钻孔及矿坑热水）约 4000 余处，分布广泛。温泉出露最多的地区属西藏、云南、台湾、广东和福建，温泉数约占全国温泉总数的 1/2 以上；其次是辽宁、山东、江西、湖南、湖北和四川等省，每省温泉数都在 50 处以上。

目前我国高温地热电站主要集中在西藏地区，总装机容量为 27.18MW，其中羊八井地热电站装机容量为 25.18MW，朗久地热电站装机容量为 1MW，那曲地热电站装机容量为 1MW。羊八井地热电站是中国自行设计建设的第一座用于商业应用的、装机容量最大的高温地热电站，年发电量约达 1 亿 kW·h，占拉萨电网总电量的 40% 以上，对缓和拉萨地区电力紧缺的状况起了重要作用。羊八井地热田位于西藏拉萨西北 90km 处，当地海拔高度 4300m，处在一个东北—西南向延展的狭窄山间盆地中，电站利用 145℃ 左右的地热水（汽水混和物）发电，向 92km 以外的拉萨地区供电。羊八井地热电站包括第一电站和第二电站两部分。第一电站由一台 1MW 机组（1 号机组）和三台 3MW 机组（2 号、3 号和 4 号机组）构成。1 号机组于 1977 年 10 月 10 日投入运行，2 号和 3 号机组分别于 1981 年 12 月和 1982 年 11 月建成并投入发电。1985 年又扩建了 4 号机组。至此，第一电站的总装机容量达到 10MW。20 世纪 80 年代中期，开始建造第二电站。站址位于羊八井地热田北部、中尼公路以北约 45km 处，距第一电站约 3km。该电站一期工程安装了一台日本生产的 3.18MW 机组，自动化程度较高，以后又安装了四台功率各为 3MW 的国产机组。目前，第二电站的总容量为 15.18MW。到 2002 年底，整个羊八井地热电站的总装机容量为 25.18MW。

经过 30 多年的研究、开发与建设，中国的地热发电在技术上和产业建设上均取得了很大的进步和发展，为未来更大的发展奠定了坚实的基础。在技术上，已建立起一套比较完整的地热勘探技术方法和评价方法；地热开发利用工程的勘探、设计和施工，已有资质实体；地热开发利用设备基本配套，可以国产化生产，并有专业生产制造工厂；地热监测仪器基本完备，并可进行国产化生产。在产业建设上，已奠定一定的基础和能力，可以独立建设 30MW 规模商业化运行的地热电站，单机容量可以达到 10MW；已具备施工 5000m 深度地热钻探工程的条件和能力；已初步建立起地热的监测体系和生产与回灌体系；已初步建立起一些必要的地热开发利用法规、标准和规范。

本 章 小 结

水能也是一种可再生的清洁能源。水力发电是利用河流、湖泊中的水在流经不同高度地形时产生的能量来发电。小水力发电在我国农村和偏远地区起着不可忽视的作用。小水电是装机容量 50000kW 以下水电站及其配套电网的统称。水力发电机组主要由水轮机和发电机组成，水力发电利用水轮机将水的位能转化为动能，再由发电机将动能转化为电能。小水电不仅具有经济效益，而且具有社会、环境等多种效益。

海洋能是指蕴藏在海洋中的可再生能源，它包括潮汐能、海流能、波浪能、海洋温差能、海洋盐差能等。海洋能按储存能量的形式可分为机械能、热能和化学能；其中潮汐能、波浪能、海流能为机械能，海水温差能为热能，海水盐差能为化学能。

海洋是地球上能源最丰富的地方，海洋本身各个方位的周期与非周期运动，及因海水的温度、盐度不同而可以转化成可利用的能量，就远远超过地球大陆的能源总量。随着陆地资源储量的减少及人类活动能力的加强，大规模的利用海洋资源变成必然的现实。

本章介绍了各种海洋能的存在形式和发电条件，分别讲述了利用潮汐能、海流能、波浪能、海洋温差能和海洋盐差能的发电原理和装置。对海洋能发电的技术可行性和经济社会效益做了综合评价，指出利用海洋能发电存在哪些主要制约因素。

地热能是指储存在地球内部的热能。其储量比目前人们所利用的总量多很多倍，而且集中分布在构造板块边缘一带，该区域也是火山和地震多发区。高压的过热水或蒸汽的用途最大，但它们主要存在于干热岩层中，可以通过钻井将它们引出。

地热能在世界很多地区应用相当广泛，传统的技术现在依然富有生命力，新技术业已成熟，并且在不断完善。地热能的利用近来还应用于温室、热力泵和某些热处理过程的供热。在地热能发电的商业应用方面，利用干燥的过热蒸汽和高温水发电已有几十年的历史。利用中等温度（100℃）水通过双流体循环发电设备发电，在过去的 10 年中也取得了明显的进展，该技术现在已经成熟。

参 考 文 献

[1] Renewable Energy Policy Network for the 21st Century. Renewables 2016 Global Status Report（GSR2016）［R/OL］. http：//www. ren21. net/wp-content/uploads/2016/10/REN21_GSR2016_FullReport_en_11. pdf.

[2] BP Statistical Review of Word Energy. 2016 年 BP 世界能源统计年鉴［EB/OL］．［2016－06］. http：//www. bp. com/zh_cn/china/reports-and-publications/bp_2016. html.

[3] 刘振亚. 全球能源互联网［M］. 北京：中国电力出版社，2015：106－111.

[4] 国家能源局. 能源技术创新"十三五"规划［EB/OL］. 北京：国家能源局，2016. http：//zfxxgk. nea. gov. cn/auto83/201701/P020170113571241558665. pdf.

[5] 张程飞，黄俊辉，黎建，等. 电网风电接纳能力评估方法综述［J］. 电网与清洁能源，2015，31(3)：99－104.

[6] 林伯强，李江龙. 环境治理约束下的中国能源结构转变——基于煤炭和二氧化碳峰值的分析［J］. 中国社会科学，2015(9)：84－107.

[7] 宣晓伟. "十二五"规划执行情况的分析及对"十三五"规划制定的启示［J］. 区域经济评论，2015(1)：5－12.

[8] 许勤华，彭博. "APEC 分布式能源论坛"综述——兼论中国天然气分布式能源的发展［J］. 国际石油经济，2013(Z1)：96－101，214.

[9] 周庆凡. 2015 年中国能源生产与消费现状［J］. 石油与天然气地质，2016(4)：454.

[10] 王波. 我国水电装机和发电量均居世界第一［J］. 能源研究与信息，2016(1)：10－11.

[11] 田书欣，程浩忠，曾平良，等. 大型集群风电接入输电系统规划研究综述［J］. 中国电机工程学报，2014，34(10)：1566－1572.

[12] 赵新刚，冯天天，杨益晟. 可再生能源配额制对我国电源结构的影响机理及效果研究［J］. 电网技术，2014，38(4)：974－979.

[13] 张浩. 核能发电经济性分析的探索与实践［J］. 工业设计，2015(12)：186－187.

[14] 魏刚，范雪峰，张中丹，等. 风电和光伏发展对甘肃电网规划协调性的影响及对策建议［J］. 电力系统保护与控制，2015(24)：135－141.

[15] 赵书强，王明雨，胡永强，等. 基于不确定理论的光伏出力预测研究［J］. 电工技术学报，2015，30(16)：213－220.

[16] 虞华，郭宗林，陈光亚，等. 新能源产业现状及发展趋势［J］. 中国电力，2011，44(1)：83－85.

[17] 惠晶. 新能源发电与控制技术［M］. 2 版. 北京：机械工业出版社，2012.

[18] 陈道炼. DC—AC 逆变技术及其应用［M］. 北京：机械工业出版社，2003.

[19] 沈锦飞. 电源变换应用技术［M］. 北京：机械工业出版社，2007.

[20] 陈坚. 电力电子学——电力电子变换技术和控制技术［M］. 北京：高等教育出版社，2002.

[21] 杨元侃，惠晶. 无刷双馈风力发电机的控制策略与实现［J］. 电机与控制学报，2007，11(4)：364－368.

[22] 惠晶，顾鑫，杨元侃. 兆瓦级风力发电机组电动变桨距系统［J］. 电机与控制应用，2007，34(11)：51－54.

[23] 顾鑫，惠晶. 风力发电机组电气控制系统的研究分析［J］. 华东电力，2007，35(2)：64－68

[24] 惠晶，顾鑫. 变速恒频无刷双馈风力发电机的功率控制系统［J］. 电机与控制应用，2008，35(7)：27－30，58.

[25] 陈伯时. 电力拖动自动控制系统［M］. 3 版. 北京：机械工业出版社，2003.

[26] 张驰，齐蓉．离网型直驱式风力发电模拟系统设计与实现 [J]．电力电子技术，2011，45(1)：23-25.

[27] 陈进，王旭东，沈文忠，等．风力机叶片的形状优化设计 [J]．机械工程学报，2010，46(3)：132-134.

[28] Nicolas Maisonneuve; George Gross. A Production Simulation Tool for Systems With Integrated Wind Energy Resources [J]. IEEE Transactions on Power Systems, 2011, 26(4): 2285-2289.

[29] Yi Zhang, A A Chowdhury, D O Koval. Probabilistic Wind Energy Modeling in Electric Generation System Reliability Assessment [J]. IEEE Transactions on Industrial Applications, 2011, 47(3): 1507-1509.

[30] Alejandro Garcés, Marta Molinas. A Study of Efficiency in a Reduced Matrix Converter for Offshore Wind Farms [J]. IEEE Transactions on Industrial Electronics, 2012, 59(1): 184-186.

[31] 王新新，惠晶．基于模糊神经网络直接转矩控制的风力机特性模拟 [J]．电力电子技术，2011，45(9)：49-51.

[32] 沈辉，曾祖勤．太阳能光伏发电技术 [M]．北京：化学工业出版社，2005.

[33] 蒋荣华，肖顺珍．硅基太阳能电池与材料 [J]．新材料产业，2003，16(7)：8-13.

[34] 薛继元，冯文林，赵芬，等．太阳能电池板的输出特性与实际应用研究 [J]．红外与激光工程，2015，44(1)：176-181.

[35] 林明献．太阳能电池新技术 [M]．北京：科学出版社，2012.

[36] 李安定，吕全亚．太阳能光伏发电系统工程 [M]．北京：化学工业出版社，2016.

[37] 崔岩，蔡炳煌，李大勇，等．太阳能光伏模板仿真模型的研究 [J]．系统仿真学报，2006，18(4)：829-831.

[38] 李娟，孙莹．光伏发电 MPPT 控制方法研究综述 [J]．机电一体化，2013，19(2)：13-18.

[39] 徐鹏威，刘飞，刘邦银，等．几种光伏系统 MPPT 方法的分析比较及改进 [J]．电力电子技术，2007，41(5)：3-5.

[40] 潘学萍，张源，鞠平，等．太阳能光伏电站等效建模 [J]．电网技术，2015，39(5)：1173-1178.

[41] 谢茂军．基于 DSP 的三相光伏并网逆变器的控制算法研究及实现 [D]．成都：西南交通大学，2013.

[42] 赵争鸣，刘建政，孙晓瑛，等．太阳能光伏发电及其控制 [M]．北京：科学出版社，2005.

[43] 杜尔顺，张宁，康重庆，等．太阳能光热发电并网运行及优化规划研究综述与展望 [J]．中国电机工程学报，2016，36(21)：5765-5775.

[44] 智睿．太阳能光伏并网发电系统的研究 [J]．中国科技博览，2015(1)：274-274.

[45] Geoff Stapleton, Susan Neill，等．太阳能光伏并网发电系统 [M]．王一波，译．北京：机械工业出版社，2014.

[46] 王金龙．基于 EMD 和 SVM 的光伏孤岛识别研究 [D]．哈尔滨：哈尔滨理工大学，2016.

[47] 陈凯．分布式光伏并网发电系统控制技术研究 [D]．成都：电子科技大学，2015.

[48] 桂永光，刘桂英，粟时平，等．适用于光伏微网并网和孤岛运行的控制策略 [J]．电源技术，2016，40(5)：1074-1077.

[49] 邬伟扬，郭小强．无变压器非隔离型光伏并网逆变器漏电流抑制技术 [J]．中国电机工程学报，2012，32(18)：1-8.

[50] 甄晓亚，尹忠东，王云飞，等．太阳能发电低电压穿越技术综述 [J]．电网与清洁能源，2011，27(8)：65-68.

[51] 许正梅．分布式光伏电源接入配电网对电能质量的影响及对策 [D]．北京：华北电力大学，2012.

[52] 苏剑，周莉梅，李蕊．分布式光伏发电并网的成本/效益分析 [J]．中国电机工程学报，2013，33(34)：50-56.

[53] 刘荣厚，牛卫生，张大雷．生物质热化学转换技术 [M]．北京：化学工业出版社，2005.

[54] 黄镇江．燃料电池及其应用 [M]．北京：电子工业出版社，2005.

[55] 姚秀平．燃气轮机及其联合循环发电 [M]．北京：中国电力出版社，2004.

[56] 林汝谋, 金红光. 然气轮机发电动力装置及应用 [M]. 北京: 中国电力出版社, 2004.

[57] 胡春, 裘俊红. 天然气水合物的结构、性质及应用 [J]. 天然气化工, 2000, 25 (4): 48 - 52.

[58] 中投信德产业研究中心. 中国分布式能源与 IGCC (整体煤气化联合循环) 及热电冷三联供深度研究报告 [R/OL]. 2011. http://www.ztxdgs.com/show0sp62772887.html.

[59] 邓隐北, 熊雯. 海洋能的开发与利用 [J]. 可再生能源, 2004(3): 70 - 72.

[60] 褚同金. 海洋能资源开发利用 [M]. 北京: 化学工业出版社, 2005.

[61] 《"十三五" 及 2030 年能源经济展望》报告 [R]. 北京理工大学能源与环境政策研究中心, 2016.

[62] 《IEA 世界能源展望报告 2015》 [R]. 国际能源署 (IEA), 2015.

[63] 2016—2021 年中国生活垃圾处理行业市场需求与投资咨询报告 [R]. 北京智博睿投资咨询有限公司, 2016.

[64] 2016 年我国垃圾焚烧发电行业发展概况分析 [R]. 中国产业信息网, 2016.

[65] 吴创之, 阴秀丽, 刘华财, 等. 生物质能分布式利用发展趋势分析 [J]. 中国科学院院刊, 2016(2): 191 - 198.

[66] 张迪茜. 生物质能源研究进展及应用前景 [D]. 北京: 北京理工大学, 2015.

[67] 王维大, 李浩然, 冯雅丽, 等. 微生物燃料电池的研究应用进展 [J]. 化工进展, 2014(5): 1067 - 1076.

[68] 吴祖林, 刘静. 生物质燃料电池的研究进展 [J]. 电源技术, 2005(5): 333 - 340.

[69] 黄艳琴, 阴秀丽, 吴创之. 生物质气化高温燃料电池一体化发电技术研究 [J]. 可再生能源, 2006(6): 43 - 47.

[70] 孙守强, 袁隆基, 杨宏坤, 等. 生物质能发电技术及其分析 [J]. 能源研究与信息, 2008(3): 130 - 135.

[71] 沈国桥, 徐德鸿, 朱选才, 等. 燃料电池发电系统结构与逆变控制研究 [J]. 电力电子技术, 2006 (5): 23 - 28.

[72] 袁善美, 朱昱, 倪红军, 等. 直接乙醇燃料电池研究进展 [J]. 化工新型材料, 2011(1): 15 - 18.

[73] 黄艳琴, 阴秀丽, 吴创之, 等. 生物质气化燃料电池发电关键技术可行性分析 [J]. 武汉理工大学学报, 2008(5): 11 - 14.

[74] 殷晓刚, 戴冬云, 韩云, 等. 交直流混合微网关键技术研究 [J]. 高压电器, 2012, 48(9): 43 - 46.

[75] 吴卫民, 何远彬, 耿攀, 等. 直流微网研究中的关键技术 [J]. 电工技术学报, 2012, 27(1): 98 - 106.

[76] 冯光. 储能技术在微网中的应用研究 [D]. 武汉: 华中科技大学, 2009.

[77] 黄汉奇, 毛承雄, 王丹, 等. 可再生能源分布式发电系统建模综述 [J]. 电力系统及其自动化学报, 2010, 22(5): 1 - 18.

[78] 张颖媛. 微网系统的运行优化与能量管理研究 [D]. 合肥: 合肥工业大学, 2011.

[79] 罗安, 吴传平, 彭双剑. 谐波治理技术现状及其发展 [J]. 大功率变流技术, 2011(6): 1 - 5.

[80] 王贵玲, 张发旺, 刘志明. 国内外地热能开发利用现状及前景分析 [J]. 地球学报, 2000, 21(2): 134 - 139.

[81] 叶其蓁, 李晓明, 等. 中国电气工程大典第 6 卷: 核能发电工程 [M]. 北京: 中国电力出版社, 2009.

[82] 岳建平. 能源经济与核能发电的发展研究 [J]. 中国新技术新产品, 2009(18): 208.

[83] 刘珊, 句丽华. 核能发电综述 [J]. 中国科技博览, 2010(36): 153.

[84] 李宗明. 核电的昨天、今天和明天 [J]. 中国勘察设计, 2011(5): 20 - 22.

[85] 欧阳予. 先进核能技术研究新进展 [J]. 中国核电, 2009, 2(2): 98 - 105.

[86] 刘宏, 汪映荣, 汤搏, 等. 基于工程投资的核电技术经济分析及风险控制 [C]. 中国电机工程学会核能发电分会 2008 年学术年会, 2008: 66 - 74.

[87] 白绪涛, 孙丹丹, 刘志铭. 我国核电安全相关仪控电系统和设备标准的现状分析 [C]. 中国电机工程学会核能发电分会 2008 年学术年会, 2008, 10: 268 - 281.